U0214225

教育部高等学校电子信息类专业教学指导委员会规划教材

高等学校电子信息类专业系列教材

电气控制及PLC技术

（第2版）

杨霞　刘桂秋　编著

清华大学出版社

北京

内 容 简 介

本书在阐述电气控制及 PLC 技术基本原理的基础上,全面介绍电气控制及 PLC 技术在工业生产过程控制方面的广泛应用。全书共 8 章,以 PLC 技术为主,以继电-接触器技术为辅,主要讲解继电器、接触器等控制电器的电气结构、基本动作原理、用途及用法,继电-接触器控制线路基本控制环节的动作原理和控制线路的分析与设计方法,PLC 的基本组成、工作原理及指令系统,PLC 的接线、编程、动作分析的技术和方法,使读者初步形成 PLC 应用系统的设计、安装和调试等能力。

本书系统性、实用性强,内容丰富,语言简明易懂,可作为自动化、电气工程、电气技术、机电一体化、机械设计制造及其自动化等相关专业的教材,也可供工程技术人员参考或培训班使用。

图书在版编目(CIP)数据

电气控制及 PLC 技术/杨霞,刘桂秋编著. —2 版. —北京:清华大学出版社,2023.7
高等学校电子信息类专业系列教材
ISBN 978-7-302-63898-8

Ⅰ.①电… Ⅱ.①杨… ②刘… Ⅲ.①电气控制-高等学校-教材 ②PLC 技术-高等学校-教材
Ⅳ.①TM571.2 ②TM571.61

中国国家版本馆 CIP 数据核字(2023)第 114689 号

责任编辑:盛东亮
封面设计:李召霞
责任校对:申晓焕
责任印制:刘海龙

出版发行:清华大学出版社
    网 址:http://www.tup.com.cn,http://www.wqbook.com
    地 址:北京清华大学学研大厦 A 座   邮 编:100084
    社 总 机:010-83470000   邮 购:010-62786544
    投稿与读者服务:010-62776969,c-service@tup.tsinghua.edu.cn
    质量反馈:010-62772015,zhiliang@tup.tsinghua.edu.cn
    课件下载:http://www.tup.com.cn,010-83470236
印 装 者:三河市天利华印刷装订有限公司
经 销:全国新华书店
开 本:185mm×260mm   印 张:20   字 数:490 千字
版 次:2017 年 5 月第 1 版 2023 年 9 月第 2 版   印 次:2023 年 9 月第 1 次印刷
印 数:1~1500
定 价:69.00 元

产品编号:099667-01

序
FOREWORD

我国电子信息产业占工业总体比重已经超过 10%。电子信息产业在工业经济中的支撑作用凸显,更加促进了信息化和工业化的高层次深度融合。随着移动互联网、云计算、物联网、大数据和石墨烯等新兴产业的爆发式增长,电子信息产业的发展呈现了新的特点,电子信息产业的人才培养面临着新的挑战。

(1) 随着控制、通信、人机交互和网络互联等新兴电子信息技术的不断发展,传统工业设备融合了大量最新的电子信息技术,它们一起构成了庞大而复杂的系统,派生出大量新兴的电子信息技术应用需求。这些"系统级"的应用需求,迫切要求具有系统级设计能力的电子信息技术人才。

(2) 电子信息系统设备的功能越来越复杂,系统的集成度越来越高。因此,要求未来的设计者应该具备更扎实的理论基础知识和更宽广的专业视野。未来电子信息系统的设计越来越要求软件和硬件的协同规划、协同设计和协同调试。

(3) 新兴电子信息技术的发展依赖于半导体产业的不断推动,半导体厂商为设计者提供了越来越丰富的生态资源,系统集成厂商的全方位配合又加速了这种生态资源的进一步完善。半导体厂商和系统集成厂商所建立的这种生态系统,为未来的设计者提供了更加便捷却又必须依赖的设计资源。

教育部 2020 年颁布了新版《高等学校本科专业目录》,将电子信息类专业进行了整合,为各高校建立系统化的人才培养体系,培养具有扎实理论基础和宽广专业技能的、兼顾"基础"和"系统"的高层次电子信息人才给出了指引。

传统的电子信息学科专业课程体系呈现"自底向上"的特点,这种课程体系偏重对底层元器件的分析与设计,较少涉及系统级的集成与设计。近年来,国内很多高校对电子信息类专业课程体系进行了大力度的改革,这些改革顺应时代潮流,从系统集成的角度,更加科学合理地构建了课程体系。

为了进一步提高普通高校电子信息类专业教育与教学质量,推动教育与教学高质量发展,教育部高等学校电子信息类专业教学指导委员会开展了"高等学校电子信息类专业课程体系"的立项研究工作,并启动了"高等学校电子信息类专业系列教材"(教育部高等学校电子信息类专业教学指导委员会规划教材)的建设工作。其目的是推进高等教育内涵式发展,提高教学水平,满足高等学校对电子信息类专业人才培养、教学改革与课程改革的需要。

本系列教材定位于高等学校电子信息类专业的专业课程,适用于电子信息类的电子信息工程、电子科学与技术、通信工程、微电子科学与工程、光电信息科学与工程、信息工程及其相近专业。经过编审委员会与众多高校多次沟通,初步拟定分批次建设约 100 门核心课程教材。本系列教材将力求在保证基础的前提下,突出技术的先进性和科学的前沿性,体现创新教学和工程实践教学；将重视系统集成思想在教学中的体现，鼓励推陈出新，采用"自顶向下"的方法编写教材；将注重反映优秀的教学改革成果，推广优秀的教学经验与理念。

为了保证本系列教材的科学性、系统性及编写质量，本系列教材设立顾问委员会及编审委员会。顾问委员会由教指委高级顾问、特约高级顾问和国家级教学名师担任，编审委员会由教育部高等学校电子信息类专业教学指导委员会委员和一线教学名师组成。同时，清华大学出版社为本系列教材配置优秀的编辑团队，力求高水准出版。本系列教材的建设，不仅有众多高校教师参与，也有大量知名的电子信息类企业支持。在此，谨向参与本系列教材策划、组织、编写与出版的广大教师、企业代表及出版人员致以诚挚的感谢，并殷切希望本系列教材在我国高等学校电子信息类专业人才培养与课程体系建设中发挥切实的作用。

吕志伟 教授

前言
PREFACE

　　电气控制及 PLC 技术结合了自动控制技术、计算机技术、通信技术，是工业自动化技术的核心。本书在阐述电气控制及 PLC 技术基本原理的基础上，全面介绍电气控制及 PLC 技术在工业生产过程控制方面的广泛应用与发展趋势。

　　全书分 8 章，与现有同类教材相比，有其自己的特点。首先，基础知识讲解透彻，介绍了常用低压电器元件、电气控制的基本规律、常用典型电气控制线路分析和电气控制线路的设计，以及可编程控制器的基础知识、系统配置、指令系统等。其次，以机电控制为主线，给出了大量实例，并配有详细的程序，内容由浅入深，使读者逐步掌握 PLC 应用系统的设计及编程方法，弥补了国内相关书籍在程序设计方法介绍方面的不足，对学习可编程控制器的具体应用有很大帮助。同时，为配合教学需要和培养学生实践能力，本书注重基本设计技能的训练。此外，每章后面都配有与该章学习目标紧密相关的习题与思考题，便于学生巩固所学内容。

　　近年来，德国西门子(SIEMENS)公司的 SIMATIC-S7 系列 PLC 在我国已广泛应用于各行各业生产过程的自动控制中。本书以西门子 S7-200 PLC 为例编写，既注重基础知识，也注重工程应用，系统阐述了 PLC 控制系统的设计方法和技巧，介绍了应用系统的设计与开发，并提供了大量实验和典型设计实例，加强了实际应用的设计指导。编者从事电气控制及 PLC 技术课程教学多年，密切关注国内外学科最新进展，力求基本概念突出、内容丰富、语言简洁、理论与实际结合密切。

　　由于编者水平有限，书中错误和不妥之处在所难免，敬请专家、同仁、读者批评指正。

作　者

2023 年 6 月

教学建议

教学内容	学习要点及教学要求	课时安排/学时	
		全部讲授	部分选讲
第1章 常用低压电器	★ 了解常用低压电器的概念、分类及结构组成 ★ 掌握电磁式低压电器、控制电器(主令电器、开关、控制继电器)、执行及显示电器(接触器、电磁铁、电磁阀、电磁制动器、显示电器)、保护电器(熔断器、保护继电器)的工作原理,在电气控制线路中的画法和图形符号 ★ 掌握这些控制电器、保护电器、执行及显示电器的使用	8	6
第2章 电气控制的基本和典型线路	★ 了解电气控制线路的设计、绘制及分析规则和方法 ★ 掌握基本电气控制线路：全电压和降压起动控制线路、三相笼型异步电动机的正反转控制线路、三相笼型异步电动机的制动控制线路、异步电动机调速控制线路 ★ 掌握几种典型特定功能控制电路：多地点控制线路、多台电动机先后顺序工作的控制线路、位置原则的自动循环往复控制线路、电流控制的横梁自动夹紧控制线路 ★ 了解机床电气控制线路：C650卧式车床的电气控制线路和摇臂钻床的电气控制线路	10	8
第3章 可编程控制器的结构组成和工作原理	★ 了解PLC的产生、功能、特点与分类；了解PLC的应用状况和发展趋势；了解PLC硬件结构组成和软件组成；了解S7-200系列CPU224型PLC的结构和内部元器件 ★ 掌握PLC的工作原理与技术指标 ★ 掌握编程软件的用法	6	4
第4章 S7-200系列PLC基本指令	★ 掌握基本指令和应用指令、程序执行控制类指令及指令构成 ★ 掌握基本指令和应用指令、程序执行控制类指令的使用	8	6
第5章 数据处理、运算指令	★ 掌握数据处理指令(字节交换、存储器填充与字节立即读写指令)、移位指令、转换指令图形符号和应用 ★ 了解算术运算、逻辑运算指令,递增、递减指令,表功能指令图形符号和用法	8	6
第6章 特殊功能指令	★ 掌握立即类指令、中断指令、高速计数器与高速脉冲输出、PID控制指令和时钟指令	8	6
第7章 PLC控制系统设计及实例	★ 了解PLC控制系统的设计规则和步骤；了解编程注意事项及编程技巧 ★ 掌握PLC程序设计常用的方法及应用	12	10
第8章 S7-200的通信与网络	★ 了解通信的基本知识；了解PC与PLC通信的实现 ★ 了解S7-200通信部件及工业局域网基础知识	4	2
教学总学时建议		64	48

说明：

(1) 本书为自动化专业"电气控制及PLC技术"课程教材,理论授课学时数为48～64学时,不同专业根据不同的教学要求和计划教学时数可酌情对教材内容进行适当取舍。

(2) 本书理论授课学时数中包含习题课、课堂讨论等必要的课内教学环节。

目 录
CONTENTS

第 1 章 常用低压电器 ……………………………………………………………… 1

1.1 概述 ……………………………………………………………………………… 1

1.2 电磁式低压电器 ………………………………………………………………… 3

1.3 控制电器 ………………………………………………………………………… 5

　　1.3.1 主令电器 …………………………………………………………………… 5

　　1.3.2 开关 ………………………………………………………………………… 11

　　1.3.3 控制继电器 ………………………………………………………………… 14

1.4 执行及显示电器 ………………………………………………………………… 20

　　1.4.1 接触器 ……………………………………………………………………… 20

　　1.4.2 电磁铁 ……………………………………………………………………… 22

　　1.4.3 电磁阀 ……………………………………………………………………… 23

　　1.4.4 电磁制动器 ………………………………………………………………… 24

　　1.4.5 显示电器 …………………………………………………………………… 24

1.5 保护电器 ………………………………………………………………………… 25

　　1.5.1 熔断器 ……………………………………………………………………… 25

　　1.5.2 保护继电器 ………………………………………………………………… 28

习题与思考题 …………………………………………………………………………… 32

第 2 章 电气控制的基本和典型线路 ………………………………………………… 33

2.1 电气控制线路的设计、绘制及分析 …………………………………………… 33

　　2.1.1 电气控制线路的设计 ……………………………………………………… 33

　　2.1.2 电气控制线路的绘制与分析 ……………………………………………… 35

2.2 基本电气控制线路 ……………………………………………………………… 37

　　2.2.1 全电压和降压起动控制线路 ……………………………………………… 37

　　2.2.2 三相笼型异步电动机的正、反转控制线路 ……………………………… 43

　　2.2.3 三相笼型异步电动机的制动控制线路 …………………………………… 44

　　2.2.4 异步电动机调速控制线路 ………………………………………………… 50

2.3 典型特定功能控制电路 ………………………………………………………… 52

　　2.3.1 多地点控制线路 …………………………………………………………… 52

2.3.2 多台电动机先后顺序工作的控制线路 ············ 52

2.3.3 位置原则的自动循环往复控制线路 ············ 56

2.3.4 电流控制的横梁自动夹紧控制线路 ············ 57

2.4 机床电气控制线路 ············ 58

2.4.1 C650 卧式车床的电气控制线路 ············ 59

2.4.2 摇臂钻床的电气控制线路 ············ 62

习题与思考题 ············ 66

第3章 可编程控制器的结构组成和工作原理 ············ 68

3.1 概述 ············ 68

3.1.1 PLC 的产生 ············ 68

3.1.2 PLC 的功能、特点与分类 ············ 70

3.1.3 PLC 的应用状况和发展趋势 ············ 73

3.2 硬件结构组成 ············ 76

3.3 软件组成 ············ 86

3.4 PLC 的工作原理与技术指标 ············ 88

3.5 西门子 S7-200 系列可编程控制器介绍 ············ 91

3.5.1 S7-200 系列 PLC 概述 ············ 91

3.5.2 S7-200 系列 CPU224 型 PLC 的结构 ············ 92

3.5.3 S7-200 系列 PLC 内部元器件 ············ 99

3.6 STEP7-Micro/WIN v4.0 编程软件介绍 ············ 104

3.6.1 STEP7-Micro/WIN v4.0 概述 ············ 104

3.6.2 STEP7-Mirco/WIN32 主要编程功能 ············ 114

3.6.3 通信 ············ 119

3.6.4 程序的调试与监控 ············ 120

3.6.5 项目管理 ············ 126

3.7 S7-200 系列 PLC 的装配、检测和维护 ············ 127

习题与思考题 ············ 130

第4章 S7-200 系列 PLC 基本指令 ············ 131

4.1 基本位逻辑指令与应用 ············ 131

4.1.1 基本位操作指令介绍 ············ 131

4.1.2 基本位逻辑指令应用举例 ············ 143

4.2 定时器指令 ············ 148

4.3 计数器指令 ············ 153

4.4 比较指令 ············ 158

4.5 程序控制类指令 ············ 160

习题与思考题 ············ 172

第 5 章　数据处理、运算指令 …………………………………………………… 175

5.1　数据处理指令 ……………………………………………………………… 175

5.1.1　数据传送指令 …………………………………………………… 175

5.1.2　字节交换、存储器填充与字节立即读写指令 ……………… 178

5.1.3　移位指令 ……………………………………………………… 180

5.1.4　转换指令 ……………………………………………………… 187

5.2　算术运算、逻辑运算指令 ……………………………………………… 194

5.2.1　算术运算指令 ………………………………………………… 194

5.2.2　逻辑运算指令 ………………………………………………… 199

5.2.3　递增、递减指令 ……………………………………………… 202

5.3　表功能指令 ………………………………………………………………… 204

5.3.1　填表指令 ……………………………………………………… 204

5.3.2　表取数指令 …………………………………………………… 205

5.3.3　表查找指令 …………………………………………………… 208

习题与思考题 ……………………………………………………………………… 210

第 6 章　特殊功能指令 ……………………………………………………………… 211

6.1　立即类指令 ………………………………………………………………… 211

6.2　中断指令 …………………………………………………………………… 212

6.3　高速计数器与高速脉冲输出 …………………………………………… 217

6.4　PID 控制指令 ……………………………………………………………… 234

6.5　时钟指令 …………………………………………………………………… 240

习题与思考题 ……………………………………………………………………… 241

第 7 章　PLC 控制系统设计及实例 ……………………………………………… 243

7.1　PLC 控制系统的设计 …………………………………………………… 243

7.2　PLC 程序设计常用的方法 ……………………………………………… 245

7.2.1　编程注意事项及编程技巧 …………………………………… 246

7.2.2　PLC 程序设计常用的方法 …………………………………… 247

7.3　PLC 控制应用 ……………………………………………………………… 269

7.3.1　交通信号灯的 PLC 控制 ……………………………………… 269

7.3.2　交流电动机正/反转和丫-△降压起动的 PLC 控制 ……… 271

7.3.3　霓虹灯的 PLC 控制 …………………………………………… 273

7.3.4　机械手的 PLC 控制 …………………………………………… 274

7.3.5　除尘室的 PLC 控制 …………………………………………… 275

7.3.6　温度采集的 PLC 控制 ………………………………………… 278

习题与思考题 ……………………………………………………………………… 279

第 8 章　S7-200 的通信与网络 ································· 280

  8.1　通信的基本知识 ····························· 280
    8.1.1　基本概念和术语 ······················ 280
    8.1.2　通信介质 ·························· 282
    8.1.3　串行通信接口标准 ···················· 284
  8.2　PC 与 PLC 通信的实现 ························ 287
    8.2.1　概述 ···························· 287
    8.2.2　PC 与 S7-200 系列 PLC 通信的实现 ············ 289
  8.3　S7-200 通信部件介绍 ························ 291
  8.4　S7-200 PLC 的通信 ························· 296
    8.4.1　概述 ···························· 296
    8.4.2　PLC 网络通信协议 ···················· 297
  8.5　工业局域网基础 ···························· 305
  习题与思考题 ······························· 307

参考文献 ·································· 308

第1章

常用低压电器

在可编程控制器(PLC)出现以前,控制作用由继电器和接触器组成的线路来实现,这常称为继电-接触器控制系统。对电动机和生产机械实现控制和保护的电工设备称为控制电器。控制电器的种类很多,按其动作方式可分为手动和自动两类。手动电器的动作是由工作人员手动操纵的,如刀开关、组合开关、按钮等。自动电器的动作是根据指令、信号或某个物理量的变化自动进行的,如各种继电器、接触器、行程开关等。

本章主要通过介绍电气控制领域中常用低压电器的工作原理、用途、型号、规格、图形及符号等知识,使学生学会正确选择和合理使用常用电器,学会分析和设计电气控制线路的基本方法,为后继章节的学习打下基础。

提示 电气控制:由继电器和接触器组成的线路,称为继电-接触器控制线路。PLC控制:对电动机的开关量控制是经由接触器实现的,即PLC→接触器→电动机;对油路管路的通断控制是经由电磁阀实现的,即PLC→电磁阀。

1.1 概述

1. 低压电器的定义

电力系统电压高低的划分,因着眼点不同而有不同的划分方法。

我国的一些安全规程,例如电力行业标准DL408—1991规定:低压,指设备对地电压在250V及以下者;高压,指设备对地电压在250V以上者。这种规定是从人身安全方面考虑的。

而我国的一些设计、制造和安装规程通常是以1000V为界限来划分电压高低的(有的以1200V来划分,参见国家标准GB 1497—1985《低压电器基本标准》)。

此外,还可将电压划分为低压(0～1000V)、中压(1000V～35kV)、高压(35～220kV)、超高压(220～800kV)和特高压(800kV以上)。

一般电力拖动对于低压电器的定义是:工作在交流额定电压1000V及以下,直流额定电压1200V及以下的电器。

控制电器按其工作电压的高低,以交流1200V、直流1500V为界限,可划分为高压电器和低压电器两大类。一般常用的低压电器指工作在交流1200V、直流1500V额定电压以下的电路中，能根据外界信号（如机械力、电动力或其他物理量），自动或手动接通和断开电路的电器。

低压电器的功能是实现对电路或非电对象的切换、控制、保护、检测和调节。低压电器可分为手动低压电器和自动低压电器。随着电子技术、自动控制技术和计算机技术的飞速发展，自动电器越来越多，不少传统低压电器将被电子线路取代。然而，即使是在以计算机为主的工业控制系统中，继电-接触器控制技术仍占有相当重要的地位，因此低压电器是不可能完全被替代的。

低压电器未来将向小体积、高可靠性、使用方便、功能可组合性方向发展。

提示 上面几种电压高低的划分尚无统一的标准，因此划分界限并不十分明确。

2. 低压电器的分类

常用低压电器的主要种类和用途如表 1-1 所示。

表 1-1　常用低压电器的主要种类和用途

序　号	类　别	主　要　品　种	用　　途
1	断路器	塑料外壳式断路器 框架式断路器 限流式断路器 漏电保护式断路器 直流快速断路器	主要用于电路的过负荷保护、短路、欠电压、漏电压保护，也可用于不频繁接通和断开的电路
2	刀开关	开关板用刀开关 负荷开关 熔断器式刀开关	主要用于电路的隔离，有时也能分断负荷
3	转换开关	组合开关 换向开关	主要用于电源切换，也可用于负荷通断或电路的切换
4	主令电器	按钮 行程（限位）开关 微动开关 接近开关 万能转换开关	主要用于发布命令或程序控制
5	接触器	交流接触器 直流接触器	主要用于远距离频繁控制负荷，切断带负荷电路
6	起动器	磁力起动器 丫-△减压起动器 自耦减压起动器	主要用于电动机的起动
7	控制器	凸轮控制器 平面控制器	主要用于控制回路的切换
8	继电器	电流继电器 电压继电器 时间继电器 中间继电器 温度继电器 速度继电器 热继电器	主要用于控制电路中，将被控量转换成控制电路所需电量或开关信号

续表

序　号	类　别	主要品种	用　途
9	熔断器	有填料熔断器	主要用于电路短路保护,也用于电路的过载保护
		无填料熔断器	
		半封闭插入式熔断器	
		快速熔断器	
		自复熔断器	
10	电磁铁	制动电磁铁	主要用于起重、牵引、制动等地方
		起重电磁铁	
		牵引电磁铁	

下面介绍几种常用的低压电器分类方法。

1) 按工作原理分类

(1) 电磁式电器。依据电磁感应原理来工作,如接触器、各种类型的电磁式继电器等。

(2) 非电量控制电器。依靠外力或某种非电物理量的变化而动作的电器,如刀开关、行程开关、按钮、速度继电器、温度继电器等。

2) 按动作原理分类

(1) 手动电器。用手或依靠机械力进行操作的电器,如手动开关、控制按钮、行程开关等主令电器。

(2) 自动电器。借助于电磁力或某个物理量的变化自动进行操作的电器,如接触器、各种类型的继电器、电磁阀等。

3) 按用途分类

(1) 控制电器。用于各种控制电路和控制系统的电器,例如接触器、低压断路器、继电器、电动机起动器及主令电器。主令电器是用于自动控制系统中发送动作指令的电器,例如按钮、行程开关、万能转换开关等。

(2) 保护电器。用于保护电路及用电设备的电器,如熔断器、热继电器、各种保护继电器、避雷器等。

(3) 执行电器。用于完成某种动作或传动功能的电器,如电磁铁、电磁离合器等。

3. 低压电器的作用

低压电器能够依据操作信号或外界现场信号的要求,自动或手动改变电路的状态、参数,实现对电路或被控对象的控制、保护、测量、指示、调节。

提示　对低压配电电器的要求是灭弧能力强、分断能力好、热稳定性能好、限流准确等。对低压控制电器,则要求其动作可靠、操作频率高、寿命长并具有一定的负载能力。

1.2　电磁式低压电器

从结构上看,电磁式低压电器一般都具有两个基本组成部分:感测部分和执行部分。感测部分接收外界输入的信号,并通过转换、放大、判断,做出有规律的反应,使执行部分动作,输出相应的指令,实现控制的目的。执行部分则是触头。对于有触头的电磁式电器,感测部分大都是电磁机构。对于非电磁式的自动电器,感测部分因其工作原理不同而各有差异,但执行部分仍是触头。

电磁式低压电器构成：电磁机构＋执行机构。

1．电磁机构

电磁机构包括固定铁心、电磁线圈（吸引线圈）、衔铁，如图 1-1 所示。

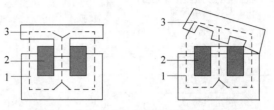

图 1-1　常用电磁机构的形式结构示意图

1—固定铁心；2—电磁线圈；3—衔铁

电磁机构分为直动式和拍合式两类。

工作原理：电磁线圈通电后，电磁吸力大于弹性力，使衔铁闭合。

铁心材料：直流-电工软铁；交流-硅钢片（端面嵌铜短路环克服交流颤抖声）。

2．执行机构

低压电器的执行机构一般由主触点及其灭弧装置组成。

1）触点

触点用来接通或断开被控制的电路。它的结构形式很多，按其接触形式可分为 3 种，即点接触、线接触和面接触，如图 1-2 所示。

(a) 点接触　　　　　　　　(b) 线接触　　　　　　　　(c) 面接触

图 1-2　触点的 3 种接触形式结构示意图

图 1-2(a)所示为点接触，它由两个半球形触点或一个半球形与一个平面形触点构成。它常用于小电流的电器中，如接触器的辅助触点或继电器触点。

图 1-2(b)所示为线接触，它的接触区域是一条直线。触点在通断过程中是滚动接触，这样，可以自动清除触点表面的氧化膜，同时长期工作的位置不是在易烧灼的起始点而是在终点，保证了触点的良好接触。这种滚动线接触多用于中等容量的触点，如接触器的主触点。

图 1-2(c)所示为面接触，它可允许通过较大的电流。这种触点一般在接触面上镶有合金，以减小触点接触电阻和提高耐磨性，多用作较大容量接触器或断路器的主触点。

提示　电磁式低压电器触点动作顺序：先断后合。

2）电弧的产生与灭弧装置

当断路器或接触器触点切断电路时，如电路中电压超过 10～20V 和电流超过 80～100mA，在拉开的两个触点之间将出现强烈火花，这实际上是一种气体放电的现象，通常称为"电弧"。电弧种类包括交流电弧（交流电弧存在交流过零点，电弧易熄灭）和直流电弧。

根据电弧产生的物理过程可知，欲使电弧熄灭，应设法降低电弧温度和电场强度，以加强消电离作用。当电离速度低于消电离速度，则电弧熄灭。

根据电弧产生的机理过程,得到灭弧原则方法有:①迅速拉长电弧;②冷却和去游离法。根据上述灭弧原则,设计出几种灭弧装置,用于熄灭触头分断负载电流时产生的电弧。

常用的灭弧装置有如下几种。

(1) 磁吹式灭弧装置。

这种灭弧装置是利用电弧电流产生的磁场来灭弧,因而电弧电流越大,吹弧的能力也越强。它广泛应用于大电流的直流接触器中。

(2) 灭弧栅。

灭弧栅灭弧原理:灭弧栅片由许多镀铜薄钢片组成,片间距离为 $2\sim3\,\mathrm{mm}$,安放在触点上方的灭弧罩内。一旦发生电弧,电弧周围产生磁场,使导磁的钢片上有涡流产生,将电弧吸入栅片,电弧被栅片分割成许多串联的短电弧,当交流电压过零时电弧自然熄灭,而两栅片间必须有 $150\sim250\,\mathrm{V}$ 电压,电弧才能重燃。这样一来,电源电压不足以维持电弧,同时由于栅片的散热作用,电弧自然熄灭后很难重燃。灭弧栅是一种常用的交流灭弧装置。

(3) 灭弧罩。

比灭弧栅更为简单的是采用一个用陶土和石棉水泥做的耐高温的灭弧罩,用以降温和隔弧,可用于交流和直流灭弧。

(4) 多断点灭弧。

在交流电路中也可采用桥式触点,如图 1-3 所示。有两处断开点,相当于两对电极,若有一处断点要使电弧熄灭后重燃则需要 $150\sim250\,\mathrm{V}$ 电压,现有两处断点就需要 $2\times(150\sim250)\,\mathrm{V}$ 电压,所以有利于灭弧。若采用双极或三极触点控制一个电路时,根据需要可灵活地将二个极或三个极串联起来当作一个触点使用,这组触点便成为多断点,加强了灭弧效果。

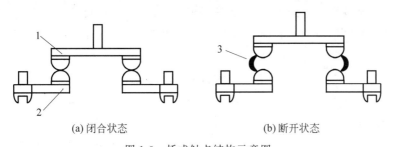

(a) 闭合状态   (b) 断开状态

图 1-3 桥式触点结构示意图

1—动触点;2—静触点;3—电弧

1.3 控制电器

1.3.1 主令电器

主令电器是一种用于继电-接触器自动控制系统中发送动作指令的电器,常用来控制电力拖动系统中电动机的起动、运行调速、停车及制动等,如按钮、行程开关、万能转换开关等。下面介绍几种常用的主令电器。

1. 控制按钮

控制按钮是一种结构简单、应用十分广泛的手动主令电器，它可以与接触器或继电器配合，对电动机实现远距离的自动控制，用于实现控制线路的电气联锁。

控制按钮一般由按钮帽、复位弹簧、触点和外壳等部分组成，其结构如图1-4所示。控制按钮中的触点结构一般为桥式，触点形式和数量可以是1常开1常闭，或多常开多常闭，一直到8常开8常闭形式。接线时，可以只接常开或常闭触点。

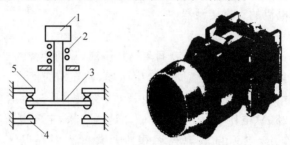

图1-4　控制按钮结构示意图

1—按钮帽；2—复位弹簧；3—动触点；4—常开静触点；5—常闭静触点

在电气自动控制电路中，控制按钮用于手动操作发出控制信号，使控制线路接通或断开，以使接触器、继电器、电磁阀、电磁起动器等电器的线圈通电或断电，达到控制这些电器的目的。当按下按钮时，先断开其常闭触点，而后接通其常开触点。当按下按钮的力消失后（释放按钮），在复位弹簧作用下，按钮帽复位，触点复位。按钮提供了一个脉冲式信号。控制按钮可做成单式（一个按钮）、复式（两个按钮）和三联式（有三个按钮）的形式。

在电气控制线路中，常开按钮常用来起动电动机，也称起动按钮；常闭按钮常用于控制电动机停止，也称停止按钮；复合按钮用于联锁控制电路中。

按钮开关的主要参数、触头数量及触头的电流容量，在产品说明书中都有详细说明。

为了便于识别各个按钮的作用，避免误操作，通常将按钮帽做成不同的颜色，以示区别，其颜色有红、绿、黑、黄、蓝、白等，如：红色表示停止按钮，绿色表示起动按钮等，如表1-2所示。

表1-2　按钮颜色及其含义

颜 色	含 义	典 型 应 用
红色	危险情况下的操作	紧急停止
	停止或分断	全部停机。停止一台或多台电动机，停止一台机器某一部分，使电器元件失电，有停止功能的复位按钮
黄色	应急、干预	应急操作、抑制不正常情况或中断不理想的工作周期
绿色	起动或接通	起动，起动一台或多台电动机，起动一台机器的一部分，使某电器元件得电
蓝色	上述几种颜色（即红、黄、绿色）未包括的任一种功能	
黑色 灰色 白色	无专门指定功能	可用于"停止"和"分断"以外的任何情况

按钮开关的图形及文字符号如图 1-5 所示。

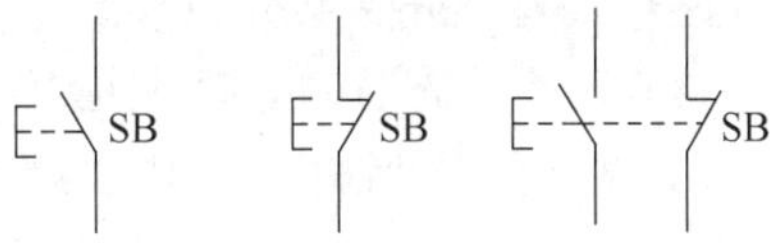

市面上还偶有一些特殊功能的按钮,其功能与上述的不同。这样的按钮,当按下按钮的力撤销后,按钮帽复位,但触点不复位;当再次按下按钮后,触点才复位。它们实际上是一般意义上的开关,而不是一般意义上的按钮,它们是按钮式开关,有的场合就称它

图 1-5　按钮开关的图形及文字符号

们为开关。有些这样的按钮,在断电后触点复位,可以对电路实现断路保护。还应当看到,有些称为开关的电器(如行程开关),它的功能实际上与一般意义上的按钮的功能相同,也就是当操作力释放后触点自动复位。所以我们必须根据它们的实际功能,而不是根据它们的名称去进行控制电路的设计。

按照操作方式、结构以及功能的差别,控制按钮可分为普通按钮式、蘑菇头式、自锁式、自复位式、旋柄式、带指示灯式、带灯符号式及钥匙式等。

控制按钮还可称为主令电器,是主令电器中的一种。主令电器是电气自动控制系统中用于发送或转换控制指令的电器,由于它是一种专门发布命令的电器,故称为主令电器。主令电器用于控制电路,通过对控制电路进行闭合和断开操作实现相应的控制命令。

2. 行程开关

行程开关又称为限位开关。行程开关(限位开关)除检测生产机械的行程外,还可以安装于生产机械行程的极限终点处,作设备安全保护用。

行程开关是对生产机械运动部件行程进行控制的电器。当运动部件运行到指定位置时,挡铁压合行程开关,使控制电路接通或断开,发出电信号,使生产机械的运行转入下一步程序(如运动部件退回)。行程开关是依照生产机械的行程发出控制命令的主令电器。它的作用原理与按钮类似。行程开关广泛用于各类机床和起重机械,用以控制其行程、进行终端限位保护。在电梯的控制电路中,还利用行程开关控制开关轿门的速度、自动开关门的限位以及轿厢上、下限位保护。

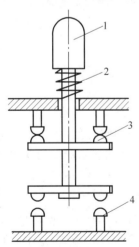

图 1-6　直动式行程开关
结构示意图

1—推杆;2—弹簧;3—动断触点;4—动合触点

行程开关的基本结构有三个主要部分:摆杆(或称顶杆,操作机构)、触头系统和外壳。其中,摆杆与动触头相连。

行程开关的动作原理基本与按钮相同,即摆杆被操作(受相应的力)后,行程开关的动触头跟着动作,使其常闭触点断开、常开触点闭合;当操作力撤销后摆杆复位,动触头复位,触点状态复原。但是摆杆不是由手动的,而是由机械设备的某些可动刚体部件撞动或压合的。行程开关按其结构可分为直动式、滚轮式、微动式和组合式。

(1)直动式行程开关。其结构原理如图 1-6 所示,其动作原理与按钮开关相同,但其触点的分合速度取决于生产机械的运行速度,不宜用于速度低于 0.4m/min 的场所。

(2)滚轮式行程开关。其结构原理如图 1-7 所示,当被控机械上的撞块撞击带有滚轮的撞杆时,撞杆转向右边,带动凸轮转动,顶下推杆,使微动开关中的触点迅速动作。当运动机械返回时,在复位弹簧的作用下,各部分动作部件复位。

　　滚轮式行程开关又分为单滚轮自动复位和双滚轮（羊角式）非自动复位式，双滚轮行程开关具有两个稳态位置，有"记忆"作用，在某些情况下可以简化线路。

　　（3）微动式行程开关。其结构如图1-8所示。

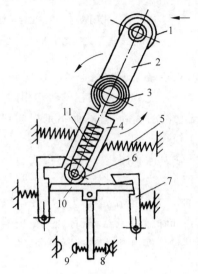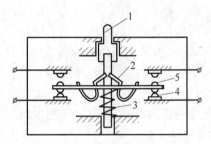

图1-7　滚轮式行程开关结构示意图
1—滚轮；2—上转臂；3、5、11—弹簧；4—套架；
6—滑轮；7—压板；8、9—触点；10—横板

图1-8　微动式行程开关结构示意图
1—推杆；2—弹簧；3—压缩弹簧；4—动断触点；
5—动合触点

　　行程开关触点符号见图1-9所示。行程开关的主要参数有动作行程、工作电压及触头的电流容量，在产品说明书中有详细说明。

常开触点　　　　常闭触点　　　　复合触点

图1-9　行程开关触点符号

3. 接近开关

　　接近开关是非接触式的行程开关，简称接近开关。它由感应头、高频振荡器、放大器和外壳组成。其功能是当某种物体与之接近到一定距离时就发出开关动作信号，而不像机械行程开关那样需要施加机械力。接近开关是通过其感应头与被测物体间介质能量的变化来获取信号的。其应用已远超出一般行程控制和限位保护，它可以像机械行程开关一样完成行程控制和限位保护，也可以用于工件计数、与计数有关的检测及液面控制等。

　　接近开关可根据其感应机构（接近信号发生机构）工作原理的不同分为高频振荡型、电磁感应型、霍尔效应型、光电型、永磁及磁敏元件型、电容型、超声波型等多种形式，其中高频振荡型最为常用，占全部接近开关产量的80%以上。高频振荡型用于检测各种金属，当前应用最为普遍；电磁感应型（包括差动变压器型）用于检测导磁和非导磁金属；电容型用于检测各种导电和不导电的液体及金属；永磁型及磁敏元件用于检测磁场及磁性金属；光电型用于检测不透光的物质；超声波型用于检测不透过超声波的物质。

（1）高频振荡型接近开关包括感应头、振荡器、开关器、输出器和稳压器等几部分。高频振荡型接近信号的发生机构实际上是一个 LC 振荡器，其中 L 是电感式感应头。当装在生产机械上的金属检测体（通常为铁磁件）接近感应头时，由于感应作用，使处于高频振荡器线圈磁场中的物体内部产生涡流（及磁滞）损耗，以致振荡回路因电阻增大、损耗增加而使振荡减弱，直至停止振荡。这时，晶体管开关器就导通，并通过输出器（即电磁式继电器）输出信号（即触点通或断），从而起到控制作用。LC 振荡器由 LC 谐振回路、放大器和反馈电路构成。按反馈方式可分为电感分压反馈式、电容分压反馈式和变压器反馈式。

（2）差动变压器型接近开关是通过检测线圈和比较线圈的比较之差值进行动作的。

（3）电容型接近开关主要是由电容式振荡器及电子电路组成，它的电容极板置于相应位置，当检测物体接近时，将因改变了其耦合电容值而产生振荡或停止振荡，使输出信号发生跃变，输出反映物位的信号。电容式接近开关可检测各种材料，如固体、液体或粉末状物体的物位。

（4）霍尔效应型接近开关是以霍尔元件对磁场的霍尔效应为原理进行工作的。当霍尔接近开关接近反映检测物位置的磁场时，将磁信号转换为电压信号，继而由晶体管、晶闸管或继电器输出开关信号，发出控制命令的。霍尔接近开关对磁场的接近是有方向的。

（5）超声波型接近开关主要由压电陶瓷传感器、发射超声波和接收反射波用的电子装置及调节检测范围用的程控桥式开关等几部分组成。适于检测不能或不可触及的目标，其控制功能不受声、电、光等因素干扰，检测目标可以是固体、液体或粉末状态的物体，只要能反射超声波即可。

与行程开关比较，接近开关具有定位精度高、操作频率高、非接触触发、输出信号稳定无脉动、寿命长、耐冲击振荡、耐潮湿、能适应恶劣工作环境等优点，因此，在工业生产中逐渐得到推广应用。

接近开关的主要技术指标有：①动作距离；②重复精度；③操作频率；④复位行程；⑤输出方式；⑥工作电压；⑦触头的电流容量等。

接近开关触点符号如图 1-10 所示。

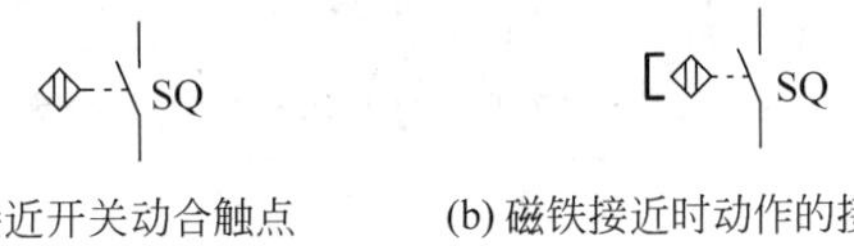

(a)接近开关动合触点　　　(b)磁铁接近时动作的接近开关

图 1-10　接近开关触点符号

4．万能转换开关

万能转换开关具有更多的操作位置和触点，是一种能够连接多个电路的手动控制电器，是一种多挡式、控制多回路的主令电器。万能转换开关主要用于各种控制线路的转换，电压表、电流表的换相测量控制，配电装置线路的转换和遥控等。万能转换开关还可以用于直接控制小容量电动机的起动、调速和换向。

万能转换开关适用性广，国内现有 LW2、LW4、LW5、LW6、LW8、LW12、LW15、LW16、LW26、LW30、LW39、CA10、HZ5、HZ10、HZ12 等各类开关以及进口设备上的转换开关。常用产品有 LW5 和 LW6 系列。LW5 系列可控制 5.5kW 及以下的小容量电动机；

LW6 系列只能控制 2.2kW 及以下的小容量电动机。用于可逆运行控制时，只有在电动机停车后才允许反向起动。万能转换开关派生产品有挂锁型开关和暗锁型开关（63A 及以下），可用作重要设备的电源切断开关，防止误操作以及控制非授权人员的操作。

万能转换开关具有体积小、功能多、结构紧凑、选材讲究、绝缘良好、转换操作灵活、安全可靠的特点。万能转换开关规格齐全，有 10A、16A、20A、25A、32A、63A、125A 和 160A 等电流等级。

1) 结构组成

万能转换开关，是由多组相同结构的触点组件叠装而成的多回路控制电器。它由操作机构、定位装置、触点、接触系统、转轴、手柄等部件组成。

触点是在绝缘基座内，为双断点触头桥式结构，动触点设计成自动调整式以保证通断时的同步性，静触点装在触点座内。使用时依靠凸轮和支架进行操作，控制触点的闭合和断开。

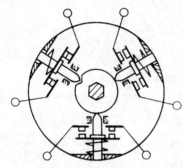

图 1-11 万能转换开关单层的
结构示意图

2) 操作过程

万能转换开关，是用手柄带动转轴和凸轮推动触头接通或断开的。由于凸轮的形状不同，当手柄处在不同位置时，触头的吻合情况不同，从而达到转换电路的目的。

LW5 系列万能转换开关按手柄的操作方式可分为自复式和定位式两种。自复式是指用手拨动手柄于某一挡位时，手松开后，手柄自动返回原位；定位式则是指手柄被置于某挡位时，不能自动返回原位而停在该挡位。如图 1-11 所示为万能转换开关单层的结构示意图。

万能转换开关的手柄操作位置是以角度表示的。不同型号的万能转换开关的手柄有不同万能转换开关的触点，电路图中的图形符号如表 1-3 所示。但由于其触点的分合状态与操作手柄的位置有关，所以，除在电路图中画出触点图形符号外，还应画出操作手柄与触点分合状态的关系。图 1-11 中，当万能转换开关打向左 45°时，触点 1-2、3-4、5-6 闭合，触点 7-8 打开；当打向 0°时，只有触点 5-6 闭合；当打向右 45°时，触点 7-8 闭合，其余打开。

表 1-3 万能转换开关的图形符号及闭合表

	触点编号	45°	0°	45°
LW5-15D0403/2				
	1-2	×		
	3-4	×		
	5-6	×	×	
	7-8			×

5. 主令控制器

主令控制器是一种频繁对电路进行接通和切断的电器，其作用是发出指令。通过它的操作，可以对控制电路发布命令，由于触点的额定电流较小，不能直接控制主电路，而是通过接通、断开接触器或继电器的线圈电路，间接控制主电路，进而与其他电路实行联锁或切换。

主令控制器常配合磁力起动器对绕线式异步电动机的起动、制动、调速及换向实行远距离控制,广泛用于各类起重机械的拖动电动机的控制系统中。

主令控制器一般由外壳、触点、凸轮、转轴等组成,与万能转换开关相比,它的触点容量大些,操纵挡位也较多。主令控制器的动作过程与万能转换开关类似,也是由一块可转动的凸轮带动触点动作。

常用的主令控制器有 LK5 和 LK6 系列,其中 LK5 系列有直接手动操作、带减速器的机械操作与电动机驱动等三种形式的产品。LK6 系列是由同步电动机和齿轮减速器组成定时元件,由此元件按规定的时间顺序,周期性地分合电路。

从结构上讲,主令控制器分为两类:一类是凸轮可调式主令控制器;另一类是凸轮固定式主令控制器。如图 1-12 所示为凸轮可调式主令控制器结构示意图。

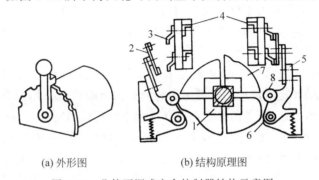

(a) 外形图　　　　　　(b) 结构原理图

图 1-12　凸轮可调式主令控制器结构示意图

1—凸轮块;2—动触点;3—静触点;4—接线端子;5—支杆;6—转动轴;7—凸轮块;8—小轮

1.3.2　开关

开关是最普通、使用最早的电器,其作用是分合电路、开断电流。常用的有刀开关、低压断路器等。

1. 刀开关

刀开关是手动电器中结构最简单的一种,主要用作电源隔离开关,也可用来不频繁地接通和分断容量较小的低压配电线路,有时也用来控制小容量电动机的直接起动与停机。接线时应将电源线接在上端,负载接在下端,这样拉闸后刀片与电源隔离,可防止意外事故发生。

刀开关由闸刀(动触点)、静插座(静触点)、手柄和绝缘底板等组成。刀开关的种类很多:按极数(刀片数)可分为单极、双极和三极;按结构可分为平板式和条架式;按操作方式可分为直接手柄操作式、杠杆操作机构式和电动操作机构式;按转换方向可分为单投和双投等。刀开关一般与熔断器串联使用,以便在短路或过负荷时熔断器熔断而自动切断电路。刀开关的额定电压通常为 250V 和 500V,额定电流在 1500A 以下。

刀开关的主要类型有大电流刀开关、负荷开关、熔断器式刀开关。常用的产品有 HD11～HD14 和 HS11～HS13 系列刀开关。常用的 HD 系列和 HS 系列刀开关的外形如图 1-13 所示。刀开关的图形和文字符号如图 1-14 所示。

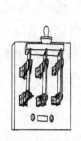
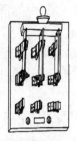

(a) HD系列刀开关　　　　(b) HS系列刀开关

图 1-13　HD 系列和 HS 系列刀开关的外形图

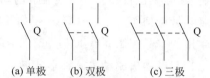

(a) 单极　　(b) 双极　　(c) 三极

图 1-14　刀开关的图形和文字符号

安装刀开关时,电源线应接在静触点上,负荷线接在与闸刀相连的端子上。对有熔断丝的刀开关,负荷线应接在闸刀下侧熔断丝的另一端,以确保刀开关切断电源后闸刀和熔断丝不带电。在垂直安装时,手柄向上合为接通电源,向下拉为断开电源,不能反装,否则会因闸刀松动自然落下而误将电源接通。

刀开关的选用主要考虑回路额定电压、长期工作电流以及短路电流所产生的动热稳定性等因素。刀开关的额定电流应大于其所控制的最大负荷电流。用于直接起停 3kW 及以下的三相异步电动机时,刀开关的额定电流必须大于电动机额定电流的 3 倍。

开关有有载运行操作、无载运行操作、选择性运行操作之分;又有正面操作、侧面操作、背面操作几种;还有不带灭弧装置和带灭弧装置之分。刀口接触有面接触和线接触两种,

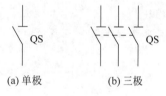

(a) 单极　　　　(b) 三极

图 1-15　低压隔离器图形、
文字符号

线接触形式,刀片容易插入,接触电阻小,制造方便。开关常采用弹簧片以保证接触良好。

低压隔离器是指在断开位置能符合规定的隔离功能要求的低压机械开关电器,而隔离开关的含义是在断开位置能满足隔离器隔离要求的开关。低压隔离器图形、文字符号如图 1-15 所示。

提示　在控制电路中,隔离开关最明显的作用是隔离,即有明显断开点。

2. 低压断路器

低压断路器按结构形式分为万能式和塑料外壳式两类。其中,万能式原称作框架式断路器,为与 IEC 标准使用的名称相符合,已改称为万能式断路器。

低压断路器又称作自动空气断路器,简称自动空气开关、自动开关或空开。可用来接通和分断负载电路,也可用来控制不频繁起动的电动机。它的功能相当于闸刀开关、过电流继电器、失压继电器、热继电器及漏电保护器等电器部分或全部的功能总和,是低压配电网中一种重要的保护电器。低压断路器具有保护功能多(过载、短路、欠电压保护等)、动作值可调、分断能力高、操作方便、安全等优点,所以目前被广泛应用。

1) 结构和工作原理

低压断路器工作原理图如图 1-16 所示。低压断路器由操作机构、触点、保护装置(各种脱扣器)、灭弧系统等组成。主触头由耐弧合金(如银钨合金)制成,采用灭弧栅片灭弧。操作机构较复杂,其通断可用手柄操作,也可用电磁机构操作,大容量的断路器也可采用电动机操作;自动脱扣装置可应付各种故障,使触点瞬时动作,而与手柄的操作速度无关。

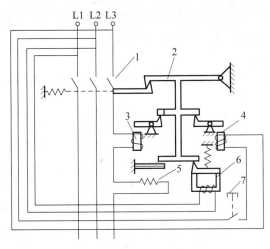

图 1-16　低压断路器工作原理图

1—主触点；2—自由脱扣机构；3—过电流脱扣器；4—分励扣器脱；
5—热脱扣器；6—欠电压脱扣器；7—停止按钮

低压断路器的主触点是靠手动操作或电动合闸的。主触点闭合后，自由脱扣机构将主触点锁在合闸位置上，这是正常工作状态。过电流脱扣器的线圈和热脱扣器的热元件与主电路串联，欠电压脱扣器的线圈和电源并联。当电路发生短路或严重过载时，过电流脱扣器的衔铁吸合，使自由脱扣机构动作，主触点断开主电路，这就是过电流保护。当电路过载时，热脱扣器的热元件发热使双金属片上弯曲，推动自由脱扣机构动作，完成过负荷保护。当电路欠电压时，欠电压脱扣器的衔铁释放，也使自由脱扣机构动作，实现失压保护。分励脱扣器则作为远距离控制用，在正常工作时，其线圈是断电的，在需要远距离控制时，按下起动按钮，使线圈通电，衔铁带动自由脱扣机构动作，使主触点断开，实现远距离控制。低压断路器图形、文字符号如图 1-17 所示。

提示　低压断路器虽然功能强大，但允许操作的次数较低，不适宜频繁操作。同时必须指出的是：并非每种类型的断路器均具有上述四种脱扣器，根据断路器使用场合本身体积所限，有的断路器具有分励、失压和过电流三种脱扣器，而有的断路器只具有过电流和过载两种脱扣器。

图 1-17　低压断路器图形、文字符号

2）低压断路器型号系列

低压断路的新型号很多，有用引进技术生产的，如 C45、S250S、E4CB、3VE、ME、AE 等系列；有国内开发研制的，如 CM1、DZ20 系列。在 20 世纪 90 年代，部分生产厂与国外企业合资建厂引进技术及零件，生产具有当代水平的新型断路器（如 S、F、M 系列等），使我国断路器生产在某些方面达到新的水平。

C45、DPN、NC100 小型塑料外壳系列断路器是中法合资天津梅兰有限公司用法国梅兰日兰公司的技术和设备制造的产品，适用于交流 50Hz 或 60Hz，额定电压为 240/415V 及以下的电路，用于线路、照明及动力设备的过负载与短路保护，以及线路和设备的通断转换。该系列断路器也可用于直流电路。

DZ20 系列断路器是我国 20 世纪 80 年代以来研制的作为替代 DZ10 等系列老产品的新型断路器，是目前国内应用最多的断路器之一。DZ20 系列断路器适用于交流 50Hz、额定电压380V及以下、直流电压220V及以下的网络，作配电和保护电机用。在正常情况下，可分别用于线路的不频繁转换及电动机的不频繁起动。

3）低压断路器的选用原则

（1）根据线路对保护的要求确定断路器的类型和保护形式——选用框架式、装置式或限流式等。

（2）断路器的额定电压U_N应等于或大于被保护线路的额定电压。

（3）断路器欠压脱扣器额定电压应等于被保护线路的额定电压。

（4）断路器的额定电流及过流脱扣器的额定电流应大于或等于被保护线路的计算电流。

（5）断路器的极限分断能力应大于线路的最大短路电流的有效值。

（6）配电线路中的上、下级断路器的保护特性应协调配合，下级的保护特性应位于上级保护特性的下方且不相交。

1.3.3 控制继电器

控制继电器是一种根据特定形式的输入信号而动作的自动控制电器。继电器本质上是检测电器，它检测电压、电流等电量或时间、速度、压力、温度等非电量，当量值达到某一规定限度时，则切换输出开关量的状态：若继电器输出是有触点的，则触点状态由断变通或由通变断；若继电器输出是无触点的，例如是开关晶体管或晶闸管，则进行截止到导通的切换或导通到截止的切换。

继电器的输出开关（不论有无触点）一般接在辅助电路的控制回路中，以便根据被检测量状态对主电路产生相应的控制。继电器的另一种功能是进行开关量的转换：一路开关量变为多路开关量；或把输出开关量反馈到控制回路的输入端；或使输出开关（不论有无触点）的导通电流逐步放大或缩小，以满足不同电源类型、不同级别的控制回路之间的衔接；或是信号转换器，输入是被检测的电量或非电量，输出是开关量，它是模拟量/开关量转换器，或数字量/开关量转换器，或开关量/开关量转换器。

继电器的种类繁多，分类方法也很多，常用的分类方法如下。

（1）按检测输入量的不同分为电压继电器、电流继电器、时间继电器、温度继电器等。

（2）按动作原理分为电磁式继电器、感应式继电器、电动式继电器、电子式继电器等。

（3）按使用范围不同分为控制继电器（用于电力拖动系统以实现生产自动化和作某些保护）、保护继电器（用于电力系统作继电保护）、通信继电器（用于电讯和遥控系统）和安全继电器（用于人身和设备安全保护）。

电磁式继电器是应用最早、最多的一种。其结构及工作原理与接触器大体相同，由电磁系统、触点系统和释放弹簧等组成，原理如图1-18所示。由于继电器用于控制电路，流过触点的电流比较小，一般在5A以下，故不需要灭弧装置。

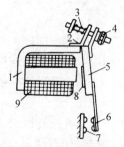

图1-18 电磁式继电器原理图

1—铁心；2—旋转棱角；3—释放弹簧；
4—调节螺母；5—衔铁；6—动触点；
7—静触点；8—非磁性垫片；9—线圈

这里介绍几款常用的控制用继电器。

1. 中间继电器

中间继电器在控制电路中主要用来传递信号、扩大信号功率以及将一个输入信号变换成多个输出信号等。中间继电器的基本结构及工作原理与接触器完全相同,但中间继电器的触点对数多,且没有主辅之分,各对触点允许通过的电流大小相同,多数为5A。因此,对工作电流小于5A的电气控制线路,可用中间继电器代替接触器实施控制。中间继电器实质上是一种电压继电器。

中间继电器图形、文字符号如图1-19所示。

提示 中间继电器的特点是触点数目较多,电流容量可增大,起到中间放大触点数目和电流容量,以及作为信号传递、连锁、转换以及隔离的作用。

图 1-19 中间继电器图形、文字符号

2. 时间继电器

时间继电器是一种利用电磁原理或机械动作原理实现触点延时接通或断开的自动控制电器,延时时间长短需要事先设定。延时的起点是时间继电器信号输入端得电时刻,或失电时刻;延时的终点时刻由时间继电器自动感知,同时在此时刻时间继电器输出开关量信号,即触点状态被切换,触点闭合或断开。时间继电器的实质是将对系统状态进行切换的命令延时执行。

时间继电器的延时方式有两种:通电延时和断电延时。通电和断电指发出操作命令的方式和时刻。一般电磁式时间继电器,通电延时指线圈通电后,延时一个预定的时间段其常开触点闭合,当线圈断电时其常开触点同时恢复原断开状态;断电延时指线圈通电后,其常开触点立即闭合,当线圈断电时,其常开触点仍保持闭合,在延时一个预定的时间段后才恢复原断开状态。

时间继电器的种类很多,按其延时原理有电磁式、空气阻尼式、电动机式、双金属片式、电子式、可编程式和数字式等。

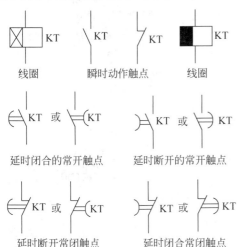

图 1-20 时间继电器图形符号及文字符号

时间继电器图形符号及文字符号如图1-20所示。

1) 直流电磁式时间继电器

直流电磁式时间继电器在铁心上增加一个阻尼钢套,带有阻尼铜套的铁心结构如图1-21所示。它是利用电磁阻尼原理产生延时的,由电磁感应定律可知,在继电器线圈通断电过程中铜套内将感应电势,并流过感应电流(涡流)。此电流产生的磁通总是反对原磁通变化。

当继电器通电时,由于衔铁处于释放位置,气隙大,磁阻大,磁通小,铜套阻尼作用相对也小,因此衔铁吸合时延时不显著(一般忽略不计)。而当继电器断电时,磁通变化量大,铜套阻尼作用也大,使衔铁延时释放而起到延时作用。因此,这种继电器仅用作断电延时。这种

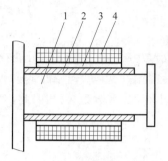

图 1-21　带有阻尼铜套的铁心
结构示意图

1—铁心；2—阻尼铜套；

3—绝缘层；4—线圈

时间继电器延时较短，而且准确度较低，一般只用于要求不高的场合，如电动机的延时起动等。

直流电磁式时间继电器延时时间的长短可通过改变铁心与衔铁间非磁性垫片的厚薄（粗调）或改变释放弹簧的松紧（细调）来调节。垫片厚则延时短，垫片薄则延时长。释放弹簧紧则延时短，释放弹簧松则延时长。

2）空气阻尼式时间继电器

空气阻尼式时间继电器是利用空气阻尼作用而达到延时的目的。它由电磁机构、延时机构和触点组成。其电磁机构与电压继电器相同，只是触点与衔铁间加入了延时机构。

空气阻尼式时间继电器的电磁机构有交流、直流两种。延时方式有通电延时型和断电延时型（改变电磁机构位置，将电磁铁翻转180°安装）。当动铁心（衔铁）位于静铁心和延时机构之间位置时为通电延时型；当静铁心位于动铁心和延时机构之间位置时为断电延时型。

时间继电器原理图如图 1-22 所示。现以通电延时型为例说明其工作原理。当线圈 1 得电后衔铁（动铁心）3 吸合，活塞杆 6 在塔形弹簧 7 作用下带动活塞 13 及橡皮膜 9 向上移动，橡皮膜下方空气室空气变得稀薄，形成负压，活塞杆只能缓慢移动，其移动速度由进气孔气隙大小来决定。经一段延时后，活塞杆通过杠杆 15 压动微动开关 14，使其触点动作，起到通电延时作用。由线圈得电到触点动作的一段时间即为时间继电器的延时时间，其大小可以通过调节螺钉 11 调节进气孔气隙大小来改变。当线圈断电时，衔铁释放，橡皮膜下方空气室内的空气通过活塞肩部所形成的单向阀迅速地排出，使活塞杆、杠杆、微动开关等迅速复位。

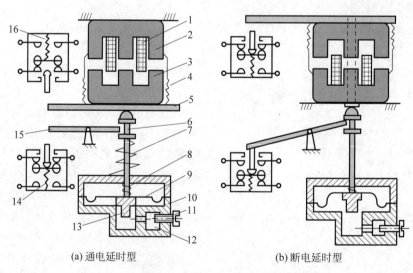

(a) 通电延时型　　　　　　　　　(b) 断电延时型

图 1-22　时间继电器原理图

1—线圈；2—铁心；3—衔铁；4—反力弹簧；5—推板；6—活塞杆；7—塔形弹簧；8—弱弹簧；9—橡皮膜；
10—空气室壁；11—调节螺钉；12—进气孔；13—活塞；14、16—微动开关；15—杠杆

断电延时型由于电磁铁安装方向不同，当衔铁吸合时推动活塞复位，排出空气。当衔铁释放时活塞杆在弹簧作用下使活塞向下移动，实现断电延时。

在线圈通电和断电时,微动开关 16 在推板 5 的作用下都能瞬时动作,其触点即为时间继电器的瞬动触点。

空气阻尼式时间继电器结构简单,价格低廉,延时范围为零点几秒到几十分钟,但是延时误差较大,难以精确地确定延时时间,因此常用于延时精度要求不高的交流控制电路中。

3) 其他时间继电器

（1）半导体时间继电器。

电子式时间继电器采用晶体管或集成电路和电子元件等构成,具有延时范围广、精度高、体积小、耐冲击和耐振动、调节方便及寿命长等优点,因此发展很快,应用也很广泛。电子式时间继电器在时间继电器中已成为主流产品。

半导体时间继电器的输出形式有两种:有触点式(用晶体管驱动小型磁式继电器)和无触点式(用晶体管或晶闸管输出)。

（2）单片机控制时间继电器。

随着电力电子技术和微电子技术的发展,采用集成电路、功率电路和单片机等电子元件构成的新型时间继电器大量面市。如 DHC6 多制式单片机控制时间继电器;J5S17、J3320、JSZ13 等系列大规模集成电路数字时间继电器;J5145 等系列电子式数显时间继电器;J5G1 等系列固态时间继电器等。

DHC6 多制式单片机控制时间继电器是为了适应工业自动化控制水平越来越高的要求而生产的。多种制式时间继电器可使用户根据需要选择最合适的制式,使用简便,而且控制的可靠性高。

3. 速度继电器

速度继电器又称为反接制动继电器。从结构上看,与交流电机相类似,它的主要结构是由转子、定子及触点三部分组成。定子的结构与笼型异步电动机相似,是一个笼型空心圆环,由硅钢片冲压而成,并装有笼型绕组。转子是一个圆柱形永久磁铁。

速度继电器的转子与电动机或机械轴连接,随着电动机旋转而旋转。由于继电器工作时是与电动机同轴的,不论电动机正转或反转,电器的两个常开触点,就有一个闭合,准备实行电动机的制动。一旦开始制动时,由控制系统的联锁触点和速度继电器的备用的闭合触点,形成一个电动机相序反接(俗称倒相)电路,使电动机在反接制动下停车。而当电动机的转速接近零时,速度继电器的制动常开触点分断,从而切断电源,使电动机制动状态结束。

速度继电器主要用于笼型异步电动机的反接制动控制。感应式速度继电器的原理如图 1-23 所示。它是靠电磁感应原理实现触点动作的。

速度继电器的轴与电动机的轴 1 相连接。转子 2 固定在轴上,定子 3 与轴同心。当电动机转动时,速度继电器的转子随之转动,绕组切割磁场产生感应电动势和电流,此电流和永久磁铁的磁场作用产生转矩,使定子向轴的转动方向偏摆,通过定子柄 5 拨动触点,使常闭触点断开、常开

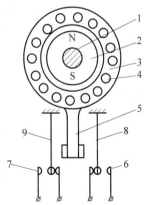

图 1-23　感应式速度继电器结构
原理图

1—电动机轴;2—转子;3—定子;
4—绕组;5—定子柄;6、7—静触点;
8、9—动触点

触点闭合。当电动机转速下降到接近零时，转矩减小，定子柄 5 在弹簧力的作用下恢复原

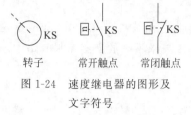

转子　常开触点　常闭触点

图 1-24　速度继电器的图形及
文字符号

位，触点也复原。速度继电器根据电动机的额定转速进行选择。其图形及文字符号如图 1-24 所示。

常用的速度继电器有 JY1 型和 JFZ0 型两种。其中，JY1 型可在 700～3600r/min 范围内可靠地工作；JFZ0-1 型适用于 300～1000r/min；JFZ0-2 型适用于 1000～3600r/min。它们具有两个常开触点、两个常闭触点，触

电额定电压为 380V，额定电流为 2A。

提示　速度继电器有两对常开、常闭触点，分别对应于被控电动机的正、反转运行。一般速度继电器的转轴在 120r/min 左右即能动作，在 100r/min 时触头即能恢复到正常位置。

4. 干簧继电器

在工业电气控制中还常用到一种舌簧继电器，舌簧继电器包括干簧继电器、水银湿式舌簧继电器、铁氧体剩磁式舌簧继电器，常用的主要是干簧继电器。

干簧继电器是一种具有密封触点的电磁式继电器。干簧继电器可以反映电压、电流、功率以及电流极性等信号，在检测、自动控制、计算机控制技术等领域中应用广泛。

干簧继电器主要由干式舌簧片与励磁线圈组成。干式舌簧片（触点）是密封的，由铁镍合金做成，舌片的接触部分通常镀有贵重金属，如金、铑、钯等，接触良好，具有优良的导电性能。触点密封在充有氮气等惰性气体的玻璃管中，因而有效地防止了尘埃的污染，减少了触点的腐蚀，提高了工作可靠性。

干簧继电器结构原理图如图 1-25 所示。干簧继电器常与磁钢或电磁线圈配合使用。当磁钢靠近后，在磁场作用下，玻璃管中两舌簧片的自由端分别被磁化为 N 极与 S 极而相互吸引，从而接通了被控制的电路。当磁钢离开后，磁场消失，舌簧片在本身的弹力作用下分开并复位，控制电路被切断。

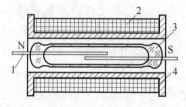

图 1-25　干簧继电器结构原理图
1—舌簧片；2—线圈；3—玻璃管；4—骨架

干簧继电器具有以下特点：体积小重量轻，结构简单。触点密封好，不受尘埃、潮气及有害气体污染，动片质量小，动程小，触点电寿命长，一般可达 10^7 次左右。吸合功率小，灵敏度高，一般吸合与释放时间均在 0.5～2ms 以内，与电子线路的动作速度相近，比一般继电器快 5～10 倍。承受电压低，通常不超过 250V。

干簧继电器还可以用永磁体驱动，反映非电信号，用作限位及行程控制以及非电量检测等。主要部件为干簧继电器的干簧水位信号器，适用于工业与民用建筑中的水箱、水塔及水池等开口容器的水位控制和水位报警。

5. 压力继电器

压力继电器广泛用于各种气压和液压控制系统中，通过检测气压或液压的变化，发出信号，控制电动机的起停。压力继电器有柱塞式、膜片式、弹簧管式和波纹管式四种结构形式。下面介绍柱塞式压力继电器的工作原理，压力继电器结构如图 1-26 所示。

压力继电器由微动开关、给定装置、压力传送装置及继电器外壳等几部分组成。给定装置包括给定螺帽、平衡弹簧 3 等。压力传送装置包括入油口管道接头 5、橡皮膜 4 及滑杆 2 等。

当用于机床润滑油泵的控制时,润滑油经管道接头入油口 5 进入油管,将压力传送给橡皮膜 4,当油管内的压力达到某给定值时,橡皮膜 4 便受力向上凸起,推动滑杆 2 向上,压合微动开关,发出控制信号。旋转弹簧 3 上面的给定螺帽,便可调节弹簧的松紧程度,改变动作压力的大小,以适应控制系统的需要。应用场合:用于安全保护;控制执行元件的顺序动作;用于泵的起闭和卸荷。

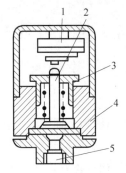

图 1-26　压力继电器结构示意图
1—微动开关;2—滑杆;3—弹簧;
4—橡皮膜;5—入油口

注意:压力继电器必须放在压力有明显变化的地方才能输出电信号。若将压力继电器放在回油路上,由于回油路直接接回油箱,压力也没有变化,所以压力继电器也不会工作。

6. 液位继电器

液位继电器是控制液面的继电器。利用液体的导电性,当液面达到一定高度时继电器就会动作切断电源;当液面低于一定位置时接通电源使水泵工作,达到自动控制的作用。

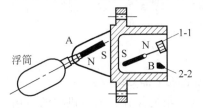

图 1-27　液位继电器结构示意图

根据液位的高低控制电动机的起停,可由液位继电器完成。

图 1-27 为液位继电器的结构示意图。浮筒置于被控锅炉或水柜内,浮筒的一端有一根磁钢,锅炉外壁装有一对触点,动触点的一端也有一根磁钢,它与浮筒一端的磁钢相对应。当锅炉或水柜内的水位降低到下限规定值以下时,浮筒下落使磁钢端绕支点 A 上翘。由于磁钢同性相斥的作用,使动触点的磁钢端被斥下落,通过支点 B 使触点 1-1 接通,触点 2-2 断开。反之,若液位继电器置于上限位置,水位升高到上限规定值以上时,浮筒上浮使触点 2-2 接通、1-1 断开。显然,液位继电器的安装位置决定了被控的液位。

7. 可编程通用逻辑控制继电器

可编程通用逻辑控制继电器是近几年发展应用的一种新型通用逻辑控制继电器,也称通用逻辑控制模块,它将控制程序预先存储在内部存储器中,用户程序采用梯形图或功能图语言编程,形象直观,简单易懂,由按钮、开关等输入开关量信号。通过执行程序对输入信号进行逻辑运算、模拟量比较、计时、计数等,另外还有显示参数、通信、仿真运行等功能,其内部软件功能和编程软件可替代传统逻辑控制器件及继电器电路,并具有很强的抗干扰抑制能力。另外,其硬件是标准化的,要改变控制功能只需改变程序即可。因此,在继电逻辑控制系统中,可以"以软代硬"替代其中的时间继电器、中间继电器、计数器等,以简化线路设计,并能完成较复杂的逻辑控制,甚至可以完成传统继电逻辑控制方式无法实现的功能。

因此,可编程通用逻辑控制继电器在工业自动化控制系统、小型机械和装置、建筑电器等方面有广泛应用。在智能建筑中适用于照明系统、取暖通风系统、门、窗、栅栏和出入口等的控制。

常用产品主要有德国金钟-默勒公司的 Easy、西门子公司的 LOGO、日本松下公司的可选模式控制器——控制存储式继电器等。

1.4 执行及显示电器

1.4.1 接触器

接触器是一种用来自动接通或断开大电流电路的电器。因为可快速切断交流与直流主回路和可频繁地接通与大电流控制电路的装置，并可实现远距离控制，所以常用于电动机中作控制对象，也可用于电热设备、电焊机、电容器组等其他电力负载。接触器还具有低电压释放保护功能，具有控制容量大、过载能力强、寿命长、设备简单经济等特点，是电力拖动自动控制线路中使用最广泛的、重要的电器元件。

提示 接触器和继电器的工作原理一样。主要区别在于：接触器的主触点可以通过大电流，而继电器的触点只能通过小电流。

接触器按主触点连接回路的形式分为直流接触器和交流接触器；按操作机构分为电磁式接触器和永磁式接触器等。

永磁式交流接触器是利用磁极的同性相斥、用永磁驱动机构取代传统的电磁铁驱动机构而形成的一种微功耗接触器，国内成熟的产品型号有CJ20J、NSFC1、NSFC2、NSFC3、NSFC4、NSFC5、NSFC12、NSFC19、CJ40J、NSFMR等。

1. 交流接触器

1）交流接触器结构组成与工作原理

电磁式交流接触器基本由电磁机构、触点系统和灭弧装置三部分组成。

（1）电磁机构和触点系统是体现接触器使用功能的两个组成部分。电磁机构的作用是将电磁能转化为机械能从而产生电磁吸力带动触点动作。电磁机构通常采用电磁铁形式，由吸引线圈、铁心（静铁心）和衔铁（动铁心）等组成。铁心、铁轭、衔铁和空气隙构成电磁机构的磁路，线圈通过一定的电压或电流产生激励磁场及吸力，并通过气隙转换为机械能，带动衔铁运动使触头动作，以完成触点动作。

（2）触点是接触器的执行工作部件，起接通和分断电路的作用。触点系统包括主触点和辅助触点。一般一个触点系统包括三对主触点和数对辅助触点。主触点用于通断主电路，允许通过较大的电流，通常为三对常开触点。辅助触点用于控制电路，只能通过较小的电流，通常有两对常开、两对常闭触点，起电气联锁作用，故又称联锁触点。

（3）容量在10A以上的接触器都有灭弧装置。对于小容量的接触器，常采用双断口触点灭弧、电动力灭弧、相间弧板隔弧及陶土灭弧罩灭弧。对于大容量的接触器，采用纵缝灭弧罩及栅片灭弧。

除电磁机构、触点系统和灭弧装置外，交流接触器还有反作用弹簧、缓冲弹簧、触点压力弹簧、传动机构及外壳等。CJ10-20型交流接触器结构示意图如图1-28所示。

交流接触器的工作原理是当接触器线圈通电后，线圈电流会产生磁场，产生的磁场使静铁心产生磁通及电磁吸力吸引动铁心，此电磁吸力克服弹簧反力使得衔铁吸合，并带动触点机构动作，常闭触点断开，常开触点闭合，两者是联动的，互锁或接通线路。当线圈断电或线圈两端电压显著降低时，电磁吸力小于弹簧反力，或电磁吸力消失，使得衔铁释放，触点机构复位，常开触点断开，常闭触点闭合，断开线路或解除互锁。

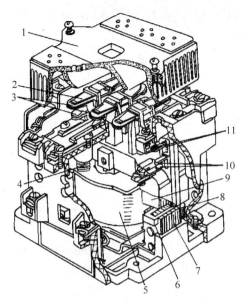

图 1-28 CJ10-20 型交流接触器结构示意图

1—灭弧罩；2—触点压力弹簧片；3—主触点；4—反作用弹簧；5—线圈；6—短路环；

7—静铁心；8—弹簧；9—动铁心；10—辅助常开触点；11—辅助常闭触点

接触器的图形符号如图 1-29 所示，文字符号为 KM。

2）交流接触器的基本参数

额定电压：指主触点额定工作电压应等于负载的额定电压。接触器铭牌上标注的额定电压是指主触点的额定电压。一般接触器常规定几

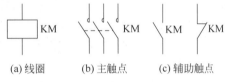

(a)线圈　(b)主触点　(c)辅助触点

图 1-29 接触器的图形符号

个额定电压，同时列出相应的额定电流或控制功率。通常，最大工作电压即为额定电压。常用的额定电压值为 220V、380V、660V 等。

额定电流：接触器触点在额定工作条件下的电流值。接触器铭牌上标注的额定电流是指主触点的额定电流。380V 三相电动机控制电路中，额定工作电流可近似等于控制功率的两倍。常用额定电流等级为 5A、10A、20A、40A、60A、100A、150A、250A、400A、600A。

通断能力：指主触点在规定条件下能可靠地接通和分断的电流值。可分为最大接通电流和最大分断电流。最大接通电流是指触点闭合时不会造成触点熔焊时的最大电流值；最大分断电流是指触点断开时能可靠灭弧的最大电流。一般通断能力是额定电流的 5～10 倍。当然，这一数值与开断电路的电压等级有关，电压越高，通断能力越小。

动作值：可分为吸合电压和释放电压。吸合电压是指接触器吸合前，缓慢增加吸合线圈两端的电压，接触器可以吸合时的最小电压。释放电压是指接触器吸合后，缓慢降低吸合线圈的电压，接触器释放时的最大电压。一般规定，吸合电压不低于线圈额定电压的 85%，释放电压不高于线圈额定电压的 70%。

线圈额定电压：接触器正常工作时，线圈上所加的电压值。一般该电压数值以及线圈的匝数、线径等数据均标于线包上，而不是标于接触器外壳铭牌上，使用时应加以注意。选

用接触器时一般交流负载用交流接触器，直流负载用直流接触器，但交流负载频繁动作时可采用直流线圈的交流接触器。

操作频率：指每小时的操作次数。交流接触器最高为 600 次/时，而直流接触器最高为 1200 次/时。

2. 直流接触器

直流接触器的结构工作原理基本上与交流接触器相同。在结构上也是由电磁机构、触点系统和灭弧装置等部分组成。由于直流电弧比交流电弧难以熄灭，直流接触器常采用磁吹式灭弧装置灭弧。

3. 接触器的选用原则

（1）根据电路中负载电流的种类选择接触器的类型。

（2）接触器的额定电压应大于或等于负载回路的额定电压。

（3）线圈的额定电压应与所接控制电路的额定电压等级一致。

（4）额定电流应大于或等于被控主回路的额定电流。

另外，交流接触器的选用，应根据负荷的类型和工作参数合理选用。

1.4.2 电磁铁

电磁铁是通电产生电磁的一种装置。在铁心的外部缠绕与其功率相匹配的导电绕组，这种通有电流的线圈像磁铁一样具有磁性，因此叫做电磁铁。

通常将电磁铁制成条形或蹄形状，以使铁心更加容易磁化。另外，为了使电磁铁断电立即消磁，往往采用消磁较快的软铁或硅钢材料来制作。这样的电磁铁在通电时有磁性，断电后磁就随之消失。

电磁铁由励磁线圈、铁心和衔铁三个基本部分构成，衔铁是牵动主轴或触头支架动作的部分，其工作原理与前述电磁机构相同。当励磁线圈通以励磁电流后便产生磁场及电磁力，衔铁被吸合，并带动机械装置完成一定的动作，电磁能转换为机械能。

根据励磁电流的性质，电磁铁分为直流电磁铁和交流电磁铁。直流电磁铁的铁心根据不同的剩磁要求选用整块的铸钢或工程纯铁制成，交流电磁铁的铁心则用相互绝缘的硅钢片叠成。

直流电磁铁具有如下特点：

（1）励磁电流的大小仅取决于励磁线圈两端的电压及本身的电阻，而与衔铁的位置无关。因此，一旦机械装置被卡住，励磁电流不会因此而增加导致线圈烧毁。

（2）直流电磁铁的吸力在衔铁起动时最小，而在吸合时最大，因此吸力与衔铁的位置有关，在起动时吸力较小，吸合后电磁铁容易因励磁电流大而发热。

交流电磁铁具有如下特点：

（1）励磁电流与衔铁位置有关，当衔铁处于起动位置时，电流最大；当衔铁吸合后，电流就降到额定值。因此一旦机械装置被卡住而衔铁无法被吸合时，励磁电流将大大超过额定电流，时间一长，会使线圈烧毁。

（2）吸力与衔铁位置无关，衔铁处于起始位置与处于吸合位置时吸力相同，因此交流电磁铁具有较大的起动初始吸力。

电磁铁在起重机械、磁选机械有很多应用。选用电磁铁时，应考虑用电类型（交流或直流)、额定行程、额定吸力及额定电压等技术参数。额定行程指衔铁在起动时与铁心的距离。额定吸力指衔铁处于额定行程时的吸力,它必须大于机械装置所需的起动吸力。额定电压(励磁线圈两端的电压)应尽量与机械设备的电控系统所用电压相符。

1.4.3 电磁阀

电磁阀是用电磁控制的工业设备,是用来控制流体的自动化基础元件,属于执行器,并不限于液压、气动。用在工业控制系统中调整介质的方向、流量、速度和其他的参数。电磁阀可以配合不同的电路实现预期的控制,而控制的精度和灵活性都能够保证。

电磁阀是利用电磁原理产生电磁力开启和关闭液体或气体管路的阀门。

电磁阀按电源种类分为直流电磁阀、交流电磁阀、交直流电磁阀等;按用途分为控制一般介质(气体、流体)电磁阀、制冷装置用电磁阀、蒸汽电磁阀、脉冲电磁阀等。各种电磁阀可分为二通、三通、四通、五通等规格,还可分为主阀和控制阀等。电磁阀有很多种,不同的电磁阀在控制系统的不同位置发挥作用。

如图 1-30 所示是一般控制用螺管电磁系统电磁阀的结构示意图。为了使介质与磁路的其他部分隔绝,用非磁性材料(如不锈钢)制成隔磁管将动铁心与静铁心包住,并将其下部与压盖密封,在压盖与阀体之间用氟橡胶密封圈密封,使进、出管之间不会泄漏。阀门是直通式,用反力弹簧压住动铁心上端,而用动铁心下端装有的氟橡胶塞将阀门进出口密封阻塞。如要接通管道,必须接通线圈电源,产生电磁力,克服反力弹簧的阻力,开起阀门。

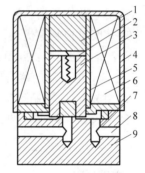

图 1-30 电磁阀结构示意图

1—静铁心;2—反力弹簧;3—动铁心;4—外壳;5—隔磁管;6—线圈;7—压盖;8—管路;9—阀体

另外,在液压系统中电磁阀用来控制液流方向。阀门开关由电磁铁操纵,因此控制电磁铁就是控制电磁阀。电磁阀的结构性能可用它的位置数和通路数表示,并有单电磁铁(称为单电式)和双电磁铁(称为双电式)两种。如图 1-31 是电磁阀的图形符号示意图。

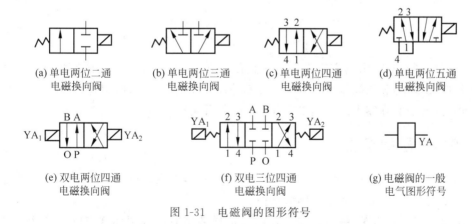

(a) 单电两位二通
电磁换向阀

(b) 单电两位三通
电磁换向阀

(c) 单电两位四通
电磁换向阀

(d) 单电两位五通
电磁换向阀

(e) 双电两位四通
电磁换向阀

(f) 双电三位四通
电磁换向阀

(g) 电磁阀的一般
电气图形符号

图 1-31 电磁阀的图形符号

选用电磁阀时应注意如下几点:

(1) 阀的工作机能要符合执行机构的要求,据此确定采用阀的形式(三位或二位,单电或双电，二通或三通、四通、五通等）；

（2）阀的孔径是否允许通过额定流量；

（3）阀的工作压力等级；

（4）电磁铁线圈采用交流或直流电以及电压等级等都要与控制电路一致，并应考虑通电持续率。

1.4.4　电磁制动器

电磁制动器是一种将主动侧扭力传达给被动侧的连接器，可以根据需要自由地结合、切离或制动，因使用电磁力来作动力，又称之电磁离合器。

电磁制动器是应用电磁铁原理使衔铁产生位移的机械运动装置，它主要与系列电机配套，广泛应用于起重机、卷扬机、碾压机等类型的升降机械设备。应用领域有冶金、建筑、化工、食品、机床、舞台、电梯、轮船、包装等机械中，及在断电时（防险）制动等。

电磁制动器是现代工业中一种理想的自动化执行元件，在机械传动系统中主要起传递动力和控制运动等作用。具有结构简单紧凑，操作简单，响应速度快，寿命长久，使用可靠，易于实现远距离控制等优点。

电磁制动器由制动器、电磁铁或电力液压推动器、摩擦片、制动轮（盘）或闸瓦等组成。图 1-32 是盘式电磁制动器的原理结构示意图。由图可见，盘式电磁制动器在电动机轴端装着一个钢制圆盘，它靠制动钳块与圆盘表面（径向）的离合，实现对电动机的制动和释放。圆盘的直径越大，制动力矩也越大，可以根据所需的制动力矩选择与之相匹配的圆盘。

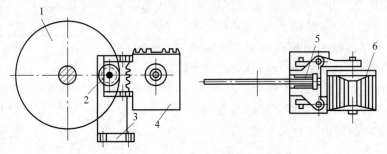

图 1-32　盘式电磁制动器的原理结构示意图

1—圆盘；2—铁心；3—支架；4—壳体；5—摩擦片；6—衔铁

盘式电磁制动器的供电方式采用桥式整流装置，其电磁系统是在直流状态下工作的。它的工作电流很小，整流装置是与盘式电磁制动器装在一起的，其吸引线圈用环氧树脂密封于壳体内，这样适宜在露天或多尘埃等各种恶劣的环境中工作。

1.4.5　显示电器

这里主要介绍指示灯。指示灯外形结构多种多样，主要由壳体、发光体、灯罩等组成。发光体主要有白炽灯、氖灯和半导体型三种。

指示灯发光颜色有黄、绿、红、白、蓝五种，选择使用时应按国标规定的相应用途选用。指示灯的主要参数有形式、安装孔尺寸、工作电压和颜色。指示灯的颜色及含义如表 1-4 所示。

表 1-4　指示灯的颜色及含义

颜色	含　义	解　释	典 型 应 用
红色	异常情况或警报	对可能出现危险或需要立即处理情况报警	行程超过规定或安全限制,设备的重要部分已经被保护电器切断
黄色	警告	状态改变或变量接近极限值	温度偏离正常值,出现允许存在一定时间的过载
绿色	准备、安全	安全运行指示或设备准备起动	系统运转正常
蓝色	特殊指示	红、黄、绿色未包括的任一种功能	选择开关处于指定位置
白色	一般信号	红、黄、绿、蓝色未包括的功能	某种动作正常

指示灯在各类电气设备及电气线路中作电源指示,即有无电及命令信号、预告信号、运行信号、事故信号及其他信号的指示。

指示灯的作用是通过指示系统某个指令、某种状态、某些条件、某类变化等,提醒操作者的注意,指示操作者应做某种操作。指示灯的闪烁则是强化操作者的注意或促使操作者立即采取相应的行动。

1.5　保护电器

1.5.1　熔断器

熔断器是一种利用熔体的熔化作用而切断电路的、最初级的保护电器,适用于交流低压配电系统,主要起短路保护及严重过载保护作用。熔断器具有分断能力高、限流特性好、结构简单、可靠性高、使用维护方便、价格低又可与开关组成组合电器等许多优点,因此得到广泛的应用。

目前,较新式的熔断器有取代 RL1 的 RL6、RL7 型螺旋式熔断器;取代 RT0 的 RT16、RT17、RT20 型有填料管式熔断器;取代 RS0、RS3 的 RS、RSF 型快速熔断器;取代 RLS 的 RLS2 型螺旋式快速熔断器。另外,还有取代 R1 型管式熔断器并可用于二次回路的 RT14、RT18、RT19B 型有填料封闭管式圆筒形熔断器。

提示　熔断器不能作为电动机的一般过载保护。

1. 结构及工作原理

熔断器主要由熔体(保险丝既是感测元件,又是执行元件)和安装熔体的绝缘管(绝缘座)及支持件组成。熔体常制成丝状或片状,其材料一般有两种:一种是低熔点材料,如铅锡合金、锌等;另一种是高熔点材料,如银、铜等。支持件是底座与载熔件的组合。支持件的额定电流表示配用熔断体的最大额定电流。使用时,熔体串接于被保护的电路中,线路正常工作时如同一根导线,起通路作用;当电路发生短路或严重过载故障时,熔体被瞬时熔断而分断电路,起到保护线路上其他电器设备的作用。熔断器的图形符号如图 1-33 所示。

FU　图 1-33　熔断器的图形符号

2. 常用的熔断器

熔断器有很多类型和规格,如有填料封闭管式 RT 型、无填料封闭管式 RM 型、螺旋式 RL 型、快速式 RS 型、插入式 RC 型等,熔体额定电流从最小的 0.5A(FA4 型)到最大的 2100A(RSF 型),按不同的形式有不同的规格。

1）插入式熔断器

插入式熔断器又称瓷插式熔断器，指熔断体靠导电插件插入底座的熔断器。它具有结构简单、价格低廉、更换熔体方便等优点，被广泛用于 380V 及以下电压等级的线路末端照明电路和小容量电动机的短路保护。

图 1-34　插入式熔断器结构
示意图

1—动触点；2—熔体；3—瓷插
件；4—静触点；5—瓷座

常用的插入式熔断器主要是 RC1A 系列产品，其结构如图 1-34 所示，它由瓷盖、瓷座、动触头、静触头和熔丝等组成。其中，瓷盖和瓷座由电工陶瓷制成，电源线和负载线分别接在瓷座两端的静触头上，瓷座中间有一个空腔，它与瓷盖的凸起部分构成灭弧室。插入式熔断器的接触形式为面接触，由于这种熔断器只有在瓷盖拔出后才能更换熔丝，而且对于额定电流为 60A 及以上的熔断器，在灭弧室中还垫有帮助灭弧的编织石棉，所以使用起来比较安全。

2）封闭式熔断器

封闭式熔断器分无填料熔断器和有填料熔断器两种。

无填料密闭管式熔断器将熔体装入密闭式圆筒中，分断能力稍小，用于 500V 以下、600A 以下电力网或配电设备中，如图 1-35 所示。

有填料熔断器一般用方形瓷管，内装石英砂及熔体，分断能力强，用于电压等级 500V 以下、电流等级 1kA 以下的电路中。有填料管式熔断器具有较好的限流作用，因此，各种形式的有填料管式熔断器得到了广泛的应用，其结构示意图如图 1-36 所示。

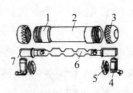

图 1-35　无填料密闭管式熔断器结构示意图

1—铜圈；2—熔断管；3—管帽；4—插座；5—特殊垫圈；
6—熔体；7—熔片

图 1-36　有填料封闭管式熔断器结构示意图

1—瓷底座；2—弹簧片；3—管体；4—绝缘手柄；
5—熔体

3）螺旋式熔断器

螺旋式熔断器主要由瓷帽、熔断管、瓷套、上接线端、下接线端及座子等部分组成。RL1 系列螺旋式熔断器的熔断内，除了装有熔丝外，在熔丝周围填满石英砂，作为熄灭电弧之用。熔断管的上端有一个小红点熔断指示器，熔丝熔断后红点自动脱落，显示熔丝已经熔断。使用时将熔断管有红点的一端插入瓷帽，瓷帽上有螺纹，将螺帽连同熔断管一起拧进瓷底座，熔丝便接通电路。

螺旋式熔断器的作用与插入式熔断器相同，用于电气设备的严重过载及短路保护。在安装时，用电设备的连接线接到连接金属螺纹壳的上接线端，电源线接到底座上的下接线端，这样在更换熔丝时，螺纹壳上不会带电。分断能力较高，结构紧凑，体积小，安装面积小，更换熔体方便，工作安全可靠。可用于电压等级 500V 及其以下、电流等级 200A 以下的电路中，作短路保护。螺旋式熔断器结构示意图如图 1-37 所示。

4）快速式熔断器

快速式熔断器是熔断器的一种，其主要用于半导体整流元件或整流装置的短路保护。由于半导体元件的过载能力很低。只能在极短时间内承受较大的过载电流，因此要求短路保护具有快速熔断的能力。快速式熔断器的结构和有填料封闭式熔断器基本相同，但熔体材料和形状不同，它是以银片冲制的有 V 形深槽的变截面熔体。快速式熔断器示例如图 1-38 所示。

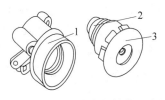

图 1-37　螺旋式熔断器结构示意图

1—底座；2—熔体；3—瓷帽

图 1-38　快速式熔断器示例

快速式熔断器的熔丝除了具有一定形状的金属丝外，还会在上面点上某种材质的焊点，其目的是使熔丝在过载情况下迅速断开。

快速式熔断器突出"快"，也就是说灵敏度高，当电路电流一过载，熔丝在焊点的作用下，迅速发热，迅速断开熔丝。好的快速式熔断器效率相当高，主要用来保护可控硅和一些电子功率元器件。

5）自复熔断器

自复熔断器是可多次动作使用的熔断器，在日本称为永久熔断器。

在分断过载或短路电流后瞬间，熔体能自动恢复到原状。其结构如图 1-39 所示。外壳由奥氏体不锈钢制成，外壳中心埋有氧化铍（BeO）瓷心，不锈钢和瓷心之间填充玻璃体，起密封和坚固瓷心的作用。瓷心细孔内灌以金属钠作为熔体，活塞的背面空隙部分充有 $10 \sim 20$MPa 的氩气，以压紧金属钠。在正常工作情况下，电流可以从引线端子 A 进入，通过瓷心细孔内的金属钠，

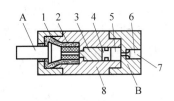

图 1-39　自复熔断器结构示意图

1—玻璃体；2—瓷心；3—金属钠；4—活塞；5—氩气；6—螺杆；7—软铅；8—不锈钢外壳；A、B—引、出线端子

传导到不锈钢外壳，并由出线端子 B 引出。当短路电流通过熔断器时，短路电流将瓷心细孔部分的金属钠迅速加热，使之由固体变成高温高压状态的等离子体蒸汽，电阻率迅速增加，从而对短路电流起强烈的限流作用，并在瞬间分断电流。金属钠汽化瞬时压力可达400MPa。由于活塞背面氩气的缓冲作用，此压力很快降低到 $30 \sim 20$MPa。当分断结束时，金属钠蒸汽立刻恢复到液态和固态，同时氩气又重新推动活塞，压紧金属钠，电路重新接通。

提示　自复熔断器只能限制短路电流，不能真正分断电路。

自复熔断器的特点是分断电流大，可以分断 200kA 交流（有效值），甚至更大的电流。这种熔断器具有非常显著的限流作用，当瞬时电流达到接近 165kA 时即能被迅速限流。其优点是不必更换熔体，能重复使用。

3. 熔断器的选择

主要依据负载的保护特性和短路电流的大小选择熔断器的类型。对于容量小的电动机和照明支线,熔断器常用于防止严重过载及短路保护,因而希望熔体的熔化系数适当小些。通常选用铅锡合金熔体的 RQA 系列熔断器。对于较大容量的电动机和照明干线,则应着重考虑短路保护和分断能力。通常选用具有较高分断能力的 RM10 和 RL1 系列的熔断器;当短路电流很大时,宜采用具有限流作用的 RT0 和 RT12 系列的熔断器。熔体的额定电流具体可按以下方法选择:

（1）保护无起动过程的平稳负载(如照明线路、电阻、电炉等)时,熔体额定电流略大于或等于负荷电路中的额定电流,熔体额定电流≥支线上所有电灯的工作电流之和。

（2）保护单台长期工作的电机熔体电流可按最大起动电流选取,熔体额定电流≥电动机的起动电流÷2.5,如果电动机起动频繁,则为:熔体额定电流≥电动机的起动电流÷(1.6～2)。

（3）保护多台长期工作的电机的总熔体:熔体额定电流＝(1.5～2.5)×容量最大的电动机的额定电流＋其余电动机的额定电流之和。

为防止发生越级熔断、扩大事故范围,上、下级(即供电干、支线)线路的熔断器间应有良好配合。选用时,应使上级(供电干线)熔断器的熔体额定电流比下级(供电支线)的大 1～2 个级差。

1.5.2 保护继电器

前面介绍了控制用继电器,由于继电器是根据某种输入信号的变化,接通或断开控制电路,实现自动控制和保护电力装置的自动电器。这里介绍几款用于保护用的继电器。

常用的保护用电磁式继电器有电压继电器、电流继电器和热继电器。

1. 电压继电器

电磁式继电器输入(检测)的是电信号,电压继电器线圈接收的是电压信号。当触点因为线圈中的电压达到预定的量值而动作时,继电器输出反映的是电压信号,称电压继电器。电压继电器线圈应并联接在被测电压线路的两端,线圈支路上可以串接各类开关。为了不影响或少影响被测的电压,电压继电器的线圈应当匝数多、导线细。电压继电器除检测电压信号用于正常运行控制外,主要用于保护控制。电压继电器符号如图 1-40 所示。

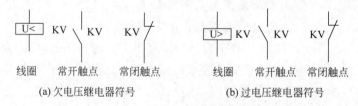

(a) 欠电压继电器符号　　　　　　　(b) 过电压继电器符号

图 1-40　电压继电器符号

按吸合电压的大小,电压继电器可分为过电压继电器和欠电压继电器。

1) 过电压继电器

过电压继电器线圈在额定电压时,衔铁不产生吸合动作,只有当线圈的吸合电压高于其额定电压的某一值时衔铁才产生吸合动作,所以称为过电压继电器。

因为直流电路不会产生波动较大的过电压现象,所以在产品中没有直流过电压继电器。

交流电路往往容易出现波动较大的过电压现象,使电气设备损坏。交流过电压继电器的作用是,当电路一旦出现过高的电压现象时,过电压继电器就马上动作,从而控制接触器及时分断电气设备的电源,使电气设备得到保护。交流过电压继电器在电路中起过电压保护作用,其吸合整定值为被保护线路额定电压的 $1.05\sim1.2$ 倍。这一任务是利用过电压继电器的常闭触点来完成的。

2)欠电压继电器

欠电压继电器工作的过程是:当在额定电压下开始工作时,衔铁就被吸合,对欠电压起控制作用的触点也闭合,电气设备在额定电压下正常工作;如果电路出现过低电压且降低至线圈的释放电压的整定值时,其释放整定值为线路额定电压的 $0.1\sim0.6$ 倍,则衔铁打开,触点机构复位,从而控制接触器及时分断电气设备的电源。显然,欠电压继电器是利用其常开触点来完成这一任务的。欠电压继电器的特点是释放电压很低,在电路中作低电压保护。

零电压继电器是当电路电压降低到 $5\%\sim25\%U_N$ 时释放,对电路实现零电压保护。零电压继电器用于线路的失压保护。

2. 电流继电器

电磁式继电器输入(检测)的是电信号,电流继电器线圈接收的是电流信号。当触点因为线圈中的电流达到预定的量值而动作时,继电器输出反映的是电流信号,称电流继电器。电流继电器线圈应串联接在被测电流的线路中,线路中必须有其他负载。为了不影响或少影响被测的电流,电流继电器的线圈应当匝数少、导线粗。电流继电器除检测电流信号用于正常运行控制外,主要用于保护控制。电流继电器符号如图 1-41 所示。

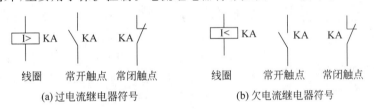

| 线圈 | 常开触点 | 常闭触点 | 线圈 | 常开触点 | 常闭触点 |

(a)过电流继电器符号   (b)欠电流继电器符号

图 1-41 电流继电器符号

电流继电器按吸合电流大小可分为过电流继电器和欠电流继电器。

1)过电流继电器

继电器线圈中流有额定电流时,对衔铁不产生吸合动作;当出现比额定工作电流大的吸合电流时,衔铁才产生吸合动作,从而带动触点动作,这样的继电器称过电流继电器。

过电流继电器在电路正常工作时不动作,整定范围通常为额定电流的 $1.1\sim4$ 倍,当被保护线路的电流高于额定值,达到过电流继电器的整定值时,衔铁吸合,触点机构动作,控制电路失电,从而控制接触器及时分断电路。过电流继电器对电路起过流保护作用,它是利用其常闭触点来完成这一任务的。

2)欠电流继电器

在直流电路中,由于某种原因而引起负载电流的降低或消失往往会导致严重的后果(如直流电动机的励磁回路断线),因此,在出现低电流或零电流故障时,可采用直流欠电流继电器检测并切断整个电气设备的电源,实现电路保护。在产品上有直流低电流继电器,而没有交流欠电流继电器。

欠电流继电器对电路起欠电流保护作用,吸引电流为线圈额定电流的 $30\%\sim65\%$,

释放电流为额定电流的 $10\%\sim20\%$。因此，在电路正常工作时，衔铁是吸合的，只有当电流降低到某一整定值时，衔铁由吸合状态转入释放状态，衔铁释放带动触点动作，其常开触点由闭合切换为断开，控制电路失电，从而控制接触器及时分断电路，实现了保护电路的目的。

3. 热继电器

热继电器主要用于电力拖动系统中电动机负载的过载保护。热继电器本质上是检测三相异步电动机绕组温升的继电器，而此温升是由绕组出现过电流引起的。

电动机在实际运行中，常会遇到过载情况，但只要过载不严重、时间短，绕组不超过允许的温升，这种过载是允许的，有时也是电动机正常运行需要的。在不超过允许温升条件下，电动机通电时间与其过载电流的平方成反比，这称为反时限特性。但如果过载情况严重、时间长，则会加速电动机绝缘的老化，缩短电动机的使用年限，甚至烧毁电动机。应当有一种保护控制电器，当电动机出现过载电流且过载电流和过载时间综合考虑温升在允许限度之下时，应保持电动机正常运行；当过载电流和过载时间综合考虑温升已接近允许限度的情况下，应及时切断电动机的电源。热继电器的作用正是对三相交流电动机进行过载保护。

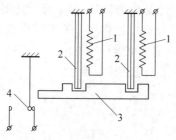

图 1-42　热继电器原理示意图
1—热元件；2—双金属片；3—导板；
4—触点复位

检测电动机绕组温升的工作由电阻发热元件完成，热继电器是一种利用电流热效应原理工作的继电器。

热继电器主要由热元件、双金属片和触点组成，如图 1-42 所示，热元件由发热电阻丝做成。双金属片由两种热膨胀系数不同的金属辗压而成，当双金属片受热时，会出现弯曲变形。使用时，把热元件串接于电动机的主电路中，而常闭触点串接于电动机的控制电路中。

当电动机正常运行时，其工作电流通过热元件产生的热量不足以使双金属片 2 因受热而产生变形，热继电器不会动作。当电动机发生过电流且超过整定值时，即电动机过载时，双金属片获得了超过整定值的热量而发生弯曲，使其自由端上翘。经过一定时间后，双金属片的自由端脱离导板 3 的顶端（称为脱扣），推动导板使常闭触点 4 断开（常闭触头通常是接在电动机控制电路中的相应接触器线圈回路中），并断开接触器的线圈电源，从而切断电动机的工作电源。同时，热元件也因失电而逐渐降温，热量减少，经过一段时间的冷却，双金属片恢复到原来状态。再经自动或手动复位，双金属片的自由端返回到原来位置，为下次动作做好了准备。热继电器动作后，一般在 2min 内能用手动复位，在 5min 内能自动复位。

热继电器的图形及文字符号如图 1-43 所示。

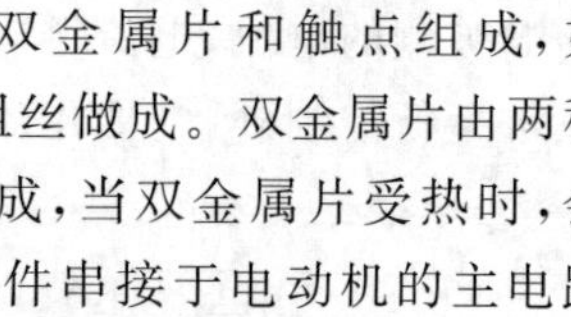

三相式热继电器在三相主电路中均串接热元件。如果被控制的三相异步电动机发生过电流、断相、三相电源严重不平衡等故障，使电动机某一相或三相的电流升高，热继电器均能起保护作用。

FR　　　　FR

热元件　　　常闭触点

图 1-43　热继电器的图形及
　　　　　　文字符号

目前，双金属片式热继电器均是三相式，并有带断相保护和不带断相保护两种。

由于要使双金属片加热到一定温度，热继电器才会动作，所以脉冲电流不会使热继电器动作。甚至热元件流过短路电流时,热继电器也不会立即动作,所以它不能用来执行短路保护。

提示 热继电器有热惯性,大电流出现时它不能立即动作,不能用作短路保护。

4．剩余电流保护器

剩余电流保护器是剩余电流动作保护断路器的简称,在电路中起触电和漏电保护的作用。当线路或设备出现对地漏电或人身触电时,剩余电流保护器会迅速自动切断电路,防止因电气设备或线路漏电而引起火灾和人身安全事故。剩余电流保护器主要用于交流 50Hz、电压 380V 及以下电路中。

剩余电流动作保护装置的结构原理如图 1-44 所示。其结构一般包括检测元件(剩余电流互感器)、判别元件(剩余电流脱扣器)、执行元件(机械开关电器或报警装置)、试验装置等部分。

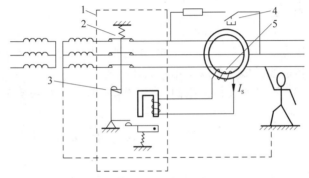

图 1-44 剩余电流动作保护装置的结构原理图
1—断路器；2—主开关；3—脱扣器；4—试验按钮；5—零序电流互感器

检测元件用来检测线路中的剩余电流,判别元件把检测剩余电流与预定值相比较,当剩余电流达到或超过预定值时,发出一个脱扣信号,使执行元件断开电路或驱动报警信号。

当正常工作时,不论三相负载是否平衡,通过零序电流互感器主电路的三相电流相量之和等于零,故其二次绕组中无感应电动势产生,漏电保护器工作于闭合状态。如果发生漏电或触电事故,三相电流相量之和便不再等于零,而等于某一电流值 I_s,电流 I_s 会通过人体(或设备外壳)、大地、变压器中性点形成回路,这样零序电流互感器二次侧产生与电流 I_s 对应的感应电动势,加到脱扣器上,当电流 I_s 达到一定值时,脱扣器动作,推动主开关的锁扣,分断主电路。

剩余电流动作保护器额定电流、电压的选定：剩余电流动作保护器的额定电流、电压(即其允许长期工作的电流及电压)必须和被保护线路(或用电设备)的最大工作电流和电压等级相匹配,否则将使保护器失去保护作用甚至引起事故。

剩余电流动作保护器动作电流的选定：剩余电流动作保护器的动作电流,应根据其在系统中的具体位置和实际情况进行选定。

剩余电流动作保护器延时时间的选定：为使保护器动作具有正确的选择性,除动作电流值要上、下级保护匹配之外,其动作延时也必须协调匹配。即上一级的保护动作应具有一定的延时功能,其动作分断时间应较下一级保护延时 0.2s。但对保护人身安全之用的保护器,如家庭住宅、握持式电动工具及工作环境潮湿、恶劣场所装设的剩余电流动作保护器,应采用快速动作(要求动作时间小于 0.04s)的保护器。

用于总保护的剩余电流动作保护器,其动作电流值必须大于被保护线路及设备的正常漏电电流值,或者按被保护线路内的实际运行正常不平衡电流值(可通过实测而得)的 1.4~1.6 倍确定其动作电流值。中级保护的动作电流,一般可按总保护器动作电流的 1/2 左右确定,而末级保护器的动作电流值,则应小于中级保护器的动作电流。对于某些用于特定情况下的保护器,其动作电流则应按如下要求确定。

用于家庭住宅的保护器动作电流,应以人身安全电流值为准,即应选用动作电流等于或小于 30mA 的保护器。用于某些电动工具(如手电钻)或工作环境潮湿、恶劣等情况的剩余电流动作保护器,则其动作电流应选为 10mA。用于预防电气火灾的保护器,则其动作电流值应小于可能引发火灾的最小电流值,即必须小于 500mA(一般末级保护为 300mA)。

习题与思考题

1-1　常用的低压电器有哪些？写出三种,并说明它们在电路中起何种保护作用。

1-2　交流接触器的线圈能否串联使用？为什么？

1-3　交流接触器在衔铁吸合前的瞬间,为什么在线圈中产生很大的冲击电流？直流接触器会不会出现这种现象？为什么？

1-4　交流电磁线圈误接入直流电源,直流电磁线圈误接入交流电源,会发生什么问题？为什么？

1-5　熔断器能不能作为电动机的一般过载保护？为什么？

1-6　继电器和接触器有何区别？

1-7　电动机的起动电流很大,当电动机起动时,热继电器会不会动作？为什么？

1-8　两台交流电动机能否合用一台热继电器作过载保护？为什么？

1-9　既然在电动机的主电路中装有熔断器,为什么还要装热继电器？装有热继电器是否就可以不装熔断器？为什么？

1-10　如何在电动机转速为零时切除电源,控制电路采用速度继电器实现,即速度继电器转子与电动机轴同轴连接,那么速度继电器的工作原理是什么？

第 2 章

电气控制的基本和典型线路

电气控制(继电-接触器控制)线路是把各种有触点的接触器、继电器、按钮、行程开关等电器元件,用导线按一定方式连接起来组成的。作用是实现对电力拖动系统的起动、调速、正反转和制动等运行性能的控制,实现对拖动系统的保护,满足生产工艺要求,实现生产过程自动化。特点是线路简单,设计、安装、维护方便、价低和可靠。

本章主要通过介绍电气控制基本和典型线路的设计、绘制和分析等知识,使学生学会正确使用常用电器和电气控制线路设计方法来设计和分析电气控制线路,为后续章节的学习打下基础。

2.1 电气控制线路的设计、绘制及分析

电气控制线路的设计对于整个电气控制都有着十分重要的意义,在电气控制线路的设计中一定要详细了解生产工艺对电气控制线路的要求,这样可以为电气控制设计建立正确思路和方案。同时还应该注意,在设计过程中坚持简单、经济的原则,确保电气控制设计的安全性和可靠性,这样才能够最大限度地发挥电气控制线路的作用。在做好这些工作的同时,在电气控制线路的设计过程中必须要有一定的保护环节,这是确保电动机安全的重要保障。

2.1.1 电气控制线路的设计

电气控制中线路设计思想和设计原则的科学性和正确性,对确保电气控制线路的可靠性、保障电气设备的安全具有重要作用。

设计电气控制线路应遵循的基本原则如下。

(1) 应最大限度地满足机械设备对电气控制线路的控制要求和保护要求;

(2) 在满足生产工艺要求的前提下,电器元件选用合理、正确,应力求使控制线路简单、经济、合理,便于操作,维修方便,保证控制的安全性和可靠性;

(3) 为适应工艺的改进,设备能力应留有裕量。

电气控制线路设计的基本内容如下。

(1) 拟订设计的任务书;

(2) 选择拖动方案和控制方式;

(3) 设计电气原理图及合理选择元件(原理设计);

(4) 绘制电气安装接线图(工艺设计);

（5）汇总资料，编写说明书。

电气控制线路设计的一般规律如下。

（1）简洁。线路越简单越好，能节省成本，维修方便，而且尽量选用典型环节。

（2）合理。必要时，可以使用逻辑代数化简电路，优化电路结构。

（3）节能。在动作完成后，尽量减少各继电器的通电时间，通过主控器自身触点锁定，避免使用其他继电器通电维持。

（4）明确。预留好各项状态指示，方便日常巡查时发现故障。

（5）施工。设计电气原理图时，要考虑工程施工的要求。

分析：如图 2-1 所示，图 2-1(b)与图 2-1(a)相比，具有节省连接导线、可靠性高（减少电流流经的触点数）等优点。

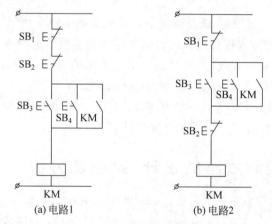

(a) 电路1　　　　　　(b) 电路2

图 2-1　控制电路

（6）减少控制触点，提高可靠性。

分析：如图 2-2 所示，图 2-2(a)电路中，继电器线圈电流需要依次流过多个触点；而图 2-2(b)的控制电路每一个继电器线圈电流仅流过一个触点，因此可靠性得到提高。

（7）防止竞争现象。

分析：如图 2-3 所示，图 2-3(a)为反身自停控制电路，存在电气导通的竞争现象；图 2-3(b)为无竞争的反身自停控制电路。

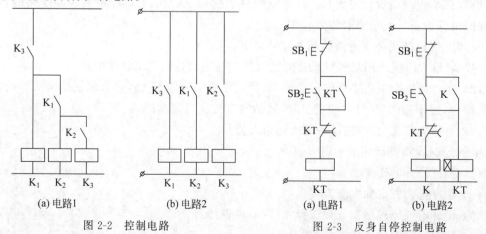

(a) 电路1　　　　　(b) 电路2　　　　　　(a) 电路1　　　　　(b) 电路2

图 2-2　控制电路　　　　　　图 2-3　反身自停控制电路

提示　继电-接触器控制电路不得用自身触点切断自身线圈的导电电路。

电气控制原理图设计方法有两种：分析设计法（经验设计法）和逻辑设计法。

1. 分析设计法

电气控制设计的内容包括主电路、控制电路和辅助电路的设计。

1）电气控制设计步骤

（1）主电路。主要考虑电动机起动、点动、正反转、制动及多速控制的要求。

（2）控制电路。满足设备和设计任务要求的各种自动、手动的电气控制电路。

（3）辅助电路。完善控制电路要求的设计，包括短路、过流、过载、零压、连锁（互锁）、限位等电路保护措施，以及信号指示、照明等电路。

（4）反复审核。根据设计原则审核电气设计原理图，有必要时可以进行模拟实验，修改和完善电路设计，直至符合设计要求。

2）常用的分析设计方法

（1）根据生产工艺、生产机械的要求，选用适当的基本控制环节（单元电路）及典型环节，将它们有机地组合起来，并加以补充修改，综合成所需的控制电路。

（2）没有典型环节，可以根据工艺要求自行设计，采用边分析边设计画图的方法，不断增加电器元件和控制触点，以满足给定的工作条件和要求。

3）分析设计的特点

（1）设计方法简单易于掌握，使用广泛。

（2）要求设计者有一定的设计经验，需要反复修改图纸，设计速度较慢。

（3）设计程序不固定，一般需要进行模拟实验。

（4）不宜获得最佳设计方案，当经验不足或考虑不周全时会影响线路工作的可靠性。

2. 逻辑设计法

逻辑设计法利用逻辑代数来进行电路设计，从生产机械的拖动要求和工艺要求出发，考虑控制电路中的逻辑变量关系，将控制电路中的接触器、继电器线圈的通电与断电，触点的闭合与断开，主令电器的接通与断开看成逻辑变量，根据控制要求将它们之间的关系用逻辑关系式来表达，然后再化简，在状态波形图的基础上，按照一定的设计方法和步骤，设计出符合要求的控制电路，做出相应的电路图。

逻辑设计法的优点是能获得理想、经济的方案，设计出的电路较为合理、精练、可靠，特别在复杂电路设计时，可以显示出逻辑设计法的设计优点。但这种方法设计难度较大，整个设计过程较复杂，还要涉及一些新概念，因此在一般常规设计中很少单独采用。

2.1.2　电气控制线路的绘制与分析

绘制电气控制线路图必须清楚地表达生产设备电气控制系统的结构、原理等设计意图，并且以便于进行电气元件的安装、调整、使用和维修为原则。因此，电气控制线路应根据简明易懂的原则，采用统一规定的图形符号、文字符号和标准画法来进行绘制。

电气控制系统图一般包括电气原理图、电气布置图和电气安装接线图。其中电气原理图更便于阅读和分析电气控制线路，因此重点介绍电气原理图。

电气控制原理图是根据工作原理而绘制的，具有结构简单、层次分明、便于研究和分析电路工作原理等优点。包括：①主电路，强电流通过部分；②辅助电路，用于控制、照明、指示。

电气符号的画法一般垂直放置，也可以逆时针转动90°水平放置；图中电器元件的状态为常态（未压动、未通电……）。

在绘制电气线路图时，电气元件的图形符号和文字符号必须符合国家标准的规定。如为电气图形符号表，所用图形符号符合 GB 4728《电气图用图形符号》有关规定。如为电气设备常用文字符号和中英文名称表，所用文字符号符合 GB/T 20939—2007《技术产品及技术产品文件结构原则 字母代码 按项目用途和任务划分的主类和子类》的规定。

1. 电气原理图的绘制规则

根据简单清晰的原则，原理图采用电气元件展开的形式绘制。它包括所有电气元件的导电部件和接线端点，但并不按照电气元件的实际位置来绘制，也不反映电气元件的尺寸大小。绘制电气原理图应遵循以下原则。

（1）所有电机、电器等元件都应采用国家统一规定的图形符号和文字符号来表示。

（2）主电路用粗实线绘制在图的左侧或上方，辅助电路用细实线绘制在图的右侧或下方。

（3）无论是主电路还是辅助电路或其他元件，均应按功能布置，各元件尽可能按动作顺序从上到下、从左到右排列。

（4）在原理图中，同一电路的不同部分（如线圈、触点）应根据便于阅读的原则安排在图中。为了表示是同一元件，要在电器的不同部分使用同一文字符号来标明。对于同类电器，必须在名称后或下标加上数字序号以区别，如 KM_1、KM_2 等。

（5）所有电器的可动部分均以自然状态画出。自然状态是指各种电器在没有通电和没有外力作用时的状态。对于接触器、电磁式继电器等，是指其线圈未加电压，触点未动作；对于控制器，按手柄处于零位时的状态画；对于按钮、行程开关触点，按不受外力作用时的状态画。

（6）原理图上应尽可能减少线条和避免线条交叉。各导线之间有电的联系时，在导线的交点处画一个实心圆点。根据图面布置的需要，可以将图形符号旋转90°、180°或45°绘制。

（7）在继电器、接触器线圈的下方均列有触点表以说明线圈和触点的从属关系，即"符号位置索引"。即在相应线圈的下方给出触点所在的图区号（有时也可以省略），对未使用的触点用"×"表明或不作表明。

2. 电气接线图的绘制规则

电气接线图用来表示电气配电盘内部器件之间导线的连接关系。

（1）标线号。在电气原理图上用数字标注线号，每经过一个器件改变一次线号（接线端子除外）。

（2）布置器件。根据电气原理图，将电气元件在配电盘或控制盘上按先上后下、先左后右的规则排列，并以接线图的表示方法画出电器元件（方框＋电气符号）。

（3）标器件号。给安放位置固定的器件标注编号（包括接线端子）。

（4）二维标注。在导线上标注导线线号和指示导线去向的器件号。

提示 配电盘的引出、引入导线均须采用接线端子连接。

3. 电气互连图绘制规则

电气互连图表示电气配电盘内部器件的连线关系，以及配电盘与外部设备之间的连线关系。

电气互连图绘制规则如下。

（1）导线连接关系。控制盘（板）之间、控制盘与外设之间用导线束表示导线的连接关系,原理图中应注明导线的颜色、数量、长度、载流面积等参数。

(2)穿线管的使用。为保护设备外部的连接导线,经常使用穿线管走线方式。使用穿线管时,应在原理图中注明穿线管种类、内径、长度及所穿导线根数(含备用)。

4. 电气控制原理图的阅读和分析方法

1)电气控制原理图的阅读方法

(1)查线读图法(常用方法)。按照由主到辅、由上到下、由左到右的原则分析电气原理图。较复杂图形,通常可以化整为零,将控制电路化成几个独立环节的细节分析,然后,再串为一个整体分析。基本原则是化整为零、顺藤摸瓜、先主后辅、集零为整、安全保护、全面检查。

查线读图法方法和步骤如下。

① 分析主电路图。主电路的作用是保证整机拖动要求的实现,从主电路的构成分析电动机及执行电器的类型、工作方式、起动、转向、调速、制动等控制要求与保护要求等内容。因此,线路设计、线路分析都先从主电路入手。

② 分析控制线路。主电路各控制要求由控制电路来实现,运用"化整为零""顺藤摸瓜"的原则,将控制电路按功能划分为若干局部控制线路,从电源和主令信号开始,经逻辑判断,写出控制流程,以简便明了的方式表达出电路的自动工作过程。对安全性、可靠性要求高的生产机械,在控制线路中还设置了一系列电气保护和必要的电气联锁。

(2)逻辑代数法。用逻辑代数描述控制电路的工作关系。

2)电气控制原理图的分析方法

(1)说明书。由机械和电气两部分组成,阅读说明书了解有关内容,如:设备的构造,电气传动方式,设备的使用方法,与机械液压部分直接关联的电器的位置,工作状态及与机械、液压部分的关系。

(2)电气控制原理图。由主电路、控制电路、辅助电路、保护和联锁环节及特殊控制电路等部分组成,在阅读时必须与其他技术资料结合。

(3)电气设备的总安装接线图。这是安装设备不可缺少的资料。

(4)电器元件布置图与接线图。这是制造、安装、调试和维护必需的技术资料。

2.2 基本电气控制线路

下面主要介绍的是基本电气控制线路,电气控制电路的作用是实现对被控对象的控制和保护。电气控制电路多种多样、千差万别。任何复杂的电气控制电路都是由基本控制电路按照一定的控制规律和逻辑规则有机地组合而成的。

2.2.1 全电压和降压起动控制线路

在电网容量和负载两方面都允许全压直接起动的情况下,可以考虑采用全压直接起动。优点是操纵控制方便,维护简单,而且比较经济。

在电源容量足够大时,小容量笼型电动机可以考虑采用全压直接起动。直接起动的优点是电气设备少,线路简单,操纵控制方便,维护简单,而且比较经济;缺点是起动电流大,容易引起供电系统电压波动,干扰其他用电设备的正常工作。全压直接起动主要用于小功率电动机的起动,从节约电能的角度考虑,大于 11kW 的电动机不宜采用此方法。

1. 全电压起动控制线路

1）点动控制线路

机床常常需要试车或调整对刀，刀架、横梁、立柱须快速移动，此时需要所谓的"点动"动作。即按下按钮，电动机转动，带动生产机械运动；放开按钮，电动机停转，生产机械就停止运动。

（1）单向点动控制线路。

设计提示：根据控制方案、控制及保护要求，由主电路到控制电路，由电源到被控对象电动机，分析、罗列点动控制所需要的控制及保护电气器件。

所需低压设备分析：包括刀开关 QS、熔断器 FU、交流接触器 KM、热继电器 FR、起动按钮 SB 和笼型异步电动机 M。设计的单向点动控制线路如图 2-4 所示。

工作过程分析如下。

起动过程：先合上刀开关 QS，按下起动按钮 SB，接触器线圈 KM 通电，接触器主触点 KM 闭合，电动机 M 通电直接起动运行。

停机过程：松开起动按钮 SB，接触器线圈 KM 断电，接触器主触点 KM 断开，电机 M 停转。

保护环节：短路保护——熔断器 FU；过载保护——热继电器 FR；欠、失电压保护——接触器 KM；接地保护——PE。

按下按钮，电动机转动，松开按钮，电动机停转，这种控制就叫点动控制，它能实现电动机短时转动。

（2）正、反向可逆点动控制线路。

如图 2-4 所示设计的是单向点动，若想实现正、反向可逆点动控制，如何设计呢？

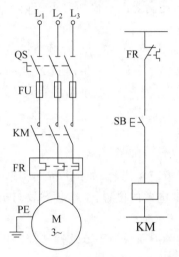

图 2-4　实现单向点动的控制线路

设计提示：对于三相异步电动机来说，可通过两个接触器来改变电动机定子绕组的电源相序来实现正、反向可逆控制，控制电路再加一路点动控制线路即可。

所需低压设备分析：包括刀开关 QS、熔断器 FU、两个交流接触器 KM、热继电器 FR、两个起动按钮 SB 和笼型异步电动机 M。实现正、反向可逆点动的控制线路如图 2-5 所示。

工作过程分析如下。

起动过程：合上刀开关 QS，按下起动按钮 SB_1，接触器线圈 KM_1 通电，接触器主触点 KM_1 闭合，电动机 M 通电，正向直接起动运行。反向同理。

停机过程：松开起动按钮 SB_1，接触器线圈 KM_1 断电，接触器主触点 KM_1 断开，电机 M 停转。反向同理。

保护环节：短路保护——熔断器 FU；过载保护——热继电器 FR；欠、失电压保护——接触器 KM；接地保护——PE。

2）长动控制线路（连续运行控制）

从人身安全和自动控制的需要出发，采用刀开关（或组合开关）直接控制电动机的起动和停止是根本不可行的。在生产实际中对一台电动机的起停控制，一般是采用一个接触器

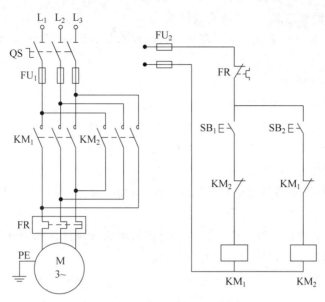

图 2-5 实现正、反向可逆点动的控制线路

和两个按钮实现的。两个按钮分别对电动机进行导通切换和关断切换,接触器使电动机和电源接通且负责接通状态的保持。

另外,在实际生产中往往要求电动机实现长时间连续转动,即长动控制。所谓"长动",就是用按钮对控制对象(如电动机或指示灯等)进行控制,当手按下起动按钮时,电动机起动运转(或灯亮);当手松开按钮时,电动机仍保持运转(或灯仍保持亮);直到按下停止按钮时才停止。在实际中,长动控制一般用于正常运行,"长动控制电路"也称为"起保停电路"。

设计提示:前面已经设计了点动控制,长动比点动多了一个松开起动按钮,电动机带电"保持"运行。实现了"保持",就可以实现长动了。

保持:用接触器的一对常开触点并接在起动按钮两侧即可实现,如图 2-6 所示。

工作过程分析如下。

起动过程:合上刀开关 QS,按下起动按钮 SB_2,接触器线圈 KM 通电,接触器主触点 KM 闭合和常开辅助触点闭合,电动机 M 接通电源运转;松开起动按钮 SB_2,利用接通的接触器常开辅助触点 KM 自锁、电动机 M 连续运转。

停机过程:按下停止按钮 SB_1,接触器线圈 KM 断电,接触器主触点 KM 和辅助常开触点 KM 断开,电动机 M 断电停转。

在连续控制中,当起动按钮 SB_1 松开后,接触器 KM 的线圈通过其辅助常开触点的闭合仍继续保持通电,从而保证电动机的连续运行。这种依靠接触器自身辅助常开触点的闭合而使线圈保持通电的控制方式,称自锁或自保

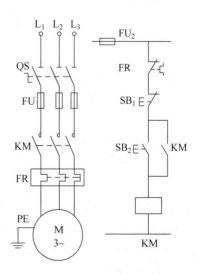

图 2-6 连续运行控制线路

持。起到自锁作用的辅助常开触点称自锁触点。

提示 按钮、接触器和电动机的起动、保持、停止控制线路，即基本的、经典的、简单的起保停控制电路。

长动控制线路具有如下三个优点。

(1) 防止电源电压严重下降时电动机欠电压运行。

(2) 防止电源电压恢复时，电动机自行起动而造成设备和人身事故。

(3) 避免多台电动机同时起动造成电网电压的严重下降。

3）点动和长动混合控制线路

在生产实践中，机床调整完毕后，需要连续进行切削加工，因此要求电动机既能实现点动又能实现长动。

设计提示：点动和长动混合控制线路只要将长动的自保持线路用开关或触点控制"断开"和"闭合"，就可以实现点动和长动混合控制。

这里用三种方法实现点动和长动混合控制，控制线路如图 2-7 所示。

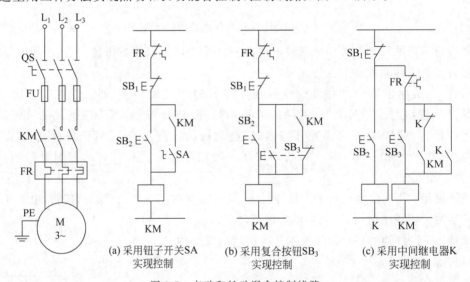

(a) 采用钮子开关SA 实现控制 (b) 采用复合按钮SB₃ 实现控制 (c) 采用中间继电器K 实现控制

图 2-7 点动和长动混合控制线路

方法 1：采用钮子开关 SA 实现控制，如图 2-7(a)所示。点动控制时，先把 SA 打开，断开自锁电路，按动 SB₂，KM 线圈通电，电动机 M 点动；长动控制时，SA 合上，按动 SB₂，KM 线圈通电，自锁触点起作用，电动机 M 实现长动。该电路简单实用，可靠性高。

方法 2：采用复合按钮 SB₃ 实现控制，如图 2-7(b)所示。点动控制时，按动复合按钮 SB₃，断开自锁回路，KM 线圈通电，电动机 M 点动；长动控制时，按动起动按钮 SB₂，KM 线圈通电，自锁触点起作用，电动机 M 长动运行。

注意：此线路在点动控制时，若接触 KM 线圈的释放时间大于复合按钮的复位时间，则点动结束。SB₃ 松开时，SB₃ 常闭触点已闭合但接触器 KM 的自锁触点尚未打开，会使自锁电路继续通电，则线路不能实现正常的点动控制。

方法 3：采用中间继电器 K 实现控制，如图 2-7(c)所示。点动控制时，按动起动按钮 SB₂，KM 线圈通电，电动机 M 点动。长动控制时，按动起动按钮 SB₃，KM 线圈通电，M 实现长动。此线路多用了一个中间继电器,增加了成本,但工作可靠性却提高了。

2. 降压起动控制线路

容量大于 10kW 的笼型异步电动机直接起动时,起动冲击电流为额定值的 4～7 倍,故一般均须采取相应措施降低电压,即减小与电压成正比的电枢电流,从而在电路中不至于产生过大的电压降。

常用的降压起动控制方法有星形-三角形(Y-△)降压起动、定子串电阻降压起动和自耦变压器降压起动。

1) Y-△降压起动控制线路

Y-△降压起动是指电动机起动时,把定子绕组接成星形,以降低起动电压,限制起动电流;等电动机起动后,再把定子绕组改接成三角形,使电动机全压运行。凡是在正常运行时定子绕组作三角形连接的异步电动机,均可采用这种Y-△降压起动方式。Y-△降压起动控制线路如图 2-8 所示。

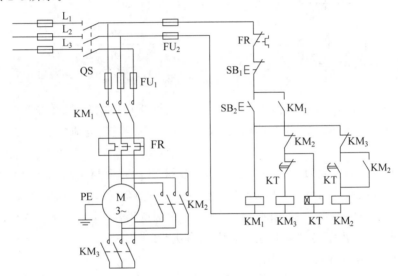

图 2-8　Y-△降压起动控制线路

降压原理:起动时将电动机定子绕组结成星形,这时加在电动机每相绕组上的电压为电源电压额定值的 $1/\sqrt{3}$,而其起动转矩为星形连接直接起动转矩的 1/3。起动电流降为三角形连接直接起动电流的 1/3,减轻了起动电流对电网的影响。待起动后按预先整定的时间把电动机换成三角形联结,使电动机在额定电压下运行。

起动过程分析:合上刀开关 QS,按下起动按钮 SB_2,接触器 KM_1 通电,KM_1 主触点闭合,电动机 M 接通电源、接触器 KM_3 通电,KM_3 主触点闭合,定子绕组连接成星形,电动机 M 减压起动;时间继电器 KT 通电延时,延时时间到,KT 延时常闭辅助触点断开,KM_3 断电,KT 延时闭合常开触点闭合,KM_2 主触点闭合,定子绕组连接成三角形,电动机 M 加以额定电压正常运行,KM_2 常闭辅助触点断开,KT 线圈断电。

Y-△降压起动控制线路的优点在于星形起动电流只是原来三角形接法的 1/3,起动电流特性好,减小了起动电流对电网的影响,结构简单,价格低,技术成熟。缺点是起动转矩也相应下降为三角形连接的 1/3,导致转矩特性差。因此,该线路适用于电网 380V、额定电压 660/380V、星形-三角形连接的电动机轻载起动的场合。

2）定子串电阻降压起动控制线路

定子串电阻降压起动控制线路如图 2-9 所示。

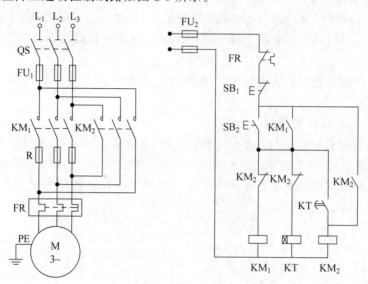

图 2-9　定子串电阻降压起动控制线路

降压原理：起动时，定子回路中串入电阻（或电抗器），用电阻（或电抗器）分压，以达到降压起动的目的。起动完毕，串联的电阻（或电抗器）即被短接，电动机全电压进入正常运行工作状态。

起动过程分析：合上刀开关 QS，按下起动按钮 SB_2，接触器 KM_1 通电吸合并自锁，时间继电器 KT 通电吸合，KM_1 主触点闭合，电动机串电阻降压起动。经过 KT 的延时，其延时常开触点闭合，接通 KM_2 的线圈回路，KM_2 的主触点闭合，其常闭触点将 KM_1 及 KT 断电，KM_2 自锁，电动机短接电阻 R 进入正常工作状态。

3）自耦变压器降压起动控制电路

在自耦变压器降压起动的控制线路中，电动机起动电流的限制是依靠自耦变压器的降压作用来实现的。电动机起动的时候，定子绕组得到的电压是自耦变压器的二次电压。一旦起动结束，自耦变压器便被切除，额定电压通过接触器直接加于定子绕组，电动机进入全压运行的正常工作。

降压原理：在自耦变压器降压起动的控制线路中，限制电动机起动电流是依靠自耦变压器的降压作用来实现的。自耦变压器的初级和电源相接，自耦变压器的次级与电动机相连。自耦变压器的次级一般有 3 个抽头，可得到 3 种数值不等的电压。使用时，可根据起动电流和起动转矩的要求灵活选择。电动机起动时，定子绕组得到的电压是自耦变压器的二次电压，一旦起动完毕，自耦变压器便被切除，电动机直接接至电源，即得到自耦变压器的一次电压，电动机进入全电压运行。通常称这种自耦变压器为起动补偿器。这一线路的设计思想和串电阻起动线路基本相同，都是按时间原则来完成电动机起动过程的。自耦变压器降压起动的控制线路如图 2-10 所示。

起动过程分析：由图 2-10 可知，KM_1 为降压接触器，KM_2 为正常运行接触器，KT 为起动时间继电器。起动时，合上电源开关 QS，按下起动按钮 SB_2，接触器 KM_1 的线圈和时

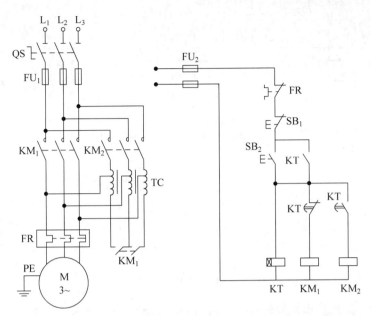

图 2-10　自耦变压器降压起动的控制线路

间继电器 KT 的线圈通电,KT 瞬时动作的常开触点闭合,形成自锁,KM$_1$ 主触点闭合,将电动机定子绕组经自耦变压器接至电源,这时自耦变压器连接成星形,电动机降压起动。KT 延时后,其延时常闭触点断开,使 KM$_1$ 线圈失电,KM$_1$ 主触点断开,从而将自耦变压器从电网上切除。而 KT 延时常开触点闭合,使 KM$_2$ 线圈通电,电动机直接接到电网上运行,从而完成了整个起动过程。

自耦变压器减压起动方法适用于容量较大的、正常工作时连接成星形或三角形的电动机。其起动转矩可以通过改变自耦变压器抽头的连接位置得到改变。它的缺点是自耦变压器价格较贵,而且不允许频繁起动。该电路的另一缺点是时间继电器一直通电,耗能多,且缩短了器件寿命,请读者自行分析并设计断电延时的控制电路。

2.2.2　三相笼型异步电动机的正、反转控制线路

在实际应用中,往往要求生产机械改变运动方向,如工作台前进、后退,龙门吊车主钩升降控制,行走装置前进与后退,车床主轴电机正转与反转控制,电梯的上升、下降等,这些都要求电动机能实现正、反转控制。由交流异步电动机工作原理可知,电动机三相电源进线中任意两相对调,通过两个接触器来改变电动机定子绕组的电源相序,即可实现电动机的反向运转。

电动机正、反转控制线路如图 2-11 所示。由图 2-11 可知,接触器 KM$_1$ 为正向接触器,控制电动机 M 正转;接触器 KM$_2$ 为反向接触器,控制电动机 M 反转。

工作过程分析如下。

1) 无互锁控制线路

图 2-11(a)为无互锁控制线路。

正转控制:合上刀开关 QS,按下正向起动按钮 SB$_1$,正向接触器 KM$_1$ 通电,KM$_1$、主触点和自锁触点闭合,电动机 M 正转。

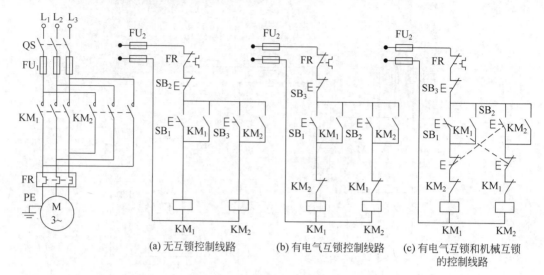

(a) 无互锁控制线路　　　(b) 有电气互锁控制线路　　　(c) 有电气互锁和机械互锁
　　　　　　　　　　　　　　　　　　　　　　　　　　　　　　　　 的控制线路

图 2-11　电动机正、反转控制线路

反转控制：合上刀开关 QS，按下反向起动按钮 SB_2，正向接触器 KM_2 通电，KM_2、主触点和自锁触点闭合，电动机 M 反转。

停机：按停止按钮 SB_3，KM_1（或 KM_2）断电，M 停转。

该控制线路工作不可靠。若误操作会使 KM_1 与 KM_2 都通电，从而引起主电路电源短路，为此要求线路设置必要的联锁环节。

2）有电气互锁控制线路

图 2-11(b)为具有电气互锁的控制线路。

将任何一个接触器的辅助常闭触点串入对应另一个接触器线圈电路中，则其中任何一个接触器先通电后，就切断了另一个接触器的控制回路，即使按下相反方向的起动按钮，另一个接触器也无法通电。

利用两个接触器的辅助常闭触点互相控制的方式，叫电气互锁，或叫电气联锁。起互锁作用的常闭触点叫互锁触点。

该线路使用起来不方便，只能实现"正→停→反"或者"反→停→正"控制，即必须按下停止按钮后，再反向或正向起动。这对需要频繁改变电动机运转方向的设备来说，是很麻烦的。

3）有电气互锁和机械互锁的控制线路

图 2-11(c)是具有电气互锁和机械互锁的控制线路。

为了提高生产效率，直接进行正、反向操作，利用复合按钮组成"正→反→停"或"反→正→停"的互锁控制，复合按钮的常闭触点同样起到互锁的作用，这样的互锁叫机械互锁。该线路既有接触器常闭触点的电气互锁，也有复合按钮常闭触点的机械互锁，即具有双重互锁。该线路操作方便，安全可靠，应用广泛。

2.2.3　三相笼型异步电动机的制动控制线路

许多机床在工作时希望运动部件能够快速停车，如果停车时间拉得过长，就会影响机床的生产率。还有许多机床，如万能铣床、卧式镗床等都要求机床的运动部件能够迅速停车和准确定位,这就要求对电动机进行制动,强迫其立即停止运转。但是由于惯性的关系,三相异步电动机从切断电源到完全停止运转,总要经过一段时间,会造成运动部件停位不准、工作不安全等现象,这往往不能适应某些生产机械工艺的要求。因此,为提高生产效率及准确停位,对电动机要进行制动控制。

电动机断电后能使电动机在很短的时间内就停转的方法,称作制动控制。制动控制的方法常用的有两大类:机械制动与电气制动。机床电动机的制动可以采用液压装置或机械抱闸,但广泛应用的还是电气制动。在机床控制线路中,经常应用的电气制动方式是反接制动和能耗制动。

1. 三相异步电动机反接制动

三相异步电动机反接制动控制的工作原理:改变异步电动机定子绕组中的三相电源相序,使定子绕组产生方向相反的旋转磁场,从而产生制动转矩,实现制动。反接制动要求在电动机转速接近零时及时切断反相序的电源,以防止电动机反向起动。

1) 单向运行的反接制动控制线路

如图 2-12 所示是电动机单向运行的反接制动控制线路。

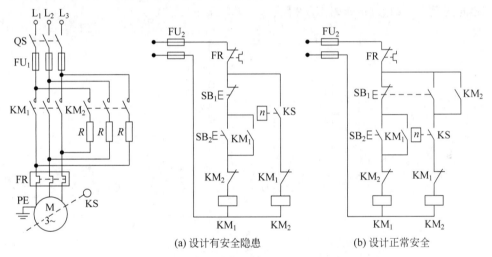

(a) 设计有安全隐患 (b) 设计正常安全

图 2-12 电动机单向运行的反接制动控制线路

设计提示:当想要停车时,首先将三相电源切换,然后当电动机转速接近零时,再将三相电源切除。控制线路就是要实现这一过程。控制线路用速度继电器来"判断"电动机的停与转。

注意:主电路、接触器 KM_1 的主触点用来提供电动机的工作电源,接触器 KM_2 的主触点用来提供电动机停车时的制动电源。

反接制动过程分析如下。

图 2-12(a)控制电路的工作原理:起动时,合上电源开关 QS,按下起动按钮 SB_2,接触器 KM_1 线圈通电吸合且自锁,KM_1 主触点闭合,电动机起动运转。当电动机转速升高到一定数值时,速度继电器 KS 的常开触点闭合,为反接制动作准备。停车时,按下停止按钮 SB_1,KM_1 线圈断电释放,KM_1 主触点断开电动机的工作电源;而接触器 KM_2 线圈通电吸合 KM_2 主触点闭合,串入电阻 R 进行反接制动,迫使电动机转速下降,当转速降至 100r/min

以下时，KS 的常开触点复位断开，使 KM₂ 线圈断电释放，及时切断电动机的电源，防止电动机的反向起动。但这个设计不能用，因为存在安全隐患。在停车期间，如果为了调整工件，需要用手转动机床主轴时，速度继电器的转子也将随着转动，其常开触点闭合，KM₂ 通电动作，电动机接通电源发生制动作用，不利于调整工作。

图 2-12(b)的反接制动线路解决了这个安全隐患问题。控制线路中停止按钮使用了复合按钮 SB₁，并在其常开触点上并联了 KM₂ 的常开触点，使 KM₂ 能自锁。这样在用手转动电动机时，虽然 KS 的常开触点闭合，但只要不按复合按钮 SB₁，KM₂ 就不会通电，电动机也就不会反接于电源，只有按下 SB₁，KM₂ 才能通电，制动电路才能接通。

提示 因电动机反接制动电流很大，故在主回路中串入电阻 R，可防止制动时电动机绕组过热。

2）可逆运行的反接制动控制线路

图 2-12 设计的是电动机单向运行的反接制动控制线路，若想实现电动机可逆运行的反接制动控制，如何设计呢？

图 2-13 为电动机可逆运行的反接制动控制线路。图 2-13 中 KS-2 和 KS-1 是速度继电器 KS 的两组常开触点，正转时 KS-2 闭合，反转时 KS-1 闭合。

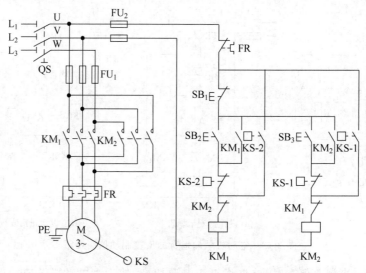

图 2-13　电动机可逆运行的反接制动控制线路

2. 三相异步电动机能耗制动控制线路

三相异步电动机能耗制动控制的工作原理：在三相电动机停车切断三相交流电源的同时，将一直流电源引入定子绕组，这样直流电流流过定子绕组，将在电动机气隙中形成固定的、不旋转的空间静止磁场。在电源切除后的瞬间，电动机转子由于惯性仍沿原方向转动，则转子在静止磁场中切割磁力线，产生一个与惯性转动方向相反的电磁转矩，电动机进入制动状态，使电动机加速停车，转速很快下降，并在转速接近于零时将直流电源切除，实现对转子的制动。

能耗制动时制动转矩随电动机的惯性转速下降而减小，因而制动平稳。这种制动方法将转子惯性转动的机械能转换成电能，又消耗在转子的制动上，所以称为能耗制动。

能耗制动的制动转矩大小与通入直流电流的大小与电动机的转速有关。同样转速，电流大,制动作用强。一般接入的直流电流为电动机空载电流的 $3\sim5$ 倍,过大会烧坏电动机的定子绕组。电路采用在直流电源回路中串接可调电阻的方法,调节制动电流的大小。直流电源的获得有两种方式:桥式整流和单相半波整流。

1) 单向运行能耗制动控制线路

(1) 按时间原则控制线路。

图 2-14 为按时间原则控制的单向能耗制动控制线路。

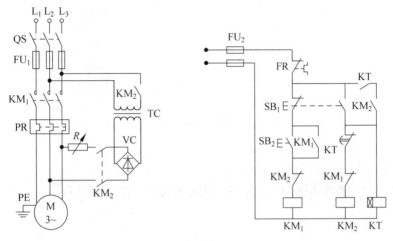

图 2-14　按时间原则控制的单向能耗制动控制线路

图 2-14 中变压器 TC、整流装置 VC 提供直流电源。接触器 KM_1 的主触点闭合接通三相电源,KM_2 将直流电源接入电动机定子绕组。

停车时,采用时间继电器 KT 实现自动控制,按下复合按钮 SB_1,KM_1 线圈失电,切断三相交流电源。同时,接触器 KM_2 和 KT 的线圈通电并自锁,KM_2 在主电路中的常开触点闭合,直流电源被引入定子绕组,电动机能耗制动,SB_1 松开复位。制动结束后,由 KT 的延时常闭触点断开 KM_2 的线圈回路。图 2-14 中 KT 的瞬时常开触点的作用是为了考虑 KT 线圈断线或机械卡阻故障时,电动机在按下 SB_1 后能迅速制动,两相的定子绕组不致长期接入能耗制动直流电流,此时该线路具有手动控制能耗制动的能力,只要 SB_1 处于按下的状态,电动机就能实现能耗制动。

(2) 按速度原则控制线路。

图 2-15 为按速度原则控制的单向能耗制动控制线路。

该线路与图 2-14 的控制线路基本相同,仅是在控制电路中取消了时间继电器 KT 的线圈及其触点电路,而在电动机转轴伸出端安装了速度继电器 KS,并且用 KS 的常开触点取代了 KT 延时常闭触点。

停车时,采用速度继电器 KS 实现自动控制,电动机在刚刚脱离三相交流电源时,由于电动机转子的惯性速度仍很高,KS 的常开触点仍然处于闭合状态,所以,接触器 KM_2 线圈在按下按钮 SB_1 后通电自锁。于是,两相定子绕组获得直流电源,电动机进入能耗制动。当电动机转子的惯性速度降至 100r/min 以下时,KS 常开触点复位,KM_2 线圈断电而释放,能耗制动结束。

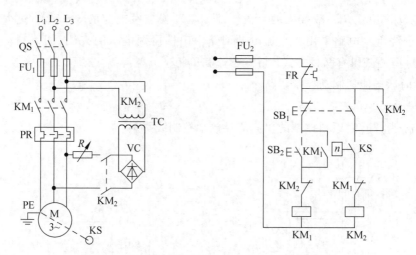

图 2-15　按速度原则控制的单向能耗制动控制线路

2）可逆运行能耗制动控制线路

（1）按时间原则控制线路。

图 2-16 为电动机按时间原则控制的可逆运行能耗制动控制线路。

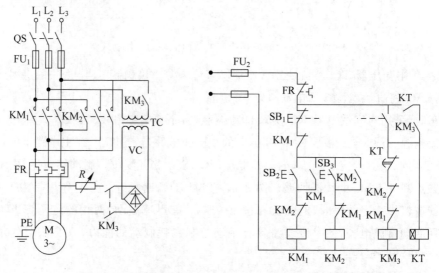

图 2-16　按时间原则控制的可逆运行能耗制动控制线路

该线路中，KM_1 为正转用接触器，KM_2 为反转用接触器，KM_3 为制动用接触器，SB_2 为正向起动按钮，SB_3 为反向起动按钮，SB_1 为总停止按钮。

在正向运转需要停止时，按下 SB_1，KM_1 断电，KM_3 和 KT 线圈通电并自锁，KM_3 常闭触点断开并锁住电动机起动电路；KM_3 常开主触点闭合，使直流电压加至定子绕组，电动机进行正向能耗制动，转速迅速下降，当其接近零时，KT 延时常闭触点断开 KM_3 线圈电源，KT 线圈同时失电，电动机正向能耗制动结束。

反向起动与反向能耗制动的过程与上述正向情况相同。

（2）按速度原则控制线路。

电动机可逆运行能耗制动也可以按速度原则实现，用速度继电器取代时间继电器，同样能达到制动目的。

图 2-17 为电动机按速度原则控制的可逆运行能耗制动控制线路。

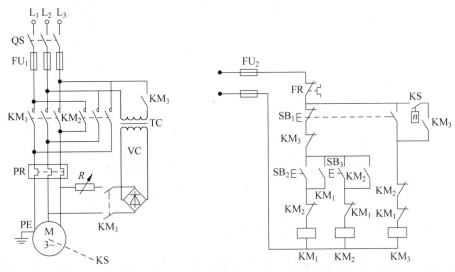

图 2-17 按速度原则控制的可逆运行能耗制动控制线路

该线路中,KM_1 为正转用接触器,KM_2 为反转用接触器,KM_3 为制动用接触器,SB_2 为正向起动按钮,SB_3 为反向起动按钮,SB_1 为总停止按钮。

在正向运转需要停止时,按下 SB_1,KM_1 断电,KM_3 线圈通电并自锁,KM_3 常闭触点断开并锁住电动机起动电路;KM_3 常开主触点闭合,使直流电压加至定子绕组,电动机进行正向能耗制动,转速迅速下降,当电动机转子的惯性速度降至 $100r/min$ 以下时,速度继电器 KS 常开触点复位(电动机正常运行时,KS 常开触点闭合),断开 KM_3 线圈电源,电动机正向能耗制动结束。

反向起动与反向能耗制动的过程与上述正向情况相同。

3)单管能耗制动控制线路

上述能耗制动控制线路无论单向还是可逆控制,线路都带有变压器的桥式整流电路,设备多,成本高。用于制动要求不高的场合可采用单管能耗制动线路,该电路设备简单、体积小、成本低。

单管能耗制动线路去掉了整流变压器,以单管半波整流器作为直流电源,使得控制设备大大简化,降低了成本。它常在 10kW 以下的电动机且对制动要求不高的场合中使用。

如图 2-18 所示是单管能耗制动控制电路。

当停车时,按下停止按钮 SB_1,接触器 KM_1 线圈失电释放,同时制动接触器 KM_2 和时间继电器 KT 线圈得电,制动接触器 KM_2 所有触点切换,电源经制动接触器 KM_2 接到电动机的两相绕组上,另一相经整流管回到零线。达到整定时间后,时间继电器 KT 触点断开使制动接触器 KM_2 失电释放复位,单管能耗制动过程结束。

提示 反接制动的特点是制动电流大,因此制动力矩大,制动效果显著,但在制动时有冲击,制动不平稳且能量消耗也大。能耗制动的特点是制动平稳、准确、能量消耗少,但制动力矩较弱,在低速时制动效果差,并且还须提供直流电源。在实际使用时,应根据设备的工作要求选用合适的制动方法。

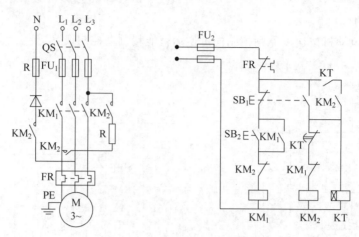

图 2-18　单管能耗制动控制线路

2.2.4　异步电动机调速控制线路

在实际生产中，对机械设备常有多种速度输出的要求。当采用单速电动机时，须配有机械变速系统来满足变速要求。当设备的结构尺寸受到限制或要求速度连续可调时，常采用多速电动机或电动机调速来满足。

随着电力电子技术的迅猛发展，交流电动机的调速已得到广泛的发展与应用。但由于实现调速的控制电路复杂，造价高，普通中小型设备使用较少。应用较多的是多速交流电动机。

由电工学可知，三相异步电动机的转速公式为 $n=(1-s)60f_1/p$，改变异步电动机转速可通过三种方法实现：一是改变电源频率 f_1；二是改变转差率 s；三是改变磁极对数 p。改变异步电动机的磁极对数调速称为变极调速。变极调速是通过改变定子绕组的连接方式来实现的，它是有级调速，且只适用于笼型异步电动机。下面以双速电动机为例分析这类电动机的控制电路。

双速异步电动机调速控制线路如图 2-19 所示。

双速异步电动机改变转速可采用改变绕组的接线方法来实现。如图 2-19 所示的电路接线图中，KM_1 为电动机三角形连接接触器，KM_2、KM_3 为双星形连接接触器，SB_2 为低速起动按钮，SB_3 为高速起动按钮。

合上电源开关 QS，按下起动按钮 SB_2，接通接触器线圈 KM_1 电源，同时切断接触器 KM_2、KM_3 的电源，接触器 KM_1 得电并自锁，使电动机定子绕组接成三角形，按低速起动运转。

如需电动机高速运转，可按下按钮 SB_3，KM_1 的线圈断电释放，主触点断开，自锁触点断开，互锁触点闭合。当 SB_3 按到底时，SB_3 的常开触点闭合，接触器 KM_2、KM_3 线圈同时得电，经 KM_2、KM_3 常开触点串联组成的自锁电路自锁，KM_2、KM_3 主触点闭合，将电动机定子绕组接成双星形，以高速度运转。

本电路可直接按下 SB_3，使定子绕组接成双星形，以高速度运转。按下 SB_1 电动机停止旋转。

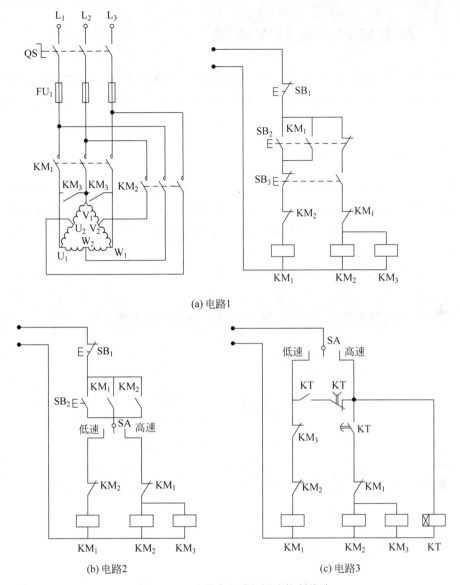

(a) 电路1

(b) 电路2　　　　　(c) 电路3

图 2-19　双速异步电动机调速控制线路

　　图 2-19(a)控制电路由复合按钮 SB_2 接通 KM_1 的线圈电路，KM_1 主触点闭合，电动机低速运行。SB_3 接通 KM_2 和 KM_3 的线圈电路，其主触点闭合，电动机高速运行。为防止两种接线方式同时存在，KM_1 和 KM_2 的常闭触点在控制电路中构成互锁。

　　图 2-19(b)控制电路采用选择开关 SA，选择接通 KM_1 线圈电路或 KM_2、KM_3 的线圈电路，即选择低速或者高速运行。图 2-19(a)和图 2-19(b)的控制电路适用于小功率电动机。

　　图 2-19(c)的控制电路适用于大功率电动机，选择开关选择低速运行或高速运行；选择低速运行时，接通选择接通 KM_1 线圈电路，直接起动低速运行；选择高速运行时，首先接通 KM_1 线圈电路低速起动，然后由时间继电器 KT 切断 KM_1 的线圈电路，同时接通 KM_2 和 KM_3 的线圈电路，电动机的转速自动由低速切换到高速。

2.3 典型特定功能控制电路

在实际生产中控制方案和控制线路多种多样,例如多地点控制、多台电动机顺序控制、自动循环往复控制、动力头滑台控制、夹紧控制等。下面就几个典型特定功能的控制电路进行介绍。

2.3.1 多地点控制线路

人们在生活实践中,有时需要在两处甚至在更多处控制一台电动机。例如,电梯的控制、工厂的行车控制、多层楼梯井顶灯的控制,以及在一些大型生产机械和设备上,要求操作人员在不同方位能进行操作和控制,即多地点控制。那么,怎样实现多地控制电动机呢?

如图 2-20 所示为电动机三地点控制线路。把一个起动按钮和一个停止按钮组成一组,并把三组起动、停止按钮分别放置三地,即能实现三地点控制。实现多地控制电动机方法很简单,只要把各处按钮开关中的常开按钮并联,常闭按钮串联即可。

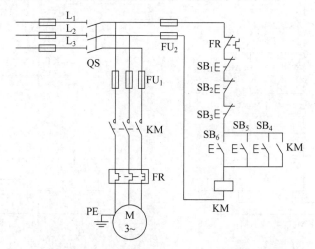

图 2-20　电动机三地点控制的线路

提示　多地点控制的接线原则：起动按钮应并联连接,停止按钮应串联连接。

2.3.2 多台电动机先后顺序工作的控制线路

在生产实践中,有时要求一个拖动系统中多台电动机实现先后顺序工作。例如,机床中要求润滑电动机起动后,主轴电动机才能起动;铣床的主轴电动机和进给电动机控制等也是顺序工作。

顺序控制是指让多台电动机按事先约定的步骤依次工作,在实际生产中有着广泛的应用。

实现的方法包括主电路实现顺序控制和控制电路实现顺序控制。而控制电路实现顺序控制,又分为无延时时间要求和有延时时间要求的顺序控制。

这里主要介绍两台电动机的顺序控制,按一定的顺序起动,按一定的顺序停止或同时停止。

1. 主电路实现顺序控制

如图 2-21 所示是主电路实现两台电动机的顺序起动控制线路。

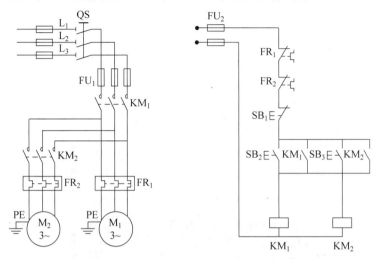

图 2-21 主电路实现两台电动机的顺序起动控制线路

电动机 M_1 和 M_2 分别通过接触器 KM_1 和 KM_2 控制,接触器 KM_2 的主触头接在接触器 KM_1 主触头的下面,从而保证了只有当 KM_1 主触头闭合,电动机 M_1 起动运转后,M_2 才能接通电源运转,停车时同时停。

在该线路中,两台电动机用了两个热继电器分别为两台电动机进行过载保护。那么,两台交流电动机能否合用一台热继电器作过载保护呢?

提示 两台交流电动机不可以合用一台热继电器进行过载保护。因为两台电动机应用一个热继电器时,整定电流应不小于两台电动机额定电流的总和,一般电动机负载并不会是满载运行的,这样,当其中一台电动机出现故障电流过大时也不一定超过整定电流,同时,热继电器反应较缓慢,电动机将因得不到保护而被烧毁。

2. 控制电路实现顺序控制

1) 无延时时间要求

设计提示:无延时时间要求的两台电动机顺序起动控制线路,设计时将接触器的辅助触点和按钮位置合理组合接线,就可以实现。

方法 1:顺序起动,逆序停止或同时停止,如图 2-22 所示。

该线路中,接触器 KM_2 的线圈接在接触器 KM_1 作自锁用的辅助触头后面,这样连接就保证了电动机 M_1 起动后,电动机 M_2 才能起动的顺序控制要求。

在该控制线路中有两个停止按钮,起的作用不同。停止按钮 SB_3,控制电动机 M_2 的单独停止;而停止按钮 SB_1,控制的是两台电动机能够同时停止。

方法 2:顺序起动,逆序停止或同时停止,如图 2-23 所示。

该线路中,在接触器 KM_2 的线圈回路中串接了接触器 KM_1 的辅助常开触头。如果 KM_1 线圈不吸合,即使按下起动按钮 SB_4,KM_2 线圈也不能吸合,这样就保证了只有电动

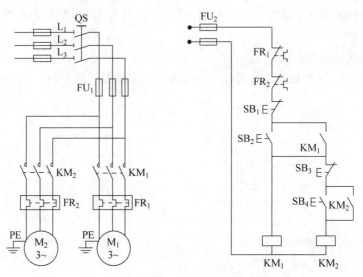

图 2-22　无延时时间要求的两台电动机顺序起动控制线路 1

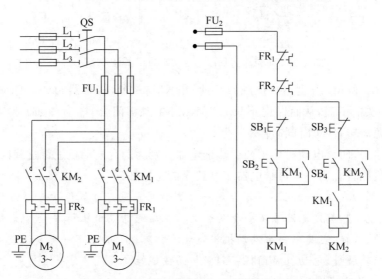

图 2-23　无延时时间要求的两台电动机顺序起动控制线路 2

机 M_1 起动后，电动机 M_2 才能起动。停止按钮 SB_1 控制两台电动机同时停止，而停止按钮 SB_3 控制 M_2 电动机的单独停止。

方法 3：顺序起动，逆序停止，如图 2-24 所示。

该线路中，在图 2-23 中的停止按钮 SB_1 两端并联了接触器 KM_2 的一对辅助常开触头，从而实现了电动机 M_1 起动后，电动机 M_2 才能起动，而电动机 M_2 停止后，电动机 M_1 才能停止控制要求，即电动机 M_1、M_2 是顺序起动，逆序停止。

如图 2-24 所示设计的是两台电动机顺序起动、逆序停止控制线路，若想实现 N 台电动机的顺序起动、逆序停止控制，如何设计呢？

提示　两台电动机的顺序起动、逆序停止控制：起"约束"，即将先起控制电动机接触器的辅助常开触点串接在后起的控制电动机接触器线圈回路中；停"约束"，即将先停止的电动机控制接触器辅助常开触点并接在后停的电动机停止按钮上。

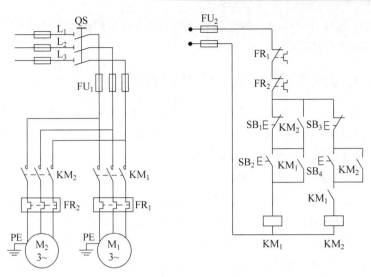

图 2-24 无延时时间要求的两台电动机顺序起动控制线路 3

2）有延时时间要求

有延时时间要求的顺序起动控制线路，采用通电延时型时间继电器，按时间顺序自动控制实现顺序起动控制及同时停止。

设计提示：利用时间继电器完成顺序起动。

注意：顺序起动实现后，要将时间继电器线圈线路切断。

图 2-25 所示是采用时间继电器按时间原则顺序起动的控制线路。线路要求电动机 M_1 起动 $t(s)$ 后，电动机 M_2 自动起动。利用时间继电器的延时闭合常开触点来实现。

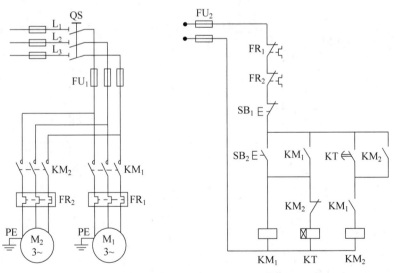

图 2-25 采用时间继电器的顺序起动控制线路

合上电源开关 QS，按下起动按钮 SB_2，接触器 KM_1 线圈、时间继电器 KT 线圈同时得电，接触器 KM_1 触点切换，接触器 KM_1 主触点闭合，且 KM_1 辅助常开触点形成自锁，电动机 M_1 起动。时间继电器 KT 的延时时间可调，即可预置电动机 M_1 起动 n 秒后电动机 M_2 再起动。延时 n 秒时间到，时间继电器 KT 延时闭合触点闭合，接触器 KM_2 线圈得电并自锁,则电动机 M_2 起动,同时 KM_2 的常闭触点断开,切断时间继电器 KT 线圈支路,完成电动机 M_1、M_2 按预定时间的顺序起动控制。

2.3.3　位置原则的自动循环往复控制线路

在机床电气设备中,有些是通过工作台自动往复循环工作的,例如龙门刨床工作台的前进、后退。电动机的正、反转是实现工作台自动往复循环的基本环节。

位置原则的自动循环往复控制工作原理: 按位置原则的自动控制是生产机械电气化自动应用中用得最多和作用原理最简单的一种形式,在位置控制的电气自动装置线路中,由行程开关或终端开关的动作发出信号来控制电动机的工作状态。若在预定的位置电动机需要停止,则将行程开关的常闭触点串接在相应的控制电路中,这样在机械装置运动到预定位置时行程开关动作,常闭触点断开相应的控制电路,电动机停转,机械运动也停止。若需停止后立即反向运动,则应将此行程开关的常开触点并接在另一控制回路中的起动按钮处,这样在行程开关动作时,常闭触点断开了正向运动控制的电路,同时常开触点又接通了反向运动的控制电路。工作台工作示意图如图 2-26 所示。

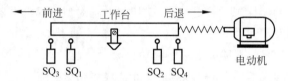

图 2-26　工作台工作示意图

自动循环控制线路如图 2-27 所示。

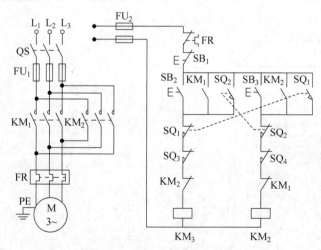

图 2-27　自动循环控制线路

位置原则的自动循环往复控制工作过程分析如下。

合上电源开关 QS,按下起动按钮 SB_2,接触器 KM_1 通电,电动机 M 正转,工作台向前,工作台前进到一定位置,撞块压动限位开关 SQ_1,SQ_1 常闭触点断开,KM_1 断电,M 停止向前。SQ_1 常开触点闭合,KM_2 通电,电动机 M 改变电源相序而反转,工作台向后,工作台后退到一定位置,撞块压动限位开关 SQ_2,SQ_2 常闭触点断开,KM_2 断电,M 停止后退。SQ_2

常闭开触点闭合,KM$_1$通电,电动机 M 又正转,工作台又前进,如此往复循环工作,直至按下停止按钮 SB$_1$,KM$_1$(或 KM$_2$)断电,电动机停止转动。

另外,SQ$_3$、SQ$_4$分别为反、正向终端保护限位开关,防止限位开关 SQ$_1$、SQ$_2$失灵时造成工作台从机床上冲出的事故。

在这里附加介绍一种由行程和时间控制实现的动力头滑台钻孔加工电器自动控制线路。动力头滑台工作示意图如图 2-28 所示。

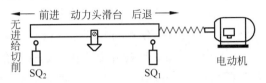

图 2-28　动力头滑台工作示意图

控制方案:控制主轴电机,带着动力头滑台快进,到加工部件停,进行无进给切削,加工完成,快速返回,停止。动力头滑台钻孔加工电器自动控制线路如图 2-29 所示。

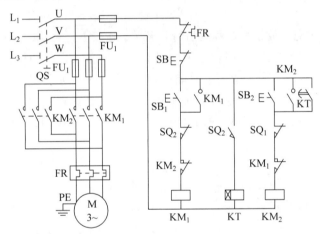

图 2-29　动力头滑台钻孔加工电器自动控制线路

动力头滑台钻孔加工电器自动控制工作过程分析如下。

合上电源开关 QS,按下起动按钮 SB$_1$,接触器 KM$_1$通电,电动机 M 正转,动力头滑台快进,动力头滑台快进到一定位置,撞块压动限位开关 SQ$_2$,SQ$_2$常闭触点断开,KM$_1$断电,M 停止向前。SQ$_2$常开触点闭合,KT 时间继电器线圈通电,延时开始即进行无进给切削,无进给切削完成,即延时时间到,KT 常开触点闭合,电动机 M 改变电源相序,KM$_2$得电而反转,动力头滑台快速返回,动力头滑台快速返回到一定位置,撞块压动限位开关 SQ$_1$,SQ$_1$常闭触点断开,KM$_2$断电,M 停止运行。

2.3.4　电流控制的横梁自动夹紧控制线路

横梁夹紧装置示意图如图 2-30 所示。在龙门刨床上装有横梁机构,刀架装在横梁上,随加工件大小不同,横梁需要沿立柱上下移动,在加工过程中,横梁又需要保证夹紧在立柱上不允许松动。

横梁的状态:横梁在静止时,是被机械杠杆机构夹紧在龙门刨床的立柱上的,要求横梁

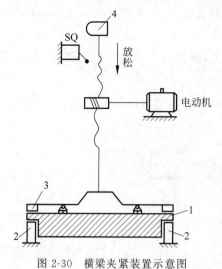

图 2-30 横梁夹紧装置示意图

1—横梁；2—立柱；3—压块；4—撞块

运动时必须首先放松横梁，而在横梁运动结束后，自动夹紧在立柱上。

反映横梁放松的参量：采用行程开关 SQ 来检测和控制。

反映横梁夹紧程度的参量：用夹紧电动机的电流来反映夹紧力的大小，因为产生夹紧力后，夹紧力要增大，电流也增大，电流参量反映横梁夹紧程度，使用过电流继电器来检测夹紧电动机的电流值，当电流到达预定的设定值时，标志夹紧到位，电流继电器的触点动作，切换电路，夹紧停止，达到控制目的。

横梁自动夹紧控制线路如图 2-31 所示。按横梁运动按钮 SB$_1$ 后，中间继电器 K 通电，其常闭触点打开，常开触点闭合，KM$_2$ 吸合，电动机反转，带动机械杠杆机构使横梁放松；放松一定程度后行程开关 SQ 按下压合，其常闭触点打开，KM$_2$ 释放，横梁放松完毕。SQ 常开触点闭合，为横梁夹紧作准备。当不用横梁运动时，可松开按钮 SB$_1$，中间继电器 K 释放，其常闭触点闭合，接触器 KM$_1$ 动作，电动机正转，开始夹紧。此时行程开关 SQ 释放，但 KM$_1$ 通过中间继电器 K 及自锁触点仍然通电，继续夹紧。随着夹紧电动机电流越来越大，大到一定值时，电流继电器 KA 动作，其常闭触点打开，KM$_1$ 失电，夹紧停止。

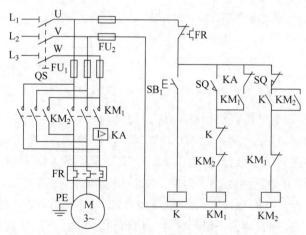

图 2-31 横梁自动夹紧控制线路

2.4 机床电气控制线路

生产机械种类繁多，其拖动方式和电气控制线路各不相同。下面通过对机床电气控制线路的分析，介绍阅读电气原理图的方法，培养读图能力，为电气控制线路的设计、安装、调试、维护打下基础。

2.4.1 C650 卧式车床的电气控制线路

车床的种类很多,有卧式车床、落地车床、立式车床、转塔车床等。卧式车床是机床中应用最广泛的一种,它可以用于切削各种工件的外圆、内孔、端面及螺纹等。下面以 C650 卧式车床为例进行电气控制线路分析。

1. 概述

1) C650 卧式车床的主要结构及运动形式

C650 卧式车床主要由主轴变速箱、进给箱、溜板箱、尾座、滑板与刀架、光杠与丝杠等部件组成,如图 2-32 所示。

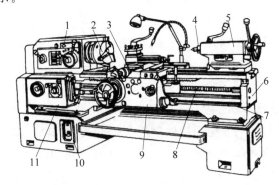

图 2-32　C650 卧式车床的主要结构

1—主轴变速箱;2—卡盘;3—滑板与刀架;4—后顶尖;5—尾座;6—床身;

7—光杠;8—丝杠;9—溜板箱;10—底座;11—进给箱

该车床有 3 种运动形式:主轴通过卡盘或顶尖带动工件的旋转运动,称为主运动;刀具与滑板一起随溜板箱实现的运动,称为进给运动;刀架的快速进给和快速退回运动,称为辅助运动。

2) C650 卧式车床的电力拖动要求与控制特点

(1) 由主轴电机笼型异步电动机拖动完成主轴主运动和刀具进给运动的驱动。主轴电机由接触器控制实现正反转,为加工调整方便,要有点动功能。主电机采用反接制动。

(2) 刀架的进给运动溜板带着刀架的直线运动,称为进给运动。刀架的进给运动由主轴电动机带动,并使用走刀箱调节加工时的纵向和横向走刀量。

(3) 为了提高工作效率,车床刀架的快速移动由一台单独的快速移动电动机拖动,并采用点动控制。

(4) 车削加工中,为防止刀具和工件的温度过高,延长刀具使用寿命,提高加工质量,冷却系统床内装有一台不调速、单向旋转的三相异步电动机拖动冷却泵,供给刀具切削时使用的冷却液。该拖动电动机与主轴电动机实现顺序起停,也可单独操作。

(5) 有必要的保护环节、联锁环节、照明和信号电路等。

2. C650 卧式车床的电气控制线路分析

1) 主电路分析

C650 卧式车床的电气控制线路如图 2-33 所示。主电路有主电动机 M_1、冷却泵电动机

M_2 和快移电动机 M_3 的驱动电路。主电动机 M_1 实现三个功能：①由交流接触器 KM_1 和 KM_2 的两组主触点构成的正、反转控制；②由电流表 A 监视电动机工作时绕组的电流变化电路；③限流电阻 R 的接入和切除。

保护单元有：熔断器 FU_1 为主电动机 M_1 的短路保护；热继电器 FR_1、FR_2 为其过载保护；限流电阻 R 在主轴点动时，限制起动电流，在停车反接制动时又限制过大的反向制动电流；电流表 A 用来监视主电动机 M_1 的绕组电流；电动机都设置了接地保护 PE 及欠压保护（由接触器完成）。

提示 由于电动机 M_3 只完成点动短时运转，故不设置热继电器。另外主电机切削消耗功率大，但起动电流较小，无须降压，全压起动。

2）控制电路分析

（1）**主轴电动机的点动控制分析**：按下点动按钮 SB_4，接触器 KM_1 线圈通电，主轴电动机 M_1 正向直接起动和低速运转（限流电阻 R 串入电路中）。松开 SB_4，KM_1 线圈立即断电，主轴电动机 M_1 停转，实现了主轴电动机串联电阻限流的点动控制。

（2）**正、反转控制线路分析**：按下正向起动按钮 SB_2，接触器 KM_3 和时间继电器 KT 线圈同时通电，KM_3 的主触点将主电路中的限流电阻 R 短接，KM_3 常开辅助触点闭合，中间继电器 K 线圈通电，K 的常闭触点将停车制动的基本电路切除，K 的常开触点闭合，KM_3 线圈自锁保持通电，同时 K 线圈也保持通电。SB_2 未松开时，由于 K 的另一常开触点与 SB_2 的常开触点均在闭合状态，KM_1 线圈通电，KM_1 的辅助常开触点也闭合（自锁），主电动机 M_1 全压正向直接起动运行。松开 SB_2 后，由于 K 的两个常开触点闭合，形成自锁通路。起动结束后，进入正常运行状态。KT 的常闭触点在主电路中短接电流表 A，经延时断开后，电流表接入电路正常工作。SB_3 为反向起动按钮，反向起动过程与正向起动过程类似。

（3）**主轴电动机反接制动控制分析**：采用速度继电器 KS 进行检测和控制。当电动机正向转动时，速度继电器 KS 的常开触点 KS_2 闭合，制动电路处于制动准备状态。按下停车按钮 SB_1，切断控制电源，KM_1、KM_3、K 线圈均失电，其相关触点复位。主电动机 M_1 被串电阻反接制动，正向转速很快降下来，当降到很低时，KS 的正向常开触点 KS_2 断开复位，切断 KM_2 的线圈电路，其相应的主触点复位，电动机断电，反接制动过程结束。

反转时的反接制动工作过程与停车制动时的反接制动工作过程类似，此时反转状态下，KS_1 触点闭合，制动时，接通接触器 KM_1 的线圈电路，进行反接制动。

（4）**刀架的快速移动和冷却泵电动机控制的分析**：刀架快速移动是由转动刀架手柄压动行程开关 SQ，接触器 KM_5 的线圈得电，KM_5 的主触点闭合，M_3 起动工作，经传动系统驱动溜板箱带动刀架快速移动。冷却泵电动机 M_2 控制，按下起动按钮 SB_6，接触器 KM_4 线圈得电，KM_4 常开触点闭合，实现电动机 M_2 的自锁控制。

（5）**照明电路分析**：TC 为控制变压器，二次侧有两路，一路为 110V，提供给控制电路；另一路为 36V（安全电压），提供给照明电路。置开关 SA 于通状态时，照明灯 EL 点亮；置 SA 为断状态时，EL 就熄灭。

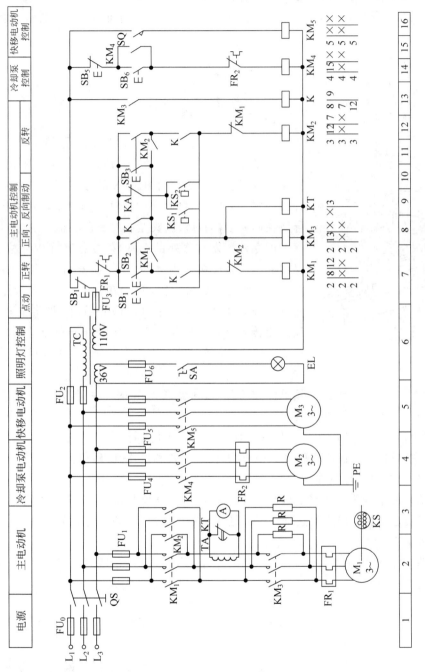

图 2-33　C650 卧式车床的电气控制原理图

2.4.2　摇臂钻床的电气控制线路

钻床是一种孔加工机床，可用来进行钻孔、扩孔、铰孔、锪平面及攻螺纹等多种形式的加工。钻床的结构形式很多，有立式钻床、卧式钻床、深孔钻床等。Z3040 和 Z3050 摇臂钻床是一种立式钻床，是具有广泛用途的万能型机床，适用于单件或批量生产中带有多孔大型零件的加工。

1．摇臂钻床简介

1）Z3050 摇臂钻床的主要结构、机构与运动形式

Z3050 摇臂钻床由底座、外立柱、内立柱、摇臂、主轴箱及工作台等部分组成，其主要结构如图 2-34 所示。

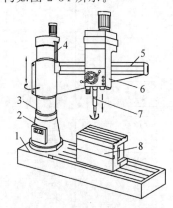

图 2-34　Z3050 摇臂钻床的
主要结构

1—底座；2—内立柱；3—外立
柱；4—摇臂升降丝杠；5—摇臂；
6—主轴箱；7—主轴；8—工作台

（1）Z3050 摇臂钻床的主要结构。

主轴箱由主传动电动机、主轴和主轴传动机构、进给和变速机构以及机床的操作机构等部分组成。主轴箱固定于摇臂的水平导轨上，可以通过手轮操作使主轴箱沿摇臂水平导轨径向移动，通过液压夹紧机构紧固在摇臂上。

内立柱固定在底座的一端，外立柱套在内立柱上，工作时用液压夹紧机构与内立柱夹紧，松开后，可绕内立柱回转 360°。摇臂的一端为套筒，它套在外立柱上，经液压夹紧机构可与外立柱夹紧。夹紧机构松开后，借助升降丝杠的正、反向旋转可沿外立柱作上下移动。由于升降丝杠与外立柱构成一体，而升降螺母则固定在摇臂上，所以摇臂只能与外立柱一起绕内立柱回转。切削加工时，通过夹紧装置，主轴箱紧固在摇臂上，摇臂紧固在外立柱上，外立柱紧固在内立柱上。

（2）Z3050 摇臂钻床的主要机构有主轴变速传动机构、主轴进给变速机构、主轴进给及操纵机构、主轴箱夹紧机构、主轴及平衡机构、立柱夹紧和摇臂升降及夹紧机构等。

（3）Z3050 摇臂钻床的主要运动形式。

摇臂钻床的主轴旋转运动和进给运动由一台交流异步电动机 M_1 拖动。钻孔时，钻头同时进行旋转运动和纵向进给运动。摇臂钻床钻削加工时，主轴旋转为主运动，而主轴的直线移动为进给运动。

摇臂钻床的辅助运动有摇臂沿外立柱的上升、下降、立柱的夹紧和松开以及摇臂与外立柱一起绕内立柱的回转运动。另外还包括对加工的刀具进行冷却。

2）Z3050 摇臂钻床电力拖动的要求与控制特点

（1）由于摇臂钻床的运动部件较多，为简化机床传动装置的结构，采用多台电动机拖动。

（2）为了适应多种加工方式的要求，主轴及进给应在较大范围内调速，由机械变速机构实现。主轴的旋转运动、纵向进给运动及其变速机构均在主轴箱内，由一台主电动机拖动。

（3）加工螺纹时要求主轴能正、反转。摇臂钻床的正、反转一般用机械方法实现，主电

动机只需单方向旋转,可直接起动,不需要制动。

(4)摇臂升降由单独的一台电动机拖动,要求能实现正、反转,采用笼型异步电动机。可直接起动,不需要调速和制动。

(5)摇臂的夹紧与放松以及立柱的夹紧与放松由一台异步电动机配合液压装置来完成,要求这台电动机能正反转。摇臂的回转和主轴箱的径向移动在中小型摇臂钻床上都采用手动,即采用点动控制。

(6)钻削加工时,为对刀具及工件进行冷却,需要一台冷却泵电动机拖动冷却泵输送冷却液。根据加工需要,操作者可以手控操作冷却泵电动机单向旋转。

(7)各部分电路之间有必要的保护和联锁环节。

(8)有机床安全照明及信号指示电路。

2. Z3050 摇臂钻床的电气控制线路分析

1)主电路分析

Z3050 摇臂钻床的电气控制线路原理图如图 2-35 所示。

M_1 是主轴电动机,由交流接触器 KM_1 控制,只要求单方向旋转,主轴的正、反转由机床液压系统操纵机构配合正、反转摩擦离合器实现。M_1 装在主轴箱顶部,带动主轴及进给传动系统,热继电器 FR_1 是过载保护元件作电动机过载保护,短路保护电器是总电源开关中的电磁脱扣装置。

M_2 是摇臂升降电动机,装于主轴顶部,用接触器 KM_2 和 KM_3 控制其正、反转。在操纵摇臂升降时,控制电路首先使液压泵电动机 M_3 起动旋转,送出压力油,经液压系统将摇臂松开,然后才使 M_2 起动,拖动摇臂上升或下降。当摇臂移动到位后,控制电路首先使 M_2 先停下,再自动通过液压系统将摇臂夹紧,最后液压泵电动机才停转。因为电动机短时间工作,故不设过载保护电器。

M_3 是液压泵电动机,可以进行正向转动和反向转动。正向转动和反向转动的起动与停止由接触器 KM_4 和 KM_5 控制。热继电器 FR_2 是液压泵电动机的过载保护。该电动机的主要作用是供给夹紧装置压力油,实现摇臂和立柱的夹紧与松开。

M_4 是冷却泵电动机,功率小,不设过载保护,由开关 SA_1 直接控制起动和停车。

2)控制电路分析

(1)主轴电动机 M_1 的控制。由按钮 SB_1、SB_2 与接触器 KM_1 构成主轴电动机的单方向起动-停止控制电路。主电动机采用热继电器 FR_1 作过载保护,采用熔断器 FU_1 作短路保护。主电动机的工作指示由 KM_1 的辅助动合触点控制指示灯 HL_3 来实现,当主电动机在工作时,指示灯 HL_3 亮。

(2)摇臂升降的控制。摇臂升降运动必须在摇臂完全放松的条件下进行,升降过程结束后应将摇臂夹紧固定。摇臂升降运动的动作过程为:摇臂放松—摇臂升/降—摇臂夹紧。

Z3050 型摇臂钻床摇臂的升降由 M_2 拖动,由摇臂上升按钮 SB_3、下降按钮 SB_4 及正、反转接触器 KM_2、KM_3 组成具有双重互锁的电动机正、反转点动控制电路。摇臂的升降控制须与夹紧机构液压系统密切配合。由正、反转接触器 KM_5、KM_4 控制双向液压泵电动机 M_3 的正、反转,送出压力油,经二位六通阀送至摇臂夹紧机构实现夹紧与松开。

提示 摇臂升降运动必须在摇臂完全放松的条件下进行,夹紧必须在摇臂停止时进行。

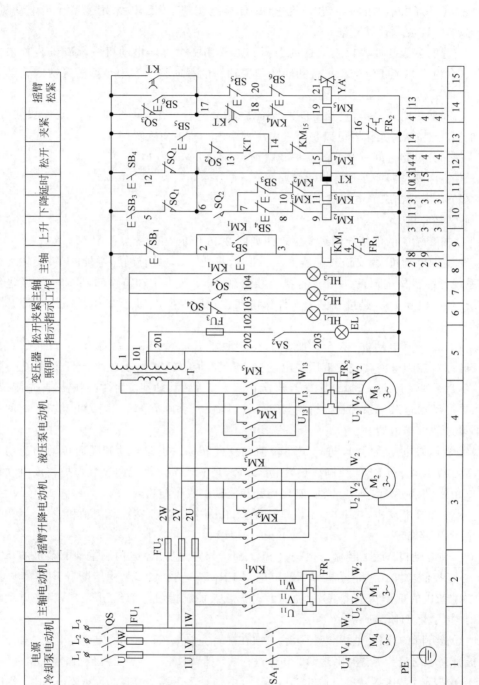

图 2-35　Z3050 摇臂钻床的电气控制线路原理图

以摇臂上升为例分析摇臂升降的控制。摇臂上升工作流程如表 2-1 所示。

表 2-1 摇臂升降控制状态表

触　点	升降、横向操作手柄		
	向前向下	中间(停)	向后向上
SQ_3-1	+	−	−
SQ_3-2	−	+	+
SQ_4-1	−	−	+
SQ_4-2	+	+	−

按下摇臂上升点动按钮 SB_3,时间继电器 KT 线圈通电,瞬间常开触点 KT 闭合,接触器 KM_4 线圈通电,液压泵电动机 M_3 反向起动旋转,拖动液压泵送出压力油。同时 KT 的断电延时断开触点 KT 闭合,电磁阀 YA 线圈通电,液压泵送出的压力油经二位六通阀进入摇臂夹紧机构的松开油腔,推动活塞和菱形块将摇臂松开。摇臂松开时,活塞杆通过弹簧片压下行程开关 SQ_2 发出摇臂松开信号,即常闭触点 SQ_2 断开,常开触点 SQ_2 闭合,前者断开 KM_4 线圈电路,液压泵电动机 M_3 停止旋转,液压泵停止供油,摇臂维持在松开状态;后者接通 KM_2 线圈电路,控制摇臂升降电动机 M_2 正向起动旋转,拖动摇臂上升。

当摇臂上升到预定位置时,松开按钮 SB_3,KM_2 与 KT 线圈同时断电,摇臂升降电动机 M_2 依惯性旋转,摇臂停止上升。而 KT 线圈断电,其断电延时闭合触点 KT 经延时 $1 \sim 3s$ 后才闭合,断电延时断开触点 KT 经同样延时后才断开。在 KT 断电延时 $1 \sim 3s$ 时,KM_5 线圈仍处于断电状态,电磁阀 YA 仍处于通电状态,这段延时就确保了摇臂升降电动机在断开电源后直到完全停止运转才开始摇臂的夹紧动作。

当时间继电器 KT 断电延时时间到时,常闭触点 KT 闭合,KM_5 线圈通电吸合,液压泵电动机 M_3 正向起动,拖动液压泵,供出压力油。同时常开触点 KT 断开,电磁阀 YA 线圈断电,这时压力油经二位六通阀进入摇臂夹紧油腔,反向推动活塞和菱形块,将摇臂夹紧。活塞杆通过弹簧片压下行程开关 SQ_3,其常闭触点 SQ_3 断开,KM_5 线圈断电,液压泵电动机 M_3 停止旋转,实现摇臂夹紧,上升过程结束。

（提示） 放松夹紧时间继电器 KT 延时长短是根据电动机 M_2 切断电源到完全停止的惯性大小来调整的,而且是断电延时型时间继电器。

摇臂升降的极限保护由限位开关 SQ_1 来实现。SQ_1 有两对常闭触点,当摇臂上升或下降到极限位置时其相应触点断开,切断对应上升或下降接触器 KM_2 或 KM_3 使摇臂升降电动机 M_2 停止运转,摇臂停止移动,实现极限位置的保护。

摇臂自动夹紧程度由行程开关 SQ_3 控制。若夹紧机构液压系统出现故障不能夹紧,将使常闭触点 SQ_3 断不开,或者由于 SQ_3 安装位置调整不当,摇臂夹紧后仍不能压下 SQ_3,都将使 M_3 长期处于过载状态,易将电动机烧毁。因此,液压泵电动机 M_3 主电路采用热继电器 FR_2 作过载保护。

摇臂下降由下降按钮 SB_4 控制接触器 KM_3,使电动机 M_2 反转来实现,其过程可自行分析。

（3）主轴箱、立柱松开与夹紧的控制。主轴箱和立柱的夹紧与松开是同时进行的,SB_5 和 SB_6 分别为松开与夹紧控制按钮。当按下按钮 SB_5,接触器 KM_4 线圈通电,液压泵电动机 M_3 反转,拖动液压泵送出压力油,这时电磁阀 YA 线圈处于断电状态,压力油经二位六通阀进入主轴箱与立柱松开油腔,推动活塞和菱形块,使主轴箱与立柱松开。由于 YA 线圈断电,压力油不能进入摇臂松开油腔,摇臂仍处于夹紧状态。当主轴箱与立柱松开时,行程开关 SQ_4 没有受压,常闭触点 SQ_4 闭合,指示灯 HL_1 亮,表示主轴箱与立柱确已松开。可以手动操作主轴箱在摇臂的水平导轨上移动,也可推动摇臂使外立柱绕内立柱作回转移动。当移动到位后,按下夹紧按钮 SB_6,接触器 KM_5 线圈通电,液压泵电动机 M_3 正转,拖动液压泵送出压力油至夹紧油腔,使主轴箱与立柱夹紧。当确定已夹紧时,压下 SQ_4,常开触点 SQ_4 闭合,HL_2 亮,而常闭触点 SQ_4 断开,HL_1 灭,指示主轴箱与立柱已夹紧,可以进行钻削加工。

（4）冷却泵电动机 M_4 的控制。由开关 SA_1 进行单向旋转的控制。

（5）联锁、保护环节。行程开关 SQ_2 实现摇臂松开到位与开始升降的联锁;行程开关 SQ_3 实现摇臂完全夹紧与液压泵电动机 M_3 停止旋转的联锁。时间继电器 KT 实现摇臂升降电动机 M_2 断开电源,待惯性旋转停止后再进行摇臂夹紧的联锁。摇臂升降电动机 M_2 正反转具有双重互锁。SB_5 与 SB_6 常闭触点接入电磁阀 YA 线圈电路实现在进行主轴箱与立柱夹紧、松开操作时,压力油不能进入摇臂夹紧油腔的联锁。

熔断器 FU_1 作为总电路和主轴电动机 M_1、冷却泵电动机 M_4 的短路保护。熔断器 FU_2 为摇臂升降电动机 M_2、液压泵电动机 M_3 及控制变压器 T 一次侧的短路保护。熔断器 FU_3 为照明电路的短路保护。热继电器 FR_1、FR_2 分别为主轴电动机 M_1、液压泵电动机 M_3 的长期过载保护。组合开关 SQ_1 为摇臂上升、下降的极限位置保护。带自锁触点的起动按钮与相应接触器实现电动机的欠电压、失电压保护。

3）照明与信号指示电路分析

照明电路的工作电压为安全电压 36V,信号指示灯的工作电压为 6V,均由控制变压器 T 提供。

HL_1 为主轴箱、立柱松开指示灯,灯亮表示已松开,可以手动操作主轴箱沿摇臂水平移动或摇臂回转。HL_2 为主轴箱、立柱夹紧指示灯,灯亮表示已夹紧,可以进行钻削加工。HL_3 为主轴旋转工作指示灯。

习题与思考题

2-1 试采用刀开关、按钮、接触器和中间继电器,画出异步电动机点动、长动运行的混合控制线路,并要求有必要的保护。

2-2 什么是能耗制动和反接制动? 各有什么特点及适用场合?

2-3 在正、反转可逆控制线路中,为什么要采用双重互锁? 画出具有双重互锁的异步电动机正、反转可逆控制线路,并要求有必要的保护。

2-4 大容量笼型异步电动机为什么要进行降压起动? 星形-三角形降压起动方法有什么特点? 绘制其主电路和控制电路,要求有必要的保护。

2-5 试设计一个采取两地操作的点动与长动混合控制的电路,并要求有必要的保护。

2-6 试设计一控制电路,要求三相笼型异步电动机可正反转,带有降压起动与快速停车(制动),画出其主电路和控制电路,并有必要的保护。

2-7 试设计一控制电路,要求按下按钮 SB,异步电动机 M 正转;松开 SB,异步电动机

M反转,1min后异步电动机M自动停止,画出其控制线路,并有必要的保护。

2-8 有两台笼型异步电动机 M_1、M_2,试设计其顺序起动、停止的控制线路。要求:①M_1 起动2s后 M_2 起动,并能同时停止;②M_1 起动后 M_2 起动(无具体延时要求),M_1 可点动,M_2 可单独停止。

2-9 试设计一个控制电路,要求第一台电动机起动8s以后,第二台电动机自动起动;运行4s后,第一台电动机停止,同时第三台电动机自动起动;运行20s后,全部电动机停止。

2-10 试设计一个控制电路,要求三相笼型异步电动机可正反转,两处起停操作控制与快速停车(制动),画出其主电路和控制电路,并有必要的保护。

第 3 章

可编程控制器的结构组成

和工作原理

可编程控制器可以控制运动控制系统中电动机的起动、制动、正反转、调速;可以控制液压系统中油路的通断,实现和改变油缸的运动;可以控制过程控制系统中管路的通断;还可以控制电热器件、照明器件、指示或显示器件等。总之,一切由电线路通断来控制的对象都可以由可编程控制器控制实现。

当前用于工业控制的计算机可分为几类,如可编程控制器、基于 PC 总线的工业控制计算机、基于单片机的测控装置、用于模拟量闭环控制的可编程调节器、集散控制系统(Distributed Control System,DCS)和现场总线控制系统(Fieldbus Control System,FCS)等。可编程控制器是应用面广、功能强大、使用方便的通用工业控制装置,诞生至今,发展势头异常迅猛,已经成为当代工业自动化领域中的支柱产品之一。

3.1 概述

可编程逻辑控制器(Programmable Logic Controller,PLC)控制系统是一种数字运算操作的电子系统,专为工业环境应用而设计。它采用一类可编程的存储器,用于其内部存储程序、执行逻辑运算、顺序控制、定时、计数与算术操作等面向用户的指令,并通过数字或模拟式输入/输出控制各种类型的机械或生产过程,是工业控制的核心部分。

3.1.1 PLC 的产生

1. PLC 的产生与发展

传统的控制系统(特别是 1969 年以前,那时 PLC 还未出现)中主要元件是各种各样的继电器,它可靠且方便地组成一个简单的继电-接触器控制系统。

但随着社会的进步、工业的发展,控制对象越来越多,其逻辑关系也越来越复杂,用继电-接触器组成的控制系统就会变得非常复杂庞大,因而造成控制系统的不稳定和造价昂贵。主要表现在以下几方面。

(1) 某个继电器损坏、继电器接点接触不良、导线连接不牢等都会导致设备故障,影响系统的运行,且查找、排除故障困难,系统的可靠性降低。

(2) 大量的继电器元器件须集中安装在控制柜内,因而使设备体积庞大,不宜搬运。虽然继电器本身并不贵,但控制柜内元件的安装和接线工作量极大,造成系统价格偏高。

（3）继电器接点间存在着大量的连接导线，因而使控制功能单一。尤其是产品需要不断地更新换代，生产设备的控制系统不断地做相应的调整，对庞大的控制系统而言，日常维护已很难，再做调整更难。

（4）继电器动作时固有的电磁时间使系统的动作速度较慢。

鉴于以上问题，1968 年美国通用汽车公司（General Motors）向传统的继电-接触器控制系统提出了挑战：设想是否能用一种新型的控制器，引入这种控制器后可使庞大的控制系统减小，并且能方便地进行修改、调整。按照这个宗旨，该公司对外公开招标，提出如下十大指标。

① 编程简单，可在现场改程序；

② 维护方便，最好是插件式；

③ 可靠性高于继电器控制柜；

④ 体积小于继电器控制柜；

⑤ 成本低于继电器控制柜；

⑥ 可将数据直接输入计算机；

⑦ 输入可以是市电（AC 110V）；

⑧ 控制程序容量≥4KB；

⑨ 输出可驱动市电 2A 以下的负荷，能直接驱动电磁阀；

⑩ 扩展时，原有的系统仅做少许更改即可。

这次招标引起了工业界的密切注视，吸引了不少大公司前来投标，最后 DEC 公司（美国数字设备公司）一举中标，并于 1969 年研制成功第一台 PLC，当时命名为 PC（Programmable Controller）。这台 PLC 投运到汽车生产线后，取得了极为满意的效果，引发了效仿的热潮，从此 PLC 技术得以迅猛地发展。随着第一台 PLC 研制成功，紧接着美国 Modicon 公司也开发出同名的控制器。1971 年，日本从美国引进了这项新技术，很快研制成了日本第一台可编程控制器。1973 年，西欧国家也研制出他们的第一台可编程控制器。

我国从 1974 年也开始研制可编程控制器，1977 年开始工业应用。目前已经大量地应用在楼宇自动化、家庭自动化、商业、公用事业、测试设备和农业等领域，并涌现出大批应用可编程控制器的新型设备。掌握可编程控制器的工作原理，具备设计、调试和维护可编程控制器控制系统的能力，已经成为现代工业对电气技术人员和工科学生的基本要求。

（提示）　1969 年世界上第一台 PLC 诞生。目的是取代继电器，以执行逻辑判断、计时、计数等顺序控制功能。

2. 定义

严格地讲，至今对 PLC 并没有最终的定义。

国际电工委员会（IEC）1985 年在可编程控制器标准草案（第二稿）中做了如下的定义："可编程控制器是一种数字运算的电子系统，专为在工业环境条件下应用而设计。它采用可编程的存储器，用来在内部存储执行逻辑运算、顺序控制、定时、计数和算术运算等操作的指令，并通过数字式、模拟式的输入/输出，控制各种类型的机械或生产过程。可编程控制器及其有关设备都应按易于使工业控制系统形成一个整体、易于扩充其功能的原则设计。"

美国电气制造协会（NEMA）1987 年做的定义如下："它是一种带有指令存储器、数字或模拟 I/O 接口，以位运算为主，能完成逻辑、顺序、定时、计数和算术运算功能，用于控制机器或生产过程的自动控制装置。"

IEC 在标准草案中,将这种装置定义为可编程控制器(Programmable Controller,PC),为了避免同个人计算机(Personal Computer,PC)混淆,现在一般将可编程控制器简称为 PLC (Programmable Logic Controller)。

3.1.2 PLC 的功能、特点与分类

1. PLC 的主要功能

1）开关逻辑和顺序控制

这是 PLC 应用最广泛、最基本的场合。它的主要功能是完成开关逻辑运算和进行顺序逻辑控制。利用 PLC 最基本的逻辑运算、定时、计数等功能实现逻辑控制,可以取代传统的继电-接触器控制,用于单机控制、多机群控制、生产自动线控制等,例如机床、注塑机、印刷机械、装配生产线、电镀流水线及电梯的控制等。

2）模拟控制(A/D 和 D/A 控制)

在工业生产过程中,许多连续变化的需要进行控制的物理量,如温度、压力、流量、液位等,都属于模拟量。目前大多数 PLC 产品都具备处理这类模拟量的功能,大部分具有多路模拟量 I/O 模块和 PID 控制功能。所以 PLC 可实现模拟量控制,而且具有 PID 控制功能的 PLC 可构成闭环控制,用于过程控制。这一功能已广泛用于锅炉、反应堆、水处理、酿酒以及闭环位置控制和速度控制等方面。

3）定时/计数控制

PLC 具有很强的定时、计数功能,它可以为用户提供数十甚至上百个定时器与计数器。对于定时器,定时间隔可以由用户加以设定;对于计数器,如果需要对频率较高的信号进行计数,则可以选择高速计数器。PLC 的限时控制精度高,定时时间设定方便、灵活。同时,PLC 还提供了高精度的时钟脉冲,用于准确的实时控制。

4）步进控制

PLC 为用户提供了一定数量的移位寄存器,用移位寄存器可以方便地完成步进控制功能。有些 PLC 专门设有步进控制指令,使编程更为方便。此功能在进行顺序控制时非常有效。

5）运动控制

在机械加工行业,将可编程控制器与计算机数控(Computer Numerical Control,CNC)集成在一起,用以完成机床的运动控制。PLC 通过自身的定位模块及其他运动控制器控制步进电机或伺服电机,实现单轴或多轴精确定位。这一功能广泛用于各种机械设备,如对各种机床、装配机械、机器人等进行运动控制。

6）数据处理

大部分 PLC 都具有不同程度的数据处理能力,它不仅能进行算术运算、数据传送,而且还能进行数据比较、数据转换、数据排序、数据查表、数据采集、数据分析、数据处理和数据显示打印等操作,有些 PLC 还可以进行浮点运算和函数运算。同时可通过通信接口将这些数据传送给其他智能装置如 CNC 设备处理。

7）通信联网

PLC 具有通信联网的功能,它使 PLC 与 PLC 之间、PLC 与上位计算机以及其他智能设备(变频器、现场测试仪器等)之间能够交换信息,形成一个统一的整体,实现"集中管理、分散控制"的多级分布式控制系统,满足工厂自动化(FA)系统发展的需要。

2. PLC 的主要特点

PLC 之所以能适应工业环境,并得以迅猛地发展,是因为它具有如下特点。

1) 资源丰富、功能强大、性价比高

可编程控制器有丰富的内部资源,即成百上千个可供用户使用的编程元件,有很强的逻辑判断、数据处理、PID 调节和数据通信功能,还可以实现更复杂一些的控制功能。与相同功能的继电-接触器控制系统相比,具有很高的性价比。

2) 配套齐全、适应性强、使用方便

PLC 发展到今天,已经形成大、中、小各种规模的系列化产品,可以用于各种规模的工业控制场合。除了逻辑处理功能以外,现代 PLC 大多具有完善的数据运算能力,可用于各种数字控制领域。近年来 PLC 的功能单元大量涌现,使 PLC 渗透到位置控制、温度控制、CNC 等各种工业控制中。加上 PLC 通信能力的增强及人机界面技术的发展,使用 PLC 组成各种控制系统变得非常容易。

3) 设计建造、安装调试工作量少

PLC 用存储逻辑代替接线逻辑,大大减少了控制设备外部的接线,使控制系统设计、建造及安装的周期大为缩短,工作量也相应大大减少。

PLC 梯形图程序一般采用顺序控制设计法,这种编程方法很有规律,容易掌握。对于复杂的控制系统,梯形图的设计时间比设计继电器系统电路图的时间要少得多。

可编程控制器的用户程序可以在实验室模拟调试,输入信号用小开关来模拟,通过可编程控制器上的发光二极管可观察输出信号的状态。完成了系统的安装和接线后,在现场的统调过程中发现的问题一般通过修改程序就可以解决,系统的调试时间比继电-接触器控制系统少得多。

4) 抗扰力强、可靠性高、维修方便

PLC 采取了一系列硬件和软件抗干扰措施,具有很强的抗干扰能力,平均无故障时间达到数万小时以上,且有完善的自诊断和显示功能,便于迅速地排除故障,可以直接用于有强烈干扰的工业生产现场,更重要的是使同一设备经过改变程序、改变生产过程成为可能。这非常适合多品种、小批量的生产场合。

5) 体小量轻、能耗较低

PLC 采用了集成电路,其结构紧凑、体积小、能耗低,因而是实现机电一体化的理想控制设备。对于复杂的控制系统,使用可编程控制器后,可以减少大量的中间继电器和时间继电器,小型可编程控制器的体积仅相当于几个继电器的大小,因此可将开关柜的体积缩小到原来的 $1/10 \sim 1/2$,是机电一体化特有的产品。

6) 编程简单、方法易学

梯形图是使用得最多的 PLC 编程语言,其符号和表达方式与继电-接触器控制电路原理图相似。梯形图语言形象直观,易学易懂,熟悉继电-接触器电路图的电气技术人员只要几天时间就可以熟悉梯形图语言,并用来编制用户程序。梯形图语言实际上是一种面向用户的高级语言,PLC 在执行梯形图程序时,用解释程序将它"翻译"成汇编语言后再去执行。

3. PLC 的分类方式

目前市场上 PLC 的种类非常多,型号和规格也不统一,充分了解 PLC 的分类有助于 PLC 的选型和应用。

1）按点数和功能分类

为了适应不同工业生产过程的应用要求，可编程控制器能够处理的输入/输出信号数是不一样的。一般将一路信号称为一个点，将输入点数和输出点数的总和称为机器的点数，简称 I/O 点数。一般讲，点数越多的 PLC，功能也越强。按照点数的多少，可将 PLC 分为超小（微）、小、中、大四种类型。

（1）超小型机。I/O 点数为 64 点以内，内存容量为 256～1000B；

（2）小型机。I/O 点数为 64～256，内存容量为 1～3.6KB；

小型及超小型 PLC 主要用于小型设备的开关量控制，具有逻辑运算、定时、计数、顺序控制、通信等功能。

（3）中型机。I/O 点数为 256～2048，内存容量为 3.6～13KB；

中型 PLC 除具有小型、超小型 PLC 的功能外，还增加了数据处理能力，适用于小规模的综合控制系统。

（4）大型机。I/O 点数为 2048 以上，内存容量为 13KB 以上；其中 I/O 点数超过 8192 点的为超大型 PLC。

在实际应用中，一般 PLC 功能的强弱与其 I/O 点数的多少是相互关联的，即 PLC 的功能越强，其可配置的 I/O 点数越多。因此，通常所说的小型、中型、大型 PLC，除指其 I/O 点数不同外，同时也表示其对应功能为低档、中档、高档。大型 PLC 的功能更加完善和强大，多用于大规模过程控制、集散式控制和工厂自动化网络。

2）按结构形式分类

通常从 PLC 硬件结构形式上分为整体式结构、模块式结构和紧凑式结构。

（1）整体式结构。

一般的小型及超小型 PLC 多为整体式结构，这种可编程控制器是把 CPU、RAM、ROM、I/O 接口及与编程器或 EPROM 写入器相连的接口、输入/输出端子、电源、指示灯等都装配在一起的整体装置。它的优点是结构紧凑、体积小、成本低、安装方便；缺点是主机的 I/O 点数固定，而且数量不多，使用不灵活。西门子公司的 S7-200 系列 PLC 就是整体式结构。

（2）模块式结构。

把 PLC 系统的各组成部分分成各个独立的模块，使用时把各部分模块组装在一个框架上；或通过各模块的插口，把各模块依次插接在一起，形成一个完整的 PLC 系统进行工作。这种结构形式的特点是把 PLC 的每个工作单元都制成独立的模块，如 CPU 模块、输入模块、输出模块、电源模块、通信模块等。另外，机器上有一块带有插槽的母板，实质上就是计算机总线。这种结构的特点是系统构成非常灵活，现场适应能力强，安装、扩展、维修都很方便。缺点是体积比较大。西门子公司的 S5-115U、S7-300、S7-400 系列等就是模块式结构。

（3）紧凑式结构。

还有一些 PLC 将整体式和模块式的特点结合起来，构成所谓的紧凑式 PLC。紧凑式 PLC 的 CPU、电源、I/O 接口等也是各自独立的模块，但它们之间是靠电缆进行连接的，并且各模块可以一层层地叠装。这样，不但系统可以灵活配置，还可做得体积小巧。

3）按生产厂家分类

PLC 的生产厂家很多，国内国外都有，其点数、容量、功能各有差异，但都自成系列，比较有影响的厂家如下。

① 日本三菱(Mitsubishi)公司的 F、F1、F2、FX2 系列可编程控制器;

② 日本欧姆龙(Omron)公司的 C 系列可编程控制器;

③ 日本松下(Panasonic)电工公司的 FP1 系列可编程控制器;

④ 德国西门子(Siemens)公司的 S5、S7 系列可编程控制器;

⑤ 美国通用电气(GE)公司的 GE 系列可编程控制器;

⑥ 美国艾论-布拉德利(A-B)公司的 PLC-5 系列可编程控制器;

⑦ 法国施耐德(Schneider)公司的 TM218、TWD、TM2、BMX、M340\258\238 系列可编程控制器。

3.1.3 PLC 的应用状况和发展趋势

1. 应用状况

自从第一台 PLC 问世以来,经过多年的发展,PLC 生产发展成为一个巨大的产业,在工业发达国家(如美、日、德等)已成为重要的产业之一,生产厂家不断涌现,PLC 的品种多达几百种。我国的 PLC 研制、生产和应用也发展很快,尤其在应用方面更为突出。国内应用始于 20 世纪 80 年代。一些大中型工程项目引进的成套设备、专用设备和生产流水线上采用了 PLC 控制系统,使用后取得了明显的经济效益,从而促进了国内 PLC 的发展和应用。目前国内 PLC 的应用已取得了许多成功的经验和成果,证明了 PLC 是大有发展前途的工业控制装置,它与分布式控制系统(Distributed Control System,DCS,在国内自控行业又称之为集散控制系统)、数据采集与监视控制系统(Supervisory Control And Data Acquisition,SCADA)、计算机网络系统相互集成、互相补充而形成的综合系统将得到更加广泛的应用。

我国 PLC 的生产厂家主要是 20 世纪 80 年代涌现出来的,靠技术引进、转让、合资等方式进行生产,目前约有十几家,生产的主要 PLC 型号见表 3-1 所示。

表 3-1 我国 PLC 的生产厂家及生产的 PLC 型号

生 产 厂 家	PLC 型号	生 产 厂 家	PLC 型号
天津中环自动化仪表公司	DJK-84	无锡华光电子工业有限公司	KCK 系列
上海东屋电器有限公司	CF 系列	苏州机床电器厂	CYK 系列
杭州机床电器厂	DKK、D 系列	上海电力电子设备厂	KKI-IC
大连组合机床研究所	S 系列	机械部北京自动化所	MPC、KB 系列
上海国际程控公司	E、EM、H 系列	上海工业自动化研究所	TCMS-300/D
杭州通灵控制电脑公司	HZK 系列	苏州电子计算机厂	YZ 系列

此外还有中国科学院自动化所、上海机床电器厂、无锡华光电子公司、四川仪表十五厂、珠海春海电子设备厂、深圳科用开发公司、北京恒达机电技术发展公司、上海香岛斯迈克有限公司、辽宁无线电二厂、厦门 A-B 公司等也生产 PLC。

由以上可看出国产 PLC 的品种大约有 20 多种,而且主要集中在小型 PLC 品种上(中型 PLC 的生产较少,大型的更少),生产和销售规模均不大。目前国产 PLC 的质量和技术性能与发达国家相比还有较大的差距,远不能满足国内日益增长的市场需要,仍然需要依赖进口,尤其是大中型 PLC,更是清一色的国外产品。

目前国内市场流行的 PLC 多是国外产品,主要厂家如下。

- 日本：欧姆龙、三菱、日立、夏普、松下、东芝、富士、安川、横河、光洋、立石等公司；
- 美国：A-B、GM、GE、Square D、西屋、TI 仪器、Modicon 等公司；
- 德国：西门子、BBC、AEG 等公司；
- 法国：施耐德、TE(Telemecanique)公司等。

其中，美国的 A-B、GE、Modicon，德国的西门子，法国的施耐德、TE，日本的三菱、立石在所有 PLC 制造厂中占有主导地位。这 8 家公司占有着全世界 PLC 市场 80% 以上的份额，系列产品有其技术广度和深度，从售价为 100 美元左右的微型 PLC 到有数千个 I/O 点的大型 PLC 应有尽有，品种齐全。而小型 PLC 方面日本各厂家占领的市场份额最大，其结构形式的优点也较为突出，故其他国家小型 PLC 的结构形式也都向日本看齐。大、中型 PLC 市场份额的 90% 一直被美、日、欧三国占领，具有三足鼎立之势，近年来日本稍有颓势。

2. 发展趋势

从 PLC 产生到现在，已发展到第四代产品。其过程基本如下。

(1) 第一代 PLC(1969—1972 年)。大多用一位机开发，用磁芯存储器存储，只具有单一的逻辑控制功能，机种单一，没有形成系列化。

(2) 第二代 PLC(1973—1975 年)。采用了 8 位微处理器及半导体存储器，增加了数字运算、传送、比较等功能，能实现模拟量的控制，开始具备自诊断功能，初步形成系列化。

(3) 第三代 PLC(1976—1983 年)。随着高性能微处理器及位片式 CPU 在 PLC 中大量的使用，PLC 的处理速度大大提高，从而促使它向多功能及联网通信方向发展，增加了多种特殊功能，如浮点数的运算、三角函数、表处理、脉宽调制输出、自诊断功能及容错技术发展迅速。

(4) 第四代 PLC(1983 年至今)。不仅全面使用 16 位、32 位高性能微处理器，高性能位片式微处理器，精简指令集计算机(Reduced Instruction Set Computer，RISC)系统 CPU 等高级 CPU，而且在一台 PLC 中配置多个微处理器，进行多通道处理，同时集成了大量内含微处理器的智能模块，使得第四代 PLC 产品成为具有逻辑控制功能、过程控制功能、运动控制功能、数据处理功能、联网通信功能的真正名副其实的多功能控制器。

正是由于 PLC 具有多种功能，并集三电(电控装置、电仪装置、电气传动控制装置)于一体，使得 PLC 在工厂中备受欢迎，用量高居首位，成为现代工业自动化的三大支柱(PLC、机器人、CAD/CAM)之一。

随着 PLC 技术的推广、应用，PLC 将向两方面发展。一方面向着大型化的方向发展，主要表现在大中型 PLC 高功能、大容量、智能化、网络化发展，使之能与计算机组成集成控制系统，对大规模、复杂系统进行综合的自动控制。另一方面则向着小型化的方向发展，主要表现在：① 为了减小体积、降低成本，向高性能的整体型发展；② 在提高系统可靠性的基础上，产品的体积越来越小，功能越来越强；③ 应用的专业性使得控制质量大大提高。

总之，PLC 总的发展趋势是高功能、高速度、高集成度、大容量、小体积、低成本、通信联网功能强。具体发展趋势如下。

1) 结构微型化、模块化、智能化

自 1973 年微处理机芯片(CPU)问世以来，为计算机应用产品(PLC 也属其中之一)微型化创造了条件，一般小型的 PLC 产品只有 32～16 开书大小(高度 5～10mm)。一般小型

PLC整体式的较多,但功能较多的小型机,结构型式大多采用模块式,以便使用户有更多的选择余地,配置成性能比较高的控制系统。

大、中型PLC几乎全部采用模块结构,功能较多的小型PLC也有采用模块式结构的,因为这种结构最大的优点是可让用户按需组合,避免功能资源的浪费,使控制系统的成本最小化,实现性价比最优。另外,为满足各种自动化控制系统的要求,近年来不断开发出许多功能模块,如高速计数模块、温度控制模块、远程I/O模块、通信和人机接口模块等。这些带CPU和存储器的智能I/O模块,既扩展了PLC功能,使用又灵活方便,扩大了PLC应用范围。

模块智能化,就是模块的本身具有CPU,能独立工作,它们与主CPU模块并列运行,紧密结合,有助于克服PLC扫描算法上的局限性,使其在速度、精度、适应性、可靠性等各方面均更胜一筹,实现以前PLC本身无法完成的许多功能。

2) 功能全面化、标准化、系列化

在PLC发展的初期,PLC只具有开关量的I/O、定时、计数、顺序控制等功能,之后又增加了模拟量的I/O、PID调节、信号调制、数字量的I/O、通信、高速计数器等功能模块,现代PLC能完成CNC过程控制、集散控制器柔性制造单元等各种控制系统所能完成的功能。大大加强了数学运算、数据处理图形显示、联网通信等功能,使PLC向信息处理中心(Information Processing Center,IPC)方向渗透和发展。

功能标准化后,使用同一系列的产品(甚至不同厂家、不同系列的PLC)均能选用同一功能的PLC模块。

一家PLC生产公司往往以统一的设计思想设计其系列产品,在系列产品中,I/O模块和各种功能模块的接口功能是统一的,但有各种规格可任意选择、组合,构成小型、中型或大型(小到几点,大到上万点)规模的控制系统。编程器、软件、指令是兼容的,也有不同规格、型号可选。

3) 大容量化、高性能、高速化

集成电路(Integrated Circuit,IC)及CPU技术的发展为PLC的大容量化、高性能、高速化创造了条件,现代大型PLC存储器容量大到数兆,控制程序达到数万步,梯形图的扫描速度可达0.1ms/kW,速度上比许多DCS(分散型控制系统)快数十倍。

大容量、高性能及高速化的PLC为加工机具的精确定位、机床速度的精确调节、阀门的灵活控制以及PID过程控制等提供了更好的手段。

4) 向超大型、超小型两个方向发展

当前中小型PLC比较多,为了适应市场的多种需要,今后PLC要向多品种方向发展,特别是向超大型和超小型两个方向发展。现有I/O点数达14 336点的超大型PLC,其使用32位微处理器、多CPU并行工作和大容量存储器,功能强。

小型PLC由整体结构向小型模块化结构发展,使配置更加灵活,为了市场需要已开发了各种简易、经济的超小型微型PLC,最小配置的I/O点数为8~16点,以适应单机及小型自动控制的需要。

5) 通信化、网络化

加强PLC联网通信的能力是PLC技术进步的潮流。PLC的联网通信有两类:一类是PLC之间联网通信,各PLC生产厂家都有自己的专有联网手段;另一类是PLC与计算机之间的联网通信，一般 PLC 都有专用通信模块与计算机通信。为了加强联网通信能力，PLC 生产厂家之间也在协商制订通用的通信标准，以构成更大的网络系统，PLC 已成为集散控制系统（DCS）不可缺少的重要组成部分。

现代的 PLC 大多具有标准通信接口（如 RS-232C、RS-422、RS-485、Profibus、以太网等），具有通信联网功能。通过电缆或光纤，信息传送距离可达几十千米，联网后，各控制器形成一个统一的整体，实现集散控制。

6）编程语言化、多样化

在 PLC 系统结构不断发展的同时，PLC 的编程语言也越来越丰富，功能也不断提高。除了大多数 PLC 使用的梯形图语言外，为了适应各种控制要求，出现了面向顺序控制的步进编程语言、面向过程控制的流程图语言、与计算机兼容的高级语言（如 BASIC、C 语言等）等。多种编程语言的并存、互补与发展是 PLC 进步的一种趋势。

7）外部故障检测能力

PLC 控制系统的故障中，内部故障占 20%（其中 CPU 板占 5%，I/O 板占 15%）；外部故障（非 PLC）占 80%，其中传感器占 45%，执行器占 30%，接线占 5%。

除了内部故障可通过 PLC 的软、硬件自动检测以外，其余 80% 都不能通过自诊断查出，因此，PLC 生产厂家都致力于研制、发展用于检测外部故障的专用智能模块，以进一步提高系统的可靠性。所以，检测外部故障的功能是很有价值的发展方向。

3.2 硬件结构组成

PLC 硬件结构由三个基本部分组成：输入部分、逻辑处理部分、输出部分。基本结构示意图如图 3-1 所示。

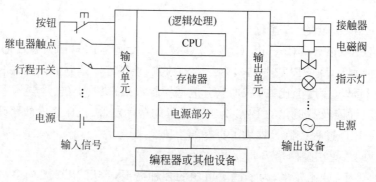

图 3-1　PLC 的基本组成框图

输入部分指各类按钮、行程开关、传感器等接口电路，它收集并保存来自被控对象的各种开关量、模拟量信息和来自操作台的命令信息等。

逻辑处理部分用于处理输入部分取得的信息，按一定的逻辑关系进行运算，并把运算结果以某种形式输出。

输出部分指驱动各种电磁线圈、交/直流接触器、信号指示灯等执行元件的接口电路，它向被控对象提供动作信息。

为了使用方便，PLC 还常配套编程器等外部设备，它们可以通过总线或标准接口与

PLC 连接。如图 3-2 所示为 PLC 系统的原理框图。

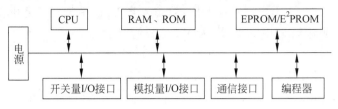

图 3-2　PLC 系统的原理框图

世界上生产 PLC 的厂家有 200 多家,PLC 产品类型 400 多种,不同厂家、同一厂家不同型号的 PLC 的硬件电路是不同的;由于采用的 CPU 不同,使用的汇编语言也不同。但不管什么样的硬件电路及汇编语言,它都不直接面向 PLC 的使用者,直接面向 PLC 使用者的是 PLC 生产厂家开发的指令系统、供用户使用的元器件(寄存器或存储器)和设置的 I/O 接口。

而且,不同厂家、同一厂家不同型号的 PLC 指令系统的指令符号、指令内容、指令条数也不同;关于软器件和 I/O 接口的相应规定也不一样。虽然 PLC 方方面面都有很多不同,但是这种装置都称为可编程控制器,它们在基本内涵上一定大同小异。下面就各种 PLC 具有共同性的方面,并站在 PLC 的指令系统这一层面上讨论 PLC 的组成和各部分的功能。

1. 中央处理单元 CPU

CPU 是中央处理单元,一般由控制器、运算器和寄存器组成,是 PLC 的核心部件之一,是 PLC 的控制中心和运算中心,同一般计算机 CPU 一样,从存储器中读取指令、执行指令,通过数据总线传送数据,通过控制总线传送控制命令。

小型 PLC 的 CPU 多采用单片机或专用 CPU;中型 PLC 的 CPU 大多采用 16 位微处理器或单片机;大型 PLC 的 CPU 多用高速位片式处理器,具有高速处理能力。

PLC 有自己的指令系统,也必有处理这个指令系统和有关操作的系统程序,包括监控程序、编译程序及诊断程序等。CPU 在系统程序的配合下,完成以下几方面工作。

(1) 接收并存储用户程序和数据。

(2) 诊断电源、PLC 内部电路工作状态和编程过程中的语法错误。

(3) 从程序存储器中逐条读取用户程序,经编译程序解释后转化为相应的机器码,按机器码产生相应的控制信号完成用户程序规定的运算任务和控制任务。

(4) 主要用扫描方式,也可用中断方式,通过输入接口接收现场的设备状态或数据信息,并存入输入映像寄存器或数据寄存器中。

(5) 根据执行的结果,更新有关标志位的状态和输出映像寄存器的内容,按要求输出相应的运算结果和控制信号。有些 PLC 还具有制表打印、显示或数据通信等功能。

2. 存储器

存储器有 ROM 和 RAM 两种,用来保存程序和数据。只读存储器(ROM)在使用过程中只能取出不能存储,而随机存取存储器(RAM)在使用过程中能随时取出和存储。

1) 系统程序存储器

系统程序是系统的监控管理、故障检测、指令解释程序,它不需要用户干预,由厂家直接固化到 EPROM 中。

2）用户程序存储器

用来存放用户程序。用户编好程序后，先输入到 PLC 中带有后备电源的 RAM 中，经调试修改后，可以固化到 EPROM、E^2PROM 中长期使用。

3）数据存储器

数据存储器用来存放 I/O 状态、中间开关量状态，以及定时器、计数器的设定值、现在值和各种运算的源数据、结果数据和状态标志位等。采用带后备电源的 RAM。

3. 输入/输出接口部分

输入/输出单元通常也称 I/O 单元或 I/O 模块，是 PLC 与工业生产现场之间的连接部件。PLC 通过输入接口可以检测被控对象的各种数据，以这些数据作为 PLC 对被控制对象进行控制的依据；同时 PLC 又通过输出接口将处理结果送给被控制对象，以实现控制目的。

I/O 接口是 CPU 与保证 CPU 正常工作的外部设备进行联系的接口。这些外部设备是用来协助 PLC 完成控制任务的，也是 PLC 控制系统的组成部分。外部设备有一些是 PLC 必备的，另外一些是扩展 PLC 功能的。这些外部设备通过一个或多个外设用 I/O 接口与 PLC 的 CPU 进行联系或通信。通过外设用 I/O 接口还可以实现 PLC 之间、PLC 与上位机之间的通信。

由于外部输入设备和输出设备所需的信号电平是多种多样的，而 PLC 内部 CPU 处理的信息只能是标准电平，所以 I/O 接口要实现这种转换。I/O 接口一般都具有光电隔离和滤波功能，以提高 PLC 的抗干扰能力。另外，I/O 接口上通常还有状态指示，工作状况直观，便于维护。

PLC 提供了多种操作电平和驱动能力的 I/O 接口，有各种各样功能的 I/O 接口供用户选用。I/O 接口的主要类型有数字量（开关量）输入、数字量（开关量）输出、模拟量输入、模拟量输出等。

常用的开关量输入接口按其使用的电源不同有三种类型：直流输入接口、交流输入接口和交/直流输入接口，其基本原理电路如图 3-3 所示。

按输出开关器件不同常用的开关量输出接口有三种类型：继电器输出、晶体管输出和双向晶闸管输出，其基本原理电路如图 3-4 所示。继电器输出接口可驱动交流或直流负载，但其响应时间长，动作频率低；而晶体管输出和双向晶闸管输出接口的响应速度快，动作频率高。但前者只能用于驱动直流负载，后者只能用于驱动交流负载。

PLC 的 I/O 接口所能接受的输入信号个数和输出信号个数称为 PLC 输入/输出（I/O）点数。I/O 点数是选择 PLC 的重要依据之一。当系统的 I/O 点数不够时，可通过 PLC 的 I/O 扩展接口对系统进行扩展。

PLC 的 I/O 部分因用户的需求不同有各种不同的组合方式，通常以模块的形式供应，一般可分为开关量 I/O 模块、模拟量 I/O 模块、数字量 I/O 模块（包括 TTL 电平 I/O 模块、拨码开关输入模块、LED/LCD/CRT 显示控制模块、打印机控制模块）、高速计数模块、精确定时模块、快速响应模块、中断控制模块、PID 模块、位置控制模块、轴向定位模块及通信模块。

1）开关量 I/O 模块

开关量输入模块的作用是接收现场设备的状态信号、控制命令等，如限位开关、操作按

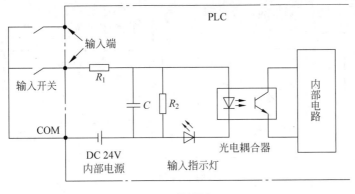

(a) 直流输入

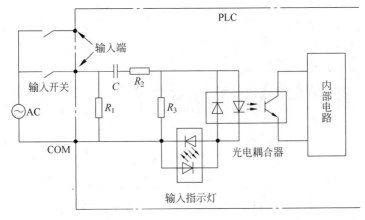

(b) 交流输入

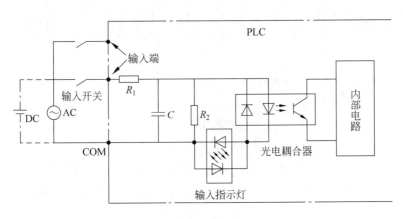

(c) 交/直流输入

图 3-3　开关量输入接口

钮等,并且将此开关量信号转换成 CPU 能接收和处理的数字量信号。

　　开关量输出模块的作用是将经过 CPU 处理过的结果转换成开关量信号送到被控设备的控制回路去,以驱动阀门执行器、电动机的起动器和灯光显示等设备。

　　开关量 I/O 模块的信号仅有通、断两种状态,各 I/O 点的通/断状态用发光二极管在面板上显示。输入电压等级通常有 DC(5V、12V、24V、48V)或 AC(24V、120V、220V)等。

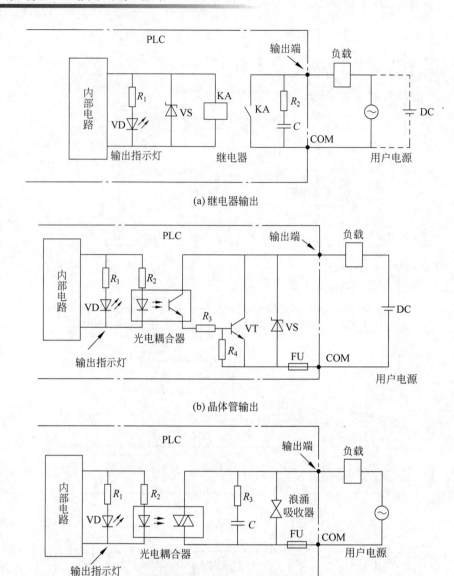

(a) 继电器输出

(b) 晶体管输出

(c) 晶闸管输出

图 3-4　开关量输出接口

　　每个模块可能有 4、8、12、16、24、32、64 点，外部引线连接在模块面板的接线端子上，有些模块使用插座型端子板，在不拆去外部连线的情况下，可迅速地更换模块，便于安装、检修。

　　(1) 开关量输入模块。

　　按与外部接线对电源的要求不同，开关量输入模块可分为 AC 输入、DC 输入、无压接点输入、AC/DC 输入等几种形式，见图 3-5。每个输入点均有滤波网络、LED 显示器、光电隔离管。

　　从图 3-5(c) 中可以看出，无压接点输入是开关触点直接接在公共点和输入端，不另外接电源，电源由内部电路提供（公共点有⊕、⊖之分，图 3-5(c) 中为⊖）。

　　输入模块的主要技术指标如下。

　　① 输入电压：指 PLC 外接电源的电压值。

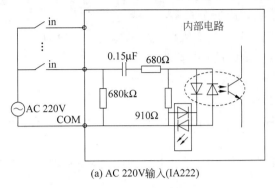

(a) AC 220V输入(IA222)

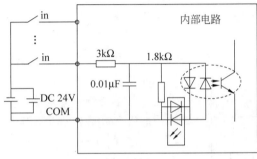

(b) DC 24V输入(ID212)

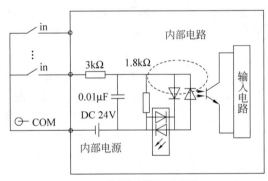

(c) 无压接点输入(ID001)

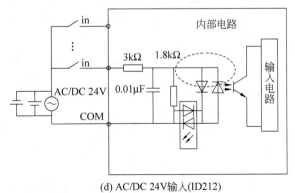

(d) AC/DC 24V输入(ID212)

图 3-5　开关量输入模块的几种形式

② 输入点数：指输入模块开关量输入的个数。

③ AC频率：指输入电压的工作频率，一般为50～60Hz。

④ 输入电流：指开关闭合时，流入模块内的电流。一般为5～10mA。

⑤ 输入阻抗：指输入电路的等效阻抗。

⑥ ON电压：指逻辑1之电压值，开关接通时为1。

⑦ OFF电压：指逻辑0之电压值，开关断开时为0。

⑧ OFF→ON的响应时间：指开关由断到通时，导致内部逻辑电路由0到1的变化时间。

⑨ ON→OFF的响应时间：指开关由通到断时，导致内部逻辑电路由1到0的变化时间。

⑩ 内部功耗：指整个模块所消耗的最大功率。

（2）开关量输出模块。

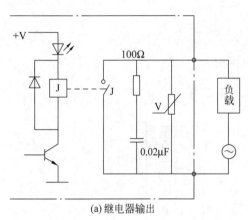

(a) 继电器输出

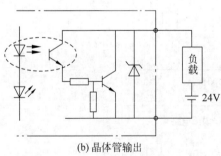

(b) 晶体管输出

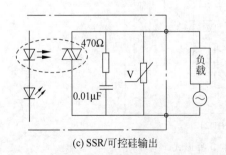

(c) SSR/可控硅输出

图 3-6　开关量输出模块形式

开关量输出通常有3种形式：继电器输出、晶体管输出和可控硅输出。

每个输出点均有LED发光管、隔离元件（光电管/继电器）、功率驱动元件和输出保护电路，如图3-6所示。

图3-6(a)为继电器输出电路，继电器同时起隔离和功放的作用；与触点并联的电阻、电容和压敏电阻在触点断开时起消弧作用。

图3-6(b)为晶体管输出电路，大功率晶体管的饱和导通/截止相当于触点的通/断；稳压管用来抑制过电压，起保护晶体管作用。

图3-6(c)为SSR/可控硅输出电路，光电可控硅，起隔离、功放作用；电阻、电容和压敏电阻用来抑制SSR关断时产生的过电压和外部浪涌电流。

输出模块最大通断电流的能力大小依次为继电器、可控硅、晶体管，而通断响应时间的快慢则刚好相反。使用时应据以上特性选择不同的输出形式。

提示　PLC输入/输出接口一般都带光电隔离器及滤波器。光电隔离器的作用是：①实现现场与PLC主机的电气隔离，以提高抗干扰性；②避免外部强电侵入主机而损坏主机；③电平变换，将现场各种开关信号变换成PLC主机要求的标准逻辑电平。

输出模块的主要技术指标如下。

① 工作电压：指输出触点所能承受的外部负载电压。

② 最大通断能力：指输出触点在一定的电压下能通过的最大电流，一般给出的电压等级有 AC 120V、AC 220V、AC/DC 24V。

③ 漏电流：指当输出点断开时(逻辑 0)触点所流过的最大电流。此参数主要针对晶体管、可控硅型输出模块，无保护电路的继电器输出模块漏电流为 0，有保护电路的继电器输出模块为 1～2mA。

④ 接通压降：指当输出点接通时(逻辑 1)触点两端的压降。

⑤ 回路数：等于公共点的个数。对于独立式模块，等于输出点数。

⑥ OFF→ON 响应时间：同输入模块。

⑦ ON→OFF 响应时间：同输入模块。

⑧ 内部功耗：同输入模块。

输出模块按外部接线方式如下。

① 汇点式：输出有一个公共点，各输出点属同一个回路，共用一个电源。

② 独立式：输出无公共点，各输出点回路不同，可以使用不同电压等级的电源，如图 3-7 所示。

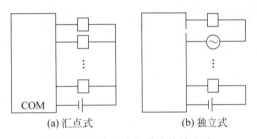

图 3-7　开关量输出模块接线方式

2) 模拟量 I/O 模块

模拟量 I/O 模块常用的有 A/D、D/A、热电偶/热电阻输入等几种模块。A/D 模块是将传感器测量的电流或电压信号转换成数字量给 PLC 的 CPU 处理；D/A 模块是将 CPU 处理得到的数字量转变为电流或电压信号；热电偶/热电阻输入模块可以直接连接热电偶/热电阻等测温传感器，外部不需要放大电路和线性化电路，能自动进行冷端补偿和调零，并且具有开路检查、输入越限报警功能，内部有 A/D 电路。

模拟量 I/O 模块的量程一般是 IEC 标准信号(0～5V、1～5V、0～10V、10mA、4～20mA 等)，也有双极性信号(如±50mV、±5V、±10V、±10mV、±20mA 等)。A/D、D/A 的转换位数通常为 8、10、12、16 位，并且在数字量 I/O 处用光电管将 PLC 的内部核心电路与外围接口电路隔离。

3) 数字量 I/O 模块

常用的有 TTL 电平 I/O 模块、拨码开关输入模块、LED/LCD/CRT 显示控制模块、打印机控制模块等。

TTL 电平 I/O 模块将外围设备输入的 TTL 电平数据进行处理，或将处理的结果以 TTL 电平形式输出给外围设备进行控制、执行。

拨码开关输入模块是 TTL 电平输入、专用于 BCD 拨码开关的输入模块，用来输入若干组拨码开关的 BCD 码，有若干个输入地址选择信号输出，某位(十进制)选择信号有效时，读入相应位的 BCD 码信息。

LED/LCD/CRT 显示控制模块是 TTL 电平输出，专用于 LED/LCD/CRT 等显示设备的输入模块，有相应的控制信号输入/输出，能直接驱动 LED 数码管、液晶显示器、CRT 显示器等。

打印机控制模块是专用于通用打印机的接口模块，是 TTL 电平的并行接口，除并行输出的数据信息外，还有相应的 I/O 控制信号（有的 PLC 采用串行接口或编程器上的接口与打印机连接）。

4）高速计数模块

高速计数模块是工控中最常用的智能模块之一，过程控制中有些脉冲变量（如旋转编码器、数字码盘、电子开关等输出的信号）的变化速度很高（可达几十千赫兹、几兆赫兹），已小于 PLC 的扫描周期，对这类脉冲信号若用程序中的计数器计数，因受扫描周期的限制，会丢失部分脉冲信号。因此使用智能的高速计数模块，可使计数过程脱离 PLC 而独立工作，这一过程与 PLC 的扫描过程无关，可准确计数。PLC 可通过程序对它设定计数预置值，并可控制计数过程的起、停。计数器的当前值等于、大于预置值时，均有开关量输出给 PLC，PLC 得到此信号后便可进行相应的控制。

5）精确定时模块

精确定时模块是智能模块，能脱离 PLC 进行精确的定时，定时时间到后会给出信号让 PLC 检测。例如，OMRON 的模拟定时单元 C200H-TM001 提供 4 个精确定时器，可通过 DIP 开关设定成 0.1～1s、1～10s、10～60s、1～10ms，定时值可通过内/外可调电阻进行设定。

6）快速响应模块

PLC 的输入/输出量之间存在因扫描工作方式而引起的延迟，最大延迟时间可达 2 个扫描周期，这使 PLC 对很窄的输入脉冲难以监控。快速响应模块则可检测到窄脉冲，它的输出与 PLC 的扫描工作无关，由输入信号直接控制，同时它的输出还受用户程序的控制。

7）中断控制模块

中断控制模块适用于要求快速响应的控制系统，接收到中断信号后，暂停正在运行的 PLC 用户程序，运行相应的中断子程序，执行完后再返回继续运行用户程序。

8）PID 调节模块

过程控制常采用 PID 控制方式，PID 调节模块是一种智能模块，它可脱离 PLC 独立执行 PID 调节功能，实际上可看成一台或多台 PID 调节器，参数可调。

通常的输入信号种类是：①直流电压（0～10V/1～5V）；②直流电流（0～10mA/4～20mA）；③热电偶/热电阻；④脉冲/频率以及有控制作用的开关量 I/O。

9）位置控制模块

位置控制模块是用来控制物体位置、速度、加速度的智能模块，可以控制直线运动（单轴）、平面运动（双轴），甚至更复杂的运动（多轴）。

位置控制一般采用闭环控制，常用的驱动装置是伺服电机或步进电机，模块从参数传感器得到当前物体所处的位置、速度/加速度，并与设定值进行比较，比较的结果再用来控制驱动装置，使物体快进、慢进、快退、慢退、加速、减速和停止等，实现定位控制。

10) 轴向定位模块

轴向定位模块是一种能准确地检测出高速旋转转轴的角度位置,并根据不同的角度位置控制开关 ON/OFF(可以多个开关)的智能模块。

例如,日本三菱公司的 F2-32RM 型凸轮控制器,可准确检测出 720°/转角位置信号,同时控制 32 个开关 ON/OFF。允许最高转速是：1°方式时为 830r/min,0.5°方式时为 415r/min。

它实质上很像一种机械凸轮,共有 32 个凸轮盘,每轮可多至 360 齿。

11) 通信模块

通信模块大多是带 CPU 的智能模块,用来实现 PLC 与上位机、下位机或同级的其他智能控制设备通信,常用通信接口标准有 RS-232C、RS-422、RS-485、Profibus、以太网等。

4. 编程装置

编程装置用来生成用户程序,并对它进行编辑、检查和修改,它还可用来监视 PLC 的运行情况。手持式编程器不能直接输入和编辑梯形图,只能输入和编辑指令表程序,因此又叫作指令编程器。它的体积小,价格便宜,一般用来给小型可编程控制器编程,或者用于现场调试和维修。

使用编程软件可以在屏幕上直接生成和编辑梯形图、指令表、功能块图和顺序功能图程序,并可以实现不同编程语言的相互转换。程序被编译后下载到可编程控制器,也可以将可编程控制器中的程序上传到计算机。程序可以存盘或打印,通过网络还可以实现远程编程和传送。

可以用编程软件设置可编程控制器的各种参数。通过通信,可以显示梯形图中触点和线圈的通断情况,以及运行时可编程控制器内部的各种参数,对于查找故障非常有用。

PLC 投入正常运行后,通常不要编程装置一起投入运行,因此,编程器都是独立设计的,而且是专用的,PLC 生产厂家提供的专用编程器只能用在自己生产的某些型号的 PLC。专用编程器分为简易编程器和图形编程器。

给 S7-200 编程时,应配备一台安装有 STEP7-Micro/WIN32 或 STEP7-Micro/WIN v4.0 SP4 编程软件的计算机和一根连接计算机与可编程控制器的 PC/PPI 通信电缆。

1) 简易编程器

它类似于计算器,上面有命令键、数字键、功能键及 LED 显示器/LCD 显示屏。使用时可直接插在 PLC 的编程器插座上,也可用电缆与 PLC 相连。调试完毕后,取下或将它安在 PLC 上一起投入运行。用简易的编程器输入程序时,先将梯形图程序转换为指令表程序,再用键盘将指令程序打入 PLC。

2) 图形编程器

常用的图形编程器是液晶显示图形编程器(手持式的),它有一个大型的点阵式液晶显示屏。除具有简易型的功能外,还可以直接打入和编辑梯形图程序,使用起来更方便、直观。但它的价格较高,操作也较复杂。也可用 CRT 作显示器的台式图形编程器,它实质是一台专用计算机,功能更强,使用更方便,但价格也十分昂贵。

3) 用专用编程软件在个人计算机(PC)上实现编程功能

随着 PC 的日益普及,新的发展趋势是使用专用的编程软件,在通用的 PC 上实现图形编程器的功能。这一编程方法的最大特点是：充分利用 PC 的软、硬件资源(如硬盘、打印及各种功能软件),大大降低了编程器的成本,同时也大大增强了编程器的功能,使用十分方便。一般的 PC 添置一套专用的"编程软件"后就可进行编制、修改 PLC 的梯形图程序，存储、打印程序文件（程序清单），与 PLC 联机调试及系统仿真等。并且用户程序可在 PC、PLC 之间互传。具有以上功能后，PLC 的程序（特别是大型程序）编程、调试十分方便和轻松。

5. 电源

电源是 PLC 最重要的部分之一，是正常工作的首要条件。当电网有强烈波动，遭强干扰时，输出电压要保持平稳。因此在 PLC 的电源中要加入许多稳压抗扰措施，如浪涌吸收器、隔离变压器、开关电源技术等。

电源用来提供 PLC 正常工作的各种电压。PLC 的外接功率电源是 220V/110V 电压的交流电源，有的 PLC 的电源电压的适用范围可达 85～264V。交流电源接入 PLC 内部后，经整流、滤波、稳压产生几种规格的直流电压供 PLC 内部器件工作用。电源电压的平稳可靠是 PLC 正常工作的首要条件。因此 PLC 的电源技术中采用了很多稳压、抗干扰措施。

有的 PLC 还可以向外部提供一定功率的直流 24V 电压，提供给 PLC I/O 接口使用，或提供给适量的负载使用。

为了保证 RAM 芯片在 PLC 断电后仍保持数据，PLC 内部装有干电池或锂电池作后备电源。这样的电池两年左右要更换一次。有的 PLC 存储器不用 RAM，而使用 E^2PROM，E^2PROM 可以不用后备电池。

3.3　软件组成

1. PLC 的软件组成

PLC 的软件系统是指 PLC 使用的各种程序的集合，由系统程序和用户程序组成。

1）系统程序

系统程序又称为系统软件，一般由 PLC 采用的微处理器相应的汇编语言编写，由厂家提供，固化在 EPROM 中。它包括 PLC 整个系统及各部分的管理程序、监控程序、系统故障检测程序或故障诊断程序、PLC 指令系统的解释程序。系统程序一般不能也不需要用户直接读写与更改。

2）用户程序

PLC 的用户程序是用户利用 PLC 的编程语言，根据控制要求编制的程序。编制用户程序，使用的不是原来的汇编语言，而是 PLC 的指令系统，这是由原来的汇编语言开发出来的 PLC 的程序语言。用户程序由用户使用专用编程器或通用微机输入 PLC 内存中。由于 PLC 是专门为工业控制而开发的装置，其主要使用者是广大电气技术人员，为了满足他们的传统习惯和掌握能力，PLC 的主要编程语言采用比计算机语言相对简单、易懂、形象的专用语言。

2. PLC 的编程语言

PLC 编程语言是多种多样的，对于不同生产厂家、不同系列的 PLC 产品，采用的编程语言的表达方式也不相同，但基本上可归纳两种类型：一是采用字符表达方式的编程语言，如语句表语言；二是采用图形符号表达方式编程语言，如梯形图语言。

以下简要介绍几种常见的 PLC 编程语言。

1）梯形图语言

梯形图语言（LAD）是在传统电器控制系统中常用的接触器、继电器等图形表达符号的基础上演变而来的。它与电器控制线路图相似，继承了传统电器控制逻辑中使用的框架结构、逻辑运算方式和输入/输出形式，具有形象、直观、实用的特点。因此，这种编程语言为广大电气技术人员所熟知，是应用最广泛的 PLC 的编程语言，是 PLC 的第一编程语言。如图 3-8 所示是 PLC 梯形图（以 S7-200 系列 PLC 为例）。

从图 3-8 中可看出，PLC 梯形图与传统电器控制图表示思想是一致的，具体表达方式有一定区别。PLC 的梯形图使用的是内部继电器、定时/计数器等，它们都是由软件来实现的，使用方便，修改灵活，是继电-接触器控制线路硬接线无法比拟的。

2）语句表语言（STL）

```
LD   I0.0
O    Q0.0
AN   I0.1
=    Q0.0
```

这种编程语言是一种与汇编语言类似的助记符编程表达方式。在 PLC 应用中，经常采用简易编程器，而这种编程器中没有 CRT 屏幕显示，或没有较大的液晶屏幕显示。因此，就用一系列 PLC 操作命令组成的语句表将梯形图描述出来，再通过简易编程器输入 PLC 中。虽然各个 PLC 生产厂家的语句表形式不尽相同，但基本功能相差无几。图 3-9 是与图 3-8 中的梯形图对应的（S7-200 系列 PLC）语句表程序。

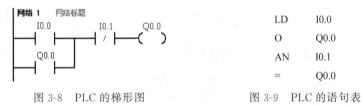

图 3-8　PLC 的梯形图　　　　图 3-9　PLC 的语句表

助记符是用若干容易记忆的字符来代表 PLC 的某种操作功能。各 PLC 生产厂家使用的助记符不尽相同。

提示　梯形图：用于设计复杂的开关量控制程序。指令表：处理某些不能用梯形图解决的问题，如数学运算、通信设计等。梯形图编程的程序能转换成指令表，但指令表编程的程序不一定能转换成梯形图。

3）功能块图

功能块图（FBD）是一种建立在布尔表达式之上的图形语言。实质上是一种将逻辑表达式用类似于"与""或""非"等逻辑电路结构图表达出来的图形编程语言。

这种编程语言及专用编程器也只有少量 PLC 机型采用。例如西门子公司的 S5 系列 PLC 采用 STEP 编程语言，它就有功能块图编程法。

4）功能表图

功能表图（SFC）是一种较新的编程方法，又称状态转移图语言。它将一个完整的控制过程分为若干阶段，各阶段具有不同的动作，阶段间有一定的转换条件，转换条件满足就实现阶段转移，上一阶段动作结束，下一阶段动作开始。用功能表图的方式来表达一个控制过程，对于顺序控制系统特别适用。

5）高级语言

随着 PLC 技术的发展，为了增强 PLC 的运算、数据处理及通信等功能，以上编程语言无法很好地满足要求。近年来推出的 PLC，尤其是大型 PLC，都可用高级语言（如 BASIC 语言、C 语言、PASCAL 语言等）进行编程。采用高级语言后，用户可以像使用普通微型计算机一样操作 PLC，使 PLC 的各种功能得到更好的发挥。

3.4 PLC 的工作原理与技术指标

与其他计算机系统一样，PLC 的 CPU 以分时操作方式处理各项任务，程序要按指令逐条执行，PLC 的输入、输出就有时差。整个 PLC 的程序执行时间有多长？输入/输出的响应时间有多久？要很好地应用 PLC，就必须对这些有清楚的认识。

PLC 采用周期循环扫描的工作方式，CPU 连续执行用户程序和任务的循环序列称为扫描。CPU 对用户程序的执行过程是 CPU 的循环扫描，并用周期性地集中采样、集中输出的方式来完成。

1. PLC 的工作过程

（1）**内部处理**：CPU 对 PLC 内部的硬件做故障检查、复位 WDT 等。

（2）**通信服务**：与外围设备、编程器、网络设备等进行通信。

（3）**输入刷新**：将接在输入端子上的传感器、开关、按钮等输入元件状态读入，并保存在输入状态表（I/O 映像存储器）中，给本扫描周期用户程序运行时提供最新的输入信号。

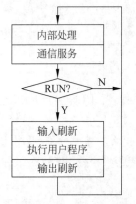

图 3-10　PLC 工作流程图

（4）**执行用户程序**：CPU 逐条解释并执行用户程序。根据 I/O 状态表（属数据表状态存储器）中的 ON/OFF 信息，按用户程序给定的逻辑关系运算，将运算结果写入 I/O 状态表。

提示　"I/O 状态表"这个概念，用户程序中的部分输入、输出"元件"指的就是它，但它当前的状态值和与它对应 I/O 端子上的元件之状态不一定相同。

（5）**输出刷新**：将输出状态表中的内容输出到接口电路，以驱动输出端子上的输出元件，实现控制。输出状态表中的内容是本次扫描周期用户程序运行的结果。

图 3-10 为一般 PLC 的工作流程框图。

2. 扫描周期的计算方法

扫描周期的长短，对 PLC 系统的性能有一定的影响，例如，较长的扫描时间对 I/O 响应时间和系统运行的精确性均会产生不利的影响，如表 3-2 所示。

扫描周期（T）的计算公式：

$$扫描周期（T）=内部处理时间＋通信服务时间＋输入刷新时间$$
$$＋用户程序执行时间＋输出刷新时间$$

其中，

（1）**内部处理时间**：时间固定（例如 OMRON C200H 的内部处理时间为 2.6ms）。

表 3-2　PLC 扫描时间对内部功能的影响

扫描时间/ms	产生的不利影响
<10	内部 0.01s 时钟脉冲不起作用
<100	内部 0.1s 时钟脉冲不起作用
<200	内部 0.2s 时钟脉冲不起作用
<6500	超过 WDT 定时值,迫使 CPU 停机

（2）**通信服务时间**：若系统安装了外设、网络通信等模块,则有固定的时间(例如,OMRON C200H 为 0.8ms(min)、8ms(max)),否则为 0。

（3）**输入刷新时间**：将接在输入端子上元件的状态读入,并保存在输入状态表中所耗费的时间(例如,OMRON C200H 输入 0.07ms/8 点,三菱 FX_{2N} 输入 $50\mu s$/8 点)。

（4）**用户程序执行时间**：取决于程序的长度和指令的种类,一般 PLC 均提供各指令的执行时间表(例如 OMRON C200H LD、OUT 指令,其执行时间分别为 $0.75\mu s$、$1.13\mu s$;三菱 FX_{2N} 基本指令 $0.08\mu s$/条,应用指令每条 $1.52\mu s$ 至数百微秒)。

（5）**输出刷新时间**：将输出状态表中的内容输出到接口电路中所耗费的时间(例如,OMRON C200H 输出 0.04ms/8 点)。

提示　扫描周期(T)＝自检时间＋读入一点时间×输入点数＋程序步数×运算速度＋输出一点时间×输出点数。其中,自检时间＝内部处理时间＋通信服务时间;读入一点时间×输入点数＝输入刷新时间;程序步数×运算速度＝用户程序时间;输出一点时间×输出点数＝输出刷新时间。

【例 3-1】　C200H PLC 配置：4 个 8 点输入模块＋2 个 16 点输入模块、5 个 8 点输出模块＋2 个 16 点输出模块、程序 5KB 个地址(且仅使用 LD、OUT 指令,其执行时间分别为 $0.75\mu s$、$1.13\mu s$)。

解：当编程器要在上面运行时

$$T＝2.6＋0.8＋(0.75＋1.13)/2×5.120＋0.07×8＋0.04×9＝9.1\text{ms}$$

没有外设

$$T＝2.6＋(0.75＋1.13)/2×5.120＋0.07×8＋0.04×9＝8.3\text{ms}$$

【例 3-2】　如图 3-11 所示,这是一个非常简单的 PLC 程序,外部输入开关 I0.1 通过 I0.1 存储器控制辅助继电器 M0.1 线圈,M0.1 线圈通过 M0.1 的触点控制输出继电器 Q0.1、

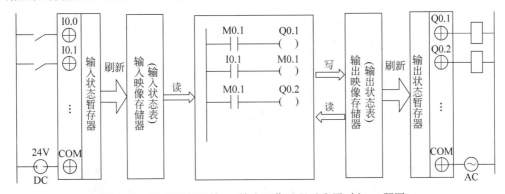

图 3-11　PLC 控制的输入/输出工作过程示意图(例 3-2 题图)

Q0.2 的线圈，Q0.1、Q0.2 输出继电器控制输出开关 Q0.1、Q0.2，再控制接在 Q0.1、Q0.2 点上外部执行器件的通电、断电。假设 I0.1 开关在第一个扫描周期输入刷新阶段后闭合。试列表分析什么时候 Q0.1、Q0.2 输出开关跟着闭合。表 3-3 中 I 表示输入采样阶段，II 表示程序执行阶段，III 表示输出刷新阶段。

表 3-3　PLC 控制工作表（例 3-2 题表）

元件、存储器	扫描周期一			扫描周期二			扫描周期三		
	I	II	III	I	II	III	I	II	III
外部 I0.1 开关	0	1	1	1	1	1	1	1	1
I0.1 触点	0	0	0	1	1	1	1	1	1
M0.1 线圈	0	0	0	0	1	1	1	1	1
M0.1 触点（上）	0	0	0	0	0	0	0	1	1
M0.1 触点（下）	0	0	0	0	1	1	1	1	1
Q0.1 线圈	0	0	0	0	0	0	0	0	0
Q0.2 线圈	0	0	0	0	1	1	1	1	1
Q0.1 输出开关及外部输出负载	0	0	0	0	0	0	0	0	0
Q0.2 输出开关及外部输出负载	0	0	0	0	0	1	1	1	1

【例 3-3】　比较图 3-12 中两个梯形图程序，根据 PLC 的工作原理分析执行结果的异同。

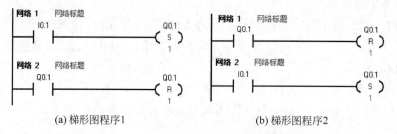

(a) 梯形图程序1　　　　　　　(b) 梯形图程序2

图 3-12　PLC 的梯形图（例 3-3 题图）

🖑 分析：这两段程序只是交换了前后顺序，但是执行结果却完全不同了。

图 3-12(a)程序中的 Q0.1 在程序中永远不会有输出。图 3-12（b）程序中的 Q0.1 当 I0.1 接通时就能有输出。

这个例子说明：同样的若干条梯形图，其排列顺序不同，执行的结果也不同。若顺序扫描，则在梯形图程序中，PLC 执行最后面的结果。

3. PLC 的主要技术指标

1）I/O 点数

可编程控制器的 I/O 点数指外部输入、输出端子数量的总和。评价 PLC 时一般常说，这个型号的 PLC 多少点。点数是描述 PLC 大小的一个重要的参数。

2）存储容量

PLC 的存储器由系统程序存储器、用户程序存储器和数据存储器三部分组成。PLC 存储容量通常指用户程序存储器和数据存储器容量之和，表征系统提供给用户的可用资源，是系统性能的一项重要技术指标。

3）扫描速度

可编程控制器采用循环扫描方式工作，完成一次扫描所需的时间称为扫描周期。影响扫描速度的主要因素有用户程序的长度和 PLC 产品的类型。PLC 中 CPU 的类型、机器字长等直接影响 PLC 的运算精度和运行速度。

4）指令系统

指令系统是指 PLC 所有指令的总和。可编程控制器的编程指令越多，软件功能就越强，但掌握应用也相对较复杂。用户应根据实际控制要求选择合适指令功能的可编程控制器。

5）通信功能

通信有 PLC 之间的通信和 PLC 与其他设备之间的通信。通信主要涉及通信模块、通信接口、通信协议和通信指令等内容。PLC 的组网和通信能力已成为 PLC 产品水平的重要衡量指标之一。

3.5　西门子 S7-200 系列可编程控制器介绍

德国的西门子公司是世界上著名的、欧洲最大的电气设备制造商，是世界上研制、开发 PLC 较早的少数几个公司之一，欧洲第一台 PLC 就是西门子公司于 1973 年研制成功的。1975 年推出 SIMATIC S3 系列 PLC，1979 年推出 SC S5 系列 PLC，20 世纪末推出了 SC S7 系列 PLC。

西门子公司的 PLC 在我国应用十分普遍，尤其是大、中型 PLC，由于其可靠性高，在自动化控制领域中久负盛名。西门子公司的小型和微型 PLC，其功能也是相当强的。

西门子 S7 系列 PLC 分为 S7-400、S7-300、S7-200 三个系列，分别为 S7 系列的大、中、小型 PLC 系统。S7-200 系列 PLC 有 CPU21X 系列、CPU22X 系列。

3.5.1　S7-200 系列 PLC 概述

西门子 S7 系列 PLC CPU22X 型 PLC 提供了 5 种不同的基本型号，常见的有 CPU221、CPU222、CPU224、CPU226 和 CPU226XM。

小型 PLC 中，CPU221 价格低廉，能满足多种集成功能的需要。CPU222 是 S7-200 家族中低成本的单元，通过可连接的扩展模块即可处理模拟量。CPU224 具有更多的 I/O 点数及更大的存储器。CPU226 和 CPU226XM 是功能最强的单元，可完全满足一些中小型复杂控制系统的要求。4 种型号的 PLC 具有下列特点。

（1）集成的 24V 电源。可直接连接到传感器和变送器执行器，CPU221 和 CPU222 具有 180mA 输出。CPU224 输出 280mA，CPU226、CPU226XM 输出 400mA，可用作负载电源。

（2）高速脉冲输出。具有 2 路高速脉冲输出端，输出脉冲频率可达 20kHz，可用于控制步进电机或伺服电机，实现定位任务。

（3）通信口。CPU221、CPU222 和 CPU224 具有一个 RS-485 通信口。CPU226、CPU226XM 具有 2 个 RS-485 通信口。支持 PPI、MPI 通信协议，有自由口通信能力。

（4）模拟电位器。CPU221/222 有一个模拟电位器，CPU224/226/226XM 有 2 个模拟电位器。模拟电位器用来改变特殊寄存器（SMB28、SMB29）中的数值，以改变程序运行时的参数。如定时器、计数器的预置值，过程量的控制参数。

（5）中断输入允许以极快的速度对过程信号的上升沿做出响应。

（6）E^2PROM 存储器模块（选件）。可作为修改与复制程序的快速工具，不需要编程器就可进行辅助软件归档工作。

（7）电池模块。用户数据（如标志位状态、数据块、定时器、计数器）可通过内部的超级电容存储大约 5 天。选用电池模块能延长存储时间到 200 天（10 年寿命）。电池模块插在存储器模块的卡槽中。

（8）不同的设备类型。CPU221～226 各有两种类型 CPU，具有不同的电源电压和控制电压。

（9）数字量输入/输出点。CPU221 具有 6 个输入点和 4 个输出点；CPU222 具有 8 个输入点和 6 个输出点；CPU224 具有 14 个输入点和 10 个输出点；CPU226/226XM 具有 24 个输入点和 16 个输出点；CPU22X 主机的输入点为 24V 直流双向光电耦合输入电路，输出有继电器和直流（MOS 型）两种类型。

（10）高速计数器。CPU221/222 有 4 个 30kHz 高速计数器，CPU224/226/226XM 有 6 个 30kHz 的高速计数器，用于捕捉比 CPU 扫描频率更快的脉冲信号。

3.5.2　S7-200 系列 CPU224 型 PLC 的结构

1. CPU224 型 PLC 外形及端子介绍

1）CPU224 型 PLC 外形

CPU224 型 PLC 外形如图 3-13 所示，其输入、输出、CPU、电源模块均装设在一个基本单元的机壳内，是典型的整体式结构。当系统需要扩展时，选用需要的扩展模块与基本单元连接。底部端子盖下是输入量的接线端子和为传感器提供 24V 直流的电源端子。

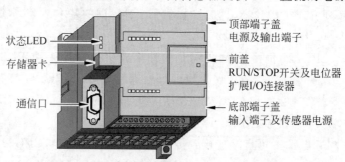

状态LED

存储器卡

通信口

顶部端子盖
电源及输出端子

前盖
RUN/STOP开关及电位器
扩展I/O连接器

底部端子盖
输入端子及传感器电源

图 3-13　CPU 224 型 PLC 外形

基本单元前盖下有工作模式选择开关、电位器和扩展 I/O 连接器，通过扁平电缆可以连接扩展 I/O 模块。西门子整体式 PLC 配有许多扩展模块，如数字量的 I/O 扩展模块、模拟量的 I/O 扩展模块、热电偶模块、通信模块等，用户可以根据需要选用，让 PLC 的功能更强大。

2）CPU224 型 PLC 端子介绍

（1）基本输入端子。

CPU224 的主机共有 14 个输入点（I0.0～I0.7、I1.0～I1.5）和 10 个输出点（Q0.0～Q0.7、Q1.0～Q1.1），在编写端子代码时采用八进制，没有 0.8 和 0.9。CPU224 输入电路见图 3-14，它采用了双向光电耦合器，24V 直流极性可任意选择，系统设置 1M 为输入端子（I0.0～I0.7）的公共端，2M 为（I1.0～I1.5）输入端子的公共端。

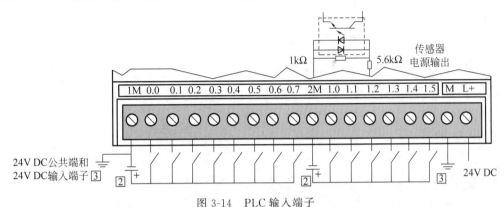

图 3-14 PLC 输入端子

（2）基本输出端子。

CPU224 的 10 个输出端子见图 3-15，Q0.0～Q0.4 共用 1M 和 1L 公共端，Q0.5～Q1.1 共用 2M 和 2L 公共端，在公共端上需要用户连接适当的电源，为 PLC 的负载服务。

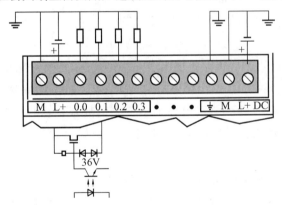

图 3-15 PLC 晶体管输出端子

CPU224 的输出电路有晶体管输出和继电器输出电路两种供用户选用。在晶体管输出电路（型号为 6ES7 214-1AD21-0XB0）中，PLC 由 24V 直流供电，负载采用了 MOSFET 功率驱动器件，所以只能用直流为负载供电。输出端将数字量输出分为两组，每组有一个公共端，共有 1L、2L 两个公共端，可接入不同电压等级的负载电源。在继电器输出电路（型号为 6ES7 212-1BB21-0XB0）中，PLC 由 220V 交流电源供电，负载采用了继电器驱动，所以既可以选用直流为负载供电，也可以采用交流为负载供电。在继电器输出电路中，数字量输出分为三组，每组的公共端为本组的电源供给端，Q0.0～Q0.3 共用 1L，Q0.4～Q0.6 共用 2L，Q0.7～Q1.1 共用 3L，各组之间可接入不同电压等级、不同电压性质的负载电源，如图 3-16 所示。

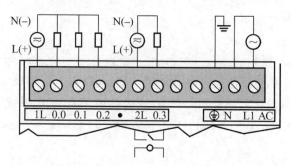

图 3-16　继电器输出形式 PLC 输出端子

提示　输入/输出单元都带光电隔离电路。作用：①实现现场与 PLC 主机的电气隔离，以提高抗干扰性，避免外部强电侵入主机而损坏主机；②电平转换，光电耦合器将现场各种开关信号变换成 PLC 主机要求的标准逻辑电平。

（3）高速反应性。

CPU224 型 PLC 有 6 个高速计数脉冲输入端（I0.0～I0.5），最快的响应速度为 30kHz，用于捕捉比 CPU 扫描周期更快的脉冲信号。

CPU224 型 PLC 有 2 个高速脉冲输出端（Q0.0，Q0.1），输出频率可达 20kHz，用于 PTO（高速脉冲束）和 PWM（宽度可变脉冲输出）高速脉冲输出。

（4）模拟电位器。

模拟电位器用来改变特殊寄存器（SM28，SM29）中的数值，以改变程序运行时的参数。如定时器、计数器的预置值，以及过程量的控制参数。

（5）存储卡。

该卡位可以选择安装扩展卡。扩展卡有 E^2PROM 存储卡、电池和时钟卡等模块。存储卡用于用户程序的复制。在 PLC 通电后插此卡，通过操作可将 PLC 中的程序装载到存储卡。当卡已经插在基本单元上后，PLC 通电后不需要任何操作，卡上的用户程序数据会自动复制到 PLC 中。利用这一功能，可对无数台实现同样控制功能的 CPU22X 系列进行程序写入。

提示　存储卡每次通电就写入一次，所以在 PLC 运行时，不要插入此卡。

电池模块用于长时间保存数据，使用 CPU224 内部存储电容数据存储时间达 190 小时，而使用电池模块数据存储时间可达 200 天。

2. CPU224 型 PLC 的结构及性能指标

CPU224 型 PLC 主要由 CPU、存储器、基本 I/O 接口电路、外设接口、编程装置、电源等组成，如图 3-17 所示。

CPU224 型 PLC 有两种：一种是 CPU224 AC/DC/继电器，交流输入电源，提供 24V 直流给外部元件（如传感器等），继电器方式输出，14 点输入，10 点输出；另一种是 CPU224 DC/DC/DC，直流 24V 输入电源，提供 24V 直流给外部元件（如传感器）半导体元件直流方式输出，14 点输入，10 点输出。用户可根据需要选用。

主要技术参数参见表 3-4～表 3-7。

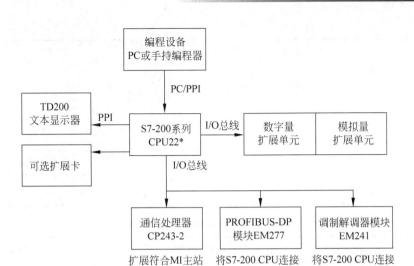

图 3-17　PLC 结构

表 3-4　CPU22X 模块主要技术指标

型　　号	CPU221	CPU222	CPU224	CPU226	CPU226MX
用户数据存储器类型	E^2 PROM	E^2 PROM	E^2 PROM	E^2 PROM	E^2 PROM
程序空间（永久保存）/字	2048	2048	4096	4096	8192
用户数据存储器/字	1024	1024	2560	2560	5120
数据后备（超级电容）典型值/H	50	50	190	190	190
主机 I/O 点数	6/4	8/6	14/10	24/16	24/16
可扩展模块	无	2	7	7	7
24V 传感器电源最大电流/mA,电流限制/mA	180,600	180,600	280,600	400,约 1500	400,约 1500
最大模拟量输入/输出	无	16/16	28/7 或 14	32/32	32/32
240V AC 电源 CPU 输入电流/mA,最大负载电流/mA	25,180	25,180	35,220	40,160	40,160
24V DC 电源 CPU 输入电流/mA,最大负载/mA	70,600	70,600	120,900	150,1050	150,1050
为扩展模块提供的 DC 5V 电源的输出电流/mA	—	最大 340	最大 660	最大 1000	最大 1000
内置高速计数器（30kHz）	4	4	6	6	6

续表

型　号	CPU221	CPU222	CPU224	CPU226	CPU226MX
模拟量调节电位器/个	1	1	2	2	2
实时时钟	有(时钟卡)	有(时钟卡)	有(内置)	有(内置)	有(内置)
RS-485 通信口/个	1	1	1	1	1
各组输入点数	4,2	4,4	8,6	13,11	13,11
各组输出点数	4(DC 电源)；1,3(AC 电源)	6(DC 电源)；3,3(AC 电源)	5,5(DC 电源)；4,3,3(AC 电源)	8,8(DC 电源)；4,5,7(AC 电源)	8,8(DC 电源)；4,5,7(AC 电源)

表 3-5　电源的技术指标

特　性	24V 电源	AC 电源
电压允许范围/V	20.4～28.8	85～264(47～63Hz)
冲击电流/A	10(28.8V)	20(254V)
内部熔断器(用户不能更换)	3A,250V 慢速熔断	2A,250V 慢速熔断

表 3-6　数字量输入技术指标

项　目	指　标	项　目	指　标
输入类型	漏型/源型	光电隔离	500V AC,1min
输入电压额定值	24V DC	非屏蔽电缆长度/m	300
1 信号	15～35V,最大 4mA	屏蔽电缆长度/m	500
0 信号	0～5V		

表 3-7　数字量输出技术指标

特　性	24V DC 输出	继电器型输出
电压允许范围/V	20.4～28.8	5～30 (DC),20～250 (AC)
逻辑 1 信号最大电流/A	0.75(电阻负载)	2(电阻负载)
逻辑 0 信号最大电流/μA	10	0
灯负载/W	5	30 (DC)/200 (AC)
非屏蔽电缆长度/m	150	150
屏蔽电缆长度/m	500	500
触点机械寿命/次	—	10 000 000
额定负载时触点寿命/次	—	100 000

3. PLC 的 CPU 的工作方式

1) CPU 的工作方式

CPU 前面板上用两个发光二极管显示当前工作方式。绿色指示灯亮,表示为运行状态；红色指示灯亮,表示为停止状态；在标有 SF 指示灯亮时表示系统故障,PLC 停止工作。

(1) STOP(停止)。CPU 在停止工作方式时,不执行程序,此时可以通过编程装置向 PLC 装载程序或进行系统设置,在程序编辑、上载、下载等处理过程中,必须把 CPU 置于

STOP 方式。

(2) RUN(运行)。CPU 在 RUN 工作方式下,PLC 按照自己的工作方式运行用户程序。

2) 改变工作方式的方法

(1) 用工作方式开关改变工作方式。工作方式开关有 3 个挡位:STOP、TERM(Terminal)、RUN。把工作方式开关切到 STOP 位,可以停止程序的执行;把方式开关切到 RUN 位,可以起动程序的执行;把方式开关切到 TERM(暂态)或 RUN 位,允许 STEP7-Micro/WIN32 软件设置 CPU 工作状态;如果工作方式开关设为 STOP 或 TERM,当电源上电时,CPU 自动进入 STOP 工作状态;设置为 RUN,当电源上电时,CPU 自动进入 RUN 工作状态。

(2) 用编程软件改变工作方式。把工作方式开关切换到 TERM(暂态),可以使用 STEP7-Micro/WIN32 编程软件设置工作方式。

(3) 在程序中用指令改变工作方式。在程序中插入一个 STOP 指令,CPU 可由 RUN 方式进入 STOP 工作方式。

4. 扩展功能模块

1) 扩展单元及电源模块

(1) 扩展单元。扩展单元没有 CPU,作为基本单元 I/O 点数的扩充,只能与基本单元连接使用,不能单独使用。S7-200 的扩展单元包括数字量扩展单元、模拟量扩展单元,及热电偶、热电阻扩展模块和 PROFIBUS-DP 通信模块。

用户选用具有不同功能的扩展模块,可以满足不同的控制需要,节约投资费用。连接时 CPU 模块放在最左侧,扩展模块用扁平电缆与左侧的模块相连。

(2) 电源模块。外部提供给 PLC 的电源,有 24V DC、220V AC 两种,根据型号不同有所变化。S7-200 的 CPU 单元有一个内部电源模块,S7-200 小型 PLC 的电源模块与 CPU 封装在一起,通过连接总线为 CPU 模块、扩展模块提供 5V 的直流电源,如果容量许可,还可提供给外部 24V 直流的电源,供本机输入点和扩展模块继电器线圈使用。应根据下面的原则确定 I/O 电源的配置。

有扩展模块连接时,如果扩展模块对 5V DC 电源的需求超过 CPU 的 5V 电源模块的容量,则必须减少扩展模块的数量。

当 +24V 直流电源的容量不满足要求时,可以增加一个外部 24V DC 电源给扩展模块供电。此时外部电源不能与 S7-200 的传感器电源并联使用,但两个电源的公共端(M)应连接在一起。

2) 常用扩展模块介绍

(1) 数字量扩展模块。当需要比本机集成更多的数字量的 I/O 点数时,可选用数字量扩展模块。

用户选择具有不同 I/O 点数的数字量扩展模块,可以满足应用的实际要求,同时节约不必要的投资费用,可选择 8、16 和 32 点 I/O 模块。

S7-200 PLC 系列目前总共可以提供 3 大类,共 9 种数字量 I/O 扩展模块,见表 3-8。

表 3-8　数字量扩展模块

类　　型	型　　号	各组输入点数	各组输出点数
输入扩展模块 EM221	EM221 24V DC 输入	4,4	—
	EM221 230V AC 输入	8 点相互独立	—
输出扩展模块 EM222	EM222 24V DC 输出	—	4,4
	EM222 继电器输出	—	4,4
	EM222 230V AC 双向晶闸管输出		8 点相互独立
输入/输出(I/O)扩展模块 EM223	EM223 24V DC 输入/继电器输出	4	4
	EM223 24V DC 输入/24VDC 输出	4,4	4,4
	EM223 24V DC 输入/24V DC 输出	8,8	4,4,8
	EM223 24V DC 输入/继电器输出	8,8	4,4,4,4

（2）模拟量扩展模块。模拟量扩展模块提供了模拟量 I/O 的功能。在工业控制中，被控对象常常是模拟量，如温度、压力、流量等。PLC 内部执行的是数字量，模拟量扩展模块可以将 PLC 外部的模拟量转换为数字量送入 PLC 内，经 PLC 处理后，再由模拟量扩展模块将 PLC 输出的数字量转换为模拟量送给控制对象。模拟量扩展模块的优点如下。

• 最佳适应性。可适用于复杂的控制场合，直接与传感器和执行器相连，例如 EM235 模块可直接与 PT100 热电阻相连。

• 灵活性。当实际应用变化时，PLC 可以相应地进行扩展，并可非常容易地调整用户程序。模拟量扩展模块的数据如表 3-9 所示。

表 3-9　模拟量扩展模块的数据

模块	EM231	EM232	EM235
点数	4 路模拟量输入	2 路模拟量输出	4 路输入,1 路输出

（3）热电偶、热电阻扩展模块。EM231 热电偶、热电阻扩展模块是为 S7-200 CPU222、CPU224 和 CPU226/226XM 设计的模拟量扩展模块，EM231 热电偶模块具有特殊的冷端补偿电路，该电路测量模块连接器上的温度，并适当改变测量值，以补偿参考温度与模块温度之间的温度差，如果在 EM231 热电偶模块安装区域的环境温度迅速地变化，则会产生额外的误差，要想达到最高的精度和重复性，热电阻和热电偶模块应安装在稳定的环境温度中。

EM231 热电偶模块用于 7 种热电偶类型：J、K、E、N、S、T 和 R 型。用户必须用 DIP 开关来选择热电偶的类型，连到同模块上的热电偶必须是相同类型。外形如图 3-18 所示。

（4）PROFIBUS-DP 通信模块。通过 EM277 PROFIBUS-DP 扩展从站模块，可将 S7-200 CPU 连接到 PROFIBUS-DP 网络。EM277 经过串行 I/O 总线连接到 S7-200 CPU，PROFIBUS 网络经过其 DP 通信端口，连接到 EM277 PROFIBUS-DP 模块。EM277 PROFIBUS-DP 模块的 DP 端口可连接到网络上的一个 DP 主站上，但仍能作为一个 MPI 从站，与同一网络上（如 SIMATIC 编程器或 S7-300/S7-400 CPU 等）其他主站进行通信。

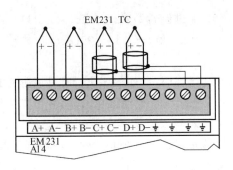
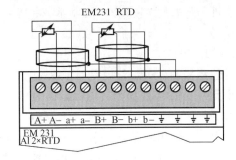

(a) 热电偶模块端子接线图　　　　　　　　(b) 热电阻模块端子接线图

图 3-18　热电偶、热电阻扩展模块

3.5.3　S7-200 系列 PLC 内部元器件

1. 数据存储类型

1) 数据的长度

数据类型、长度及数据范围如表 3-10 所示。在计算机中使用的都是二进制数,其最基本的存储单位是位(bit),8 位二进制数组成 1 字节(Byte),其中的第 0 位为最低位(LSB),第 7 位为最高位(MSB)。2 字节(16 位)组成 1 字(Word),2 字(32 位)组成 1 双字(Double Word)。把位、字节、字和双字占用的连续位数称为长度。

表 3-10　数据类型、长度及数据范围

数据的类型、长度	无符号整数范围		符号整数范围
	十进制	十六进制	十进制
字节 B(8 位)	0～255	0～FF	0～255
字 W(16 位)	0～65 535	0～FFFF	0～65 535
双字 D(32 位)	0～4 294 967 295	0～FFFFFFFF	0～4 294 967 295
位(BOOL)	0、1		
实数	$-10^{38}\sim10^{38}$		
字符串	每个字符串以字节形式存储最大长度为 255 字节,第一个字节中定义该字符串长度		

二进制数的“位”只有 0 和 1 两种取值,开关量(或数字量)也只有两种不同的状态,如触点的断开和接通、线圈的失电和得电等。在 S7-200 梯形图中,可用“位”描述它们,如果该位为 1,则表示对应的线圈为得电状态,触点为转换状态(常开触点闭合、常闭触点断开);如果该位为 0,则表示对应线圈、触点的状态与前者相反。

2) 数据类型及数据范围

S7-200 系列 PLC 的数据类型可以是字符串、布尔型(0 或 1)、整数型和实数型(浮点数)。布尔型数据指字节型无符号整数;整数型数包括 16 位符号整数(INT)和 32 位符号整数(DINT);实数型数据采用 32 位单精度数来表示。

3) 常数

S7-200 的许多指令中常会使用常数。常数的数据长度可以是字节、字和双字。CPU 以二进制的形式存储常数,书写常数可以用二进制、十进制、十六进制、ASCII 码或实数等多种形式。书写格式如下。

十进制常数：1234；十六进制常数：16♯3AC6；二进制常数：2♯1010 0001 1110 0000；ASCII 码："Show"；实数（浮点数）：＋1.175495E-38（正数），－1.175495E-38（负数）。

2. 编址方式

可编程控制器的编址就是对 PLC 内部的元件进行编码，以便程序执行时可以唯一地识别每个元件。PLC 内部在数据存储区为每一种元件分配一个存储区域，并用字母作为区域标志符，同时表示元件的类型。例如：数字量输入写入输入映像寄存器（区标志符为 I）、数字量输出写入输出映像寄存器（区标志符为 Q）、模拟量输入写入模拟量输入映像寄存器（区标志符为 AI）、模拟量输出写入模拟量输出映像寄存器（区标志符为 AQ）。除了输入/输出外，PLC 还有其他元件，V 表示变量存储器；M 表示内部标志位存储器；SM 表示特殊标志位存储器；L 表示局部存储器；T 表示定时器；C 表示计数器；HC 表示高速计数器；S 表示顺序控制存储器；AC 表示累加器。掌握各元件的功能和使用方法是编程的基础。下面将介绍元件的编址方式。

存储器的单位可以是位（bit）、字节（Byte）、字（Word）、双字（Double Word），那么编址方式也可以分为位、字节、字、双字编址。

（1）位编址。位编址的指定方式为：（区域标志符）字节号·位号，如 I0.0、Q0.0、I1.2。

（2）字节编址。字节编址的指定方式为：（区域标志符）B（字节号），如 IB0 表示由 I0.0～I0.7 这 8 位组成的字节。

（3）字编址。字编址的指定方式为：（区域标志符）W（起始字节号），且最高有效字节为起始字节。例如 VW0 表示由 VB0 和 VB1 这 2 字节组成的字。

（4）双字编址。双字编址的指定方式为：（区域标志符）D（起始字节号），且最高有效字节为起始字节。例如 VD0 表示由 VB0～VB3 这 4 字节组成的双字。

3. 寻址方式

1）直接寻址

直接寻址是在指令中直接使用存储器或寄存器的元件名称（区域标志）和地址编号，直接到指定的区域读取或写入数据。有按位、字节、字、双字的寻址方式，如图 3-19 所示。

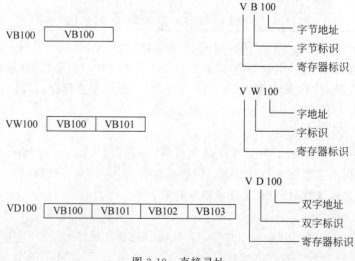

图 3-19　直接寻址

2) 间接寻址

间接寻址时操作数并不提供直接数据位置,而是通过使用地址指针来存取存储器中的数据。在 S7-200 中允许使用指针对 I、Q、M、V、S、T、C(仅当前值)存储区进行间接寻址。

(1) 使用间接寻址前,要先创建一指向该位置的指针。指针为双字(32 位),存放的是另一存储器的地址,只能用 V、L 或累加器 AC 作指针。生成指针时,要使用双字传送指令(MOVD),将数据所在单元的内存地址送入指针,双字传送指令的输入操作数开始处加 & 符号,表示某存储器的地址,而不是存储器内部的值。指令输出操作数是指针地址。例如,"MOVD &VB200,AC1"指令就是将 VB200 的地址送入累加器 AC1 中。

(2) 指针建立好后,利用指针存取数据。在使用地址指针存取数据的指令中,操作数前加" ＊ "号表示该操作数为地址指针。例如,"MOVW ＊ AC1 AC0 //MOVW"表示字传送指令,指令将 AC1 中的内容为起始地址的一个字长的数据(即 VB200,VB201 内部数据)送入 AC0 内,如图 3-20 所示。

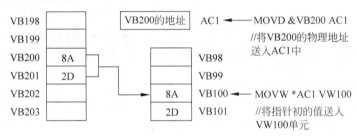

图 3-20　间接寻址

4. 内部元件(内部资源)功能及地址分配

1) 输入映像寄存器(输入继电器)I

(1) 输入映像寄存器的工作原理

输入继电器是 PLC 用来接收用户设备输入信号的接口。PLC 中的"继电器"与继电器控制系统中的继电器有本质性的差别,是"软继电器",它实质是存储单元。每一个输入继电器"线圈"都与相应的 PLC 输入端相连,当外部开关信号闭合时,则输入继电器的"线圈"得电,在程序中其常开触点闭合,常闭触点断开。由于存储单元可以无限次地读取,所以有无数对常开、常闭触点供编程时使用。编程时应注意,输入继电器的"线圈"只能由外部信号驱动,不能在程序内部用指令驱动,因此,在用户编制的梯形图中只应出现输入继电器的触点,而不应出现输入继电器的"线圈"。

(2) 输入映像寄存器的地址分配

S7-200 输入映像寄存器区域有 IB0～IB15 共 16 字节的存储单元。系统对输入映像寄存器是以字节(8 位)为单位进行地址分配的。输入映像寄存器可以按位进行操作,每一位对应一个数字量的输入点。如 CPU224 的基本单元输入为 14 点,需占用 2×8=16 位,即占用 IB0 和 IB1 这 2 字节。而 I1.6、I1.7 因没有实际输入而未使用,用户程序中不可使用。但如果整个字节未使用,如 IB3～IB15,则可作为内部标志位(M)使用。

输入继电器可采用位、字节、字或双字来存取。CPU224 主机有 I0.0～I0.7、I1.0～I1.5 共 14 个数字量输入点。

2）输出映像寄存器（输出继电器）Q

（1）输出映像寄存器的工作原理。

"输出继电器"是用来将输出信号传送到负载的接口，每一个"输出继电器"线圈都与相应的 PLC 输出端相连，用于驱动负载，并有无数对常开和常闭触点供编程时使用。输出继电器线圈的通断状态只能在程序内部用指令驱动。

（2）输出映像寄存器的地址分配。

S7-200 输出映像寄存器区域有 QB0～QB15 共 16 字节的存储单元。系统对输出映像寄存器也是以字节（8 位）为单位进行地址分配的。输出映像寄存器可以按位进行操作，每一位对应一个数字量的输出点。如 CPU224 的基本单元输出为 10 点，需占用 $2\times8=16$ 位，即占用 QB0 和 QB1 共 2 字节。但未使用的位和字节均可在用户程序中作为内部标志位使用。

输出继电器可采用位、字节、字或双字来存取。CPU224 主机有 Q0.0～Q0.7、Q1.0、Q1.1 共 10 个数字量输出点。

以上介绍的两种软继电器都是和用户有联系的，因而是 PLC 与外部联系的窗口。下面所介绍的则是与外部设备没有联系的内部软继电器。它们既不能用来接收用户信号，也不能用来驱动外部负载，只能用于编制程序，即线圈和触点都只能出现在梯形图中。

3）变量存储器 V

变量存储器主要用于存储变量。可以存放数据运算的中间运算结果或设置参数，在进行数据处理时，变量存储器会被经常使用。变量存储器可以是位寻址，也可按字节、字、双字为单位寻址，其位存取的编号范围根据 CPU 的型号有所不同，CPU221/222 为 V0.0～V2047.7，共 2KB 存储容量，CPU224/226 为 V0.0～V5119.7，共 5KB 存储容量。

4）内部标志位存储器（中间继电器）M

内部标志位存储器用来保存控制继电器的中间操作状态，其作用相当于继电器控制中的中间继电器，内部标志位存储器在 PLC 中没有输入/输出端与之对应，其线圈的通断状态只能在程序内部用指令驱动，其触点不能直接驱动外部负载，只能在程序内部驱动输出继电器的线圈，再用输出继电器的触点去驱动外部负载。

内部标志位存储器可采用位、字节、字或双字存取。CPU224 主机内部标志位存储器位存取的地址编号范围为 M0.0～M31.7，共 32 字节。

5）特殊标志位存储器 SM

PLC 中还有若干特殊标志位存储器，特殊标志位存储器位提供大量的状态和控制功能，用来在 CPU 和用户程序之间交换信息，特殊标志位存储器能以位、字节、字或双字来存取，CPU224 的 SM 的位地址编号范围为 SM0.0～SM179.7，共 180 字节。其中 SM0.0～SM29.7 的 30 字节为只读型区域。

常用的特殊存储器的用途如下。

（1）SM0.0：运行监视。SM0.0 始终为 1 状态。当 PLC 运行时可以利用其触点驱动输出继电器，在外部显示程序是否处于运行状态。

（2）SM0.1：初始化脉冲。每当 PLC 的程序开始运行时，SM0.1 线圈接通一个扫描周期，因此 SM0.1 的触点常用于调用初始化子程序等。

（3）SM0.3：开机进入 RUN 时，接通一个扫描周期，可用在起动操作之前，给设备提前预热。

（4）SM0.4、SM0.5：占空比为50%的时钟脉冲。当PLC处于运行状态时，SM0.4产生周期为1min的时钟脉冲，SM0.5产生周期为1s的时钟脉冲。若将时钟脉冲信号送入计数器作为计数信号，则可起到定时器的作用。

（5）SM0.6：扫描时钟，一个扫描周期闭合，另一个为OFF，循环交替。

（6）SM0.7：工作方式开关位置指示，开关放置在RUN位置时为1。

（7）SM1.0：零标志位，运算结果=0时，该位置1。

（8）SM1.1：溢出标志位，结果溢出或非法值时，该位置1。

（9）SM1.2：负数标志位，运算结果为负数时，该位置1。

（10）SM1.3：被0除标志位。

其他特殊存储器的用途可查阅相关手册。

6）局部变量存储器L

局部变量存储器L用来存放局部变量，局部变量存储器L和变量存储器V十分相似，主要区别在于全局变量是全局有效，而局部变量存储器是局部有效的。全局是指同一个存储器可以被任何一个程序（主程序、子程序、中断程序）读取访问；而局部变量只是局部有效，即变量只和特定的程序相关联。

S7-200有64字节的局部变量存储器，其中60字节可以作为暂时存储器，或给子程序传递参数，后4字节作为系统的保留字节。PLC在运行时，根据需要动态地分配局部变量存储器，在执行主程序时，64字节的局部变量存储器分配给主程序，当调用子程序或出现中断时，局部变量存储器分配给子程序或中断程序。

局部存储器可以按位、字节、字、双字直接寻址，其位存取的地址编号范围为L0.0～L63.7。L可以作为地址指针。

7）定时器T

PLC所提供的定时器作用相当于继电器控制系统中的时间继电器。每个定时器可提供无数对常开和常闭触点供编程使用。其设定时间由程序设置。

每个定时器有一个16位的当前值寄存器，用于存储定时器累计的时基增量值（1～32 767），另有一个状态位表示定时器的状态。若当前值寄存器累计的时基增量值大于或等于设定值时，定时器的状态位被置1，该定时器的常开触点闭合。

定时器的定时精度（时基）分别为1ms、10ms和100ms三种，CPU222、CPU224及CPU226的定时器地址编号范围为T0～T225，它们分辨率、定时范围并不相同，用户应根据所用CPU型号及时基，正确选用定时器的编号。

8）计数器C

计数器用于累计计数输入端接收到的由断开到接通的脉冲个数。计数器可提供无数对常开和常闭触点供编程使用，其设定值由程序赋予。

计数器的结构与定时器基本相同，每个计数器有一个16位的当前值寄存器用于存储计数器累计的脉冲数，另有一个状态位表示计数器的状态，若当前值寄存器累计的脉冲数大于或等于设定值时，计数器的状态位被置1，该计数器的常开触点闭合。CPU224主机计数器的地址编号范围为C0～C255。

9）高速计数器HC

一般计数器的计数频率受扫描周期的影响，不能太高。而高速计数器可用来累计比CPU

的扫描速度更快的事件。高速计数器的当前值是一个双字长（32 位）的整数，且为只读值。

高速计数器的地址编号范围根据 CPU 的型号有所不同，CPU221/222 各有 4 个高速计数器，CPU224/226 各有 6 个高速计数器，编号为 HC0～HC5。

10）累加器 AC

累加器是用来暂存数据的寄存器，它可以用来存放运算数据、中间数据和结果。CPU提供了 4 个 32 位的累加器，其地址编号为 AC0～AC3。累加器的可用长度为 32 位，可采用字节、字、双字的存取方式，按字节、字只能存取累加器的低 8 位或低 16 位，双字可以存取累加器全部的 32 位。

11）顺序控制继电器 S（状态元件）

顺序控制继电器是使用步进顺序控制指令编程时的重要状态元件，通常与步进指令一起使用以实现顺序功能流程图的编程。CPU224 主机顺序控制继电器的地址编号范围为S0.0～S31.7。

12）模拟量输入/输出映像寄存器（AI/AQ）

S7-200 的模拟量输入电路是将外部输入的模拟量信号转换成 1 字长的数字量存入模拟量输入映像寄存器区域，区域标志符为 AI。

模拟量输出电路是将模拟量输出映像寄存器区域的 1 字长（16 位）数值转换为模拟电流或电压输出，区域标志符为 AQ。

对模拟量输入/输出是以 2 字（W）为单位分配地址，每路模拟量输入/输出占用 1 字（2 字节）。如有 3 路模拟量输入，须分配 4 字（AIW0、AIW2、AIW4、AIW6），其中没有被使用的字 AIW6，不可被占用或分配给后续模块。如果有 1 路模拟量输出，则须分配 2 字（AQW0、AQW2），其中没有被使用的字 AQW2，不可被占用或分配给后续模块。

模拟量输入/输出的地址编号范围根据 CPU 型号的不同有所不同，CPU222 为 AIW0～AIW30/AQW0～AQW30，CPU224/226 为 AIW0～AIW62/AQW0～AQW62。

提示　　在 PLC 内的数字量字长为 16 位，即 2 字节，故其地址均以偶数表示，如AIW0，AIW2，…；AQW0，AQW2，…。

3.6 STEP7-Micro/WIN v4.0 编程软件介绍

STEP7-Micro/WIN v4.0 SP6 是一款专业的专为西门子公司 SIMATIC 系列 S7-200小型机而设计的编程工具软件，它是基于 Windows 平台的应用软件，可以使用个人计算机作为图形编辑器，功能强大，是较为稳定的一个版本。主要用于开发程序，也可用于实时监控用户程序的执行状态，加上汉化后的程序，可在全汉化的界面下进行操作。使用该软件可根据控制系统的要求编制控制程序并完成与 PLC 的实时通信，进行程序的下载与上传及在线监控。

3.6.1 STEP7-Micro/WIN v4.0 概述

1. STEP7-Mirco/WIN v4.0 的安装

1）安装条件

操作系统：支持 XP、Win 7 以上的操作系统。

计算机配置：IBM486 以上兼容机，内存 8MB 以上，VGA 显示器，至少 50MB 以上硬盘空间。

通信电缆：用一条 PC/PPI 电缆实现可编程控制器与计算机的通信。

2）编程软件的组成

STEP7-Micro/WIN32 编程软件包括 Microwin 3.1、Microwin 3.1 的升级版本软件 Microwin 3.1 SP1；Toolbox（包括 Uss 协议指令：变频通信用，TP070：触摸屏的组态软件 Tp Designer v1.0 设计师）工具箱，以及 Microwin 3.11 Chinese（Microwin 3.11 SP1 和 Tp Designer 的专用汉化工具）等编程软件。

3）编程软件的安装

（1）安装准备。

关闭所有的应用程序，在光盘驱动器中插入驱动光盘，如果没有禁止光盘插入自动运行，安装程序会自动进行，或者在 Windows 资源管理器中打开光盘上的 Setup.exe。

（2）按照安装程序的提示完成安装。

首先选择"安装程序界面语言"，再选择安装目的文件夹，对于自动弹出的 Set PG/PCInterface 窗口，单击 OK 按钮即可，安装完成后重启计算机。

（3）中英文语言选择。

如要选择编程软件界面为中文格式，可以双击桌面上的 STEP7-Micro/WIN32 v4.0 图标，在 Tools/Options/General 的语言栏中选择 Chinese，然后重启编程软件。

按 Microwin 3.1→Microwin 3.1 SP1→Toolbox→Microwin 3.11 Chinese 的顺序进行安装。

首先安装英文版本的编程软件，双击编程软件中的安装程序 SETUP.EXE，根据安装提示完成安装。接着，用 Microwin 3.11 Chinese 软件将编程软件的界面和帮助文件汉化。操作步骤如下。

① 在光盘目录下，找到 mwin_service_pack_from v3.1 to 3.11 软件包，按照安装向导进行操作，把原来英文版本的编程软件转换为 3.11 版本。

② 打开 Chinese 3.11 目录，双击 setup，按安装向导操作，完成汉化补丁的安装。

③ 完成安装。

4）建立 S7-200 CPU 的通信

可以采用 PC/PPI 电缆建立 PC 与 PLC 之间的通信。这是典型的单主机与 PC 的连接，不需要其他的硬件设备，如图 3-21 所示。

PC/PPI 电缆的两端分别为 RS-232 和 RS-485 接口，RS-232 端连接到个人计算机 RS-232 通信口 COM1 或 COM2 接口上，RS-485 端接到 S7-200 CPU 通信口上。

PC/PPI 电缆中间有通信模块，模块外部设有波特率设置开关，有 5 种支持 PPI 协议的波特率可以选择，分别为 1.2kb/s、2.4kb/s、9.6kb/s、19.2kb/s、38.4kb/s。系统的默认值为 9.6kb/s。PC/PPI 电缆波特率设置开关（DIP 开关）的位置

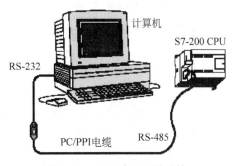

图 3-21　PLC 与 PC 的连接

应与软件系统设置的通信波特率相一致。DIP 开关的设置如图 3-22 所示，DIP 开关上有 5 个扳键，1、2、3 号键用于设置波特率，4 号和 5 号键用于设置通信方式。通信速率的默认值为 9600b/s，如图 3-22 所示，1、2、3 号键设置为 010，未使用调制解调器时，4、5 号键均应设置为 0。

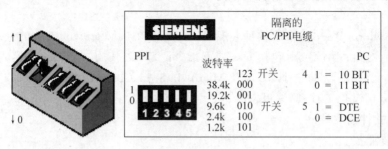

图 3-22　DIP 开关的设置

5）通信参数的设置

硬件设置好后，按下面的步骤设置通信参数。

（1）在 STEP7-Micro/WIN32 运行时单击通信图标，或从"视图"菜单中选择"通信"，则会出现一个通信对话框。

（2）对话框中双击 PC/PPI 电缆图标，将出现 PC/PG 接口的对话框。

（3）单击"属性"按钮，将出现"接口属性"对话框，检查各参数的属性是否正确，初学者可以使用默认的通信参数，在 PC/PPI 性能设置的窗口中单击"默认"按钮，可获得默认的参数。默认站地址为 2，波特率为 9600b/s。

6）建立在线连接

在前几步顺利完成后，可以建立与 S7-200 CPU 的在线联系，步骤如下。

（1）在 STEP7-Micro/WIN32 运行时单击通信图标，或从"视图"菜单中选择"通信"，出现一个通信建立结果对话框，显示是否连接了 CPU 主机。

（2）双击对话框中的刷新图标，STEP7-Micro/WIN32 编程软件将检查所连接的所有 S7-200 CPU 站。在对话框中显示已建立起连接的每个站的 CPU 图标、CPU 型号和站地址。

（3）双击要进行通信的站，在通信建立对话框中，可以显示所选的通信参数。

7）修改 PLC 的通信参数

计算机与可编程控制器建立起在线连接后，即可以利用软件检查、设置和修改 PLC 的通信参数。操作步骤如下。

（1）单击浏览条中的系统块图标，或从"检视"菜单中选择"系统块"选项，将出现"系统块"对话框。

（2）单击"通信口"选项卡，检查各参数，确认无误后单击"确定"按钮。若须修改某些参数，可以先进行有关的修改，再单击"确认"按钮。

（3）单击工具条的下载按钮 ，将修改后的参数下载到可编程控制器，设置的参数才会起作用。

8）可编程控制器的信息的读取

选择菜单命令 PLC→信息，将显示出可编程控制器 RUN/STOP 状态、扫描速率、CPU

的型号错误的情况和各模块的信息。

2. STEP7-Mirco/WIN32 窗口组件

STEP7-Micro/WIN32 的编程软件主界面如图 3-23 所示。

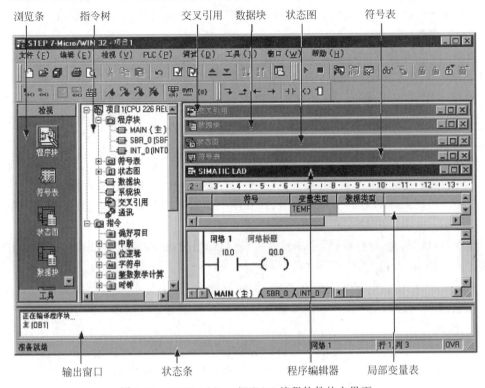

图 3-23 STEP7-Micro/WIN32 编程软件的主界面

主界面一般可以分为以下几部分：菜单条、工具条、浏览条、指令树、用户窗口、输出窗口和状态条。除菜单条外,用户可以根据需要通过检视菜单和窗口菜单决定其他窗口的取舍和样式的设置。

1）主菜单

主菜单包括"文件""编辑""检视""PLC""调试""工具""窗口""帮助"8 个主菜单项。各主菜单项的功能如下。

（1）文件。

文件的操作有：新建（New）、打开（Open）、关闭（Close）、保存（Save）、另存为（Save As）、导入（Import）、导出（Export）、上载（Upload）、下载（Download）、页面设置（Page Setup）、打印（Print）、预览、最近使用文件、退出。

导入：若从 STEP7-Micro/WIN32 编辑器之外导入程序,可使用"导入"命令导入 ASCII 文本文件。

导出：使用"导出"命令创建程序的 ASCII 文本文件,并导出至 STEP7-Micro/WIN32 外部的编辑器。

上载：在运行 STEP7-Micro/WIN32 的个人计算机和 PLC 之间建立通信后,从 PLC 将程序上载至运行 STEP7-Micro/WIN32 的个人计算机。

下载：在运行 STEP7-Micro/WIN32 的个人计算机和 PLC 之间建立通信后,将程序下载至该 PLC。下载之前，PLC 应位于停止模式。

（2）编辑。

编辑菜单提供程序的编辑工具有：撤销（Undo）、剪切（Cut）、复制（Copy）、粘贴（Paste）、全选（Select All）、插入（Insert）、删除（Delete）、查找（Find）、替换（Replace）、转至（Go To）等项目。

剪切/复制/粘贴：可以在 STEP7-Micro/WIN32 项目中剪切下列条目——文本或数据栏，指令，单个网络，多个相邻的网络，POU 中的所有网络，状态图行、列或整个状态图，符号表行、列或整个符号表，数据块。不能同时选择多个不相邻的网络。不能从一个局部变量表成块剪切数据并粘贴至另一局部变量表中，因为每个表的只读 L 内存赋值必须唯一。

插入：在 LAD 编辑器中，可在光标上方插入行（在程序或局部变量表中）、在光标下方插入行（在局部变量表中）、在光标左侧插入列（在程序中）、插入垂直接头（在程序中）、在光标上方插入网络并为所有网络重新编号、在程序中插入新的中断程序、在程序中插入新的子程序。

查找/替换/转至：可以在程序编辑器窗口、局部变量表、符号表、状态图、交叉引用标签和数据块中使用"查找"、"替换"和"转至"功能。

- "查找"功能：查找指定的字符串，例如操作数、网络标题或指令助记符（"查找"不搜索网络注释，只能搜索网络标题。"查找"不搜索 LAD 和 FBD 中的网络符号信息表）。
- "替换"功能：替换指定的字符串（"替换"对语句表指令不起作用）。
- "转至"功能：通过指定网络数目的方式将光标快速移至另一个位置。

（3）检视。

通过"检视"菜单可以选择不同的程序编辑器：LAD，STL，FBD；通过"检视"菜单可以进行数据块（Data Block）、符号表（Symbol Table）、状态图表（Chart Status）、系统块（System Block）、交叉引用（Cross Reference）、通信（Communications）参数的设置。通过"检视"菜单可以选择注解、网络注解（POU Comments）显示与否等；通过"检视"菜单的工具栏区可以选择浏览栏（Navigation Bar）、指令树（Instruction Tree）及输出视窗（Output Window）的显示与否；通过"检视"菜单可以对程序块的属性进行设置。

（4）PLC。

PLC 菜单用于与 PLC 联机时的操作。如用软件改变 PLC 的运行方式（运行、停止）、对用户程序进行编译、清除 PLC 程序、电源起动重置及查看 PLC 的信息、时钟、存储卡的操作和程序比较、PLC 类型选择等操作。其中对用户程序进行编译可以离线进行。

联机方式（在线方式）：有编程软件的计算机与 PLC 连接，两者之间可以直接通信。

离线方式：有编程软件的计算机与 PLC 断开连接。此时可进行编程、编译。

联机方式和离线方式的主要区别是：联机方式可直接针对连接 PLC 进行操作，如上传、下载用户程序等。离线方式不直接与 PLC 联系，所有的程序和参数都暂时存放在磁盘上，等联机后再下载到 PLC 中。

PLC 有两种操作模式：STOP（停止）和 RUN（运行）模式。在 STOP（停止）模式中可以建立/编辑程序；在 RUN（运行）模式中可以建立、编辑、监控程序操作和数据，进行动态调试。

若使用 STEP7-Micro/WIN32 软件控制 RUN/STOP(运行/停止)模式,在 STEP7-Micro/WIN32 和 PLC 之间必须建立通信。另外,PLC 硬件模式开关必须设为 TERM(终端)或 RUN(运行)。

编译(Compile)：用来检查用户程序语法错误。用户程序编辑完成后通过编译在显示器下方的输出窗口显示编译结果,明确指出错误的网络段,可以根据错误提示对程序进行修改,然后再编译,直至无错误。

全部编译(Compile All)：编译全部项目元件(程序块、数据块和系统块)。

信息(Information)：可以查看 PLC 信息,例如 PLC 型号和版本号码、操作模式、扫描速率、I/O 模块配置以及 CPU 和 I/O 模块错误等。

电源起动重置(Power-Up Reset)：从 PLC 清除严重错误并返回 RUN(运行)模式。如果操作 PLC 存在严重错误,SF(系统错误)指示灯亮,程序停止执行。必须将 PLC 模式重设为 STOP(停止),然后再设置为 RUN(运行),才能清除错误,或选择 PLC→"电源起动重置"。

(5) 调试。

"调试"菜单用于联机时的动态调试,有单次扫描(First Scan)、多次扫描(Multiple Scans)、程序状态(Program Status)、触发暂停(Triggred Pause)、用程序状态模拟运行条件(读取、强制、取消强制和全部取消强制)等功能。

调试时可以指定 PLC 对程序执行有限次数扫描(从 1 次扫描到 65 535 次扫描)。通过选择 PLC 运行的扫描次数,可以在程序改变过程变量时对其进行监控。第一次扫描时,SM0.1 数值为 1(打开)。

单次扫描：可编程控制器从 STOP 方式进入 RUN 方式,执行一次扫描后,回到 STOP 方式,可以观察到首次扫描后的状态。

PLC 必须位于 STOP(停止)模式,通过菜单"调试"→"单次扫描"操作。

多次扫描：调试时可以指定 PLC 对程序执行有限次数扫描(从 1 次扫描到 65 535 次扫描)。通过选择 PLC 运行的扫描次数,可以在程序过程变量改变时对其进行监控。

PLC 必须位于 STOP(停止)模式时,通过菜单"调试"→"多次扫描"设置扫描次数。

(6) 工具。

"工具"菜单提供复杂指令向导(PID、HSC、NETR/NETW 指令),使复杂指令编程时的工作简化。"工具"菜单还提供文本显示器 TD200 设置向导;"工具"菜单的定制子菜单可以更改 STEP7-Micro/WIN32 工具条的外观或内容,以及在"工具"菜单中增加常用工具;"工具"菜单的选项子菜单可以设置 3 种编辑器的风格,如字体、指令盒的大小等样式。

(7) 窗口。

"窗口"菜单可以设置窗口的排放形式,如层叠、水平、垂直。

(8) 帮助。

"帮助"菜单可以提供 S7-200 的指令系统及编程软件的所有信息,并提供在线帮助、网上查询、访问等功能。

2) 工具条

(1) 标准工具条如图 3-24 所示。

图 3-24　标准工具条

各快捷按钮从左到右分别为：新建项目、打开现有项目、保存当前项目、打印、打印预览、剪切选项并复制至剪贴板、将选项复制至剪贴板、在光标位置粘贴剪贴板内容、撤销最后一个条目、编译程序块或数据块（任意一个现用窗口）、全部编译（程序块、数据块和系统块）、将项目从 PLC 上载至 STEP7-Micro/WIN32、从 STEP7-Micro/WIN32 下载至 PLC、符号表名称列按照 A～Z 从小至大排序、符号表名称列按照 Z～A 从大至小排序、选项（配置程序编辑器窗口）。

（2）调试工具条如图 3-25 所示。

各快捷按钮从左到右分别为：将 PLC 设为运行模式、将 PLC 设为停止模式、在程序状态打开/关闭之间切换、在触发暂停打开/停止之间切换（只用于语句表）、在图状态打开/关闭之间切换、状态图表单次读取、状态图表全部写入、强制 PLC 数据、取消强制 PLC 数据、状态图表全部取消强制、状态图表全部读取强制数值。

（3）公用工具条如图 3-26 所示。

图 3-25　调试工具条

图 3-26　公用工具条

公用工具条各快捷按钮从左到右分别如下。

插入网络：单击该按钮，在 LAD 或 FBD 程序中插入一个空网络。

删除网络：单击该按钮，删除 LAD 或 FBD 程序中的整个网络。

POU 注解：单击该按钮在 POU 注解打开（可视）或关闭（隐藏）之间切换。每个 POU 注解可允许使用的最大字符数为 4096。可视时，始终位于 POU 顶端，在第一个网络之前显示，如图 3-27 所示。

网络注解：单击该按钮，在光标所在的网络标号下方出现灰色方框中，输入网络注解。再单击该按钮，网络注解关闭，如图 3-28 所示。

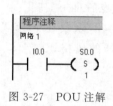

图 3-27　POU 注解

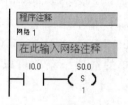

图 3-28　网络注解

检视/隐藏每个网络的符号信息表：单击该按钮，用所有的新、旧和修改符号名更新项目，而且在符号信息表打开和关闭之间切换，如图 3-29 所示。

切换书签：设置或移除书签，单击该按钮，在当前光标指定的程序网络设置或移除书签。在程序中设置书签，书签便于在较长程序中指定的网络之间来回移动，如图 3-30 所示。

图 3-29　网络的符号信息表

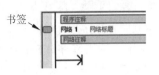

图 3-30　网络设置书签

下一个书签：将程序滚动至下一个书签，单击该按钮，向下移至程序的下一个带书签的网络。

前一个书签：将程序滚动至前一个书签，单击该按钮，向上移至程序的前一个带书签的网络。

清除全部书签：单击该按钮，移除程序中的所有当前书签。

在项目中应用所有的符号：单击该按钮，用所有新、旧和修改的符号名更新项目，并在符号信息表打开和关闭之间切换。

建立表格未定义符号：单击该按钮，从程序编辑器将不带指定地址的符号名传输至指定地址的新符号表标记。

常量描述符：在 SIMATIC 类型说明符打开/关闭之间切换，单击"常量描述符"按钮，使常量描述符可视或隐藏。对许多指令参数可直接输入常量。仅被指定为 100 的常量具有不确定的大小，因为常量 100 可以表示为字节、字或双字大小。当输入常量参数时，程序编辑器根据每条指令的要求指定或更改常量描述符。

（4）LAD 指令工具条如图 3-31 所示。

从左到右分别为：插入向下直线、插入向上直线、插入左行、插入右行、插入接点、插入线圈、插入指令盒。

图 3-31　LAD 指令工具条

3）浏览条

浏览条为编程提供按钮控制，可以实现窗口的快速切换，即对编程工具执行直接按钮存取，包括程序块（Program Block）、符号表（Symbol Table）、状态图表（Status Chart）、数据块（Data Block）、系统块（System Block）、交叉引用（Cross Reference）和通信（Communication）。单击上述任意按钮，则主窗口切换成此按钮对应的窗口。

用菜单"检视"→"帧"→"浏览条"，浏览条可在打开（可见）和关闭（隐藏）之间切换。

用菜单"工具"→"选项"，选择"浏览条"标签，可在浏览条中编辑字体。

浏览条中的所有操作都可用"指令树（Instruction Tree）"视窗完成，或通过"检视（View）"→"元件"完成。

4）指令树

指令树以树型结构提供编程时用到的所有快捷操作命令和 PLC 指令。可分为项目分支和指令分支。

项目分支用于组织程序项目：

- 用鼠标右击"程序块"文件夹，插入新子程序和中断程序。
- 打开"程序块"文件夹，并用鼠标右击 POU 图标，可以打开 POU、编辑 POU 属性、用密码保护 POU 或为子程序和中断程序重新命名。

- 用鼠标右击"状态图"或"符号表"文件夹，插入新图或表。
- 打开"状态图"或"符号表"文件夹，在指令树中用鼠标右击图或表图标，或双击适当的 POU 标记，执行打开、重新命名或删除操作。

指令分支用于输入程序，打开指令文件夹并选择指令：

- 拖曳或双击指令，可在程序中插入指令。
- 用鼠标右击指令，并从弹出菜单中选择"帮助"，获得有关该指令的信息。
- 将常用指令可拖曳至"偏好项目"文件夹。

若项目指定了 PLC 类型，则指令树中红色标记 x 是表示对该 PLC 无效的指令。

5）用户窗口

可同时或分别打开 6 个用户窗口，分别为：交叉引用、数据块、状态图表、符号表、程序编辑器、局部变量表。

（1）交叉引用。

在程序编译成功后，可用下面的方法之一打开"交叉引用"窗口。

① 菜单"检视"→ "交叉引用"（Cross Reference）。

② 单击浏览条中的"交叉引用"按钮 ⊞ ，得到"交叉引用"表列出在程序中使用的各操作数所在的 POU、网络或行位置，以及每次使用各操作数的语句表指令，如图 3-32 所示。通过交叉引用表还可以查看哪些内存区域已经被使用，是作为位还是作为字节使用。在运行方式下编辑程序时，可以查看程序当前正在使用的跳变信号的地址。交叉引用表不下载到可编程控制器，在程序编译成功后，才能打开交叉引用表。在交叉引用表中双击某操作数，可以显示出包含该操作数的那一部分程序。

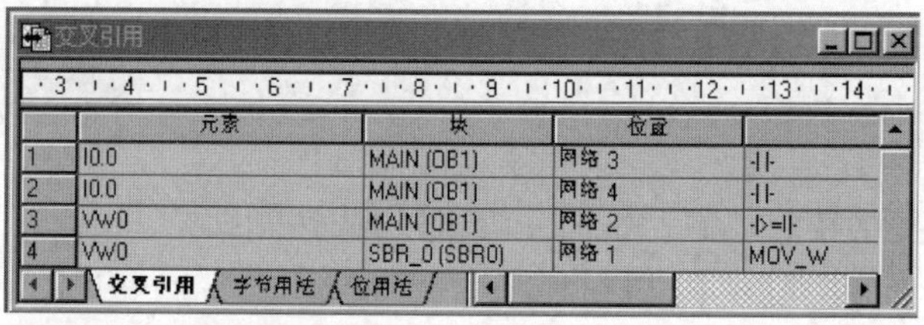

	元素	块	位置	
1	I0.0	MAIN (OB1)	网络 3	⊣⊢
2	I0.0	MAIN (OB1)	网络 4	⊣⊢
3	VW0	MAIN (OB1)	网络 2	⊳=⊢
4	VW0	SBR_0 (SBR0)	网络 1	MOV_W

图 3-32　交叉引用表

（2）数据块。

"数据块"窗口可以设置和修改变量存储器的初始值和常数值，并加注必要的注释说明。用下面的方法之一打开"数据块"窗口：

① 单击浏览条上的"数据块"按钮 ▦ 。

② 用菜单"检视"→"元件"→"数据块"。

③ 单击指令树中的"数据块"图标 ▭ 。

（3）状态图表。

将程序下载至 PLC 之后，可以建立一个或多个状态图表，在联机调试时，打开状态图表，监视各变量的值和状态。状态图表并不下载到可编程控制器，只是监视用户程序运行的一种工具。

用下面的方法之一可打开状态图表：

① 单击浏览条上的"状态图表"按钮 ▦ 。

② 用菜单"检视"→"元件"→"状态图"。

③ 打开指令树中的"状态图"文件夹,然后双击"图"图标。

④ 若在项目中有一个以上状态图,使用位于"状态图"窗口底部的 ◄▶ CHT1 **CHT2** CHT3 标签在状态图之间移动。

可在状态图表的地址列输入需监视的程序变量地址,在 PLC 运行时,打开状态图表窗口,在程序扫描执行时,连续、自动地更新状态图表的数值。

（4）符号表。

符号表是程序员用符号编址的一种工具表。在编程时不采用元件的直接地址作为操作数,而用有实际含义的自定义符号名作为编程元件的操作数,这样可使程序更容易理解。符号表建立了自定义符号名与直接地址编号之间的关系。程序被编译后下载到可编程控制器时,所有的符号地址被转换成绝对地址,符号表中的信息不下载到可编程控制器。

用下面的方法之一可打开符号表:

① 单击浏览条中的"符号表"按钮 📷。

② 用菜单"检视"→"符号表"。

③ 打开指令树中的符号表或全局变量文件夹,然后双击一个表格 🗗 图标。

（5）程序编辑器。

选择菜单命令"文件"→"新建"、"文件"→"打开"或"文件"→"导入",打开一个项目。然后用下面方法之一打开"程序编辑器"窗口,建立或修改程序:

① 单击浏览条中的"程序块"按钮 📰,打开主程序(OB1)。可以单击子程序或中断程序标签,打开另一个 POU。

② "指令树"→"程序块",双击主程序(OB1)图标、子程序图标或中断程序图标。

用下面方法之一可改变程序编辑器选项:

① 选择菜单"检视"→ LAD、FBD、STL,更改编辑器类型。

② 选择菜单"工具"→"选项",选择"一般"标签,可更改编辑器(LAD、FBD 或 STL)和编程模式(SIMATIC 或 IEC 1131-3)。

③ 选择菜单"工具"→"选项",选择"程序编辑器"标签,设置编辑器选项。

④ 单击选项 🖬 快捷按钮,设置"程序编辑器"选项。

（6）局部变量表。

程序中的每个 POU 都有自己的局部变量表,局部变量存储器(L)有 64 字节。局部变量表用来定义局部变量,局部变量只在建立该局部变量的 POU 中才有效。在带参数的子程序调用中,参数的传递就是通过局部变量表传递的。

在用户窗口将水平分裂条下拉即可显示局部变量表,将水平分裂条拉至程序编辑器窗口的顶部,局部变量表不再显示,但仍旧存在。

6）输出窗口

输出窗口：用来显示 STEP7-Micro/WIN32 程序编译的结果,如编译结果有无错误、错误编码及其位置等。

菜单命令："检视"→"帧"→"输出窗口",在窗口打开或关闭输出窗口。

7）状态条

状态条提供有关在 STEP7-Micro/WIN32 中操作的信息。

3. 编程准备

1）指令集和编辑器的选择

写程序之前，用户必须选择指令集和编辑器。

在 S7-200 系列 PLC 支持的指令集有 SIMATIC 和 IEC1131—3 两种。SIMATIC 是专为 S7-200 PLC 设计的，专用性强，采用 SIMATIC 指令编写的程序执行时间短，可以使用 LAD、STL、FBD 三种编辑器。IEC1131—3 指令集是按国际电工委员会（IEC）PLC 编程标准提供的指令系统，作为不同 PLC 厂商的指令标准，集中指令较少。有些 SIMATIC 所包含的指令，在 IEC1131—3 中不是标准指令。IEC1131—3 标准指令集适用于不同厂家 PLC，可以使用 LAD 和 FBD 两种编辑器。本教材主要用 SIMATIC 编程模式。

可选择菜单"工具"→"选项"→"一般"标签→"编程模式"，选 SIMATIC。

程序编辑器有 LAD、STL、FBD 三种。选择编辑器的方法如下：

可选择菜单"检视"→LAD 或 STL 或者菜单"工具"→"选项"选择标签"一般"→"默认编辑器"。

2）根据 PLC 类型进行参数检查

在 PLC 和运行 STEP7-Micro/WIN32 的 PC 连线后，在建立通信或编辑通信设置以前，应根据 PLC 的类型进行范围检查。必须保证 STEP7-Micro/WIN32 中 PLC 类型选择与实际 PLC 类型相符。方法如下：

选择菜单 PLC→"类型"→"读取 PLC"或"指令树"→"项目"名称→"类型"→"读取 PLC"。

"PLC 类型"对话框如图 3-33 所示。

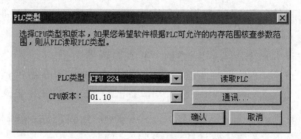

图 3-33 "PLC 类型"对话框

3.6.2 STEP7-Mirco/WIN32 主要编程功能

1. 编程元素及项目组件

S7-200 的三种程序组织单位（POU）指主程序、子程序和中断程序。STEP7-Micro/WIN32 为每个控制程序在程序编辑器窗口提供分开的制表符，主程序总是第一个制表符，后面是子程序或中断程序。

一个项目（Project）包括的基本组件有程序块、数据块、系统块、符号表、状态图表和交叉引用表。程序块、数据块和系统块须下载到 PLC，而符号表、状态图表和交叉引用表不下载到 PLC。

程序块由可执行代码和注释组成，其中可执行代码由一个主程序和可选子程序或中断程序组成。程序代码被编译并下载到 PLC，程序注释则被忽略。在"指令树"中，右击"程序块"图标可以插入子程序和中断程序。

数据块由数据(包括初始内存值和常数值)和注释两部分组成。数据被编译后,下载到可编程控制器,注释被忽略。

系统块用来设置系统的参数,包括通信口配置信息、保留范围、模拟和数字输入过滤器、背景时间、密码、脉冲截取位和输出表等选项。系统块如图 3-34 所示。单击"浏览栏"上的"系统块"按钮,或者单击"指令树"内的"系统块"图标,可查看并编辑系统块。系统块的信息须下载到可编程控制器,为 PLC 提供新的系统配置。

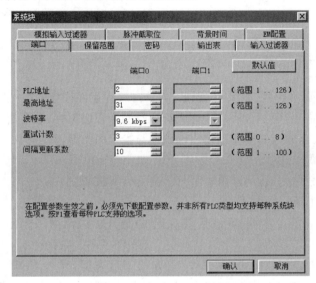

图 3-34 "系统块"对话框

符号表、状态图表和交叉引用表在前面已经介绍过,这里不再介绍。

2. 梯形图程序的输入

1) 建立项目

(1) 打开已有的项目文件。

常用的方法如下:

① 选择菜单"文件"→"打开",在"打开文件"对话框中,选择项目的路径及名称,单击"确定"按钮,打开现有项目。

② 在"文件"菜单底部列出了最近工作过的项目名称,选择文件名,直接选择打开。

③ 利用 Windows 资源管理器,选择扩展名为 .mwp 的文件打开。

(2) 创建新项目。

① 单击"新建"快捷按钮;

② 选择菜单"文件"→"新建";

③ 单击浏览条中的"程序块"图标,新建一个项目。

2) 输入程序

打开项目后就可以进行编程,本书主要介绍梯形图的相关的操作。

(1) 输入指令。

梯形图的元素主要有接点、线圈和指令盒,梯形图的每个网络必须从接点开始,以线圈或没有 ENO 输出的指令盒结束。线圈不允许串联使用。

要输入梯形图指令首先要进入梯形图编辑器，如下。

① 选择"检视"→"梯形图"选项。

② 接着在梯形图编辑器中输入指令。输入指令可以通过指令树、工具条按钮、快捷键等方法。

③ 在指令树中选择需要的指令，拖曳到需要位置。

④ 将光标放在需要的位置，在指令树中双击需要的指令。

⑤ 将光标放到需要的位置，单击工具栏指令按钮，打开一个通用指令窗口，选择需要的指令。

⑥ 使用功能键：F4＝接点，F6＝线圈，F9＝指令盒，打开一个通用指令窗口，选择需要的指令。

⑦ 当编程元件图形出现在指定位置后，再单击编程元件符号的"???"，输入操作数。红色字样显示语法出错，当把不合法的地址或符号改变为合法值时，红色消失。若数值下面出现红色的波浪线，表示输入的操作数超出范围或与指令的类型不匹配。

（2）上下线的操作。

将光标移到要合并的触点处，单击上行线或下行线按钮。

（3）输入程序注释。

LAD 编辑器中共有 4 个注释级别：项目组件（POU）注释、网络标题、网络注释、项目组件属性。

项目组件（POU）注释：单击"网络 1"上方的灰色方框，输入 POU 注释。单击"切换 POU 注释"按钮▣或者选择菜单"检视"→"POU 注释"选项，可在 POU 注释"打开"（可视）或"关闭"（隐藏）之间切换。

每条 POU 注释所允许使用的最大字符数为 4096。可视时，始终位于 POU 顶端，并在第一个网络之前显示。

网络标题：将光标放在网络标题行，输入一个便于识别该逻辑网络的标题。网络标题中可允许使用的最大字符数为 127。

网络注释：将光标移到网络标号下方的灰色方框中，可以输入网络注释。网络注释可对网络的内容进行简单的说明，以便于程序的理解和阅读。网络注释中可允许使用的最大字符数为 4096。

单击"切换网络注释"按钮▣或者选择菜单"检视"→"网络注释"，可在网络注释"打开"（可视）和"关闭"（隐藏）之间切换。

项目组件属性：存取"属性"标签。用鼠标右击"指令树"中的 POU "属性"。右击程序编辑器窗口中的任何一个 POU 标签，并从弹出菜单选择"属性"，如图 3-35 所示。

MAIN 对话框中有两个标签：一般和保护。选择"一般"可为子程序、中断程序和主程序块（OB1）重新编号和重新命名，并为项目指定一个作者。选择"保护"则可以选择一个密码保护 POU，以便其他用户无法看到该 POU，并在下载时加密。若用密码保护 POU，则勾选"用密码保护该 POU"复选框。输入一个 4 字符的密码并核实该密码，如图 3-36 所示。

（4）程序的编辑。

剪切、复制、粘贴或删除多个网络：用 Shift＋鼠标单击，可以选择多个相邻的网络，进

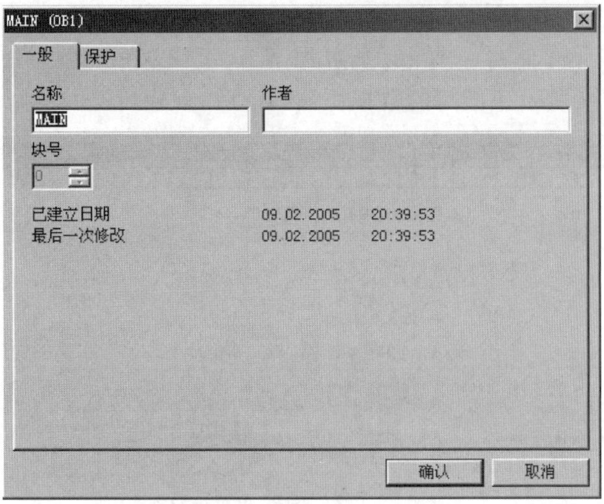

图 3-35　MAIN 对话框

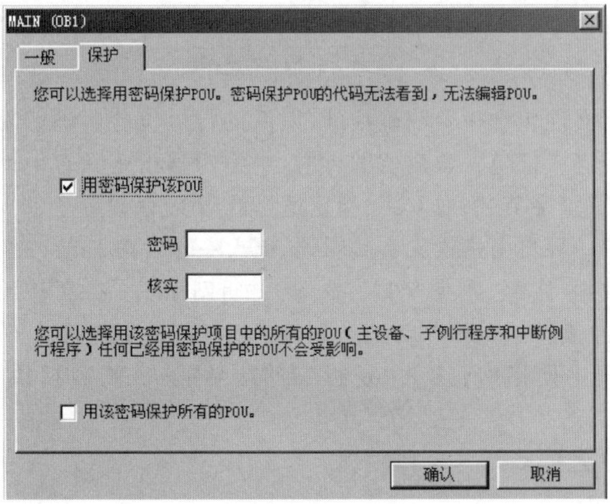

图 3-36　MAIN 对话框"保护"标签

行剪切、复制、粘贴或删除等操作。注意不能选择部分网络,只能选择整个网络。

　　编辑单元格、指令、地址和网络:用光标选中需要进行编辑的单元,右击弹出快捷菜单,可以进行插入或删除行、列、垂直线或水平线的操作。删除垂直线时把方框放在垂直线左边单元上,删除时选"行",或按 Del 键。进行插入编辑时,先将方框移至欲插入的位置,然后选"列"。

　　(5)程序的编译。

　　程序经过编译后方可下载到 PLC。编译的方法如下。

　　单击"编译"按钮☑或选择菜单 PLC→"编译",编译当前被激活的窗口中的程序块或数据块。

　　单击"全部编译"☑按钮或选择菜单 PLC→"全部编译",编译全部项目元件(程序块、数据块和系统块)。使用"全部编译"时与哪一个窗口是活动窗口无关。

　　编译结束后,输出窗口显示编译结果。

3. 数据块编辑

数据块用来对变量存储器 V 赋初值，可用字节、字或双字赋值。注释（前面带双斜线）是可选项目，如图 3-37 所示。编写的数据块被编译后，下载到可编程控制器，注释被忽略。

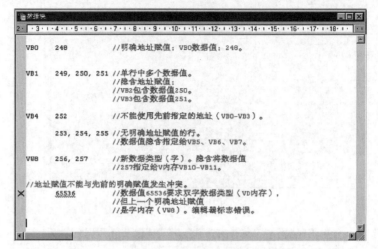

图 3-37 "数据块"对话框

数据块的第一行必须包含一个明确地址，以后的行可包含明确或隐含地址。在单地址后键入多个数据值或键入仅包含数据值的行时，由编辑器指定隐含地址。编辑器根据先前的地址分配及数据长度（字节、字或双字）指定适当的 V 内存数量。

数据块编辑器是一种自由格式文本编辑器，键入一行后按 Enter 键，数据块编辑器格式化行（对齐地址列、数据、注解，捕获 V 内存地址）并重新显示。数据块编辑器接受大小写字母并允许使用逗号、制表符或空格作为地址和数据值之间的分隔符。

在数据块编辑器中使用"剪切"、"复制"和"粘贴"命令将数据块源文本送入或送出 STEP7-Micro/WIN32。

数据块需要下载至 PLC 后才起作用。

4. 符号表操作

1）在符号表中符号赋值的方法

（1）建立符号表，单击浏览条中的"符号表"按钮▦，符号表见图 3-38。

		符号	地址	注释
1		起动	I0.0	起动按钮SB2
2		停止	I0.1	停止按钮SB1
3		M1	Q0.0	电动机
4				
5				

图 3-38 符号表

（2）在"符号"列输入符号名（如起动），最大符号长度为 23 字符。注意在给符号指定地址之前，该符号下有绿色波浪下画线。在给符号指定地址后，绿色波浪下画线自动消失。如果选择同时显示项目操作数的符号和地址，则较长的符号名在 LAD、FBD 和 STL 程序编辑器窗口中被一个波浪号（~）截断。可将鼠标放在被截断的名称上，在工具提示中查看全名。

（3）在"地址"列中输入地址（如 I0.0）。

（4）输入注解（此为可选项，最多允许 79 字符）。

（5）符号表建立后，选择菜单"检视"→"符号编址"，直接地址将转换成符号表中对应的符号名。并且可选择菜单"工具"→"选项"→"程序编辑器"标签→"符号编址"，来选择操作数显示的形式，如选择"显示符号和地址"，则对应的梯形图如图 3-39 所示。

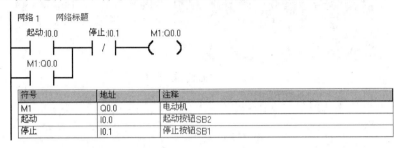

图 3-39　带符号表的梯形图

（6）通过菜单"检视"→"符号信息表"，可选择符号表的显示与否。选择"检视"→"符号编址"，可选择是否将直接地址转换成对应的符号名。

在 STEP7-Micro/WIN32 中，可以建立多个符号表（SIMATIC 编程模式）或多个全局变量表（IEC1131—3 编程模式）。但不允许将相同的字符串多次用作全局符号赋值，在单个符号表中和几个表内均不得如此。

2）在符号表中插入行

使用下列方法之一在符号表中插入行。

① 选择菜单"编辑"→"插入"→"行"，将在符号表光标的当前位置上方插入新行。

② 用鼠标右击符号表中的一个单元格，选择弹出菜单中的命令"插入"→"行"。将在光标的当前位置上方插入新行。

③ 在符号表底部插入新行，将光标放在最后一行的任意一个单元格中，按下箭头键。

3）建立多个符号表

默认情况下，符号表窗口显示一个符号名称（USR1）的标签。可用下列方法建立多个符号表。

① 从"指令树"用鼠标右击"符号表"文件夹，在弹出菜单命令中选择"插入符号表"。

② 打开符号表窗口，选择"编辑"菜单，或用鼠标右击，在弹出菜单中选择"插入"→"表格"。

③ 插入新符号表后，新的符号表标签会出现在符号表窗口的底部。在打开符号表时，要选择正确的标签。双击或右击标签，可为标签重新命名。

3.6.3　通信

1. 通信网络的配置

通过下面的方法测试通信网络。

（1）在 STEP7-Micro/WIN32 中，单击浏览条中的"通信"图标，或选择菜单"检视"→"元件"→"通信"。

（2）从"通信"对话框（见图 3-40）的右侧窗格，单击显示"双击刷新"的蓝色文字。如果建立了个人计算机与 PLC 之间的通信，则会显示一个设备列表。

STEP7-Micro/WIN32 在同一时间仅与一个 PLC 通信，会在 PLC 周围显示一个红色方

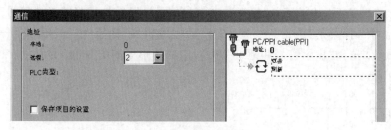

图 3-40　"通信"对话框

框，说明该 PLC 目前正在与 STEP7-Micro/WIN32 通信。

2. 下载、上载

1）下载

如果已经成功地在运行 STEP7-Micro/WIN32 的个人计算机和 PLC 之间建立了通信，就可以将编译好的程序下载至该 PLC。如果 PLC 中已经有内容将被覆盖，下载步骤如下。

（1）下载之前，PLC 必须位于"停止"的工作方式。检查 PLC 上的工作方式指示灯，如果 PLC 没有在"停止"工作方式，则单击工具条中的"停止"按钮，将 PLC 置于停止方式。

（2）单击工具条中的"下载"按钮，或选择菜单"文件"→"下载"，出现"下载"对话框。

（3）根据默认值，在初次发出下载命令时，"程序代码块"、"数据块"和"CPU 配置"（系统块）复选框都被选中。如果不需要下载某个块，则可以清除该复选框。

（4）单击"确定"按钮，开始下载程序。如果下载成功，将出现一个确认框，会显示"下载成功"。

（5）如果 STEP7-Micro/WIN32 中的 CPU 类型与实际的 PLC 不匹配，会显示以下警告信息："为项目所选的 PLC 类型与远程 PLC 类型不匹配。继续下载吗？"

（6）此时应纠正 PLC 类型选项，选择"否"，终止下载程序。

（7）选择菜单 PLC→"类型"，弹出"PLC 类型"对话框。单击"读取 PLC"按钮，由 STEP7-Micro/WIN32 自动读取正确的数值。单击"确定"按钮，确认 PLC 类型。

（8）单击工具条中的"下载"按钮，重新开始下载程序，或选择菜单"文件"→"下载"。下载成功后，单击工具条中的"运行"按钮，或选择 PLC→"运行"，PLC 进入 RUN（运行）工作方式。

2）上载

用下面的方法从 PLC 将项目元件上载到 STEP7-Micro/WIN32 程序编辑器。

① 单击"上载"按钮。

② 选择菜单"文件"→"上载"。

③ 按快捷键 Ctrl+U。

执行的步骤与下载基本相同，选择需要上载的块（程序块、数据块或系统块），单击"上载"按钮，上载的程序将从 PLC 复制到当前打开的项目中，随后即可保存上载的程序。

3.6.4　程序的调试与监控

在运行 STEP7-Micro/WIN32 编程设备和 PLC 之间建立通信并向 PLC 下载程序后，便可运行程序，收集状态进行监控和调试程序。

1. 选择工作方式

PLC 有运行(RUN)和停止(STOP)两种工作方式。在不同的工作方式下,PLC 进行调试的操作方法不同。

单击工具栏中的"运行"按钮▶或"停止"按钮■可以进入相应的工作方式。

1) 选择 STOP 工作方式

在 STOP 工作方式中,可以创建和编辑程序,PLC 处于半空闲状态:停止用户程序执行;执行输入更新;用户中断条件被禁用。PLC 操作系统继续监控 PLC,将状态数据传递给 STEP7-Micro/WIN32,并执行所有的"强制"或"取消强制"命令。当 PLC 位于 STOP 工作方式时,可以进行下列操作。

(1) 使用图状态或程序状态检视操作数的当前值(因为程序未执行,这一步骤等同于执行"单次读取")。

(2) 可以使用图状态或程序状态强制数值。使用图状态写入数值。

(3) 写入或强制输出。

(4) 执行有限次扫描,并通过状态图或程序状态观察结果。

2) 选择 RUN 工作方式

当 PLC 位于 RUN 工作方式时,不能使用"首次扫描"或"多次扫描"功能。可以在状态图表中写入和强制数值,或使用 LAD 或 FBD 程序编辑器强制数值,方法与在 STOP 工作方式中强制数值相同。还可以执行下列操作(不能在 STOP 工作方式使用)。

(1) 使用图状态收集 PLC 数据值的连续更新。如果希望使用单次更新,图状态必须关闭,才能使用"单次读取"命令。

(2) 使用程序状态收集 PLC 数据值的连续更新。

(3) 使用 RUN 工作方式中的"程序编辑"编辑程序,并将改动下载至 PLC。

2. 程序状态显示

当程序下载至 PLC 后,可以用"程序状态"功能操作和测试程序网络。

1) 起动程序状态

在程序编辑器窗口,显示希望测试的程序部分和网络。

PLC 置于 RUN 工作方式,起动程序状态监控改动 PLC 数据值的方法如下。

单击"程序状态打开/关闭"按钮📷或选择菜单"调试"→ "程序状态",在梯形图中显示出各元件的状态。在进入"程序状态"的梯形图中,用彩色块表示位操作数的线圈得电或触点闭合状态。如:┤▓├表示触点闭合状态,┤(▓)├表示位操作数的线圈得电。

选择菜单"工具" →"选项"打开的窗口中,可选择设置梯形图中功能块的大小、显示的方式和彩色块的颜色等。

运行中的梯形图内各元件的状态将随程序执行过程连续更新变换。

2) 用程序状态模拟进程条件(读取、强制、取消强制和全部取消强制)

通过在程序状态中从程序编辑器向操作数写入或强制新数值的方法,可以模拟进程条件。单击"程序状态"按钮📷,开始监控数据状态,并起用调试工具。

(1) 写入操作数。

直接单击操作数(不要单击指令),然后用鼠标右击操作数,并从弹出菜单中选择"写入"。

（2）强制单个操作数。

直接单击操作数（不是指令），然后从"调试"工具条单击"强制"图标 🔒 。

直接用鼠标右击操作数（不是指令），并从弹出菜单中选择"强制"。

（3）单个操作数取消强制。

① 直接单击操作数（不是指令），然后从"调试"工具条单击"取消强制"图标 🔓 。

② 直接用鼠标右击操作数（不是指令），并从弹出菜单选择"取消强制"。

（4）全部强制数值取消强制。

可从"调试"工具条单击"全部取消强制"图标 🔒 。强制数据用于立即读取或立即写入指令指定 I/O 点，CPU 进入 STOP 状态时，输出将为强制数值，而不是系统块中设置的数值。

🐟 **注意**：在程序中强制数值时，在程序每次扫描时将操作数重设为该数值，与输入/输出条件或其他正常情况下对操作数有影响的程序逻辑无关。强制可能导致程序操作无法预料，可能导致人员死亡或严重伤害或设备损坏。强制功能是调试程序的辅助工具，切勿为了弥补处理装置的故障而执行强制。仅限合格人员使用强制功能。强制程序数值后，务必通知所有授权维修或调试程序的人员。在不带负载的情况下调试程序时，可以使用强制功能。

3）识别强制图标

被强制的数据处将显示一个图标。

（1）黄色锁定图标 🔒 表示显示强制，即该数值已经被"明确"或直接强制为当前正在显示的数值。

（2）灰色隐去锁定图标 🔒 表示隐式，该数值已经被"隐含"强制，即不对地址进行直接强制，但内存区落入另一个被明确强制的较大区域中。例如，如果 VW0 被显示强制，则VB0 和 VB1 被隐含强制，因为它们包含在 VW0 中。

（3）半块图标 🔒 表示部分强制，例如，VB1 被明确强制，则 VW0 被部分强制，因为其中的一个字节 VB1 被强制。

3. 状态图显示

可以建立一个或多个状态图，用来监管和调试程序操作。打开状态图可以观察或编辑图的内容，起动状态图可以收集状态信息。

1）打开状态图

用以下方法可以打开状态图。

① 单击浏览条上的"状态图"按钮 ▦ 。

② 选择菜单"检视"→"元件"→"状态图"。

③ 打开指令树中的"状态图"文件夹，然后双击"图"图标 📄 。

如果在项目中有多个状态图，可使用"状态图"窗口底部的"图"标签，可在状态图之间移动。

2）状态图的创建和编辑

（1）建立状态图。

打开一个空状态图，可以输入地址或定义符号名，从程序监管或修改数值。按以下步骤定义状态图，如图 3-41 所示。

① 在"地址"列输入存储器的地址（或符号名）。

② 在"格式"列选择数值的显示方式。如果操作数是位（例如，I、Q 或 M），则格式中被

	地址	格式	当前值	新数值
1	I0.0	位		
2	VW0	带符号		
3	M0.0	位		
4	SMW70	带符号　▼		

图 3-41　状态图举例

设为位。如果操作数是字节、字或双字,则选中"格式"列中的单元格,并双击或按空格键或 Enter 键,浏览有效格式并选择适当的格式。定时器或计数器数值可以显示为位或字。如果将定时器或计数器地址格式设置为位,则会显示输出状态(输出打开或关闭)。如果将定时器或计数器地址格式设置为字,则使用当前值。

还可以按下面的方法更快的建立状态图,如图 3-42 所示。

选中程序代码的一部分,右击鼠标,弹出菜单,选择"建立状态图"。新状态图包含选中程序中每个操作数的一个条目。条目按照其在程序中出现的顺序排列,状态图有一个默认名称。新状态图被增加在状态图编辑器中的最后一个标记之后。

每次选择建立状态图时,只能增加前 150 个地址。一个项目最多可存储 32 个状态图。

(2) 编辑状态图。

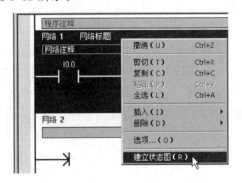

图 3-42　选中程序代码建立状态图

在状态图修改过程中,可采用下列方法。

① 插入新行。使用"编辑"菜单或用鼠标右击状态图中的一个单元格,从弹出菜单中选择"插入"→"行"。新行被插入在状态图中光标当前位置的上方。还可以将光标放在最后一行的任何一个单元格中,并按下箭头键,在状态图底部插入一行。

② 删除一个单元格或行。选中单元格或行,用鼠标右击,从弹出菜单命令中选择"删除"→"选项"。如果删除一行,则其后的行(如果有)则向上移动一行。

③ 选择一整行(用于剪切或复制)。单击行号。

④ 选择整个状态图。在行号上方的左上角单击。

(3) 建立多个状态图。

用下面的方法可以建立一个新状态图。

① 在指令树中用鼠标右击"状态图"文件夹,弹出菜单命令,选择"插入"→"图"。

② 打开状态图窗口,使用"编辑"菜单或用鼠标右击,在弹出菜单中选择"插入"→"图"。

3) 状态图的起动与监视

(1) 状态图起动和关闭。

打开状态图连续收集状态图信息,用下面的方法。

选择菜单"调试"→"图状态"或使用工具条按钮"图状态"。再操作一次可关闭状态图。状态图起动后,便不能再编辑状态图。

(2) 单次读取与连续图状态。

状态图被关闭时(未起动),可以使用"单次读取"功能,方法如下。

选择菜单"调试"→"单次读取"或使用工具条按钮"单次读取"。

单次读取可以从可编程控制器收集当前的数据，并在表中当前值列显示出来，且在执行用户程序时并不对其更新。

状态图被起动后，使用"图状态"功能，将连续收集状态图信息，方法如下。

选择菜单"调试" → "图状态"或使用"图状态"工具条按钮 ▦ 。

（3）写入与强制数值

全部写入：对状态图内的新数值改动完成后，可利用全部写入将所有改动传送至可编程控制器。物理输入点不能用此功能改动。

强制：在状态图的地址列中选中一个操作数，在新数值列写入模拟实际条件的数值，然后单击工具条中的"强制"按钮。一旦使用"强制"，每次扫描都会将强制数值应用于该地址，直至对该地址"取消强制"。

取消强制：和"程序状态"的操作方法相同。

4. 执行有限次扫描

可以指定 PLC 对程序执行有限次数扫描（从 1 次扫描到 65 535 次扫描），通过指定 PLC 运行的扫描次数，可以监控程序过程变量的改变。第一次扫描时，SM0.1 数值为 1。

1）执行单次扫描

"单次扫描"使 PLC 从 STOP 转变成 RUN，执行单次扫描，然后再转回 STOP，因此与第一次相关的状态信息不会消失。操作步骤如下。

（1）PLC 必须位于 STOP 模式。如果不在 STOP 模式，则将 PLC 转换成 STOP 模式。

（2）选择菜单"调试"→ "首次扫描"。

图 3-43 "执行扫描"对话框

2）执行多次扫描

步骤如下。

（1）PLC 必须位于 STOP 模式。如果不在 STOP 模式，则将 PLC 转换成 STOP 模式。

（2）使用菜单"调试"→"多次扫描"，出现"执行扫描"对话框，如图 3-43 所示。

（3）输入所需的扫描次数数值，单击"确定"按钮。

5. 查看交叉引用

用下列方法打开"**交叉引用**"窗口。

- 选择菜单"检视"→"交叉引用"或单击浏览条中的"交叉引用"按钮。
- 单击"交叉引用"窗口底部的标签，可以查看"交叉引用"表、"字节用法"表或"位用法"表。

1）"字节用法"表

（1）用"字节用法"表查看程序中使用的字节以及在哪些内存区使用。在"字节用法"表中，b 表示已经指定一个内存位；B 表示已经指定一个内存字节；W 表示已经指定一个字（16 位）；D 表示已经指定一个双字（32 位）；X 用于计时器和计数器。如图 3-44 所示字节用法表显示相关程序使用下列内存位置：MB0 中一个位、计数器 C30、计时器 T37。

（2）用"字节用法"表检查重复赋值错误。如图 3-45 所示，双字要求 4 字节，VB0 行中应有 4 个相邻的 D。字要求 2 字节，VB0 中应有 2 个相邻的 W。MB10 行存在相同的问题，此外在多个赋值语句中使用 MB10.0。

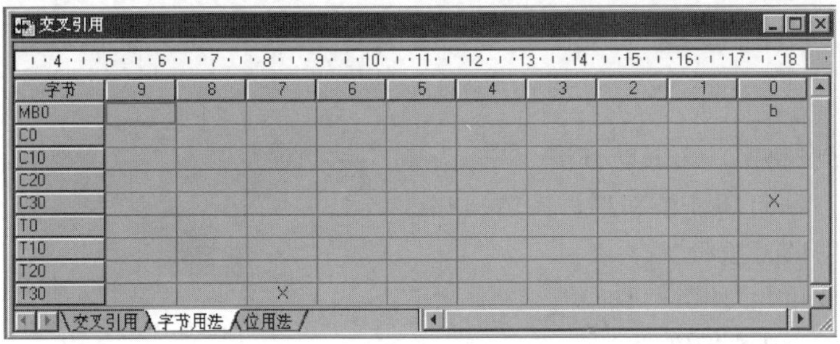

字节	9	8	7	6	5	4	3	2	1	0
MB0										b
C0										
C10										
C20										
C30										×
T0										
T10										
T20										
T30			×							

图 3-44 "字节用法"表

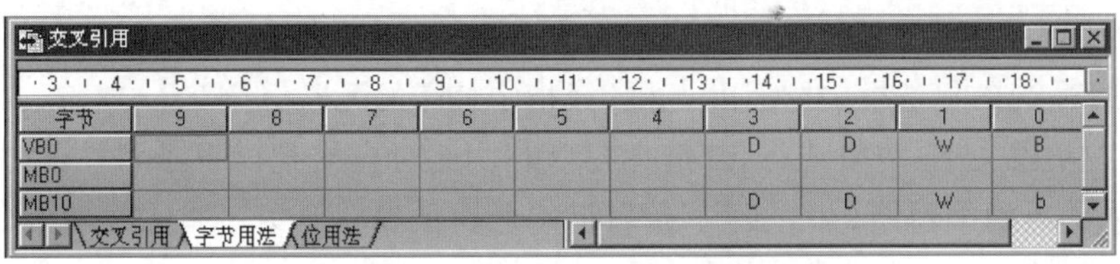

字节	9	8	7	6	5	4	3	2	1	0
VB0							D	D	W	B
MB0										
MB10							D	D	W	b

图 3-45 用"字节用法"表检查重复赋值错误举例

2)"位用法"表

（1）用"位用法"表查看程序中已经使用的位，以及在哪些内存使用。如图 3-46 所示"位用法"表显示相关程序使用下列内存位置：字节 IB0 的位 0、1、2、3、4、5 和 7；字节 QB0 的位 0、1、2、3、4 和 5；字节 MB0 的位 1。

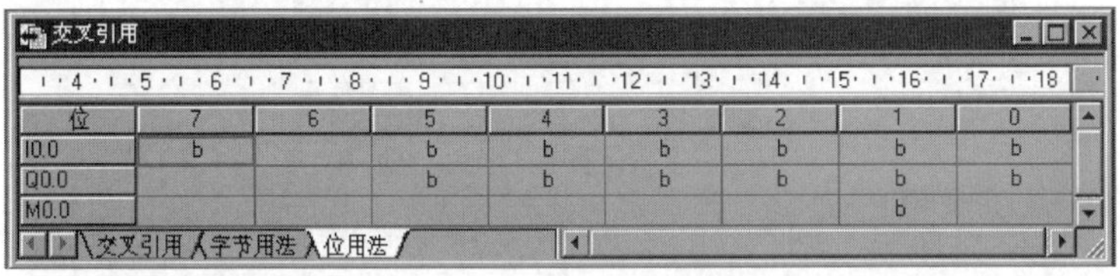

位	7	6	5	4	3	2	1	0
I0.0	b		b	b	b	b	b	b
Q0.0			b	b	b	b	b	b
M0.0							b	

图 3-46 "位用法"表

（2）用"位用法"表识别重复赋值错误。在正确的赋值程序中，字节中间不得有位值。如图 3-47 所示，BBBBBBBb 无效，而 BBBBBBBB 有效。相同的规定也适用于字赋值（应有 16 个相邻的位）和双字赋值（应有 32 个相邻的位）。

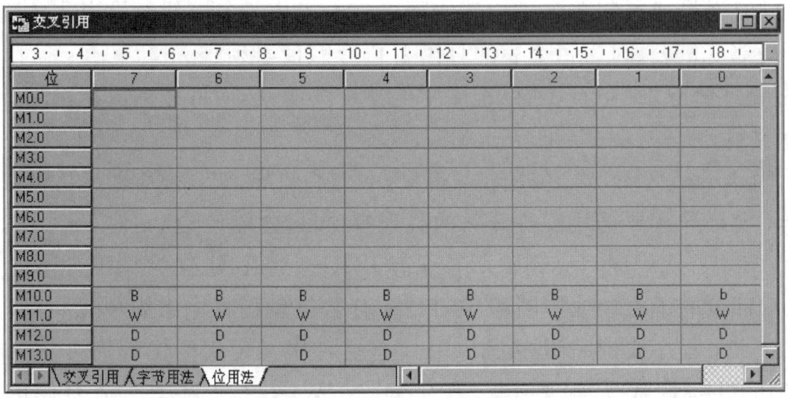

位	7	6	5	4	3	2	1	0
M0.0								
M1.0								
M2.0								
M3.0								
M4.0								
M5.0								
M6.0								
M7.0								
M8.0								
M9.0								
M10.0	B	B	B	B	B	B	B	b
M11.0	W	W	W	W	W	W	W	W
M12.0	D	D	D	D	D	D	D	D
M13.0	D	D	D	D	D	D	D	D

图 3-47 用"位用法"表识别重复赋值错误举例

3.6.5　项目管理

1. 打印

1）打印程序和项目文档的方法

用下面的方法打印程序和项目文档。

（1）单击"打印"按钮。

（2）选择菜单"文件"→"打印"。

（3）按 Ctrl＋P 快捷键。

2）打印单个项目元件网络和行

以下方法可以从单个程序块打印一系列网络，或从单个符号表或状态图打印一系列行。

（1）选择适当的复选框，并使用"范围"域指定打印的元素。

（2）选中一段文本、网络或行，并选择"打印"。此时应检查以下条目：在"打印目录/次序"帧中写入的正确编辑器；在"范围"条目框中选择正确的POU（如适用）；POU"范围"条目框空闲正确的单选按钮；"范围"条目框中显示正确的数字。

如图 3-48 所示，从 USR1 符号表打印行 6～20，则应采取以下方法。

仅选择"打印目录/次序"题目下方的"符号表"复选框以及"范围"下方的 USR1 复选框，定义打印范围为 6～20，在符号表中增亮 6～20 行，并选择"打印"。

图 3-48　打印目录/次序

2. 复制项目

在 STEP7-Micro/WIN32 项目中可以复制文本或数据域、指令、单个网络、多个相邻的网络、POU 中的所有网络、状态图行或列或整个状态图、符号表行或列或整个符号表、数据块。但不能同时选择或复制多个不相邻的网络。不能从一个局部变量表成块复制数据并粘贴至另一个局部变量表，因为每个表的只读 L 内存赋值必须唯一。

剪切、复制或删除 LAD 或 FBD 程序中的整个网络，必须将光标放在网络标题上。

3. 导入文件

从 STEP7-Micro/WIN32 之外导入程序，可使用"导入"命令导入 ASCII 文本文件。"导入"命令不允许导入数据块。打开新的或现有项目，才能使用"文件"→"导入"命令。

如果导入 OB1（主程序），会删除所有现有 POU。然后，用作为 OB1 和所有作为 ASCII 文本文件组成部分的子程序或中断程序的 ASCII 数据创建程序组织单元。

如果只导入子程序或中断程序（ASCII 文本文件中无定义的主程序），则 ASCII 文本文件中定义的 POU 将取代所有现有 STEP7-Micro/WIN32 项目中对应号码的 POU（如果 STEP7-Micro/WIN32 项目未空置）。现有 STEP7-Micro/WIN32 项目的主程序以及未在

ASCII 文本文件中定义的所有 STEP7-Micro/WIN32 POU 均被保留。

如现有 STEP7-Micro/WIN32 项目中可能包括 OB1 和 SUB1、SUB3 和 SUB5,然后从一个 ASCII 文本文件导入 SUB2、SUB3 和 SUB4。最后得到的项目为 OB1(来自 STEP7-Micro/WIN32 项目)、SUB1(来自 STEP7-Micro/WIN32 项目)、SUB2(来自 ASCII 文本文件)、SUB3(来自 ASCII 文本文件)、SUB4(来自 ASCII 文本文件)、SUB5(来自 STEP7-Micro/WIN32 项目)。

4. 导出文件

将程序导出到 STEP7-Micro/WIN32 之外的编辑器,可以使用"导出"命令创建 ASCII 文本文件。默认文件扩展名为.awl,可以指定任何文件名称。程序只有成功通过编译才能执行"导出"操作。"导出"命令不允许导出数据块。打开一个新项目或旧项目,才能使用"导出"功能。

用"导出"命令按下列方法导出现有 POU(主程序、子例行程序和中断例行程序):如果导出 OB1(主程序),则所有现有项目 POU 均作为 ASCII 文本文件组合和导出;导出子例行程序或中断例行程序,则当前打开编辑的单个 POU 作为 ASCII 文本文件导出。

3.7　S7-200 系列 PLC 的装配、检测和维护

PLC 虽然是一个故障率极低、安装方便的控制器系统,然而与其他设备一样,也需要正确的安装以及经常性的维护检测,来保证系统的稳定、可靠工作。

1. PLC 安装

1) 安装方式

S7-200 的安装方法有两种:底板安装和 DIN 导轨安装。底板安装是利用 PLC 机体外壳四个角上的安装孔,用螺钉将其固定在底板上。DIN 导轨安装是利用模块上的 DIN 夹子,把模块固定在一个标准的 DIN 导轨上。导轨安装既可以水平安装,也可以垂直安装。

2) 安装环境

PLC 适用于工业现场,为了保证其工作的可靠性、延长 PLC 的使用寿命,安装时要注意周围的环境条件:环境温度在 0~55℃范围内;相对湿度在 35%~85%范围内(无结霜);周围无易燃或腐蚀性气体、过量的灰尘和金属颗粒;避免过度的震动和冲击;避免太阳光的直射和水的溅射。

3) 安装注意事项

除了环境因素,安装时还应注意:PLC 的所有单元都应在断电时安装、拆卸;切勿将导线头、金属屑等杂物落入机体内;模块周围应留出一定的空间,以便于机体周围的通风和散热。此外,为了防止高电子噪声对模块的干扰,应尽可能将 S7-200 模块与产生高电子噪声的设备(如变频器)分隔开。

2. PLC 的配线

PLC 的配线主要包括电源接线与接地、I/O 接线和对扩展单元的接线等。

1) 电源接线与接地

PLC 的工作电源有 120/230V 单相交流电源和 24V 直流电源。系统的大多数干扰往往通过电源进入 PLC,在干扰强或可靠性要求高的场合,动力部分、控制部分、PLC 自身电

源及 I/O 回路的电源应分开配线,用带屏蔽层的隔离变压器给 PLC 供电。隔离变压器的一次侧最好接 380V,这样可以避免接地电流的干扰。输入用的外接直流电源最好采用稳压电源,因为整流滤波电源有较大的波纹,容易引起误动作。

良好的接地是抑制噪声干扰和电压冲击,保证 PLC 可靠工作的重要条件。PLC 系统接地的基本原则是单点接地,一般用独自的接地装置单独接地,接地线应尽量短,一般不超过 20m,使接地点尽量靠近 PLC。

交流电源接线如图 3-49 所示。说明如下。

（1）用一个单极开关 a 将电源与 CPU 所有的输入电路和输出(负载)电路隔开。

（2）用一台过流保护设备 b 以保护 CPU 的电源输出点以及输入点,也可以为每个输出点加上保险丝。

（3）当使用 Micro PLC 24V DC 传感器电源 c 时可以取消输入点的外部过流保护,因为该传感器电源具有短路保护功能。

（4）将 S7-200 的所有地线端子同最近接地点 d 相连接,以提高抗干扰能力。所有的接地端子都使用 14 AWG 或 $1.5mm^2$ 的电线连接到独立接地点上(也称一点接地)。

（5）本机单元的直流传感器电源可用来为本机单元的直流输入 e、扩展模块 f,以及输出扩展模块 g 供电。传感器电源具有短路保护功能。

（6）在安装中如果把传感器的供电 M 端子接到地上 h 可以抑制噪声。

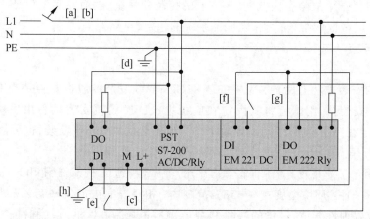

图 3-49　120/230V 交流电源接线

直流电源接线如图 3-50 所示。说明如下。

（1）用一个单极开关 a 将电源同 CPU 所有的输入电路和输出(负载)电路隔开。

（2）用过流保护设备 b、c、d 来保护 CPU 电源、输出点,以及输入点,或在每个输出点加上保险丝进行过流保护。当使用 Micro 24V DC 传感器电源时不用输入点的外部过流保护。因为传感器电源内部具有限流功能。

（3）用外部电容 e 来保证在负载突变时得到一个稳定的直流电压。

（4）在应用中把所有的 DC 电源接地或浮地 f(即把全机浮空,整个系统与大地的绝缘电阻不能小于 50MΩ),可以抑制噪声,在未接地 DC 电源的公共端与保护线 PE 之间串联电阻与电容的并联回路 g,电阻提供了静电释放通路,电容提供高频噪声通路。常取 $R=1MΩ,C=4700pf$。

（5）将 S7-200 所有的接地端子同最近接地点 h 连接，采用一点接地，以提高抗干扰能力。

（6）24V 直流电源回路与设备之间，以及 120/230V 交流电源与危险环境之间，必须进行电气隔离。

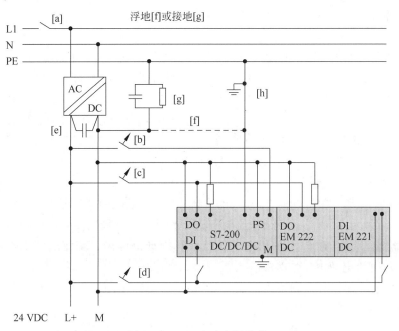

图 3-50　24V 直流电源接线

2）I/O 接线和对扩展单元的接线

可编程控制器的输入接线是指外部开关设备 PLC 输入端口的连接线。输出接线是指将输出信号通过输出端子送到受控负载的外部接线。

I/O 接线时应注意 I/O 线与动力线、电源线应分开布线，并保持一定的距离，如需在一个线槽中布线时，须使用屏蔽电缆；I/O 线的距离一般不超过 300m；交流线与直流线、输入线与输出线应分别使用不同的电缆；数字量和模拟量 I/O 应分开走线，传送模拟量 I/O 线应使用屏蔽线，且屏蔽层应一端接地。

PLC 的基本单元与各扩展单元的连接比较简单，接线时先断开电源，将扁平电缆的一端插入对应的插口即可。PLC 的基本单元与各扩展单元之间电缆传送的信号小，频率高，易受干扰。因此不能与其他连线敷设在同一线槽内。

3. PLC 的自动检测功能及故障诊断

PLC 具有很完善的自诊断功能，如出现故障，借助自诊断程序可以方便地找到出现故障的部件，更换后就可以恢复正常工作。故障处理的方法可参看 S7-200 系统手册的故障处理指南。实践证明，外部设备的故障率远高于 PLC，而这些设备故障时，PLC 不会自动停机，可能使故障范围扩大。为了及时发现故障，可用梯形图程序实现故障的自诊断和自处理。

1）超时检测

机械设备在各工步的所需的时间基本不变，因此可以时间为参考，在可编程控制器发出信号，相应的外部执行机构开始动作时起动一个定时器开始定计时，定时器的设定值比正常情况下该动作的持续时间长 20% 左右。如某执行机构在正常情况下运行 10s 后，使限位开关动作，发出动作结束的信号。在该执行机构开始动作时起动设定值为 12s 的定时器定时，若 12s 后还没有收到动作结束的信号，则由定时器的常开触点发出故障信号，该信号停止正常的程序，起动报警和故障显示程序，使操作人员和维修人员能迅速判别故障的种类，及时采取排除故障的措施。

2）逻辑错误检查

在系统正常运行时，PLC 的输入、输出信号和内部的信号（如存储器的状态）相互之间存在着确定的关系，如出现异常的逻辑信号，则说明出了故障。因此可以编制一些常见故障的异常逻辑关系，一旦异常逻辑关系状态为 ON，就应按故障处理。如机械运动过程中先后有两个限位开关动作，这两个信号不会同时接通，若它们同时接通，说明至少有一个限位开关被卡死，应停机进行处理。在梯形图中，用这两个限位开关对应的存储器位的常开触点串联，来驱动一个表示限位开关故障的存储器的位就可以进行检测。

4. PLC 的维护与检修

虽然 PLC 的故障率很低，由 PLC 构成的控制系统可以长期稳定和可靠的工作，但对它进行维护和检查是必不可少的。一般每半年应对 PLC 系统进行一次周期性检查。检修内容如下。

（1）供电电源。查看 PLC 的供电电压是否在标准范围内。交流电源工作电压的范围为 85～264V，直流电源电压应为 24V。

（2）环境条件。查看控制柜内的温度是否在 0～55℃ 范围内，相对湿度是否在 35％～85％ 范围内，以及是否有粉尘、铁屑等积尘。

（3）安装条件。查看连接电缆的连接器是否完全插入旋紧，螺钉是否松动，各单元是否可靠固定、有无松动。

（4）I/O 端电压。均应在工作要求的电压范围内。

习题与思考题

3-1 可编程控制器有哪些主要功能与特点？

3-2 可编程控制器发展方向是什么？

3-3 与继电-接触器控制系统相比，可编程控制系统有哪些优点？

3-4 S7-200 系列 PLC 有哪些编址方式？

3-5 S7-200 系列 PLC 的结构组成有哪些？

3-6 CPU224 PLC 有哪些元件（内部资源）？它们的作用是什么？

3-7 举例分析 PLC 周期扫描工作的过程。

3-8 CPU224 PLC 工作方式有哪些？根据 PLC 的工作方式，分析图 3-51 中 PLC 梯形图程序，简述 I0.0 为高电平后，其余元件 Q0.0、Q0.1、Q0.2 得电的顺序。

3-9 如图 3-51 所示，如何建立项目？如何在 LAD 中输入程序注解？

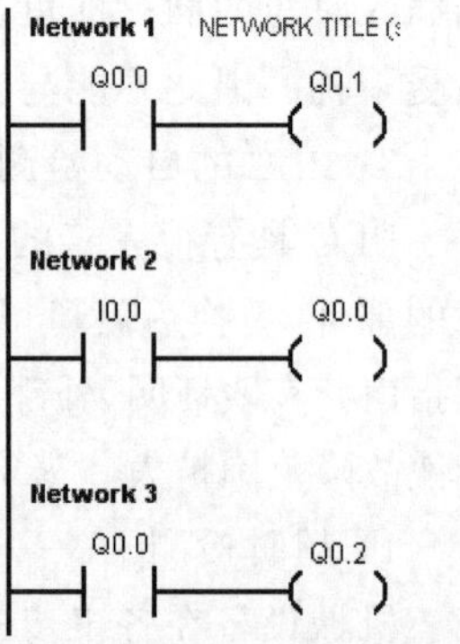

3-10 如何打开交叉引用表？交叉引用表的作用是什么？

图 3-51 梯形图程序题 3-9 图

第 4 章

S7-200 系列 PLC 基本指令

本章主要通过介绍 S7-200 系列 PLC 基本指令的工作原理、用途、符号及画法等知识，学会正确选择和合理使用 S7-200 系列 PLC 基本指令，为后续章节的学习打下基础。

4.1 基本位逻辑指令与应用

PLC 的基本位逻辑指令是最基本的、使用最频繁的指令。应用基本位逻辑指令就可以完成基本的继电-接触器控制。

4.1.1 基本位操作指令介绍

位操作指令是 PLC 常用的基本指令。梯形图指令有触点和线圈两大类，触点又分常开触点和常闭触点两种形式；语句表指令有与、或以及输出等逻辑关系。位操作指令能够实现基本的位逻辑运算和控制。

1. 逻辑取（装载）及线圈驱动指令 LD/LDN

1）指令功能

LD（Load）：常开触点逻辑运算的开始，对应梯形图则为在左侧母线或线路分支点处初始装载一个常开触点。

LDN（Load Not）：常闭触点逻辑运算的开始（即对操作数的状态取反），对应梯形图则为在左侧母线或线路分支点处初始装载一个常闭触点。

2）指令格式

指令格式如图 4-1 所示。

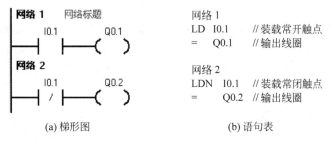

(a) 梯形图　　　　　　　　　(b) 语句表

图 4-1　LD/LDN、OUT 指令的使用

　　说明：触点代表 CPU 对存储器的读操作,常开触点和存储器的位状态一致,常闭触点和存储器的位状态相反。用户程序中同一触点可使用无数次。同一个输入点(图 4-1 为 I0.1)的常开、常闭点可以在程序里重复循环使用,只要在内存容量内,就可以重复使用,也没有使用数量的限制,但是使用常开点还是常闭点,应根据外部接线及控制要求来定。

　　常开、常闭触点用法：当外部开关信号接通时,程序中的常开点接通,常闭点断开；当外部开关信号断开时,程序中的常开点断开,常闭点接通。如：存储器 I0.1 的状态为 1,则对应的常开触点 I0.1 接通,表示能流可以通过；而对应的常闭触点 I0.1 断开,表示能流不能通过。

　　3) LD/LDN 指令使用说明

- LD/LDN 指令用于与输入公共母线(输入母线)相连的接点,也可与 OLD、ALD 指令配合使用于分支回路的开头。
- LD/LDN 的操作数为 I、Q、M、SM、T、C、V、S。

　　2. 输出——安置继电器线圈指令＝/＝I

　　1) 指令功能

- ＝(OUT)：输出指令,对应梯形图则为线圈驱动。对同一元件只能使用一次。
- 输出(＝)：只能用于输出量(Q),执行该指令时,将栈顶值复制到对应的映像寄存器。
- 立即输出(＝I)：只能用于输出量(Q),执行该指令时,将栈顶值立即写入指定的物理输出位和对应的输出映像寄存器。

　　2) 指令格式

指令格式如图 4-2 所示。

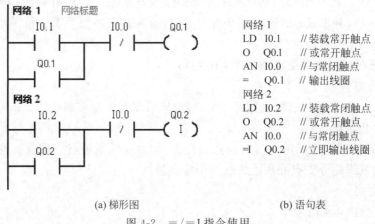

(a) 梯形图　　　　　　　　　　　　　　　(b) 语句表

图 4-2　＝/＝I 指令使用

　　说明：线圈代表 CPU 对存储器的写操作,若线圈左侧的逻辑运算结果为 1,表示能流能够达到线圈,CPU 将该线圈所对应的存储器的位置位为 1,若线圈左侧的逻辑运算结果为 0,表示能流不能够达到线圈,CPU 将该线圈所对应的存储器的位写入 0 用户程序中,同一线圈只能使用一次。

　　立即输出指令：只要程序中的输出位得电,立即在输出点输出。立即输出指令就是快速输出,主要用于外部显示、故障处理等。例如：BCD 码输出显示数字,采用立即输出就非常合适。

一般输出指令：程序中的输出位得电,并不是立即在输出点输出,必须在这个扫描周期最后输出。

3)"＝"指令使用说明

- "＝"指令用于 Q、M、SM、T、C、V、S。但不能用于输入映像寄存器 I。
- "＝"可以并联使用任意次,但不能串联,如图 4-3 所示。并联线圈前可以串接触点,而且最好将前面带有串接触点的线圈放在下面,这样是为了减少编程步数,缩短程序扫描时间,否则就要用到堆栈指令来解决。
- "＝"(OUT)的操作数为 Q、M、SM、T、C、V、S。

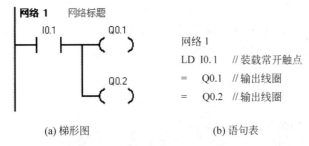

网络1
LD　I0.1　// 装载常开触点
＝　　Q0.1　// 输出线圈
＝　　Q0.2　// 输出线圈

(a) 梯形图　　　　　　　　　(b) 语句表

图 4-3　输出指令可以并联使用

提示　同一线圈只能使用一次。输出端不带负载时,控制线圈应尽量使用 M 或其他元件,而不用 Q。

3. 触点串联指令 A/AN

1) 指令功能

A：与操作,在梯形图中表示串联连接单个常开触点。

AN：与非操作,在梯形图中表示串联连接单个常闭触点。

2) 指令格式

指令格式如图 4-4 所示。

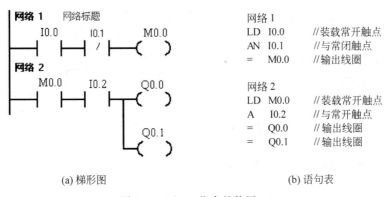

网络1
LD　I0.0　　//装载常开触点
AN　I0.1　　//与常闭触点
＝　　M0.0　　//输出线圈

网络2
LD　M0.0　　//装载常开触点
A　　I0.2　　//与常开触点
＝　　Q0.0　　//输出线圈
＝　　Q0.1　　//输出线圈

(a) 梯形图　　　　　　　　　(b) 语句表

图 4-4　A/AN 指令的使用(1)

3) A/AN 指令使用说明

A/AN 是单个触点串联连接指令,可连续使用,如图 4-5 所示。当要串联连接两个以上触点的并联回路时,须采用 ALD 指令。

A/AN 的操作数为 I、Q、M、SM、T、C、V、S。

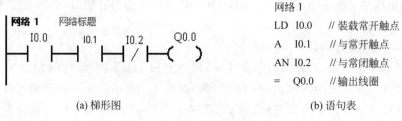

图 4-5 A/AN 指令的使用(2)

4. 触点并联指令：O/ON

1) 指令功能

O：或操作，在梯形图中表示并联连接一个常开触点。

ON：或非操作，在梯形图中表示并联连接一个常闭触点。

2) 指令格式

指令格式如图 4-6 所示。

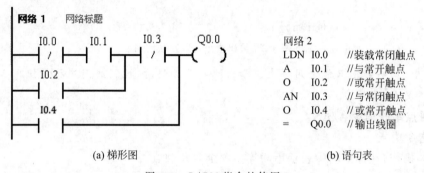

图 4-6 O/ON 指令的使用

3) O/ON 指令使用说明

O/ON 指令可作为并联一个触点的指令，紧接在 LD/LDN 指令之后用，即对其前面的 LD/LDN 指令所规定的触点并联一个触点，可以连续使用。当要并联连接两个以上触点的串联回路时，须采用 OLD 指令。

ON 操作数为 I、Q、M、SM、V、S、T、C。

5. 电路块的串联指令 ALD

1) 指令功能

ALD：块"与"操作，用于串联连接多个并联电路组成的电路块。

2) 指令格式

指令格式如图 4-7 所示。

3) ALD 指令使用说明

- 并联电路块与前面电路串联连接时，使用 ALD 指令。分支的起点用 LD/LDN 指令，并联电路结束后使用 ALD 指令与前面电路串联。
- 可以顺次使用 ALD 指令串联多个并联电路块，支路数量有限制，为 8 层，如图 4-8 所示。
- ALD 指令无操作数。

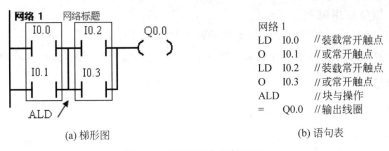

(a) 梯形图

网络1
LD　I0.0　//装载常开触点
O　　I0.1　//或常开触点
LD　I0.2　//装载常开触点
O　　I0.3　//或常开触点
ALD　　　//块与操作
=　　Q0.0　//输出线圈

(b) 语句表

图 4-7　ALD 指令的使用(1)

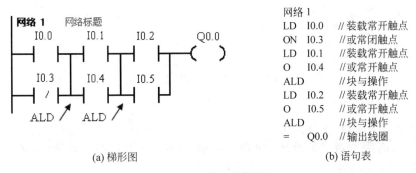

(a) 梯形图

网络1
LD　I0.0　//装载常开触点
ON　I0.3　//或常闭触点
LD　I0.1　//装载常开触点
O　　I0.4　//或常开触点
ALD　　　//块与操作
LD　I0.2　//装载常开触点
O　　I0.5　//或常开触点
ALD　　　//块与操作
=　　Q0.0　//输出线圈

(b) 语句表

图 4-8　ALD 指令的使用(2)

注意：与指令 A/AN 是单个触点串联连接指令，可连续使用；当要串联连接两个以上触点的并联回路时，须采用 ALD 指令，如图 4-9 所示。

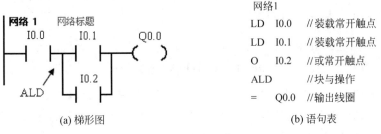

(a) 梯形图

网络1
LD　I0.0　//装载常开触点
LD　I0.1　//装载常开触点
O　　I0.2　//或常开触点
ALD　　　//块与操作
=　　Q0.0　//输出线圈

(b) 语句表

图 4-9　ALD 指令的使用(3)

6. 电路块的并联指令 OLD

1) 指令功能

OLD：块"或"操作，用于并联连接多个串联电路组成的电路块。

2) 指令格式

指令格式如图 4-10 所示。

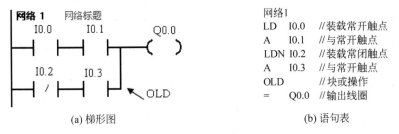

(a) 梯形图

网络1
LD　　I0.0　//装载常开触点
A　　 I0.1　//与常开触点
LDN　I0.2　//装载常闭触点
A　　 I0.3　//与常开触点
OLD　　　 //块或操作
=　　 Q0.0　//输出线圈

(b) 语句表

图 4-10　OLD 指令的使用(1)

3）OLD 指令使用说明

· 并联连接几个串联支路时，其支路的起点以 LD、LDN 开始，并联结束后用 OLD。

· 可以顺次使用 OLD 指令并联多个串联电路块，支路数量有限制，为 8 层，如图 4-11 所示。

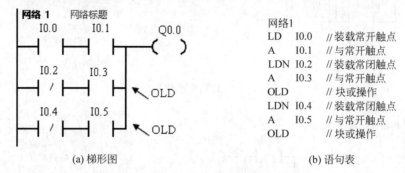

| (a) 梯形图 | (b) 语句表 |

图 4-11　OLD 指令的使用（2）

· ALD 指令无操作数。

注意：或指令 O/ON 可作为并联一个触点指令，紧接在 LD/LDN 指令之后用，即对其前面的 LD/LDN 指令所规定的触点并联一个触点，可以连续使用。若要并联连接两个以上触点的串联回路时，须采用 OLD 指令，如图 4-12 所示。

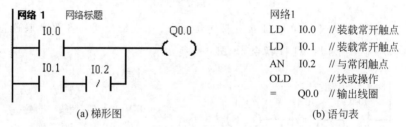

| (a) 梯形图 | (b) 语句表 |

图 4-12　OLD 指令的使用（3）

提示　合理编程次序，输入"左重右轻、上重下轻"，输出"上轻下重"。

【**例 4-1**】　梯形图程序设计时要遵循"左重右轻"和"上重下轻"，为什么？并写出图 4-13 中梯形图的程序语句表及执行所需的步数。

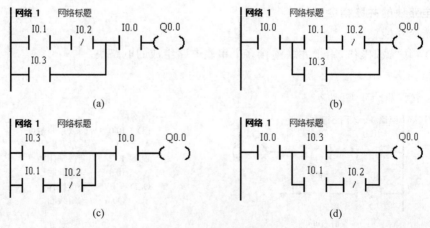

图 4-13　例 4-1 题图

解：遵循"上重下轻"和"左重右轻"，是为了减少编程步数，缩短程序扫描时间。

(a) 5步   (b) 6步   (c) 6步   (d) 7步

网络 1	网络 1	网络 1	网络 1
LD I0.1	LD I0.0	LD I0.3	LD I0.0
AN I0.2	LD I0.1	LD I0.1	LD I0.3
O I0.3	AN I0.2	AN I0.2	LD I0.1
A I0.0	O I0.3	OLD	AN I0.2
= Q0.0	ALD	A I0.0	OLD
	= Q0.0	= Q0.0	ALD
			= Q0.0

【例 4-2】 根据图 4-14 所示梯形图，写出对应的语句表，并加以简要分析。

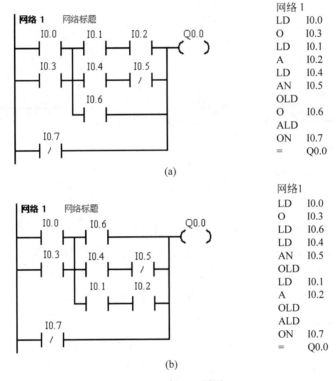

图 4-14   例 4-2 题图

🖊 **分析**：图 4-14(a)、图 4-14(b)位置稍有变化，但输出结果没有影响；由于没有遵循"上重下轻"和"左重右轻"，因此增加了编程步数和程序扫描时间，其中图 4-14(a)用了 11 步，图 4-14(b)用了 12 步。

7. 置位/复位指令 S/R

1）指令功能

置位指令 S：使能输入有效后从起始位 S-bit 开始的 N 个位置 1 并保持。

复位指令 R：使能输入有效后从起始位 S-bit 开始的 N 个位清 0 并保持。

2）指令格式

指令格式如表 4-1 所示，用法如图 4-15 所示，时序图如图 4-16 所示。

表 4-1 S/R 指令格式

STL	LAD
S S-bit,N	S_BIT —( ) N
R S-bit,N	R_BIT —( ) N

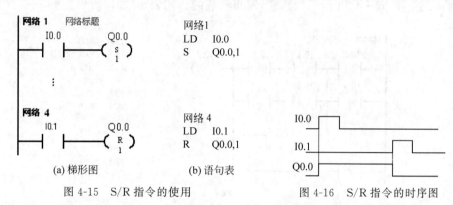

图 4-15 S/R 指令的使用   图 4-16 S/R 指令的时序图

3) 指令使用说明

- 对同一元件(同一寄存器的位)可以多次使用 S/R 指令(与"="指令不同)。
- 由于是扫描工作方式,当置位、复位指令同时有效时,写在后面的指令具有优先权。
- 操作数 N 为 VB,IB,QB,MB,SMB,SB,LB,AC,以及常量和 ＊VD,＊AC,＊LD。取值范围为 0～255。数据类型为字节。
- 操作数 S-bit 为 I,Q,M,SM,T,C,V,S,L。数据类型为布尔。
- 置位复位指令通常成对使用,也可以单独使用或与指令盒配合使用。

4) "="、S、R 指令比较

"="、S、R 如图 4-17 所示,时序图如图 4-18 所示。

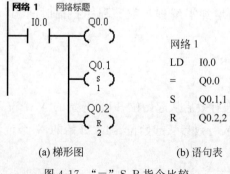

图 4-17 "="、S、R 指令比较

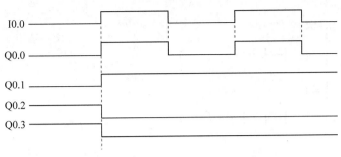

图 4-18　"＝"、S、R 指令比较时序图

【例 4-3】　置位/复位指令 S/R 的正确使用。根据图 4-19 所示梯形图,比较两个梯形图程序的异同。

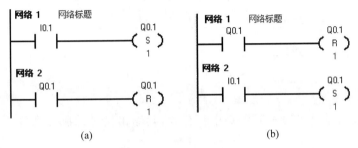

图 4-19　置位/复位指令 S/R 梯形图程序(例 4-3 题图)

📖 分析：图 4-19(a)和图 4-19(b)两段程序只是把前后顺序颠倒了一下,但是执行结果却完全不同了。图 4-19(a)中的 Q0.1 在程序中永远不会有输出；图 4-19(b)中的 Q0.1 当 I0.1 接通时就能有输出。

图 4-19(a)和图 4-19(b)两段程序说明：同样的若干条梯形图,其排列次序不同,执行的结果也不同。顺序扫描的话,在梯形图程序中,PLC 执行最后面的结果。

8．脉冲生成(边沿触发)指令 EU/ED

1) 指令功能

EU 指令：在 EU 指令前的逻辑运算结果有一个上升沿时(由 OFF→ON)产生一个宽度为一个扫描周期的脉冲,驱动后面的输出线圈。

ED 指令：在 ED 指令前有一个下降沿时产生一个宽度为一个扫描周期的脉冲,驱动其后线圈。

2) 指令格式

指令格式如表 4-2 所示,用法如图 4-20 所示,时序分析如图 4-21 所示。

表 4-2　EU/ED 指令格式

STL	LAD	操作数
EU(Edge Up)	─┤ P ├─	无
ED(Edge Down)	─┤ N ├─	无

(a) 梯形图

网络1
LD I0.0 //装载常开触点
EU //正跳变
= Q0.0 //输出
网络2
LD I0.0 //装载常开触点
ED //负跳变
= Q0.1 //输出

(b) 语句表

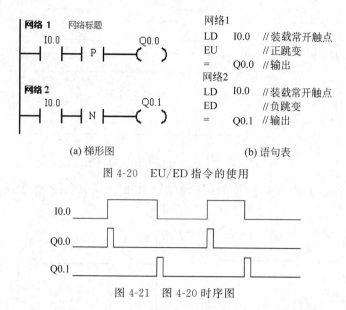

图 4-20 EU/ED 指令的使用

图 4-21 图 4-20 时序图

3）指令使用说明

- EU/ED 指令只在输入信号变化时有效，其输出信号的脉冲宽度为一个机器扫描周期。
- 对开机时就为接通状态的输入条件，EU 指令不执行。
- EU/ED 指令无操作数。

【例 4-4】 EU/ED 指令的使用。根据图 4-22 所示梯形图及图 4-23 所示输入，对程序及运行结果进行简单分析。

(a) 梯形图

网络1
LD I0.0 //装载常开触点
EU //正跳变
= M0.0 //输出
网络2
LD M0.0 //装载
S Q0.0, 1 //输出置位
网络3
LD I0.1 //装载
ED //负跳变
= M0.1 //输出
网络4
LD M0.1 //装载
R Q0.0, 1 //输出复位

(b) 语句表

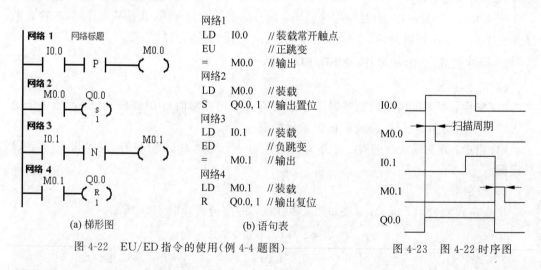

图 4-22 EU/ED 指令的使用（例 4-4 题图）

图 4-23 图 4-22 时序图

分析：I0.0 的上升沿经触点（EU）产生一个扫描周期的时钟脉冲，驱动输出线圈 M0.0 导通一个扫描周期，M0.0 的常开触点闭合一个扫描周期，使输出线圈 Q0.0 置位为 1，并保持。

I0.1 的下降沿经触点（ED）产生一个扫描周期的时钟脉冲，驱动输出线圈 M0.1 导通一个扫描周期，M0.1 的常开触点闭合一个扫描周期，使输出线圈 Q0.0 复位为 0，并保持。时序分析如图 4-23 所示。

9. 逻辑堆栈的操作

S7-200 系列采用模拟栈的结构,用于保存逻辑运算结果及断点的地址,称为逻辑堆栈。S7-200 系列 PLC 中有一个 9 层的堆栈。在此讨论断点保护功能的堆栈操作。

1) 指令的功能

堆栈操作指令用于处理线路的分支点。在编制控制程序时,经常遇到多个分支电路同时受一个或一组触点控制的情况,若采用前述指令则不容易编写程序,用堆栈操作指令则可方便地将图 4-24 所示梯形图转换为语句表。

前	后	前	后	前	后
iv0	iv0	iv0	**iv1**	**iv0**	iv1
iv1	iv0	**iv1**	iv1	iv1	iv2
iv2	iv1	iv2	iv2	iv2	iv3
iv3	iv2	iv3	iv3	iv3	iv4
iv4	iv3	iv4	iv4	iv4	iv5
iv5	iv4	iv5	iv5	iv5	iv6
iv6	iv5	iv6	iv6	iv6	iv7
iv7	iv6	iv7	iv7	iv7	iv8
iv8	**iv7**	iv8	iv8	iv8	随机数

LPS进栈丢失　　　　LRD读栈　　　　LPP出栈

图 4-24　堆栈操作过程示意图

LPS(入栈)指令:LPS 指令把栈顶值复制后压入堆栈,栈中原来数据依次下移一层,栈底值压出丢失。

LRD(读栈)指令:LRD 指令把逻辑堆栈第二层的值复制到栈顶,2~9 层数据不变,堆栈没有压入和弹出,但原栈顶的值丢失。

LPP(出栈)指令:LPP 指令把堆栈弹出一级,原第二级的值变为新的栈顶值,原栈顶数据从栈内丢失。

LPS、LRD、LPP 指令的操作过程如图 4-24 所示。图 4-24 中 iv. x 为存储在栈区的断点的地址。

2) 指令格式

指令格式如图 4-25 所示。

3) 指令使用说明

逻辑堆栈指令可以嵌套使用,最多为 9 层。

为保证程序地址指针不发生错误,入栈指令 LPS 和出栈指令 LPP 必须成对使用,最后一次读栈操作应使用出栈指令 LPP。堆栈指令没有操作数。

注意:"="可以并联使用任意次,但不能串联。并联线圈前可以串接触点,而且最好将前面带有串接触点的线圈放在下面,这样是为了减少编程步数,缩短程序扫描时间,否则就要用到堆栈指令来解决,如图 4-26 和图 4-27 所示。

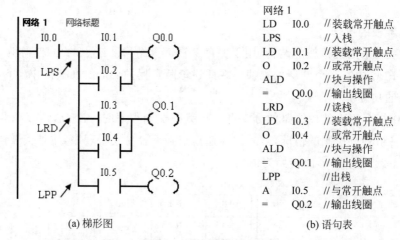

(a) 梯形图

网络1
LD   I0.0   //装载常开触点
LPS   //入栈
LD   I0.1   //装载常开触点
O   I0.2   //或常开触点
ALD   //块与操作
=   Q0.0   //输出线圈
LRD   //读栈
LD   I0.3   //装载常开触点
O   I0.4   //或常开触点
ALD   //块与操作
=   Q0.1   //输出线圈
LPP   //出栈
A   I0.5   //与常开触点
=   Q0.2   //输出线圈

(b) 语句表

图 4-25　堆栈指令的使用

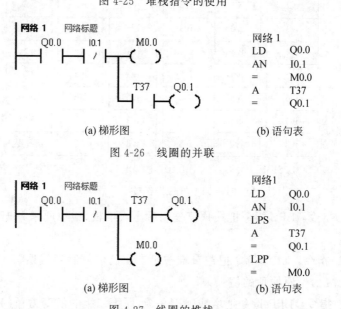

(a) 梯形图

网络1
LD   Q0.0
AN   I0.1
=   M0.0
A   T37
=   Q0.1

(b) 语句表

图 4-26　线圈的并联

(a) 梯形图

网络1
LD   Q0.0
AN   I0.1
LPS
A   T37
=   Q0.1
LPP
=   M0.0

(b) 语句表

图 4-27　线圈的堆栈

【例 4-5】　根据图 4-28(a)～图 4-28(c)所示梯形图，写出对应的语句表。

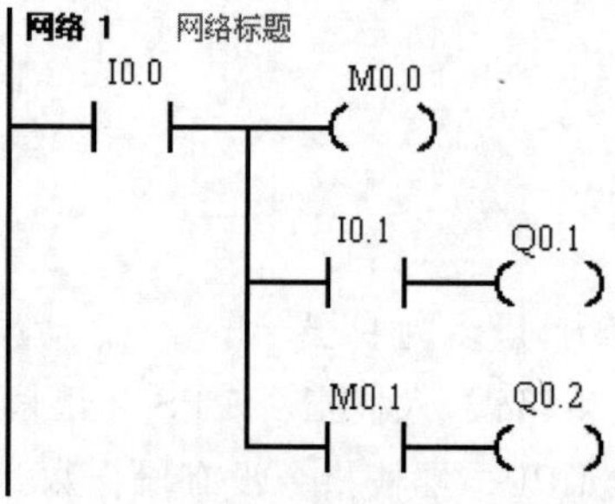

(a) 梯形图1

图 4-28　例 4-5 题图

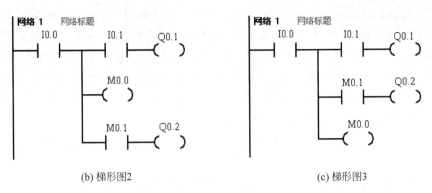

(b) 梯形图2　　　　　　　　　(c) 梯形图3

图 4-28 （续）

解：　　　　(a)　　　　　　　(b)　　　　　　　(c)

网络 1		网络 1		网络 1	
LD	I0.0	LD	I0.0	LD	I0.0
LPS		LPS		LPS	
=	M0.0	A	I0.1	A	I0.1
A	I0.1	=	Q0.1	=	Q0.1
=	Q0.1	LRD		LRD	
LPP		=	M0.0	A	M0.1
A	M0.1	LPP		=	Q0.2
=	Q0.2	A	M0.1	LPP	
		=	Q0.2	=	M0.0

4.1.2　基本位逻辑指令应用举例

1. 起动、保持、停止电路

起动、保持和停止电路简称为"起保停"电路。实现起保停控制的 PLC 外部接线图如图 4-29 所示。

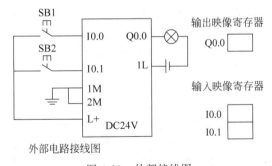

外部电路接线图

图 4-29　外部接线图

在外部接线图中起动常开按钮 SB1 和 SB2 分别接在输入端 I0.0 和 I0.1，负载接在输出端 Q0.0。因此输入映像寄存器 I0.0 的状态与起动常开按钮 SB1 的状态相对应，输入映像寄存器 I0.1 的状态与停止常开按钮 SB2 的状态相对应。而程序运行结果写入输出映像寄存器 Q0.0，并通过输出电路控制负载。图 4-29 中的起动信号 I0.0 和停止信号 I0.1 是由起动常开按钮和停止常开按钮提供的信号，持续 ON 的时间一般都很短，这种信号称为短信号。

起保停电路最主要的特点是具有"记忆"功能。按下起动按钮，I0.0 的常开触点接通，如果这时未按停止按钮，I0.1 的常闭触点接通，Q0.0 的线圈通电，它的常开触点同时接通。放开起动按钮，I0.0 的常开触点断开，能流经 Q0.0 的常开触点和 I0.1 的常闭触点流过 Q0.0 的线圈，Q0.0 仍为 ON，这就是所谓的"自锁"或"自保持"功能。按下停止按钮，I0.1 的常闭触点断开，使 Q0.0 的线圈断电，其常开触点断开，以后即使放开停止按钮，I0.1 的常闭触点恢复接通状态，Q0.0 的线圈仍然断电。

提示 PLC 不识别外部连接的是常开按钮还是常闭按钮，只识别外部开关是接通状态还是断开状态。

控制方案时序分析如图 4-30 所示，其对应的起保停梯形图和 S/R 指令实现的梯形图如图 4-31 和图 4-32 所示。而在实际电路中，起动信号和停止信号可能由多个触点组成的串、并联电路提供。

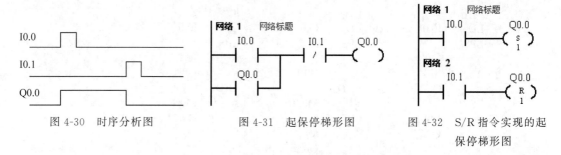

图 4-30　时序分析图　　　　图 4-31　起保停梯形图　　　　图 4-32　S/R 指令实现的起
　　　　　　　　　　　　　　　　　　　　　　　　　　　　　　　　　保停梯形图

提示 ①每一个传感器或开关输入对应一个 PLC 确定的输入点，每一个负载对应 PLC 一个确定的输出点。②为了使梯形图和继电器接触器控制的电路图中触点的类型相同，外部按钮一般用常开按钮。

2. 比较电路

比较电路如图 4-33 所示，两个输入，四个输出，该电路按预先设定的输出要求，根据对两个输入信号的比较，决定某一输出。为了程序清晰明了、可读，设置两个中间单元对应两个输入。若 I0.0、I0.1 同时接通，则 Q0.0 有输出；若 I0.0、I0.1 均不接通，则 Q0.1 有输出；若 I0.0 不接通，I0.1 接通，则 Q0.2 有输出；若 I0.0 接通，I0.1 不接通，则 Q0.3 有输出。

3. 互锁电路

互锁电路如图 4-34 所示，两个输入，两个输出，设置两个中间单元对应两个输出。输入信号 I0.0 和输入信号 I0.1，若 I0.0 先接通，M0.0 自保持，使 Q0.0 有输出，同时 M0.0 的常闭接点断开，即使 I0.1 再接通，也不能使 M0.1 动作，故 Q0.1 无输出。若 I0.1 先接通，则情形与前述相反。因此在控制环节中，该电路可实现信号互锁。

4. 微分脉冲电路

1）上升沿微分脉冲电路

上升沿微分脉冲电路如图 4-35 所示。PLC 是以周期循环扫描方式工作的，PLC 第一次扫描时，输入 I0.0 由 OFF 变为 ON 时，M0.0、M0.1 线圈接通，Q0.0 线圈接通。在第一个扫描周期中，第一行的 M0.1 的常闭接点保持接通，因为扫描该行时，M0.1 线圈的状态为断开。一个扫描周期其状态只刷新一次。等到 PLC 第二次扫描时，M0.1 的线圈为接通

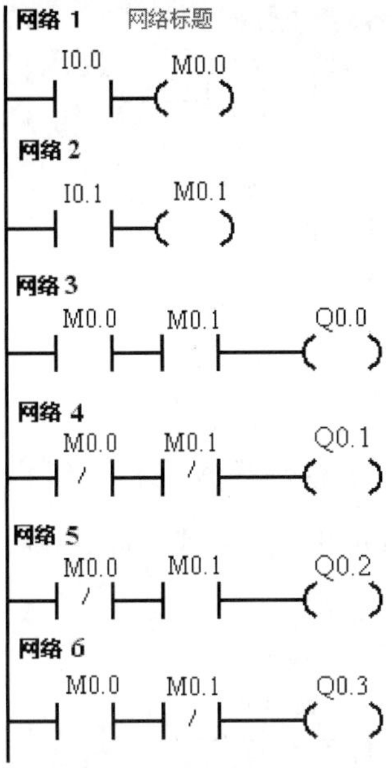

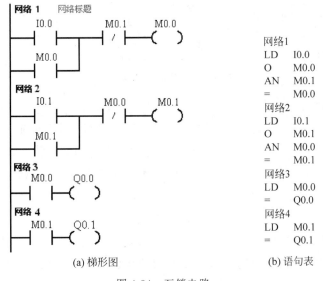

(a) 梯形图

```
网络1
LD    I0.0
=     M0.0
网络2
LD    I0.1
=     M0.1
网络3
LD    M0.0
A     M0.1
=     Q0.0
网络4
LDN   M0.0
AN    M0.1
=     Q0.1
网络5
LDN   M0.0
A     M0.1
=     Q0.2
网络6
LD    M0.0
AN    M0.1
=     Q0.3
```

(b) 语句表

图 4-33　比较电路

(a) 梯形图

```
网络1
LD    I0.0
O     M0.0
AN    M0.1
=     M0.0
网络2
LD    I0.1
O     M0.1
AN    M0.0
=     M0.1
网络3
LD    M0.0
=     Q0.0
网络4
LD    M0.1
=     Q0.1
```

(b) 语句表

图 4-34　互锁电路

状态，其对应的 M0.1 常闭接点断开，M0.0 线圈断开，Q0.0 线圈断开，所以 Q0.0 接通时间为一个扫描周期。

2）下降沿微分脉冲电路

下降沿微分脉冲电路如图 4-36 所示。PLC 是以周期循环扫描方式工作的，PLC 第一次扫描时，输入 I0.0 由 ON 变为 OFF 时，M0.0、M0.1 线圈接通，Q0.0 线圈接通。第一个扫描周期中，第一行的 M0.1 的常闭接点保持接通，因为扫描该行时，M0.1 线圈的状态为断开。一个扫描周期其状态只刷新一次。等到 PLC 第二次扫描时，M0.1 的线圈为接通状

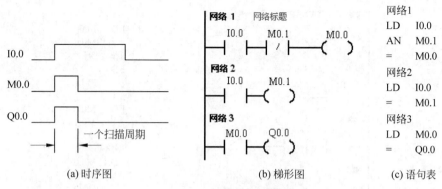

图 4-35　上升沿微分脉冲电路

态,其对应的 M0.1 常闭接点断开,M0.0 线圈断开,Q0.0 线圈断开,所以 Q0.0 接通时间为一个扫描周期。

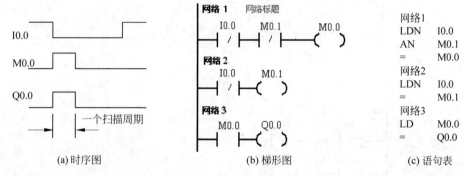

图 4-36　下降沿微分脉冲电路

5．二分频电路

在许多控制场合,需要对控制信号进行分频,用 PLC 可以实现对输入信号的任意分频。下面以二分频为例说明 PLC 是如何实现二分频的。输入 I0.1 引入信号脉冲,要求输出 Q0.0 引出的脉冲是前者的二分频。如图 4-37 所示是一个二分频电路。将脉冲信号加到 I0.0 端,在第一个脉冲的上升沿到来时,M0.0 产生一个扫描周期的单脉冲,使 M0.0 的常开触点闭合,由于 Q0.0 的常开触点断开,M0.1 线圈断开,其常闭触点 M0.1 闭合,Q0.0 的线圈接通并自保持;第二个脉冲上升沿到来时,M0.0 又产生一个扫描周期的单脉冲,M0.0 的常开触点又接通一个扫描周期,此时 Q0.0 的常开触点闭合,M0.1 线圈通电,其常闭触点 M0.1 断开,Q0.0 线圈断开;直至第三个脉冲到来时,M0.0 又产生一个扫描周期的单脉冲,使 M0.0 的常开触点闭合,由于 Q0.0 的常开触点断开,M0.1 线圈断开,其常闭触点 M0.1 闭合,Q0.0 的线圈又接通并自保持。以后循环往复,不断重复以上过程。由图 4-37 可见,输出信号 Q0.0 是输入信号 I0.0 的二分频。

6．秒周期、占空比 50% 的指示灯闪烁控制

秒周期闪烁控制电路如图 4-38 所示。按下起动按钮 I0.0,起动信号 M0.0 线圈得电,其常开触点闭合,网络 1 保持,网络 2 指示灯 Q0.0 以 1s 的周期闪烁,按下停止按钮 I0.1 指示灯灭。其中特殊标志位存储器 SM0.5 是占空比 50% 的秒脉冲。

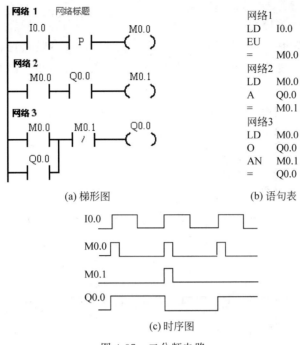

(a) 梯形图   (b) 语句表

(c) 时序图

图 4-37　二分频电路

7. 抢答器程序设计

1) 控制任务

有 3 个抢答席和一个主持人席，每个抢答席上各有一个抢答按钮和一盏抢答指示灯。参赛者在允许抢答时，第一个按下抢答按钮的抢答席上的指示灯将会亮，且释放抢答按钮后，指示灯仍然亮；此后另外两个抢答席上即使再按各自的抢答按钮，其指示灯也不会亮。这样主持人就可以很容易地知道谁是第一个

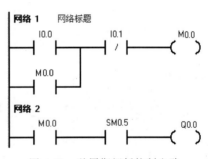

图 4-38　秒周期闪烁控制电路

按下抢答器的。该题抢答结束后，主持人按下主持席上的复位按钮（常闭按钮），则指示灯熄灭，又可以进行下一题的抢答比赛。

2) I/O 分配

输入：

I0.0：SB0 //主持席上的复位按钮（常闭）

I0.1：SB1 //抢答席 1 上的抢答按钮

I0.2：SB2 //抢答席 2 上的抢答按钮

I0.3：SB3 //抢答席 3 上的抢答按钮

输出：

Q0.1：H1//抢答席 1 上的指示灯

Q0.2：H2//抢答席 2 上的指示灯

Q0.0：H3//抢答席 3 上的指示灯

3）程序设计

抢答器（起保停互锁形式）的程序设计如图 4-39 所示。这里的要点是：①如何实现抢答器指示灯的"自锁"功能，即当某一抢答席抢答成功后，即使释放其抢答按钮，其指示灯仍然亮，直至主持人进行复位才熄灭；②如何实现 3 个抢答席之间的"互锁"功能。用堆栈（主控）形式设计的抢答器程序如图 4-40 所示。

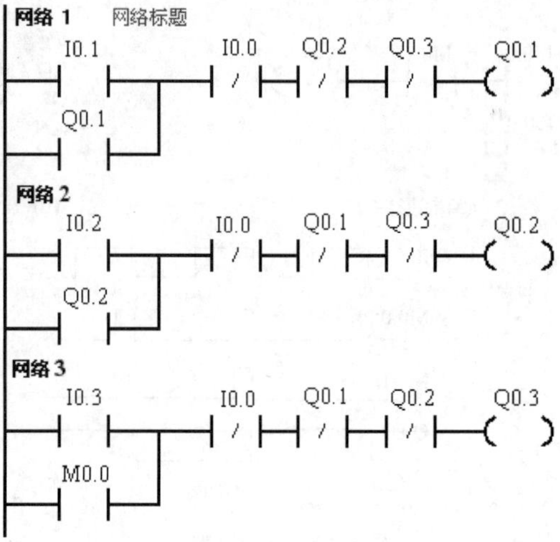

图 4-39　起保停互锁形式抢答器程序设计

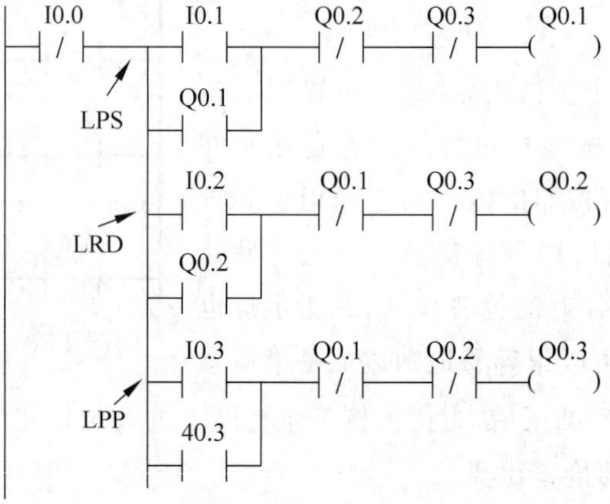

图 4-40　堆栈（主控）形式抢答器程序设计

4.2　定时器指令

按时间控制是最常用的逻辑控制形式，所以定时器是 PLC 中最常用的元件之一。用好、用对定时器对 PLC 程序设计非常重要。在 PLC 系统中，定时器主要用于在满足一定的输入控制条件后，从当前值按一定的时间单位进行增加操作，直至定时器的当前值达到由程序设定的定时值时，定时器位发生动作，以满足定时控制的需要。

S7-200 系列 PLC 的定时器是对内部时钟累计时间增量计时的。定时器有以下两个参数。

当前值：每个定时器都有一个 16 位的当前值寄存器，是对定时器时间基的累计值，用以存放当前值（16 位符号整数），一个 16 位的预置值寄存器用以存放时间的设定值。当前值是 16 位有符号整数，最大值是 32 767。

状态位：每个定时器都有一个状态位寄存器，存放状态值，反映其触点的状态。状态位是布尔型数据。当前值达到设定值时，定时器状态位变化，并使触点动作。

1．工作方式

S7-200 系列 PLC 定时器按工作方式分为三大类定时器。其指令格式如表 4-3 所示。

表 4-3　定时器的指令格式

LAD	STL	说　　明
IN　TON PT	TON　T××,PT	TON：通电延时定时器。 TONR：记忆型通电延时定时器。
IN　TONR PT	TONR T××,PT	TOF：断电延时型定时器。 IN 是使能输入端，指令盒上方输入定时器的编号 （T××），范围为 T0～T255。
IN　TOF PT	TOF　T××,PT	PT 是预置值输入端，最大预置值为 32 767；PT 的 数据类型为 INT，PT 操作数有 IW，QW，MW， SMW，T，C，VW，SW，AC 和常数

2．时基

按时基脉冲分，则有 1ms、10ms、100ms 三种定时器。不同的时基标准，定时精度、定时范围和定时器刷新的方式不同。

1）定时精度和定时范围

定时器的工作原理：使能输入有效后，当前值对 PLC 内部的时基脉冲增 1 计数，当计数值大于或等于定时器的预置值 PT 后，状态位置 1。其中，最小计时单位为时基脉冲的宽度，又为定时精度；从定时器输入有效到状态位输出有效，经过的时间为定时时间，即定时时间＝预置值×时基。当前值寄存器为 16 位，最大计数值为 32 767，由此可推算不同分辨率的定时器的设定时间范围。CPU22X 系列 PLC 的 256 个定时器分属 TON（TOF）和 TONR 工作方式，以及 3 种时基标准，如表 4-4 所示。可见时基越大，定时时间越长，但精度越差。

表 4-4　定时器的类型

工作方式	时基/ms	最大定时范围/s	定 时 器 号
TONR	1	32.767	T0,T64
	10	327.67	T1～T4,T65～T68
	100	3276.7	T5～T31,T69～T95
TON/TOF	1	32.767	T32,T96
	10	327.67	T33～T36,T97～T100
	100	3276.7	T37～T63,T101～T255

提示　TOF 和 TON 共享同一组定时器，但不能重复使用，即不能把一个定时器同时用作 TOF 和 TON。例如，不能既有 TON T37，又有 TOF T37。

2）1ms、10ms、100ms 定时器的刷新方式不同

1ms 定时器每隔 1ms 刷新一次，与扫描周期和程序处理无关，即采用中断刷新方式。因此当扫描周期较长时，在一个周期内可能被多次刷新，其当前值在一个扫描周期内不一定保持一致。

10ms 定时器由系统在每个扫描周期开始自动刷新。由于每个扫描周期内只刷新一次，故每次程序处理期间，其当前值为常数。

100ms 定时器在该定时器指令执行时刷新，下一条执行的指令即可使用刷新后的结果，非常符合正常的思路，使用方便、可靠。但应当注意，如果该定时器的指令不是每个周期都执行，则定时器就不能及时刷新，可能导致出错。

3．定时器指令工作原理

下面将从原理应用等方面分别介绍通电延时型、记忆通电延时型、断电延时型三种定时器的使用方法。

1）通电延时型定时器（TON）指令工作原理

程序及时序分析如图 4-41 所示。当 I0.0 接通时即使能端（IN）输入有效时，驱动 T37 开始计时，当前值从 0 开始递增，计时到设定值 PT 时，T37 状态位置 1，其常开触点 T37 接通，驱动 Q0.0 输出，其后当前值仍增加，但不影响状态位。当前值的最大值为 32 767。当 I0.0 断开时，使能端无效时，T37 复位，当前值清 0，状态位也清 0，即恢复原始状态。若 I0.0 接通时间未到设定值就断开，T37 则立即复位，Q0.0 不会有输出。

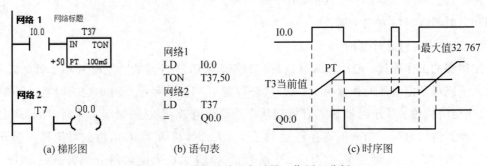

图 4-41　通电延时型定时器工作原理分析

通电延时型定时器（TON）用于单一间隔的定时。

2）记忆通电延时型定时器（TONR）指令工作原理

使能端（IN）输入有效时（接通），定时器开始计时，当前值递增，当前值大于或等于预置值（PT）时，输出状态位置 1。使能端输入无效（断开）时，当前值保持（记忆），使能端（IN）再次接通有效时，在原记忆值的基础上递增计时。

提示　TONR 采用线圈复位指令 R 进行复位操作，当复位线圈有效时，定时器当前位清零，输出状态位置 0。

程序分析如图 4-42 所示。如 T3，当输入 IN 为 1 时，定时器计时；当 IN 为 0 时，其当前值保持并不复位；下次 IN 再为 1 时，T3 当前值从原保持值开始往上加，将当前值与设定

值 PT 比较,当前值大于或等于设定值时,T3 状态位置 1,驱动 Q0.0 有输出,以后即使 IN 再为 0,也不会使 T3 复位,要使 T3 复位,必须使用复位指令。

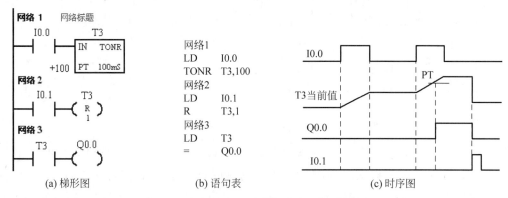

图 4-42 记忆通电延时型定时器工作原理分析

记忆通电延时型定时器(TONR)用于累计时间间隔的定时。

3) 断电延时型定时器(TOF)指令工作原理

断电延时型定时器在输入断开并延时一段时间后,才断开输出。使能端(IN)输入有效时,定时器输出状态位立即置 1,当前值复位为 0。使能端(IN)断开时,定时器开始计时,当前值从 0 递增,当前值达到预置值时,定时器状态位复位为 0,并停止计时,当前值保持。

如果输入断开的时间小于预定时间,定时器仍保持接通。IN 再接通时,定时器当前值仍设为 0。断电延时型定时器的应用程序及时序分析如图 4-43 所示。

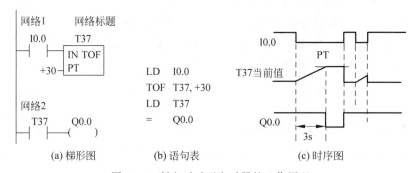

图 4-43 断电延时型定时器的工作原理

断电延时型定时器(TOF)用于故障事件发生后的时间延时。

提示 注意:使用变量作为定时器的设定值时,数据类型一定要为字。

【例 4-6】 这是一个典型的定时器案例。根据图 4-44 所示梯形图,定时器时基的刷新方式不同,分析图 4-44(a)～图 4-44(c)能否正常工作。在什么情况下,无论何种时基都能正常工作?

分析:如图 4-44 所示是应用定时器自身常闭触点作定时器使能输入的典型例子。定时器的状态位置 1 时,依靠自身的常闭触点的断开使定时器复位,并重新开始定时,进行循环工作。

(1) 图 4-44(a)中,T32 为 1ms 时基定时器,每隔 1ms 定时器刷新一次当前值,CPU 当

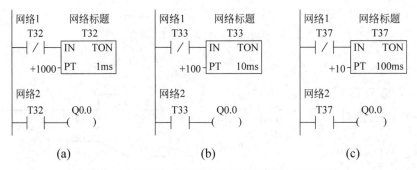

图 4-44　自身常闭触点作使能输入（例 4-6 题图）

前值若恰好在处理常闭触点和常开触点之间被刷新，Q0.0 可以接通一个扫描周期，但这种情况出现的概率很小，一般情况下，不会正好在这时刷新。若在执行其他指令时，定时时间到，1ms 的定时刷新，使定时器输出状态位置位，常闭触点打开，当前值复位，定时器输出状态位立即复位，所以输出线圈 Q0.0 一般不会通电，也不能正常工作。

（2）图 4-44(b) 中，T33 为 10ms 时基定时器，当前值在每个扫描周期开始刷新，计时时间到时，扫描周期开始，定时器输出状态位置位，常闭触点断开，立即将定时器当前值清零，定时器输出状态位复位。这样输出线圈 Q0.0 永远不可能通电，永远不能正常工作。

（3）图 4-44(c) 中，T37 为 100ms 时基定时器，当前指令执行时刷新，Q0.0 在 T37 计时时间到时准确地接通一个扫描周期。该梯形图设计可以正常工作，即可以输出一个断开为延时时间，接通为一个扫描周期的时钟脉冲。

若想无论何种时基都能正常工作，就不能用定时器自身常闭触点作为使能输入，而应将输出线圈的常闭触点作为定时器的使能输入，如图 4-45 所示，则无论何种时基定时器都能正常工作，即在定时时间到时，都能使 Q0.0 输出宽度为一个扫描周期的脉冲。

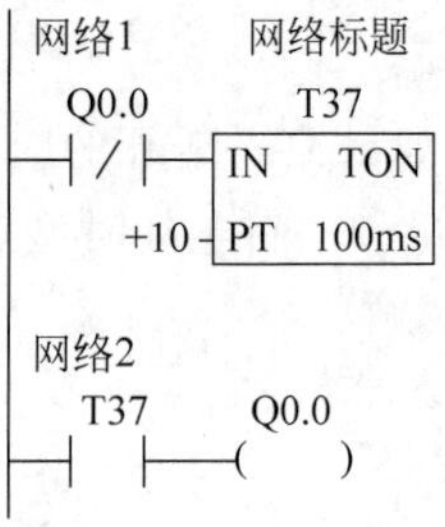

图 4-45　输出线圈的常闭触点作使能输入（例 4-6 题图）

【例 4-7】 使用定时器设计占空比可调的脉冲源。

设计分析：使用两个分辨率为 100ms 的接通延时定时器 T37、T38，设计一周期为 1s、占空比为 50% 的方波脉冲，梯形图如图 4-46 所示。

分析：

（1）I0.1 为 ON 时，T37 起动开始计时，当 T37 的当前值等于设定值 PT(500ms) 时，T37 触点切换，T37 常开触点闭合，T38 被起动开始计时，同时 Q0.1 输出 1。

（2）T38 的当前值等于设定值 PT(500ms)，T38 触点切换，T38 常闭触点断开，T37 复位，同时使 T38 瞬时复位，Q0.1 输出 0。

（3）T38 的复位使 T37 又重新起动，开始下一个运行周期。T37 状态位脉冲信号控制 Q0.1 输出周期为 1s 的方波。

【例 4-8】 用接在 I0.0 输入端的光电开关检测传送带上通过的产品，有产品通过时 I0.0 为 ON，如果在 10s 内没有产品通过，则由 Q0.0 发出报警信号，用 I0.1 输入端外接的开关解除报警信号。对应的梯形图如图 4-47 所示。

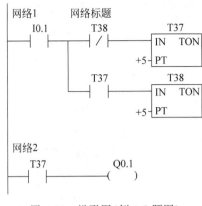

图 4-46　梯形图（例 4-7 题图）

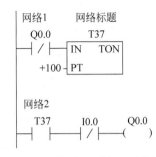

图 4-47　梯形图（例 4-8 题图）

📖**分析**：正常情况下，有产品通过，光电开关 I0.0 处于规律的开合状态，定时器 T37 始终达不到预设值 10s，网络 2 中 Q0.0 不得电；如果在 10s 内没有产品通过，则定时器 T37 达到预设值 10s，网络 2 中 Q0.0 得电，发出报警信号。

4.3　计数器指令

在 PLC 控制系统中，计数器主要用于对输入脉冲次数的累计，是应用非常广泛的一个编程指令，经常用来对产品进行计数。计数器与定时器的使用基本相似，编程时输入它的预设值 PV（计数的次数），计数器累计它的脉冲输入端电位上升沿（正跳变）个数，当计数器达到预设值 PV 时，计数器动作以便 PLC 做出相应的处理，满足计数控制的需要。

计数器的结构主要由一个 16 位的预置值寄存器、一个 16 位的当前值寄存器和一位状态位组成。当前值寄存器用以累计脉冲个数，计数器当前值大于或等于预置值时，状态位置 1。

S7-200 系列 PLC 有三类计数器：CTU（加计数器）、CTUD（加/减计数器）、CTD（减计数）。

1. 计数器指令格式

计数器的指令格式如表 4-5 所示。

表 4-5　计数器的指令格式

STL	LAD
CTU　Cxxx,PV	![CU CTU R PV]

续表

STL	LAD
CTD　Cxxx,PV	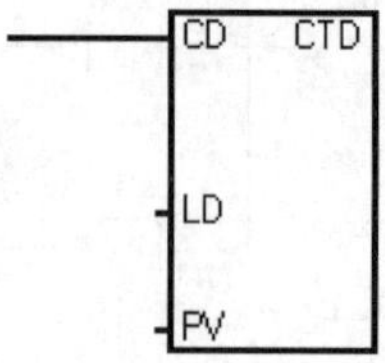 ┌────────┐ │ CD　CTD │ │ LD │ │ PV │ └────────┘
CTUD　Cxxx,PV	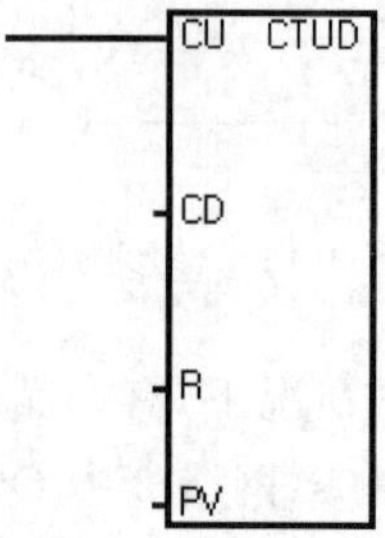 ┌────────┐ │ CU　CTUD │ │ CD │ │ R │ │ PV │ └────────┘

指令使用说明：

（1）梯形图指令符号中，CU 为加计数脉冲输入端；CD 为减计数脉冲输入端；R 为加计数复位端；LD 为减计数复位端；PV 为预置值。

（2）Cxxx 为计数器的编号，范围为 C0～C255。

（3）PV 预置值最大范围为 32 767；PV 的数据类型为 INT；PV 操作数为 VW,T,C,IW,QW,MW,SMW,AC,AIW,K。

（4）CTU/CTUD/CD 指令使用要点：STL 形式中 CU,CD,R,LD 的顺序不能错；CU,CD,R,LD 信号可为复杂逻辑关系。

2. 计数器工作原理分析

1）加计数器（CTU）指令

首次扫描 CTU 时，其状态位为 OFF，其当前值为 0，即当 R＝0 时，计数脉冲有效；当 CU 端有上升沿输入时，计数器当前值加 1。当计数器当前值大于或等于设定值（PV）时，该计数器的状态位 C_BIT 置 1，其触点切换，即其常开触点闭合，常闭触点断开。计数器仍计数，但不影响计数器的状态位，直至计数达到最大值（32 767）。当 R＝1 时，计数器复位，即当前值清零，状态位 C-BIT 也清零。加计数器计数范围为 0～32 767。

加计数器的工作原理如图 4-48 所示。

2）加/减计数器（CTUD）指令

首次扫描 CTUD 时，其状态位为 OFF，当前值为 0，即当 R＝0 时，计数脉冲有效；当 CU 端（CD 端）有上升沿输入时，计数器当前值加 1（减 1）。当计数器当前值大于或等于设定值时，C_BIT 置 1，即其常开触点闭合。当 R＝1 时，计数器复位，即当前值清零，C_BIT 也清零。加/减计数器计数范围为－32 768～32 767。

加/减计数器的工作原理、程序运行时序如图 4-49 和图 4-50 所示。

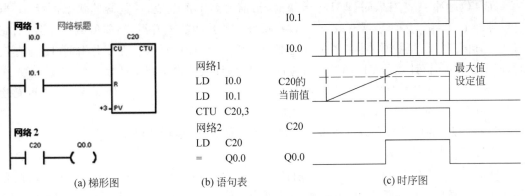

图 4-48　加计数器的工作原理

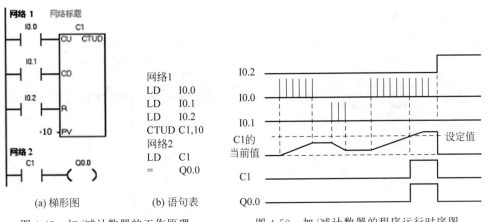

图 4-49　加/减计数器的工作原理　　　　图 4-50　加/减计数器的程序运行时序图

3）减计数器（CTD）指令

首次扫描 CTD 时，其状态位为 OFF，其当前值为设定值。即当复位 LD 有效时，LD＝1，计数器把设定值（PV）装入当前值存储器，计数器状态位复位（置 0）。当 LD＝0，即计数脉冲有效时，开始计数，CD 端每来一个输入脉冲上升沿，减计数器的当前值从设定值开始递减计数，当前值等于 0 时，计数器状态位置位（置 1），停止计数。减计数器的工作原理如图 4-51 所示。

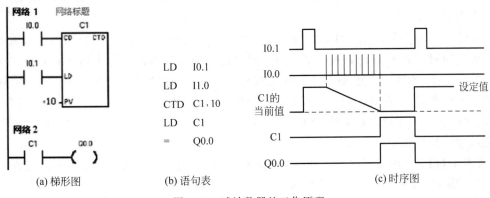

图 4-51　减计数器的工作原理

在复位脉冲 I1.0 有效时，即 I1.0＝1 时，当前值等于预置值，计数器的状态位置 0；当复位脉冲 I1.0＝0 时，计数器有效，在 CD 端每来一个脉冲的上升沿，当前值减 1 计数，当前值从预置值开始减至 0 时，计数器的状态位 C_BIT＝1，Q0.0＝1。在复位脉冲 I1.0 有效时，即 I1.0＝1 时，计数器 CD 端即使有脉冲上升沿，计数器也不减 1 计数。

提示 计数器复位有 3 种形式：初始化复位、主动复位和自身复位。注意：使用变量作为计数器的设定值时，数据类型一定要为字。

【例 4-9】 利用计数器设计单按钮控制电动机的起动、运行和停止。

方法 1：梯形图如图 4-52 所示。

分析：按一下按钮 I0.0，计数器当前值 C1＝1，比较指令满足条件，Q0.0＝1 电动机起动并运行。当再次按一下 I0.0，加计数器达到预设值 2，其触点切换，其一对常开触点闭合，即自身复位，计数器清零，则比较指令不满足条件，Q0.0＝0，电动机停止运行。

方法 2：梯形图如图 4-53 所示。

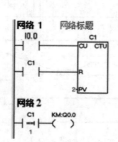

图 4-52　梯形图（例 4-9 方法 1 题图）

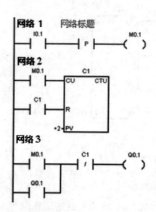

图 4-53　梯形图（例 4-9 方法 2 题图）

分析：按一下按钮 I0.1，边沿触发指令使内部辅助继电器 M0.1 获得一个扫描周期的脉冲，即计数器 C1 计入一个数，网络 3 起保停 Q0.1 得电输出，Q0.0＝1 电动机起动并运行。当再次按一下 I0.1，M0.1 再次获得一个扫描周期脉冲，计数器当前值 C1＝2，加计数器达到预设值 2，其触点切换，其一对常闭触点断开，Q0.1＝0，电动机停止运行，而计数器另一对常开触点闭合，自身复位，计数器清零。

【例 4-10】 计数器的扩展。如图 4-54 所示，梯形图程序完成的是计数器扩展，I0.1 接通多少次后 Q0.0＝1？

分析：S7-200 系列 PLC 计数器最大的计数范围是 32 767，若需更大的计数范围，则需进行扩展。如图 4-54 所示计数器扩展电路。图中是两个计数器的组合电路，C1 形成了一个设定值为 100 次的自身复位计数器。计数器 C1 对 I0.1 的接通次数进行计数，I0.1 的触点每闭合 100 次 C1 自身复位重新开始计数。同时，连接到计数器 C2 端 C1 常开触点闭合，使 C2 计数一次，当 C2 计数到 2000 次时，I0.1 共接通 100×2000＝200 000 次，C2 的常开触点闭合，线圈 Q0.0 通电。

【例 4-11】 利用双定时器实现的定时器的扩展。如图 4-55 所示梯形图程序完成的是定时器扩展，I0.0＝1 后，经多少时间 Q0.0＝1？

分析：S7-200 的定时器的最长定时时间为 3276.7s，如果需要更长的定时时间，可使用

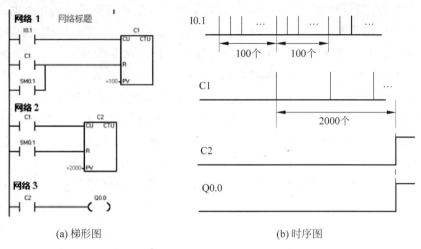

(a) 梯形图　　　　　　　　(b) 时序图

图 4-54　梯形图和时序图（例 4-10 题图）

图 4-55 所示的电路。图中两个定时器完成的时间扩展：3000s＋600s＝3600s 即 I0.0＝1 后，经 1h 时间 Q0.0＝1。

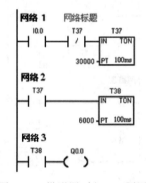

图 4-55　梯形图（例 4-11 题图）

【例 4-12】　利用计数器实现的定时器扩展。如图 4-56 所示，梯形图程序完成的是定时器扩展，I0.0 接通多长时间后，Q0.0＝1？

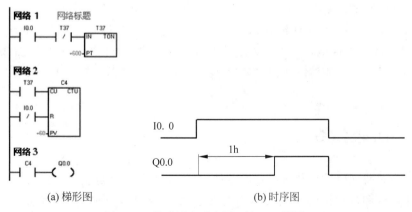

(a) 梯形图　　　　　　　　(b) 时序图

图 4-56　梯形图和时序图（例 4-12 题图）

📝 **分析**：S7-200 的定时器的最长定时时间为 3276.7s，如果需要更长的定时时间，可使用图 4-56 所示的电路。图 4-56 中最上面一行电路是一个脉冲信号发生器，脉冲周期等于 T37 的设定值（60s）。I0.0 为 OFF 时，100ms 定时器 T37 和计数器 C4 处于复位状态，它们不能工作。I0.0 为 ON 时，其常开触点接通，T37 开始定时，60s 后 T37 定时时间到，其当前值等于设定值，它的常闭触点断开，使它自己复位，复位后 T37 的当前值变为 0，同时它的常闭触点接通，使它自己的线圈重新"通电"又开始定时，T37 将这样周而复始地工作，直到 I0.0 变为 OFF。T37 产生的脉冲送给 C4 计数器，记满 60 个数（即 1h）后，C4 当前值等于设定值 60，它的常开触点闭合。60s×60=3600s 即 I0.0=1 后，经 1h 时间 Q0.0=1。

【例 4-13】 自动声光报警操作程序。自动声光报警操作程序用于当电动单梁起重机加载到 1.1 倍额定负荷并反复运行 1h 后，发出声光信号并停止运行。程序如图 4-57 所示。

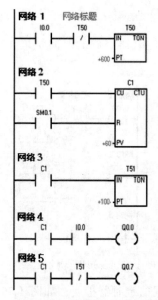

图 4-57　自动声光报警（例 4-13 题图）

📝 **分析**：当系统处于自动工作方式时，I0.0 触点为闭合状态，定时器 T50 每 60s 发出一个脉冲信号作为计数器 C1 的计数输入信号，当计数值达 60，即 1h 后，C1 常开触点闭合，Q0.0、Q0.7 线圈同时得电，指示灯发光且电铃作响；此时 C1 另一常开触点接通定时器 T51 线圈，10s 后 T51 常闭触点断开 Q0.7 线圈，电铃音响消失，指示灯持续发光直至再一次重新开始运行。

4.4　比较指令

比较指令是将两个操作数按指定的条件比较，操作数可以是整数，也可以是实数，在梯形图中用带参数和运算符的触点表示比较指令，比较条件成立时，触点就闭合，否则断开。比较触点可以装入，也可以串、并联。比较指令为上、下限控制提供了极大的方便。指令格式如表 4-6 所示。

表 4-6 比较指令格式

STL	LAD	说 明
LD□xx IN1 IN 2	IN1 ┤ ├ xx□ ├ IN2	比较触点接起始母线
LD N A□xxIN1 IN 2	N IN1 ┤ ├─┤ ├ xx□ ├ IN2	比较触点的"与"
LD N O□xx IN1 IN 2	N ┤ ├ IN1 xx□ IN2	比较触点的"或"

注:①"xx"表示比较运算符:==(等于)、<(小于)、>(大于)、<=(小于或等于)、>=(大于或等于)、<>(不等于)。

②"□"表示操作数 IN1,IN2 的数据类型及范围。

B(Byte):字节比较(无符号整数),如 LDB==IB2 MB2。

I(INT)/ W(Word):整数比较(有符号整数),如 AW>= MW2 VW12,注意 LAD 中用 I,STL 中用 W。

DW(Double Word):双字的比较(有符号整数),如 OD= VD24 MD1。

R(Real):实数的比较(有符号的双字浮点数,仅限于 CPU214 以上)。

③ IN1,IN2 操作数的类型包括 I,Q,M,SM,V,S,L,AC,VD,LD 和常数。

【例 4-14】 调整模拟调整电位器 0,改变 SMB28 字节数值,当 SMB28 数值≤50 时,Q0.0 输出;当 SMB28 数值≥150 时,Q0.1 输出。梯形图程序和语句表程序如图 4-58 所示。

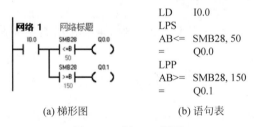

```
LD    I0.0
LPS
AB<=  SMB28, 50
=     Q0.0
LPP
AB>=  SMB28, 150
=     Q0.1
```

(a) 梯形图　　　　(b) 语句表

图 4-58 例 4-14 题图

【例 4-15】 比较指令应用梯形图、语句表示例及时序图,如图 4-59 所示。

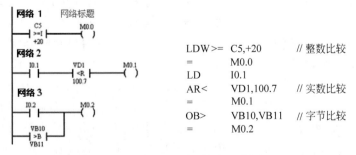

```
LDW>=  C5,+20       // 整数比较
=      M0.0
LD     I0.1
AR<    VD1,100.7    // 实数比较
=      M0.1
OB>    VB10,VB11    // 字节比较
=      M0.2
```

图 4-59 梯形图程序(例 4-15 题图)

✎ 分析：

网络 1：整数比较取指令，IN1 为计数器 C5 的当前值，IN2 为常数 20，当 C5 的当前值≥20 时，比较指令触点闭合，M0.0＝1。

网络 2：实数比较逻辑与指令，IN1 为双字存储单元 VD1 的数据，IN2 为常数 100.7，当 VD1 小于 100.7 时，比较指令触点闭合，该触点与 I0.1 逻辑与置 M0.1＝1。

网络 3：字节比较逻辑或指令，IN1 为字节存储单元 VB10 的数据，IN2 为字节存储单元 VB11 的数据，当 VB10 的数据大于 VB11 的数据时，比较指令触点闭合，该触点与 I0.2 逻辑或置 M0.2＝1。

【例 4-16】 如图 4-60 所示，整数字比较若 VW0 ＞ ＋10000 为真，Q0.2 有输出。程序常被用于显示不同的数据类型。还可以比较存储在 PLC 内存中的两个数值（VW0 ＞ VW100）。

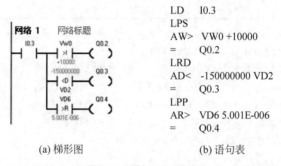

(a) 梯形图　　　　　　(b) 语句表

图 4-60　例 4-16 题图

4.5　程序控制类指令

程序控制类指令用于程序运行状态的控制，主要包括系统控制、跳转、循环、子程序调用、顺序控制等指令。

1. 系统控制 END、STOP、WDR 指令

1) 结束指令

(1) END：条件结束指令。通常用于程序的内部，利用系统的状态或程序执行的结果，也可以根据 PLC 外设置的切换条件来调用 END 指令，使主程序结束。即执行条件成立（左侧逻辑值为 1）时结束主程序，返回主程序的第一条指令执行。在梯形图中该指令不连接左侧母线。END 指令只能用于主程序，不能在子程序和中断程序中使用。END 指令无操作数。指令格式如图 4-61 所示。

(2) MEND：无条件结束指令，结束主程序，返回主程序的第一条指令执行。在梯形图中无条件结束指令连接左侧母线。用户必须以无条件结束指令结束主程序。条件结束指令用在无条件结束指令前结束主程序。在编程结束时一定要写上该指令，否则会出错；在调试程序时，在程序的适当位置插入 MEND 指令可以实现程序的分段调试。指令格式如图 4-61 所示。

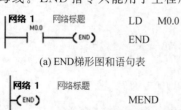

图 4-61　结束指令 END/MEND 指令格式

提示　可以在主程序中使用有条件结束指令,但不能在子例行程序或中断例行程序中使用。STEP7-Micro/WIN32 编程软件在主程序的结尾自动生成无条件结束指令(MEND),用户不得输入,否则编译出错。

2) 停止指令

STOP:停止指令,执行条件成立,停止执行用户程序,令 CPU 工作方式由 RUN 转到 STOP。在中断程序中执行 STOP 指令,该中断立即终止,并且忽略所有挂起的中断,继续扫描程序的剩余部分,在本次扫描的最后,将 CPU 由 RUN 切换到 STOP。指令格式如图 4-62 所示。

图 4-62　STOP 指令格式

注意 END 和 STOP 的区别,如图 4-63 所示。

图 4-63 中,当 I0.0 接通时,Q0.0 有输出,若 I0.1 接通,则执行 END 指令,终止用户程序,并返回主程序的起点,这样,Q0.0 仍保持接通,但下面的程序段不会执行。若 I0.1 断开,接通 I0.2,则 Q0.1 有输出;若将 I0.3 接通,则执行 STOP 指令,立即终止程序执行,Q0.0 与 Q0.1 均复位,CPU 转为 STOP 方式。

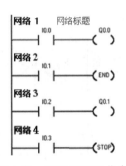

图 4-63　END/STOP 指令的区别

3) 警戒时钟刷新指令

警戒时钟刷新(WDR)指令又称看门狗定时器复位指令。警戒时钟的定时时间为 300ms,每次扫描它都被自动复位一次,正常工作时,如果扫描周期小于 300ms,则警戒时钟不起作用。如果强烈的外部干扰使可编程控制器偏离正常的程序执行路线,则警戒时钟不再被周期性地复位,定时时间到,可编程控制器将停止运行。若程序扫描的时间超过 300ms,为了防止在正常的情况下警戒时钟动作,可将 WDR 指令插入程序中适当的地方,使警戒时钟复位。这样可以增加一次扫描时间。指令格式如图 4-64 所示。

(a) 梯形图　　　　　　　　　(b) 语句表

图 4-64　WDR 指令格式

工作原理:当使能输入有效时,警戒时钟复位,可以增加一次扫描时间。若使能输入无效,则警戒时钟定时时间到,程序将终止当前指令的执行,重新起动,返回到第一条指令重新执行。

注意:如果使用循环指令阻止扫描完成或严重延迟扫描完成,下面的程序只有在扫描循环完成后才能执行:通信(自由口方式除外)、I/O 更新(立即 I/O 除外)、强制更新、SM 更新、运行时间诊断、中断程序中的 STOP 指令、10ms 和 100ms 定时器对于过长时间的扫描不能正确地累计时间。

提示 注意：如果预计扫描时间将超过 300ms,或者预计会发生大量中断活动,可能阻止返回主程序扫描超过 300ms,应使用 WDR 指令,重新触发看门狗计时器。

停止、结束及看门狗指令的示例如图 4-65 所示。

分析：网络 1 为或逻辑使用停止指令；网络 2 中的 I0.2 接通时,执行条件结束指令,返回主程序的第一条指令执行；网络 3 中的 I0.3 为 ON 时,执行看门狗指令触发看门狗定时器,延长本次扫描周期。

2. 循环、跳转指令

1) 循环指令

（1）指令格式。

程序循环结构用于描述一段程序的重复循环执行。由 FOR 和 NEXT 指令构成程序的循环体。FOR 指令标记循环的开始,NEXT 指令为循环体的结束指令。指令格式如图 4-66 所示。

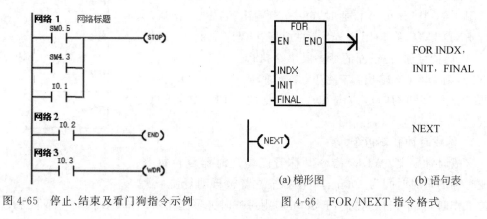

图 4-65　停止、结束及看门狗指令示例　　　　图 4-66　FOR/NEXT 指令格式

在 LAD 中,FOR 指令为指令盒格式,EN 为使能输入端。

INDX 为当前值计数器,操作数为 VW,IW,QW,MW,SW,SMW,LW,T,C,AC。

INIT 为循环次数初始值,操作数为 VW,IW,QW,MW,SW,SMW,LW,T,C,AC,AIW 及常数。

FINAL 为循环计数终止值。操作数为 VW,IW,QW,MW,SW,SMW,LW,T,C,AC,AIW 及常数。

工作原理：使能输入 EN 有效,循环体开始执行,执行到 NEXT 指令时返回,每执行一次循环体,当前值计数器 INDX 增1,达到终止值 FINAL 时,循环结束。

使能输入无效时,循环体程序不执行。每次使能输入有效,指令自动将各参数复位。FOR/NEXT 指令必须成对使用,循环可以嵌套,最多为 8 层。当初值大于终值时,循环体不被执行。

（2）循环指令示例。

如图 4-67 所示,当 I0.0 为 ON 时,1 所示的外循环执行 3 次,由 VW200 累计循环次数。当 I0.1 为 ON 时,外循环每执行一次,2 所示的内循环执行 3 次,且由 VW210 累计循环次数。

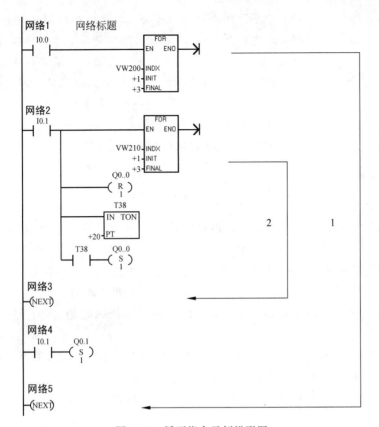

图 4-67 循环指令示例梯形图

2）跳转指令及标号

（1）指令格式。

JMP：跳转指令，使能输入有效时，把程序的执行跳转到同一程序指定的标号（n）处执行。

LBL：指定跳转的目标标号。

操作数 n：0～255。

指令格式如图 4-68 所示。

（提示） 必须强调的是：跳转指令及标号必须同在主程序内或在同一子程序内、同一中断服务程序内，不可由主程序跳转到中断服务程序或子程序，也不可由中断服务程序或子程序跳转到主程序。

（2）跳转指令示例。

如图 4-69 所示，图中当 JMP 条件满足（即 I0.0 为 ON）时，程序跳转执行 LBL 标号以后的指令，而在 JMP 和 LBL 之间的指令一概不执行，在这个过程中，即使 I0.1 接通也不会有 Q0.1 输出。若 JMP 条件不满足，则当 I0.1 接通时 Q0.1 有输出。

（提示） 执行跳转后，被跳过程序段中的各元器件的状态各有不同：Q、M、S、C 等元器件的位保持跳转前

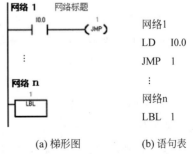

(a) 梯形图   (b) 语句表

图 4-68 JMP/LBL 指令格式

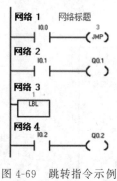

图 4-69 跳转指令示例

的状态；计数器 C 停止计数，当前值存储器保持跳转前的计数值；对定时器来说，因刷新方式不同而工作状态不同。在跳转期间，分辨率为 1ms 和 10ms 的定时器会一直保持跳转前的工作状态，原来工作的继续工作，到设定值后其位的状态也会改变，输出触点动作，其当前值存储器一直累计到最大值 32 767 才停止。对分辨率为 100ms 的定时器来说，跳转期间停止工作，但不会复位，存储器里的值为跳转时的值，跳转结束后，若输入条件允许，则可继续计时，但已失去了准确计时的意义。所以在跳转段里的定时器要慎用。

（3）应用举例。

【例 4-17】 跳转及标号指令在工业现场控制应用中的例子很多，在工业现场控制中，JMP、LBL 指令常用于工作方式的选择。

如有 3 台电动机 M1～M3，具有以下两种起停工作方式。

① 手动操作方式。分别用每个电动机各自的起停按钮控制 M1～M3 的起停状态。

② 自动操作方式。按下起动按钮，M1～M3 每隔 5s 依次起动；按下停止按钮，M1～M3 同时停止。

从控制要求中可以看出，需要在程序中体现两种可以任意选择的控制方式，所以运用跳转指令的程序结构可以满足控制要求。

PLC 控制的外部接线图、程序结构图如图 4-70(a)、(b)所示。

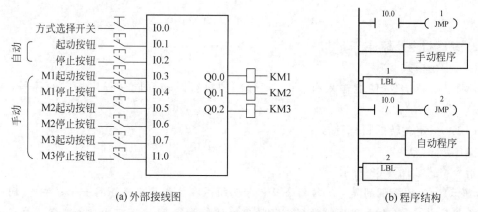

(a) 外部接线图　　　　　　　　　(b) 程序结构

图 4-70 JMP、LBL 指令在工业现场控制应用外部接线及程序结构

如图 4-70(b)所示，当操作方式选择开关闭合时，I0.0 的常开触点闭合，跳过手动程序段不执行；I0.0 常闭触点断开，选择自动方式的程序段执行。而操作方式选择开关断开时的情况与此相反，跳过自动方式程序段不执行，选择手动方式程序段执行。具体梯形图展开程序如图 4-71 所示。

【例 4-18】 综合应用示例。某生产线对产品进行加工处理，同时利用加/减计数器对成品进行累计，每当检测到 100 个成品时，就要跳过某些控制程序，直接进入小包装控制程序。每当检测到 900 个成品（9 个小包装）时，直接进入到大包装控制程序。相关的控制程序如图 4-72 所示。

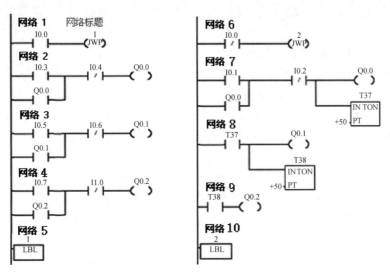

图 4-71　JMP、LBL 指令在工业现场控制应用程序(例 4-17 题图)

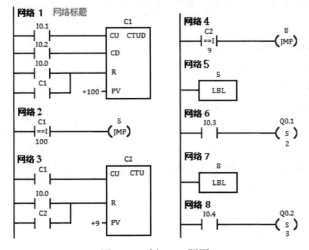

图 4-72　例 4-18 题图

3. 子程序调用及子程序返回指令

在进行计算机的结构化程序设计时,常常采用子程序设计技术,在 PLC 的程序设计中也不例外。对那些需要经常执行的程序段,可设计成子程序的形式,并为每个子程序赋以不同的编号,在程序执行的过程中,可随时调用某个编号的子程序。

通常将具有特定功能并且多次使用的程序段作为子程序。主程序中用指令决定具体子程序的执行状况。当主程序调用子程序并执行时,子程序执行全部指令直至结束。然后,系统将返回至调用子程序的主程序。子程序用于为程序分段和分块,使其成为较小的、更易于管理的块。在程序中调试和维护时,通过使用较小的程序块,对这些区域和整个程序简单地进行调试和排除故障。只在需要时才调用程序块,可以更有效地使用 PLC,因为所有的程序块可能无须执行每次扫描。

在程序中使用子程序,必须执行下列三项任务:建立子程序;在子程序局部变量表中定义参数(如果有);从适当的程序组织单元(Programming Organization Unit,POU)、主程序或另一个子程序调用子程序。

1）建立子程序

可采用下列一种方法建立子程序。

（1）从"编辑"菜单选择"插入"→"子程序"。

（2）从"指令树"用鼠标右击"程序块"图标，并从弹出菜单选择"插入"→"子程序"。

（3）从"程序编辑器"窗口用鼠标右击，并从弹出菜单选择"插入"→"子程序"。

程序编辑器从先前的 POU 显示更改为新的子程序。程序编辑器底部会出现一个新标签，代表新的子程序。此时，可以对新的子程序编程。

用右键双击"指令树"中的"子程序"图标，在弹出的菜单中选择"重新命名"，可修改子程序的名称。如果为子程序指定一个符号名，例如 USR_NAME，该符号名会出现在指令树的"子例行程序"文件夹中。

2）在子程序局部变量表中定义参数

可以使用子程序的局部变量表为子程序定义参数。注意：程序中每个 POU 都有一个独立的局部变量表，必须在选择该子程序标签后出现的局部变量表中为该子程序定义局部变量。编辑局部变量表时，必须确保已选择适当的标签。每个子程序最多可以定义 16 个输入/输出参数。

3）子程序调用及子程序返回指令的指令格式

子程序有子程序调用和子程序返回两大类指令，子程序返回又分为条件返回和无条件返回。指令格式如图 4-73 所示。

（1）CALL SBRn：子程序调用指令。在梯形图中为指令盒的形式。子程序的编号 n 从 0 开始，随着子程序个数的增加自动生成。操作数 n 为 0~63。

（2）CRET：子程序条件返回指令，条件成立时结束该子程序，返回原调用处的指令 CALL 的下一条指令。

（3）RET：子程序无条件返回指令，子程序必须以本指令结束。由编程软件自动生成。

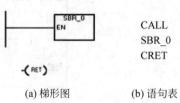

(a) 梯形图　　　　(b) 语句表

图 4-73　子程序调用及子程序
返回指令格式

需要说明如下两点。

（1）子程序可以多次被调用，也可以嵌套（最多 8 层），还可以自己调用自己。

（2）子程序调用指令用在主程序和其他调用子程序的程序中，子程序的无条件返回指令在子程序的最后网络段，梯形图指令系统能够自动生成子程序的无条件返回指令，用户无须输入。

4）带参数的子程序调用指令

（1）带参数的子程序的概念及用途。

子程序可能有要传递的参数（变量和数据），这时可以在子程序调用指令中包含相应参数，它可以在子程序与调用程序之间传送。如果子程序仅用要传递的参数和局部变量，则为带参数的子程序（可移动子程序）。为了移动子程序，应避免使用任何全局变量和符号（I、Q、M、SM、AI、AQ、V、T、C、S、AC 内存中的绝对地址），这样可以导出子程序并将其导入另一个项目。子程序中的参数必须有一个符号名（最多为 23 个字符）、一个变量类型和一个数据类型。子程序最多可传递 16 个参数。传递的参数在子程序局部变量表中定义,如表 4-7 所示。

表 4-7　局部变量表

	Name	Var Type	Data Type	Comment	
	EN	IN	BOOL		
L0.0	IN1	IN	BOOL		
LB1	IN2	IN	BYTE		
L2.0	IN3	IN	BOOL		
LD3	IN4	IN	DWORD		
		IN			
LD7	INOUT	IN_OUT	REAL		
		IN_OUT			
LD11	OUT	OUT	REAL		
		OUT			

(2) 变量的类型。

局部变量表中的变量有 IN、OUT、IN/OUT 和 TEMP 4 种类型。

① IN(输入)型:将指定位置的参数传入子程序。如果参数是直接寻址(如 VB10),则在指定位置的数值被传入子程序。如果参数是间接寻址(如 * AC1),则地址指针指定地址的数值被传入子程序。如果参数是数据常量(16♯1234)或地址(&VB100),常量或地址数值被传入子程序。

② IN/OUT(输入-输出)型:将指定参数位置的数值传入子程序,并将子程序的执行结果的数值返回至相同的位置。输入-输出型的参数不允许使用常量(如 16♯1234)和地址(如 &VB100)。

③ OUT(输出)型:将子程序的结果数值返回至指定的参数位置。常量(如 16♯1234)和地址(如 &VB100)不允许用作输出参数。

在子程序中可以使用 IN、IN/OUT、OUT 类型的变量和调用子程序 POU 之间传递参数。

④ TEMP 型:局部存储变量,只能用于子程序内部暂时存储中间运算结果,不能用来传递参数。

(3) 数据类型。

局部变量表中的数据类型包括能流、布尔(位)、字节、字、双字、整数、双整数和实数型。

① 能流:能流仅用于位(布尔)输入。能流输入必须用在局部变量表中其他类型输入之前。只有输入参数允许使用。在梯形图中表达形式为用触点(位输入)将左侧母线和子程序的指令盒连接起来。使能输入(EN)和 IN1 输入使用布尔逻辑。

② 布尔:该数据类型用于位输入和输出。

③ 字节、字、双字:这些数据类型分别用于 1、2 或 4 字节不带符号的输入或输出参数。

④ 整数、双整数:这些数据类型分别用于 2 或 4 字节带符号的输入或输出参数。

⑤ 实数:该数据类型用于单精度(4 字节)IEEE 浮点数值。

(4) 建立带参数子程序的局部变量表。

局部变量表隐藏在程序显示区,将梯形图显示区向下拖动,可以露出局部变量表,在局部变量表输入变量名称、变量类型、数据类型等参数以后,双击"指令树"中"子程序"(或选择单击方框快捷按钮 F9,在弹出的菜单中选择子程序项),在梯形图显示区显示出带参数的子程序调用指令盒。

局部变量表变量类型的修改方法：用光标选中变量类型区，鼠标右击得到一个下拉菜单，单击选中的类型，在变量类型区光标所在处可以得到选中的类型。

子程序传递的参数放在子程序的局部存储器（L）中，局部变量表最左列是系统指定的每个被传递参数的局部存储器地址。

（5）带参数子程序调用指令格式。

对于梯形图程序，在子程序局部变量表中为该子程序定义参数后（见表 4-7），将生成客户化的调用指令块，如图 4-74 所示，指令块中自动包含子程序的输入参数和输出参数。

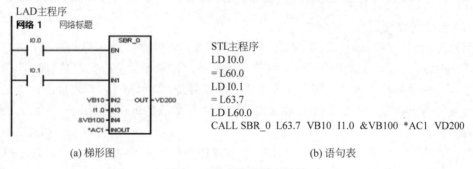

(a) 梯形图   (b) 语句表

图 4-74　带参数子程序调用

在 LAD 程序的 POU 中插入调用指令。

第一步，打开程序编辑器窗口中所需的 POU，光标滚动至调用子程序的网络处。

第二步，在"指令树"中，打开"子程序"标签然后双击。

第三步，为调用指令参数指定有效的操作数。有效操作数为存储器的地址、常量、全局变量以及调用指令所在的 POU 中的局部变量（并非被调用子程序中的局部变量）。

注意：①如果在使用子程序调用指令后修改该子程序的局部变量表，调用指令无效。必须删除无效调用，并用反映正确参数的最新调用指令代替该调用。②子程序和调用程序共用累加器。不会因使用子程序对累加器执行保存或恢复操作。

带参数子程序调用的 LAD 指令格式如图 4-74 所示。图 4-74 中的 STL 主程序是由编程软件 STEP7-Micro/WIN32 从 LAD 程序建立的 STL 代码。注意：系统保留局部变量存储器（L）内存的 4 字节（LB60～LB63），用于调用参数。图 4-74 中，L 内存（如 L60，L63.7）被用于保存布尔输入参数，此类参数在 LAD 中被显示为能流输入。

若用 STL 编辑器输入与图 4-74 相同的子程序，语句表编程的调用程序为

```
LD I0.0
CALL SBR_0  I0.1,VB10,I1.0,&VB100, * AC1,VD200
```

需要说明的是，该程序只能在 STL 编辑器中显示，因为用作能流输入的布尔参数，未在 L 内存中保存。

子程序调用时，输入参数被复制到局部存储器。子程序完成时，从局部存储器复制输出参数到指令的输出参数地址。

在带参数的"调用子程序"指令中，参数必须与子程序局部变量表中定义的变量完全匹配。参数顺序必须以输入参数开始，其次是输入/输出参数，然后是输出参数。位于"指令

树"中的子程序名称工具将显示每个参数的名称。

调用带参数子程序使 ENO＝0 的错误条件是 0008(子程序嵌套超界)、SM4.3(运行时间)。

5) 应用举例

【例 4-19】 子程序调用指令示例程序如图 4-75 所示。要求如下。

建立子程序 SBR_0,其功能为 Q0.0 控制一个每 2s 交替的闪光灯。该子程序由主程序中 I0.0 控制直接调用,也可由子程序 SBR_1 嵌套调用;建立子程序 SBR_1,其功能为对 I0.2 计数脉冲计数,计数值为 10 时,嵌套调用子程序 SBR_0,驱动 Q0.0 闪亮。该子程序由主程序 I0.1 控制调用。

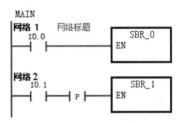

📝 **分析**:本例用外部控制条件分别调用两个子程序。

工作过程:主程序网络 1 中,当输入控制 I0.0 接通时调用子程序 SBR_0;主程序网络 2 中,当输入控制 I0.1 接通时调用子程序 SBR_1,计数器 C1 开始对 I0.2 脉冲计数,当计数值为 10 时,触点 C1 导通,调用子程序 SBR_0。

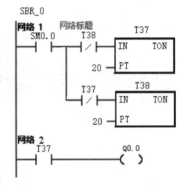

4. 步进顺序控制指令

在运用 PLC 进行顺序控制时常采用顺序控制指令,这是一种由功能图设计梯形图的步进型指令。首先用程序流程图来描述程序的设计思想,然后再用指令编写出符合程序设计思想的程序。使用功能流程图可以描述程序的顺序执行、循环、条件分支,以及程序的合并等功能流程概念。顺序控制指令可以将程序功能流程图转换成梯形图程序,功能流程图是设计梯形图程序的基础。

1) 功能流程图简介

功能流程图是按照顺序控制的思想,根据工艺过程,根据输出量的状态变化,将一个工作周期划分为若干顺序相连的步,在任何一步内,各输出量 ON/OFF 状态不变,但是相邻两步输出量的状态是不同的。

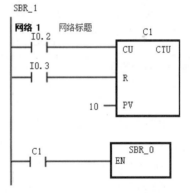

图 4-75　子程序调用指令示例
(例 4-19 题图)

所以,可以将程序的执行分成若干状态步,通常用顺序控制继电器的位 S0.0～S31.7 代表程序的状态步。使系统由当前步进入下一步的信号称为转换条件,又称步进条件。转换条件可以是外部的输入信号,如按钮、指令开关、限位开关的接通/断开等,也可以是程序运行中产生的信号,如定时器、计数器的常开触点的接通等,还可以是若干信号的逻辑运算的组合。

一个三步循环步进的功能流程图如图 4-76 所示,功能流程图中的每个方框代表一个状态步,如图中 1、2、3 分别代表程序 3 步状态。与控制过程的初始状态相对应的步称为初始步,用双线框表示。可以分别用 S0.0,S0.1,S0.2 表示上述的三个状态步,程序执行到某步时,该步状态位置 1,其余为 0。如执行第一步时,S0.0＝1,而 S0.1、S0.2 全为 0。每步所驱

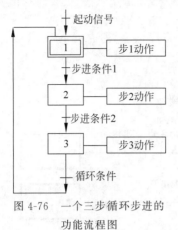

图 4-76　一个三步循环步进的
功能流程图

动的负载称为步动作,用方框中的文字或符号表示,并用线将该方框和相应的步相连。状态步之间用有向连接线连接,表示状态步转移的方向,有向连接线上没有箭头标注时,方向为自上而下、自左而右。有向连接线上的短线表示状态步的转换条件。

2) 顺序控制指令

顺序控制用 3 条指令描述程序的顺序控制步进状态,指令格式如表 4-8 所示。

(1) 顺序步开始(LSCR)指令。

LSCR 为步开始指令,顺序控制继电器位 $S_{X,Y}=1$ 时,该程序步执行。

(2) 顺序步结束(SCRE)指令。

SCRE 为顺序步结束指令,顺序步的处理程序在 LSCR 和 SCRE 之间。

表 4-8　顺序控制指令格式

LAD	STL	说　明
SCR	LSCR　n	步开始指令。为步开始的标志,该步的状态元件的位置 1 时,执行该步
—(SCRT)	SCRT　n	步转移指令。使能有效时,关断本步,进入下一步。该指令由转换条件的接点起动,n 为下一步的顺序控制状态元件
—(SCRE)	SCRE	步结束指令。为步结束的标志

(3) 顺序步转移(SCRT)指令。

SCRT 在使能输入有效时,将本顺序步的顺序控制继电器位清零,下一步顺序控制继电器位置 1。

在使用顺序控制指令时应注意:

① 步进控制指令 SCR 只对状态元件 S 有效。为了保证程序的可靠运行,驱动状态元件 S 的信号应采用短脉冲。

② 当输出需要保持时,可使用 S/R 指令。

③ 不能把同一编号的状态元件用在不同的程序中,例如,如果在主程序中使用 S0.1,则不能在子程序中再使用。

④ 在 SCR 段中不能使用 JMP 和 LBL 指令。即不允许跳入或跳出 SCR 段,也不允许在 SCR 段内跳转。可以使用跳转和标号指令在 SCR 段周围跳转。

⑤ 不能在 SCR 段中使用 FOR、NEXT 和 END 指令。

3) 应用举例

【例 4-20】　使用顺序控制结构,编写出实现红、绿灯循环显示的程序(要求循环间隔时间为 1s)。

根据控制要求,首先画出红绿灯顺序显示的功能流程图,如图 4-77 所示。起动条件为按钮 I0.0,步进条件为时间,状态步的动作为点红灯,熄绿灯,同时起动定时器,步进条件满足时,关断本步,进入下一步。

梯形图程序如图 4-78 所示。

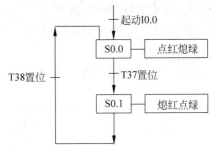

图 4-77　例 4-20 流程图

✎分析:当 I0.0 输入有效时,起动 S0.0,执行程序的第一步,输出 Q0.0 置 1(点亮红灯),Q0.1 置 0(熄灭绿灯),同时起动定时器 T37。经过 1s,步进转移指令使得 S0.1 置 1,S0.0 置 0,程序进入第二步,输出点 Q0.1 置 1(点亮绿灯),输出点 Q0.0 置 0(熄灭红灯),同时起动定时器 T38,经过 1s,步进转移指令使得 S0.0 置 1,S0.1 置 0,程序进入第一步执行。如此周而复始,循环工作。

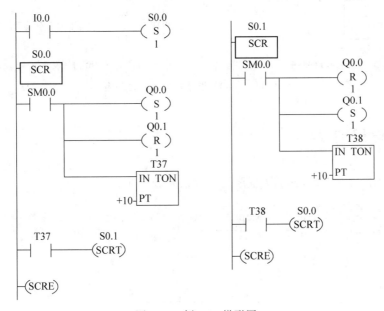

图 4-78　例 4-20 梯形图

5. 空操作(NOP)指令

空操作指令主要是为了方便对程序的检查和修改,预先在程序中设置一些 NOP 指令,在修改和增加指令时,可使程序地址的更改量达到最少。NOP 指令对运算结果和用户程序执行无任何影响,也不影响特殊继电器和允许输出 ENO。

NOP 指令格式如表 4-9 所示。

表 4-9　NOP 指令格式

LAD	STL	说　明
N **NOP**	NOP　　N	方便对程序的检查和修改,预先在程序中设置一些 NOP 指令,起增加程序容量的作用。 操作数 N 是标号,N 的取值范围为 0~255 的常数

6. 逻辑取反（NOT）指令

逻辑取反指令用于将 NOT 指令左端的逻辑运算结果取非，改变能流状态。NOT 指令本身无操作数。

NOT 指令格式如表 4-10 所示。

表 4-10 NOT 指令格式

LAD	STL	说　明
─┤NOT├─	NOT	将 NOT 指令左端的逻辑运算结果取非。NOT 指令本身无操作数

NOT 指令梯形图、语句表如图 4-79 所示。

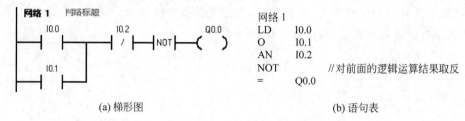

(a) 梯形图　　　　　　　　　　　　　(b) 语句表

图 4-79 NOT 指令梯形图和语句表

习题与思考题

4-1 将如图 4-80 所示梯形图程序转换成语句表程序。

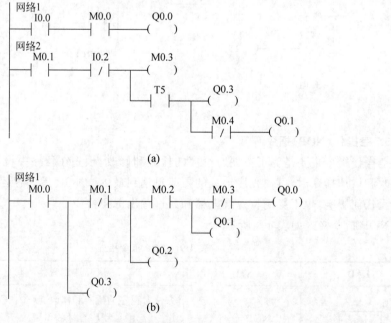

(a)

(b)

图 4-80 梯形图（题 4-1 图）

4-2　将如图 4-81 所示语句表程序转换成对应的梯形图程序。

4-3　画出与如图 4-82 所示梯形图对应的 M0.0 波形图。

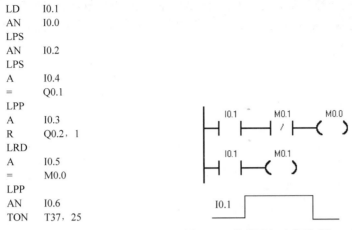

```
LD    I0.1
AN    I0.0
LPS
AN    I0.2
LPS
A     I0.4
=     Q0.1
LPP
A     I0.3
R     Q0.2，1
LRD
A     I0.5
=     M0.0
LPP
AN    I0.6
TON   T37，25
```

图 4-81　语句表(题 4-2 图)　　　　图 4-82　梯形图和时序图(题 4-3 图)

4-4　使用置位指令、复位指令编写两套梯形图程序,控制要求如下：

(1) 起动时,电动机 M1 先起动,电动机 M2 才能起动；停止时,电动机 M1、M2 同时停止。

(2) 起动时,电动机 M1、M2 同时起动；停止时,只有在电动机 M2 停止时,电动机 M1 才能停止。

4-5　用置位、复位指令和边沿触发指令设计出如图 4-83 所示时序图的梯形图程序。

4-6　试设计满足如图 4-84 所示时序图的梯形图程序。

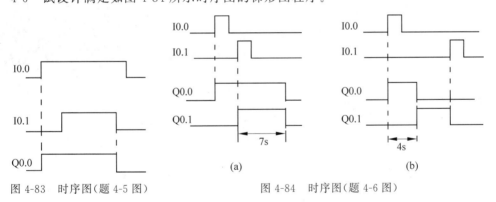

图 4-83　时序图(题 4-5 图)　　　　图 4-84　时序图(题 4-6 图)

4-7　如图 4-85 所示,按钮 I0.0 按下后,输出 Q0.0 变为 1 状态并自保持,按钮 I0.1 输入 3 个脉冲后(用加计数器 C1 计数),得电延时型定时器 T37 开始计时,5s 后,输出 Q0.0 变为 0 状态,同时计数器 C1 被复位,在 PLC 刚开始执行用户程序时,计数器 C1 也被复位。根据所述试设计出对应的梯形图程序。

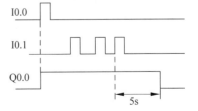

图 4-85　时序图(题 4-7 图)

4-8　设计周期为 4s、占空比为 50% 的方波输出信号程序。

4-9　使用顺序控制结构编写出实现红、黄、绿三种颜色信号灯循环显示的程序（要求循环间隔时间为 0.5s），并画出该程序设计的功能流程图。

4-10　利用加计数器对输入 I0.2 计数脉冲计数，当计数器当前值等于 20 时，驱动定时器延时 1s 后置输出 Q0.2 为 1。设计一子程序实现该功能，在输入 I0.1 的控制下，调用该子程序。

第 5 章

数据处理、运算指令

PLC 产生初期主要用于在工业控制中以逻辑控制来代替继电器控制。随着计算机技术与 PLC 技术的不断发展与融合,PLC 增加了数据处理功能,使其在工业应用中功能更强,应用范围更广。在当今自动化程度越来越高的加工生产线中,仅仅具备基本指令的功能是远远不够的,还应该具备数据处理和运算的功能。

5.1 数据处理指令

数据处理指令涉及对数据的非数值运算操作,主要包括数据传送、字节交换、存储器填充、字节立即读写、移位、转换等指令。

5.1.1 数据传送指令

该类指令用来完成各存储单元之间一个或者多个数据的传送。可分为单个数据传送指令和数据块传送指令。

1. 字节、字、双字、实数单个数据传送(MOV)指令

单个数据传送指令用来传送单个的字节、字、双字、实数。指令格式及功能如表 5-1 所示。

表 5-1　MOV 指令格式

LAD	MOV_B EN ENO IN OUT	MOV_W EN ENO IN OUT	MOV_DW EN ENO IN OUT	MOV_R EN ENO IN OUT
STL	MOVB IN,OUT	MOVW IN,OUT	MOVD IN,OUT	MOVR IN,OUT
操作数及 数据类型	**IN**:VB,IB,QB,MB,SB,SMB,LB,AC 及常量; **OUT**:VB,IB,QB,MB,SB,SMB,LB,AC	**IN**:VW,IW,QW,MW,SW,SMW,LW,T,C,AIW,AC 及常量; **OUT**:VW,T,C,IW,QW,SW,MW,SMW,LW,AC,AQW	**IN**:VD,ID,QD,MD,SD,SMD,LD,HC,AC 及常量; **OUT**:VD,ID,QD,MD,SD,SMD,LD,AC	**IN**:VD,ID,QD,MD,SD,SMD,LD,AC 及常量; **OUT**:VD,ID,QD,MD,SD,SMD,LD,AC
	数据类型:字节	**数据类型**:字、整数	**数据类型**:双字、双整数	**数据类型**:实数

功能	使能输入有效时，即 EN＝1 时，将一个输入 IN 的字节、字/整数、双字/双整数或实数送到 OUT 指定的存储器输出。在传送过程中不改变数据的大小。传送后，输入存储器 IN 中的内容不变

提示 使 ENO＝0，即使能输出断开的错误条件是：SM4.3（运行时间）、0006（间接寻址错误）。

【例 5-1】 单个数据传送指令 MOV 程序举例。

（1）将数据 255 传送到 VB1 里面。程序如图 5-1 所示。

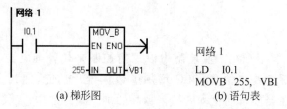

(a) 梯形图　　　　　　　　(b) 语句表

图 5-1　MOV_B 指令（例 5-1 题图）

设计分析：当 I0.1 接通时，MOV_B 指令将数据 255 传给 VB1，传送后，VB1＝255，此后，即使 I0.1 断开，VB1 里的数据保持 255 不变。

（2）将变量存储器 VW10 中的内容送到 VW100 中。程序如图 5-2 所示。

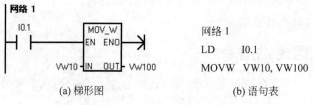

(a) 梯形图　　　　　　　　(b) 语句表

图 5-2　MOV_W 指令（例 5-1 题图）

（3）在 I0.1 控制开关导通时，将 VD100 中的双字数据传送到 VD200 中。程序如图 5-3 所示。

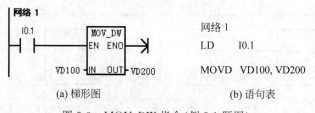

(a) 梯形图　　　　　　　　(b) 语句表

图 5-3　MOV_DW 指令（例 5-1 题图）

（4）在 I0.1 控制开关导通时，将常数 3.14 传送到双字单元 VD200 中。程序如图 5-4 所示。

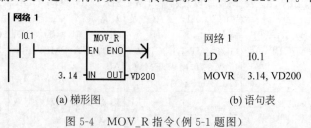

(a) 梯形图　　　　　　　　(b) 语句表

图 5-4　MOV_R 指令（例 5-1 题图）

（5）定时器及计数器当前值的读取。程序如图 5-5 所示。

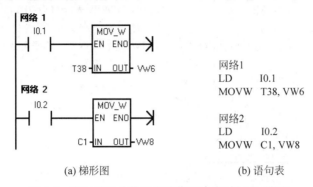

<table>
<tr><td></td><td>网络1
LD   I0.1
MOVW T38, VW6

网络2
LD   I0.2
MOVW C1, VW8</td></tr>
</table>

(a) 梯形图　　　　　(b) 语句表

图 5-5　定时器及计数器当前值的读取（例 5-1 题图）

（6）定时器（计数器）设定值的间接指定。程序如图 5-6 所示。

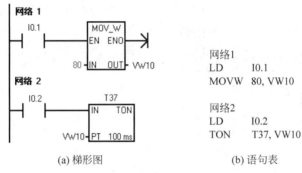

网络1
LD　　　　I0.1
MOVW　80, VW10

网络2
LD　　　　I0.2
TON　　T37, VW10

(a) 梯形图　　　　　(b) 语句表

图 5-6　定时器设定值的间接指定（例 5-1 题图）

（提示）　由于定时器及计数器的数据类型都为整数型，因此使用传送指令时一定要用 MOV_W。

（提示）　功能指令涉及的数据类型多，编程时应保证操作数在合理范围内。S7-200 PLC 不支持完全数据类型检查。操作数的数据类型应与指令标识符相匹配。

2. 字节、字、双字、实数数据块传送（BLKMOV）指令

该类指令可用来进行一次多个（最多 255）数据的传送。数据块传送指令将从输入地址 IN 开始的 N 个数据传送到输出地址 OUT 开始的 N 个单元中，N 的范围为 1～255，N 的数据类型为字节。指令格式及功能如表 5-2 所示。

表 5-2　BLKMOV 指令格式

LAD	BLKMOV_B EN　ENO IN　OUT N	BLKMOV_W EN　ENO IN　OUT N	BLKMOV_D EN　ENO IN　OUT N
STL	BMB　IN, OUT	BMW　IN, OUT	BMD　IN, OUT

续表

操作数及数据类型	IN：VB，IB，QB，MB，SB，SMB，LB； OUT：VB，IB，QB，MB，SB，SMB，LB； **数据类型**：字节	IN：VW，IW，QW，MW，SW，SMW，LW，T，C，AIW； OUT：VW，IW，QW，MW，SW，SMW，LW，T，C，AQW； **数据类型**：字	IN/OUT：VD，ID，QD，MD，SD，SMD，LD； **数据类型**：双字
	N：VB，IB，QB，MB，SB，SMB，LB，AC 及常量； **数据类型**：字节； **数据范围**：1~255		
功能	使能输入有效时，即 EN＝1 时，把从输入 IN 开始的 N 个字节（字、双字）传送到以输出 OUT 开始的 N 个字节（字、双字）中		

提示 使 ENO＝0 的错误条件：0006（间接寻址错误）、0091（操作数超出范围）。

【**例 5-2**】 块传送指令 BLKMOV 程序举例。将变量存储器 VB1 开始的 3 个字节（VB1~VB3）中的数据移至 VB11 开始的 3 个字节中（VB11~VB13）。程序如图 5-7 所示。

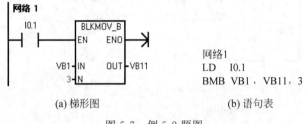

(a) 梯形图   (b) 语句表

图 5-7 例 5-2 题图

5.1.2 字节交换、存储器填充与字节立即读写指令

1. 字节交换与存储器填充指令

字节交换指令用来交换输入字 IN 的最高位字节和最低位字节，交换结果仍存在输入端（IN）指定的地址中。

存储器填充指令在 EN 端口执行条件存在时，用 IN 指定的输入值填充从 OUT 指定的存储单元开始的 N 个字的存储空间。多用于字数据存储区填充及对空间的清零。指令格式如表 5-3 所示。

表 5-3 字节交换指令使用格式及功能

LAD	STL	功能及说明
SWAP EN ENO IN	SWAP IN	**功能**：使能输入 EN 有效时，将输入字 IN 的高字节与低字节交换，结果仍放在 IN 中； **IN**：VW，IW，QW，MW，SW，SMW，T，C，LW，AC； **数据类型**：字

LAD	STL	功能及说明
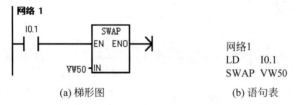	FILL IN，OUT，N	**功能**：将字型输入数据从 OUT 开始的 N 个字存储单元中； **IN**：VW，IW，QW，MW，SW，SMW，LW，T，C，AIW，AC，常数，* VD，* AC，* LD； **OUT**：VW，IW，QW，MW，SW，SMW，LW，T，C，AQW，* VD，* AC，* LD； **N**：VB，IB，QB，MB，SB，SMB，LB，AC，常数，* VD，* AC，* LD； **数据类型**：IN、OUT 为字型，N 为字节型，取值范围为 1～255 的整数

提示 ENO＝0 的错误条件：0006（间接寻址错误）、SM4.3（运行时间）。

【例 5-3】 字节交换和存储器填充指令应用举例，如图 5-8～图 5-10 所示。

（1）字节交换指令。

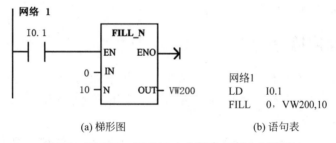

图 5-8 字节交换指令（例 5-3 题图）

分析：指令执行之前 VW50 中的字为 D6 C3；指令执行之后 VW50 中的字为 C3 D6。

（2）存储器填充指令。

图 5-9 VM200～VM219 中全部清 0（例 5-3 题图）

分析：指令执行之后，VW200～VW219 中全部清 0。

另外，如果将 VW100 开始的 256 字节全部清 0。N 怎么给？

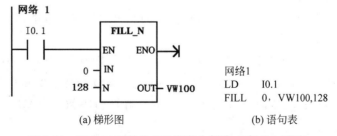

图 5-10 VM100 开始的 256 字节全部清 0（例 5-3 题图）

✍ **分析**：在 I0.1 控制开关导通时,将 VW100 开始的 256 字节全部清 0。

2. 字节立即读写指令

字节立即读(MOV-BIR)指令在 EN 端口执行条件存在时,读取实际物理输入端 IN 给出的 1 字节的数值,并将结果写入 OUT 所指定的存储单元,但输入映像寄存器未更新。

字节立即写(MOV-BIW)指令在 EN 端口执行条件存在时,从输入 IN 所指定的存储单元中读取 1 字节的数值并写入实际输出 OUT 端的物理输出点,同时刷新对应的输出映像寄存器。指令格式及功能如表 5-4 所示。

表 5-4　字节立即读写指令格式

LAD	STL	功能及说明
MOV_BIR EN ENO IN OUT	BIR IN,OUT	功能：字节立即读 **IN**：IB **OUT**：VB,IB,QB,MB,SB,SMB,LB,AC 数据类型：字节
MOV_BIW EN ENO IN OUT	BIW IN,OUT	功能：字节立即写 **IN**：VB,IB,QB,MB,SB,SMB,LB,AC,常量 **OUT**：QB 数据类型：字节

💬 **提示**　使 ENO＝0 的错误条件：0006(间接寻址错误)、SM4.3(运行时间)。注意字节立即读写指令无法存取扩展模块。

5.1.3　移位指令

移位指令分为左、右移位和循环左、右移位及寄存器移位指令三大类。前两类移位指令按移位数据的长度又分字节型、字型、双字型 3 种。常用于顺序动作的控制。

1. 左、右移位指令

左、右移位数据存储单元与 SM1.1(溢出)端相连,移出位被放到特殊标志存储器 SM1.1 位。移位数据存储单元的另一端补 0。移位指令格式见表 5-5。

移位指令使用时应注意以下几点。

(1) 被移位的数据在字节操作时是无符号的;对于字和双字操作,当使用有符号数据类型时,符号位也将被移动。

(2) 在移位时,存放被移位数据的编程元件的移出端与特殊继电器 SM1.1 相连,移出位送 SM1.1,另一端补 0。

(3) 移位次数 N 为字节型数据,它与移位数据的长度有关。如 N 小于实际的数据长度,则执行 N 次移位;如 N 大于数据长度,则执行移位的次数等于实际数据长度的位数。

(4) 左、右移位指令对特殊继电器的影响：结果为零置位 SM1.0,结果溢出置位 SM1.1。

(5) 运行时刻出现不正常状态则置位 SM4.3,ENO＝0。

表 5-5　移位指令格式及功能

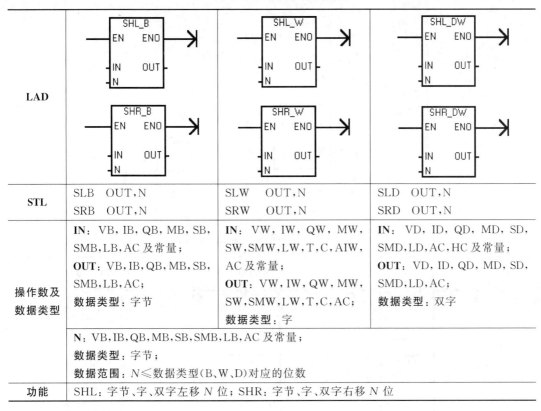

LAD	SHL_B EN ENO IN OUT N SHR_B EN ENO IN OUT N	SHL_W EN ENO IN OUT N SHR_W EN ENO IN OUT N	SHL_DW EN ENO IN OUT N SHR_DW EN ENO IN OUT N
STL	SLB　OUT,N SRB　OUT,N	SLW　OUT,N SRW　OUT,N	SLD　OUT,N SRD　OUT,N
操作数及 数据类型	**IN**：VB,IB,QB,MB,SB, SMB,LB,AC 及常量； **OUT**：VB,IB,QB,MB,SB, SMB,LB,AC； **数据类型**：字节	**IN**：VW,IW,QW,MW, SW,SMW,LW,T,C,AIW, AC 及常量； **OUT**：VW,IW,QW,MW, SW,SMW,LW,T,C,AC； **数据类型**：字	**IN**：VD,ID,QD,MD,SD, SMD,LD,AC,HC 及常量； **OUT**：VD,ID,QD,MD,SD, SMD,LD,AC； **数据类型**：双字
	N：VB,IB,QB,MB,SB,SMB,LB,AC 及常量； **数据类型**：字节； **数据范围**：$N \leqslant$ 数据类型(B、W、D)对应的位数		
功能	SHL：字节、字、双字左移 N 位；SHR：字节、字、双字右移 N 位		

（1）左移位指令。

使能输入有效时，将输入 IN 的无符号数字节、字或双字中的各位向左移 N 位后（右端补 0），将结果输出到 OUT 所指定的存储单元中。如果移位次数大于 0，则最后一次移出位保存在"溢出"存储器位 SM1.1。如果移位结果为 0，则零标志位 SM1.0 置 1。

（2）右移位指令。

使能输入有效时，将输入 IN 的无符号数字节、字或双字中的各位向右移 N 位后，将结果输出到 OUT 所指定的存储单元中，移出位补 0，最后一移出位保存在 SM1.1。如果移位结果为 0，零标志位 SM1.0 置 1。

（3）使 ENO＝0 的错误条件：0006（间接寻址错误）、SM4.3（运行时间）。

【例 5-4】　移位指令程序应用举例。将 AC0 字数据的高 8 位右移到低 8 位，输出给 QB0。程序如图 5-11 所示。

提示　在 STL 指令中，若 IN 和 OUT 指定的存储器不同，则须首先使用数据传送指令 MOV 将 IN 中的数据送入 OUT 所指定的存储单元。如：

```
MOVB IN,OUT
SLB OUT,N
```

2. 循环左、右移位指令

循环移位将移位数据存储单元的首尾相连，同时又与溢出标志 SM1.1 连接，SM1.1 用来存放被移出的位。指令格式见表 5-6。

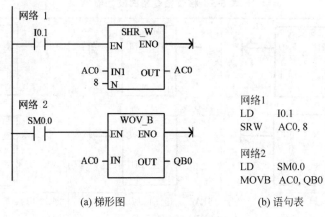

(a) 梯形图   (b) 语句表

图 5-11　例 5-4 题图

表 5-6　循环左、右移位指令格式及功能

LAD	ROL_B / ROR_B	ROL_W / ROR_W	ROL_DW / ROR_DW
STL	RLB　OUT,N RRB　OUT,N	RLW　OUT,N RRW　OUT,N	RLD　OUT,N RRD　OUT,N
操作数及 数据类型	**IN**：VB、IB、QB、MB、SB、SMB、LB、AC 及常量； **OUT**：VB、IB、QB、MB、SB、SMB、LB、AC； **数据类型**：字节	**IN**：VW、IW、QW、MW、SW、SMW、LW、T、C、AIW、AC 及常量； **OUT**：VW、IW、QW、MW、SW、SMW、LW、T、C、AC； **数据类型**：字	**IN**：VD、ID、QD、MD、SD、SMD、LD、AC、HC 及常量； **OUT**：VD、ID、QD、MD、SD、SMD、LD、AC； **数据类型**：双字
	N：VB、IB、QB、MB、SB、SMB、LB、AC 及常量； **数据类型**：字节		
功能	ROL：字节、字、双字循环左移 N 位；ROR：字节、字、双字循环右移 N 位		

（1）循环左移位指令 ROL。

使能输入有效时，将 IN 输入无符号数（字节、字或双字）循环左移 N 位后，将结果输出到 OUT 所指定的存储单元中，移出的最后一位的数值送溢出标志位 SM1.1。当需要移位的数值是零时，零标志位 SM1.0 为 1。

（2）循环右移位指令 ROR。

使能输入有效时，将 IN 输入无符号数（字节、字或双字）循环右移 N 位后，将结果输出到 OUT 所指定的存储单元中，移出的最后一位的数值送溢出标志位 SM1.1。当需要移位的数值是零时,零标志位 SM1.0 为 1。

提示 移位次数 $N \geqslant$ 数据类型(B、W、D)时:如果操作数是字节,当移位次数 $N \geqslant 8$ 时,则在执行循环移位前,先对 N 进行模 8 操作(N 除以 8 后取余数),其结果 $0 \sim 7$ 为实际移动位数;如果操作数是字,当移位次数 $N \geqslant 16$ 时,则在执行循环移位前,先对 N 进行模 16 操作(N 除以 16 后取余数),其结果 $0 \sim 15$ 为实际移动位数;如果操作数是双字,当移位次数 $N \geqslant 32$ 时,则在执行循环移位前,先对 N 进行模 32 操作(N 除以 32 后取余数),其结果 $0 \sim 31$ 为实际移动位数。使 $ENO=0$ 的错误条件:0006(间接寻址错误),SM4.3(运行时间)。

【例 5-5】 移位指令程序应用举例。将 AC0 中的字循环右移 2 位,将 VW200 中的字左移 3 位。程序及运行结果如图 5-12 所示。

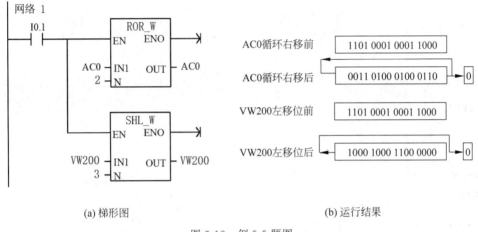

(a) 梯形图   (b) 运行结果

图 5-12 例 5-5 题图

【例 5-6】 移位指令程序应用举例。

(1) 用 I0.0 控制接在 Q0.0~Q0.7 上的 8 个彩灯循环移位,从左到右以 0.5s 的时间间隔依次点亮,保持任意时刻只有一个指示灯亮,到达最右端后,再从左到右依次点亮。

设计分析:8 个彩灯循环移位控制,可以用字节的循环移位指令。根据控制要求,首先应置彩灯的初始状态为 QB0=1,即左边第一盏灯亮;接着灯从左到右以 0.5s 的时间间隔依次点亮,即要求字节 QB0 中的 1 用循环左移位指令每 0.5s 移动一位,因此须在 ROL-B 指令的 EN 端接一个 0.5s 的移位脉冲(用定时器指令实现)。梯形图程序和语句表程序如图 5-13 所示。

(2) 用 I0.0 控制 16 个彩灯循环移位,从左到右以 2s 的时间间隔依次 2 个为一组点亮;保持任意时刻只有 2 个灯亮,到达最右端后,再依次点亮,按下 I0.1 后,彩灯循环停止。

设计分析:16 个彩灯分别接 Q0.0~Q1.7,可以用字的循环移位指令,进行循环移位控制。根据控制要求,首先应置彩灯的初始状态为 QW0=3,即左边第 1、2 盏灯亮;接着灯从左到右以 2s 的时间间隔依次点亮,即要求字节 QW0 中的 11 用循环左移位指令每 2s 移动两位,因此须在 ROL-W 指令的 EN 端接一个 2s 的移位脉冲。梯形图程序和语句表程序如图 5-14 所示。

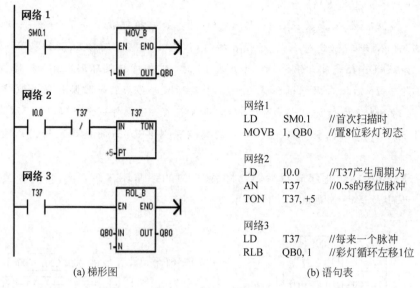

| (a) 梯形图 | (b) 语句表 |

图 5-13　例 5-6 题图（1）

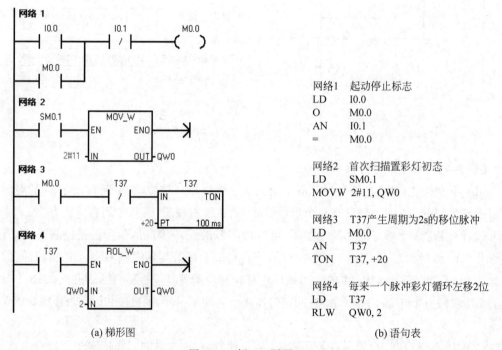

| (a) 梯形图 | (b) 语句表 |

图 5-14　例 5-6 题图（2）

3. 移位寄存器指令

移位寄存器指令是可以指定移位寄存器的长度和移位方向的移位指令，其指令格式如表 5-7 所示。

在梯形图中，EN 为使能输入端，连接移位脉冲信号，每次使能有效时，整个移位寄存器移动 1 位。

表 5-7 移位寄存器指令指令格式

LAD	STL	说 明
SHRB EN ENO DATA S_BIT N	SHRB DATA,S_BIT,N	**DATA 和 S_BIT**：I，Q，M，SM，T，C，V，S，L，数据类型为 BOOL 变量； **N**：VB，IB，QB，MB，SB，SMB，LB，AC 及常量，数据类型为字节

移位寄存器指令 SHRB 将 DATA 数值移入移位寄存器，并进行移位。DATA 为数据输入端，连接移入移位寄存器的二进制数值，执行指令时将该位的值移入寄存器。

移位寄存器是由 S_BIT 和 N 决定的。S_BIT 指定移位寄存器的最低位。N 指定移位寄存器的长度和移位方向，移位寄存器的最大长度为 64 位，N 为正值表示左移位，输入数据（DATA）移入移位寄存器的最低位（S_BIT），并移出移位寄存器的最高位。移出的数据被放置在溢出内存位（SM1.1）中。N 为负值表示右移位，输入数据移入移位寄存器的最高位中，并移出最低位（S_BIT）。移出的数据被放置在溢出内存位（SM1.1）中。

（提示） 使 ENO＝0 的错误条件：0006（间接地址）、0091（操作数超出范围）、0092（计数区错误）。移位指令影响特殊内部标志位：SM1.1（为移出的位值设置溢出位）。

【例 5-7】 移位寄存器指令程序举例。在输入触点 I0.1 的上升沿，从 VB100 的低 4 位（自定义移位寄存器）由低向高移位，I0.2 移入最低位，其梯形图、时序图如图 5-15 所示。

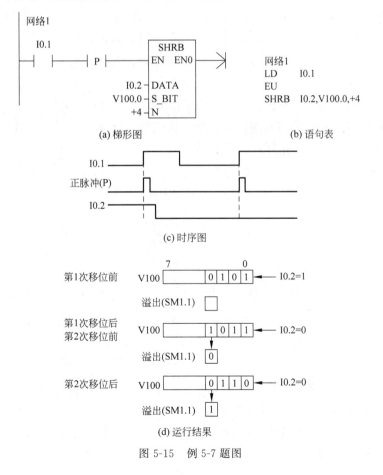

(a) 梯形图   (b) 语句表

(c) 时序图

(d) 运行结果

图 5-15 例 5-7 题图

设计分析：建立移位寄存器的位范围为 V100.0～V100.3，长度 $N=+4$。在 I0.1 的上升沿，移位寄存器由低位向高位移位，最高位移至 SM1.1，最低位由 I0.2 移入。移位寄存器指令对特殊继电器影响为结果为零置位 SM1.0、溢出置位 SM1.1；运行时刻出现不正常状态置位 SM4.3，ENO=0。

【例 5-8】 用 PLC 实现模拟喷泉的控制。用灯 L1～L12 分别代表喷泉的 12 个喷水注。

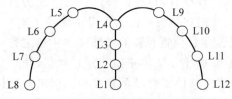

图 5-16　喷泉控制示意图(例 5-8 题图)

控制要求：按下起动按钮后，隔灯闪烁，L1 亮 0.5s 后灭，接着 L2 亮 0.5s 后灭，接着 L3 亮 0.5s 后灭，接着 L4 亮 0.5s 后灭，接着 L5、L9 亮 0.5s 后灭，接着 L6、L10 亮 0.5s 后灭，接着 L7、L11 亮 0.5s 后灭，接着 L8、L12 亮 0.5s 后灭，L1 亮 0.5s 后灭，如此循环下去，直至按下停止按钮，如图 5-16 所示。

设计分析：

(1) I/O 分配。

输入	输出	
起动按钮：I0.0；	L1：Q0.0；	L5、L9：Q0.4；
停止按钮：I0.1；	L2：Q0.1；	L6、L10：Q0.5；
	L3：Q0.2；	L7、L11：Q0.6；
	L4：Q0.3；	L8、L12：Q0.7

(2) 梯形图程序。

利用移位寄存器实现模拟控制。移位寄存器的位与输出对应关系设置：根据喷泉模拟控制的 8 位输出(Q0.0～Q0.7)，须指定一个 8 位的移位寄存器(M10.1～M11.0)，移位寄存器的 S-BIT 位为 M10.1，并且移位寄存器的每一位对应一个输出。在移位寄存器指令中，EN 连接移位脉冲，每来一个脉冲的上升沿，移位寄存器移动一位。移位寄存器应 0.5s 移一位，因此需要设计一个 0.5s 产生一个脉冲的脉冲发生器(由 T38 构成)，如图 5-17 所示。

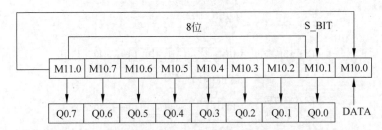

图 5-17　移位寄存器的位与输出对应关系图(例 5-8 题图)

M10.0 为数据输入端 DATA，根据控制要求，每次只有一个输出，因此只需要在第 1 个移位脉冲到来时由 M10.0 送入移位寄存器 S_BIT 位(M10.1)一个 1，第 2～8 个脉冲到来时由 M10.0 送入 M10.1 的值均为 0，这里时间继电器 T38 构成 0.5s 产生一个机器扫描周期脉冲的脉冲发生器，如图 5-18 所示。

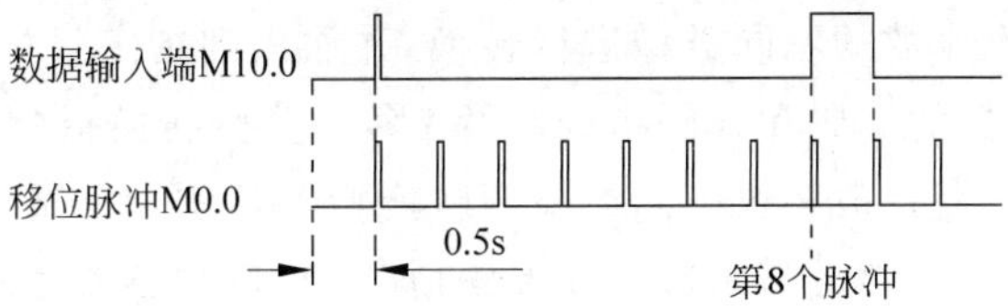

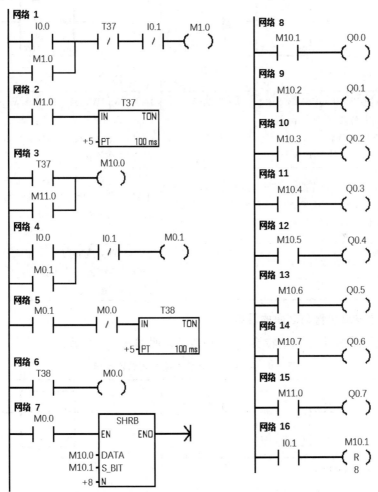

图 5-18 喷泉模拟控制移位脉冲时序图(例 5-8 题图)

在程序中由定时器 T37 延时 0.5s 导通一个扫描周期实现,第 8 个脉冲到来时 M11.0 置位为 1,同时通过与 T37 并联的 M11.0 常开触点使 M10.0 置位为 1,在第 9 个脉冲到来时由 M10.0 送入 M10.1 的值又为 1,如此循环下去,直至按下停止按钮。按下停止按钮(I0.1),触发复位指令,使 M10.1～M11.0 的 8 位全部复位。梯形图程序如图 5-19 所示。

图 5-19 喷泉模拟控制梯形图(例 5-8 题图)

5.1.4 转换指令

在实际控制过程中,经常要对不同类型的数据进行运算,数据运算指令中要求参与运算的数值为同一类型,为了实现数据处理时的数据匹配,所以要对数据格式进行转换。

　　转换指令是指对操作数的不同类型进行转换，并输出到指定目标地址中。转换指令包括数据的类型转换、数据的编码和译码指令以及字符串类型转换指令。

　　不同功能的指令对操作数要求不同。类型转换指令可实现字节与字整数之间的转换、整数与双整数的转换、双字整数与实数之间的转换、BCD码与整数之间的转换等。

　　在 S7-200 中，转换指令是指对操作数的不同类型及编码进行相互转换的操作，以满足程序设计的需要。

1．字节与字整数之间的转换

字节与字整数之间转换的转换格式、功能及说明如表 5-8 所示。

表 5-8　字节与字整数之间的转换指令

LAD	B_I EN　ENO IN　OUT	I_B EN　ENO IN　OUT
STL	BTI　IN,OUT	ITB　IN,OUT
操作数及 数据类型	**IN**：VB,IB,QB,MB,SB,SMB,LB,AC 及常量，数据类型为字节； **OUT**：VW,IW,QW,MW,SW,SMW,LW,T,C,AC,数据类型为整数	**IN**：VW,IW,QW,MW,SW,SMW,LW,T,C,AIW,AC 及常量，数据类型为整数； **OUT**：VB,IB,QB,MB,SB,SMB,LB,AC,数据类型为字节
功能及 说明	BTI 指令将字节数值(IN)转换成整数值，并将结果置入 OUT 指定的存储单元。因为字节不带符号，所以无符号扩展	ITB 指令将字整数(IN)转换成字节，并将结果置入 OUT 指定的存储单元。输入的字整数 0～255 被转换。超出部分导致溢出，SM1.1＝1。输出不受影响
ENO＝0 的错误 条件	0006　间接地址； SM4.3　运行时间	0006　间接地址； SM1.1　溢出或非法数值； SM4.3　运行时间

2．字整数与双字整数之间的转换

字整数与双字整数之间的转换格式、功能及说明如表 5-9 所示。

表 5-9　字整数与双字整数之间的转换指令

LAD	I_DI EN　ENO IN　OUT	DI_I EN　ENO IN　OUT
STL	ITD　IN,OUT	DTI　IN,OUT
操作数及 数据类型	**IN**：VW,IW,QW,MW,SW,SMW,LW,T,C,AIW,AC 及常量； **数据类型**：整数； **OUT**：VD,ID,QD,MD,SD,SMD,LD,AC； **数据类型**：双整数	**IN**：VD,ID,QD,MD,SD,SMD,LD,HC,AC 及常量； **数据类型**：双整数； **OUT**：VW,IW,QW,MW,SW,SMW,LW,T,C,AC； **数据类型**：整数

续表

功能及说明	ITD 指令将整数值(IN)转换成双整数值,并将结果置入 OUT 指定的存储单元。符号被扩展	DTI 指令将双整数值(IN)转换成整数值,并将结果置入 OUT 指定的存储单元。如果转换的数值过大,则无法在输出中表示,产生溢出 SM1.1=1,输出不受影响
ENO=0 的错误条件	0006　间接地址; SM4.3　运行时间	0006　间接地址; SM1.1　溢出或非法数值; SM4.3　运行时间

3. 双整数与实数之间的转换

双整数与实数之间进行转换的转换格式、功能及说明如表 5-10 所示。

表 5-10　双整数与实数之间的转换指令

LAD	DI_R EN　ENO IN　OUT	ROUND EN　ENO IN　OUT	TRUNC EN　ENO IN　OUT
STL	DTR IN,OUT	ROUND IN,OUT	TRUNC IN,OUT
操作数及数据类型	**IN**:VD,ID,QD,MD,SD,SMD,LD,HC,AC 及常量,数据类型为双整数; **OUT**:VD,ID,QD,MD,SD,SMD,LD,AC,数据类型为实数	**IN**:VD,ID,QD,MD,SD,SMD,LD,AC 及常量,数据类型为实数; **OUT**:VD,ID,QD,MD,SD,SMD,LD,AC,数据类型为双整数	**IN**:VD,ID,QD,MD,SD,SMD,LD,AC 及常量,数据类型为实数; **OUT**:VD,ID,QD,MD,SD,SMD,LD,AC,数据类型为双整数
功能及说明	DTR 指令将 32 位带符号整数 IN 转换成 32 位实数,并将结果置入 OUT 指定的存储单元	ROUND 指令按小数部分四舍五入的原则,将实数(IN)转换成双整数值,并将结果置入 OUT 指定的存储单元	TRUNC(截位取整)指令按将小数部分直接舍去的原则,将 32 位实数(IN)转换成 32 位双整数,并将结果置入 OUT 指定存储单元
ENO=0 的错误条件	0006　间接地址; SM4.3　运行时间	0006　间接地址; SM1.1　溢出或非法数值; SM4.3　运行时间	0006　间接地址; SM1.1　溢出或非法数值; SM4.3　运行时间

提示　不论是四舍五入取整,还是截位取整,如果转换的实数数值过大,无法在输出中表示,则产生溢出,即影响溢出标志位,使 SM1.1=1,输出不受影响。

【例 5-9】　双整数与实数之间的转换应用举例。将 VW10 中的整数 100 和 VD100 中的实数 190.5 相加。梯形图和语句表如图 5-20 所示。

【例 5-10】　整数、双整数与实数之间的转换应用举例。要求:将 in 转换为 cm,已知 VW100 的当前值为 in 的计数值,1in=2.54cm。

设计分析:VW100 中的整数值 in→双整数 in→实数 in→实数 cm→整数 cm。梯形图和语句表如图 5-21 所示。

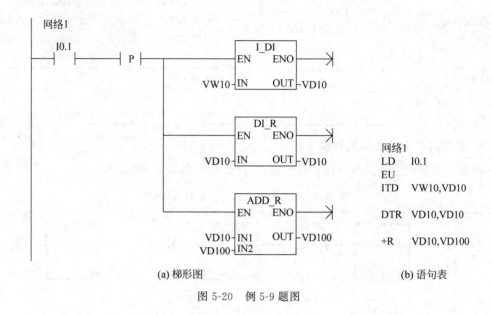

(a) 梯形图　　　　　　　　　　　　　(b) 语句表

网络1
LD　　I0.1
EU
ITD　　VW10,VD10

DTR　　VD10,VD10

+R　　　VD10,VD100

图 5-20　例 5-9 题图

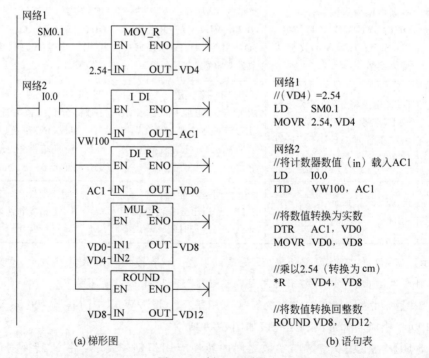

(a) 梯形图　　　　　　　　　　　　　(b) 语句表

网络1
//（VD4）=2.54
LD　　SM0.1
MOVR　2.54, VD4

网络2
//将计数器数值（in）载入AC1
LD　　I0.0
ITD　　VW100，AC1

//将数值转换为实数
DTR　　AC1，VD0
MOVR　VD0，VD8

//乘以2.54（转换为cm）
*R　　　VD4，VD8

//将数值转换回整数
ROUND VD8，VD12

图 5-21　例 5-10 题图

4. BCD 码与整数的转换

BCD 码与整数之间进行转换的指令格式、功能及说明如表 5-11 所示。

表 5-11　BCD 码与整数之间的转换指令

LAD	BCD_I EN ENO IN OUT	I_BCD EN ENO IN OUT
STL	BCDI OUT	IBCD OUT
操作数及数据类型	**IN**：VW,IW,QW,MW,SW,SMW,LW,T,C,AIW,AC 及常量； **OUT**：VW,IW,QW,MW,SW,SMW,LW,T,C,AC； **IN/OUT 数据类型**：字	
功能及说明	BCD_I 指令将二进制编码的十进制数 IN 转换成整数,并将结果送入 OUT 指定的存储单元。IN 的有效范围是 BCD 码 0~9999	I_BCD 指令将输入整数 IN 转换成二进制编码的十进制数,并将结果送入 OUT 指定的存储单元。IN 的有效范围是 0~9999
ENO＝0 的错误条件	0006：间接地址；SM1.6：无效 BCD 数值；SM4.3：运行时间	

提示　①数据长度为字的 BCD 格式的有效范围为：0~9999(十进制),0000~9999(十六进制),0000 0000 0000 0000~1001 1001 1001 1001(BCD 码)。②指令影响特殊标志位 SM1.6(无效 BCD)。③在表 5-11 的 LAD 和 STL 指令中,IN 和 OUT 的操作数地址相同。若 IN 和 OUT 操作数地址不是同一个存储器,则对应的语句表指令为

```
MOV  IN  OUT
BCDI  OUT
```

5. 译码和编码指令

译码和编码指令的格式和功能如表 5-12 所示。

表 5-12　译码和编码指令的格式和功能

LAD	DECO EN ENO IN OUT	ENCO EN ENO IN OUT
STL	DECO IN,OUT	ENCO IN,OUT
操作数及数据类型	**IN**：VB,IB,QB,MB,SMB,LB,SB,AC,常量,数据类型为字节； **OUT**：VW,IW,QW,MW,SMW,LW,SW,AQW,T,C,AC,数据类型为字	**IN**：VW,IW,QW,MW,SMW,LW,SW,AIW,T,C,AC,常量,数据类型为字； **OUT**：VB,IB,QB,MB,SMB,LB,SB,AC,数据类型为字节
功能及说明	译码指令根据输入字节(IN)的低 4 位表示的输出字的位号,将输出字相对应的位置位为 1,输出字的其他位均置位为 0	编码指令将输入字(IN)最低有效位(其值为 1)的位号写入输出字节(OUT)的低 4 位中
ENO＝0 的错误条件	0006　间接地址；SM4.3　运行时间	

【例 5-11】 译码编码指令程序应用举例。

设计分析：若（AC2）=2，执行译码指令，则将输出字 VW40 的第 2 位置 1，VW40 中的二进制数为 2♯0000 0000 0000 0100；若（AC3）=2♯0000 0000 0000 0100，执行编码指令，则输出字节 VB50 中的错误码为 2。梯形图和语句表如图 5-22 所示。

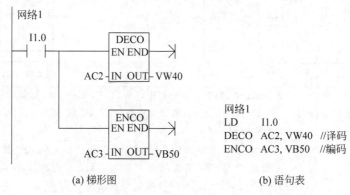

网络1
LD   I1.0
DECO AC2, VW40 //译码
ENCO AC3, VB50 //编码

(a) 梯形图　　　　　　　　　　　　　　(b) 语句表

图 5-22　译码编码指令程序应用举例（例 5-11 题图）

6. 七段显示译码指令

七段显示器的 abcdefg 段分别对应于字节的第 0～6 位，字节的某位为 1 时，其对应的段亮；输出字节的某位为 0 时，其对应的段暗。将字节的第 7 位补 0，则构成与七段显示器相对应的 8 位编码，称为七段显示码。数字 0～9、字母 A～F 与七段显示码的对应如图 5-23 所示。

IN	段显示	(OUT) -gfe dcba	IN	段显示	(OUT) -gfe dcba
0		0001 1111	8		0111 1111
1		0000 0110	9		0110 0111
2		0101 1011	A		0111 0111
3		0100 1111	B		0111 1100
4		0110 0110	C		0011 1001
5		0110 1101	D		0101 1110
6		0111 1101	E		0111 1001
7		0000 0111	F		0111 0001

图 5-23　与七段显示码对应的代码

七段译码指令 SEG 将输入字节 16♯0～F 转换成七段显示码。指令格式如表 5-13 所示。

表 5-13　七段显示译码指令

LAD	STL	功能及操作数
SEG EN ENO IN OUT	SEG IN,OUT	**功能**：将输入字节（IN）的低 4 位确定的十六进制数（十六♯0～F）产生相应的七段显示码，送入输出字节 OUT； **IN**：VB、IB、QB、MB、SB、SMB、LB、AC，常量； **OUT**：VB、IB、QB、MB、SMB、LB、AC； **IN/OUT 数据类型**：字节

提示 使 ENO=0 的错误条件：0006（间接地址）、SM4.3（运行时间）。

【**例 5-12**】 编写实现用七段显示码显示数字 0 的程序。梯形图和语句表如图 5-24 所示。

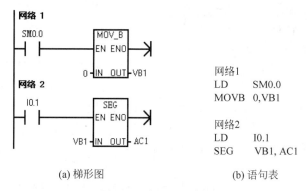

(a) 梯形图 (b) 语句表

图 5-24 例 5-12 题图

设计分析：程序运行结果为 AC1 中的值为 16#3F（2#0011 1111）。

7. ASCII 码与十六进制数之间的转换指令

ASCII 码与十六进制数之间的转换指令的格式和功能如表 5-14 所示。

表 5-14 ASCII 码与十六进制数之间的转换指令的格式和功能

LAD	ATH EN ENO IN OUT LEN	HTA EN ENO IN OUT LEN
STL	ATH IN,OUT,LEN	HTA IN,OUT,LEN
操作数及数据类型	**IN/OUT**：VB,IB,QB,MB,SB,SMB,LB,数据类型为字节； **LEN**：VB,IB,QB,MB,SB,SMB,LB,AC 及常量；数据类型为字节，最大值为 255	
功能及说明	ASCII 至 HEX（ATH）指令将从 IN 开始的长度为 LEN 的 ASCII 字符转换成十六进制数，放入从 OUT 开始的存储单元	HEX 至 ASCII（HTA）指令将从输入字节（IN）开始的长度为 LEN 的十六进制数转换成 ASCII 字符，放入从 OUT 开始的存储单元
ENO=0 的错误条件	0006 间接地址；SM4.3 运行时间；0091 操作数范围超界； SM1.7 非法 ASCII 数值（仅限 ATH）	

提示 合法的 ASCII 码对应的十六进制数包括 30H～39H、41H～46H。如果在 ATH 指令的输入中包含非法的 ASCII 码，则终止转换操作，特殊内部标志位 SM1.7 置位为 1。

【**例 5-13**】 编程将 VB100～VB103 中存储的 4 个 ASCII 码转换成十六进制数。已知（VB100）=33,（VB101）=32,（VB102）=41,（VB103）=45。梯形图和语句表如图 5-25 所示。

设计分析：程序运行结果如下。

执行前：（VB100）=33,（VB101）=32,（VB102）=41,（VB103）=45。

执行后：（VB200）=32,（VB201）=AE。

可见将 VB100～VB103 中存放的 4 个 ASCII 码 33、32、41、45 转换成了十六进制数 32 和 AE，放在 VB200 和 VB201 中。

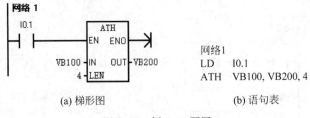

(a) 梯形图　　　　　　　　　(b) 语句表

图 5-25　例 5-13 题图

5.2　算术运算、逻辑运算指令

随着控制领域中新型控制算法的出现和复杂控制对控制器计算能力的要求，新型 PLC 中普遍增加了较强的计算功能。数据运算指令分为算术运算和逻辑运算两大类。

算术运算指令包括加、减、乘、除运算和数学函数变换，逻辑运算指令包括逻辑与或非指令等。

5.2.1　算术运算指令

1. 整数与双整数加减法指令

整数加法（ADD-I）和减法（SUB-I）指令是使能输入有效时，将两个 16 位符号整数相加或相减，并产生一个 16 位的结果输出到 OUT。

双整数加法（ADD-D）和减法（SUB-D）指令是使能输入有效时，将两个 32 位符号整数相加或相减，并产生一个 32 位结果输出到 OUT。

整数与双整数加减法指令格式如表 5-15 所示。

表 5-15　整数与双整数加减法指令格式

	ADD_I	SUB_I	ADD_DI	SUB_DI
LAD	EN ENO IN1 OUT IN2	EN ENO IN1 OUT IN2	EN ENO IN1 OUT IN2	EN ENO IN1 OUT IN2
STL	MOVW IN1,OUT +I IN2,OUT	MOVW IN1,OUT −I IN2,OUT	MOVD IN1,OUT +D IN2,OUT	MOVD IN1,OUT −D IN2,OUT
功能	IN1+IN2=OUT	IN1−IN2=OUT	IN1+IN2=OUT	IN1−IN2=OUT
操作数及数据类型	**IN1/IN2**：VW, IW, QW, MW, SW, SMW, T, C, AC, LW, AIW, 常量，* VD, * LD, * AC； **OUT**：VW, IW, QW, MW, SW, SMW, T, C, LW, AC, * VD, * LD, * AC； **数据类型**：整数		**IN1/IN2**：VD, ID, QD, MD, SMD, SD, LD, AC, HC, 常量，* VD, * LD, * AC； **OUT**：VD, ID, QD, MD, SMD, SD, LD, AC, * VD, * LD, * AC； **数据类型**：双整数	
ENO=0 的错误条件	0006　间接地址；SM4.3　运行时间；SM1.1　溢出			

注意：

（1）当 IN1、IN2 和 OUT 操作数的地址不同时，在 STL 指令中，首先用数据传送指令将 IN1 中的数值送入 OUT，然后再执行加、减运算，即 OUT＋IN2＝OUT，OUT－IN2＝OUT。为了节省内存，在整数加法的梯形图指令中，可以指定 IN1 或 IN2＝OUT，这样可以不用数据传送指令。如指定 IN1＝OUT，则语句表指令为：＋I　IN2，OUT；如指定 IN2＝OUT，则语句表指令为：＋I　IN1，OUT。在整数减法的梯形图指令中，可以指定 IN1＝OUT，则语句表指令为：－I　IN2，OUT。这个原则适用于所有的算术运算指令，且乘法和加法对应，减法和除法对应。

（2）整数与双整数加减法指令影响算术标志位 SM1.0（零标志位）、SM1.1（溢出标志位）和 SM1.2（负数标志位）。

提示　在梯形图编程和指令表编程时对存储单元的要求是不同的，所以在使用时一定要注意存储单元的分配。梯形图编程时，IN2 和 OUT 指定的存储单元可以相同也可以不同；指令表编程时，IN2 和 OUT 要使用相同的存储单元。

【例 5-14】　求 300 加 200 的和，300 在数据存储器 VW100 中，结果放入 AC0。梯形图和语句表如图 5-26 所示。

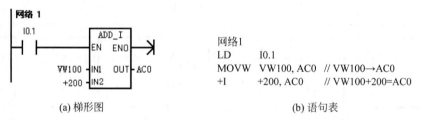

（a）梯形图　　　　　　　　　　　（b）语句表

图 5-26　例 5-14 题图

【例 5-15】　在程序初始化时，设 AC1 为 1000，合上 I0.0 开关，AC1 的值每隔 10s 减100，一直减到 0 为止。梯形图和语句表如图 5-27 所示。

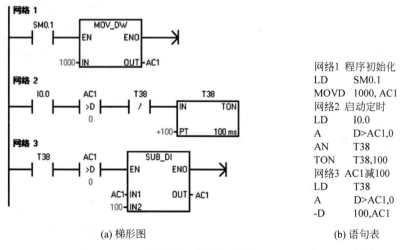

（a）梯形图　　　　　　　　　　　（b）语句表

图 5-27　例 5-15 题图

2. 整数乘除法指令

整数乘法（MUL-I）指令是在使能输入有效时,将两个 16 位符号整数相乘,并产生一个 16 位积,从 OUT 指定的存储单元输出。

整数除法（DIV-I）指令是在使能输入有效时,将两个 16 位符号整数相除,并产生一个 16 位商,从 OUT 指定的存储单元输出,不保留余数。如果输出结果大于一个字,则溢出位 SM1.1 置位为 1。

双整数乘法（MUL-D）指令是在使能输入有效时,将两个 32 位符号整数相乘,并产生一个 32 位乘积,从 OUT 指定的存储单元输出。

双整数除法（DIV-D）指令是在使能输入有效时,将两个 32 位整数相除,并产生一个 32 位商,从 OUT 指定的存储单元输出,不保留余数。

整数乘法产生双整数（MUL）指令是在使能输入有效时,将两个 16 位整数相乘,得出一个 32 位乘积,从 OUT 指定的存储单元输出。

整数除法产生双整数（DIV）指令是在使能输入有效时,将两个 16 位整数相除,得出一个 32 位结果,从 OUT 指定的存储单元输出。其中高 16 位放余数,低 16 位放商。

整数乘除法指令格式如表 5-16 所示。

表 5-16　整数乘除法指令格式

LAD	MUL_I EN ENO IN1 OUT IN2	DIV_I EN ENO IN1 OUT IN2	MUL_DI EN ENO IN1 OUT IN2	MUL_DI EN ENO IN1 OUT IN2	MUL EN ENO IN1 OUT IN2	DIV EN ENO IN1 OUT IN2
STL	MOVW IN1, OUT * I IN2,OUT	MOVW IN1, OUT /I IN2,OUT	MOVD IN1, OUT * D IN2,OUT	MOVD IN1, OUT /D IN2,OUT	MOVW IN1, OUT MUL IN2, OUT	MOVW IN1, OUT DIV IN2, OUT
功能	IN1 * IN2= OUT	IN1/IN2= OUT	IN1 * IN2= OUT	IN1/IN2= OUT	IN1 * IN2= OUT	IN1/IN2= OUT

说明：

整数、双整数乘除法指令操作数及数据类型和加减运算的相同。

整数乘法、除法产生双整数指令的操作数。

IN1/IN2：VW,IW,QW,MW,SW,SMW,T,C,LW,AC,AIW,常量, * VD, * LD, * AC。

数据类型：整数。

OUT：VD,ID,QD,MD,SMD,SD,LD,AC, * VD, * LD, * AC。

数据类型：双整数。

使 ENO=0 的错误条件：0006(间接地址)、SM1.1(溢出)、SM1.3(除数为 0)。

对标志位的影响：SM1.0(零标志位)、SM1.1(溢出)、SM1.2(负数)、SM1.3(被 0 除)。

【例 5-16】 乘/除法指令应用举例,梯形图和语句表如图 5-28 所示。

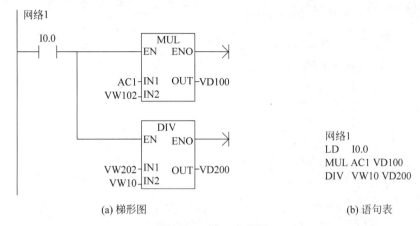

(a) 梯形图 (b) 语句表

图 5-28 例 5-16 题图

提示 因为 VD100 包含 VW100 和 VW102 两个字,VD200 包含 VW200 和 VW202 两个字,所以在语句表指令中不需要使用数据传送指令。

3. 实数加减乘除指令

实数加法(ADD-R)、减法(SUB-R)指令是将两个 32 位实数相加或相减,并产生一个 32 位实数结果,从 OUT 指定的存储单元输出。

实数乘法(MUL-R)、除法(DIV-R)指令是在使能输入有效时,将两个 32 位实数相乘(除),并产生一个 32 位积(商),从 OUT 指定的存储单元输出。

操作数 IN1/IN2:VD,ID,QD,MD,SMD,SD,LD,AC,常量, * VD, * LD, * AC。

OUT:VD,ID,QD,MD,SMD,SD,LD,AC, * VD, * LD, * AC。

数据类型:实数。

指令格式如表 5-17 所示。

表 5-17 实数加减乘除指令

	ADD_R	SUB_R	MUL_R	DIV_R
LAD	EN ENO IN1 OUT IN2	EN ENO IN1 OUT IN2	EN ENO IN1 OUT IN2	EN ENO IN1 OUT IN2
STL	MOVD IN1,OUT +R IN2,OUT	MOVD IN1,OUT −R IN2,OUT	MOVD IN1,OUT * R IN2,OUT	MOVD IN1,OUT /R IN2,OUT
功能	IN1+IN2=OUT	IN1−IN2=OUT	IN1 * IN2=OUT	IN1/IN2=OUT
ENO=0 的错误条件	0006 间接地址;SM4.3 运行时间;SM1.1 溢出		0006 间接地址;SM1.1 溢出;SM4.3 运行时间;SM1.3 除数为 0	
对标志位的影响	SM1.0 零;SM1.1 溢出;SM1.2 负数;SM1.3 被 0 除			

【例 5-17】 实数运算指令的应用。梯形图和语句表如图 5-29 和图 5-30 所示。

（1）实数加/减法运算指令的应用。

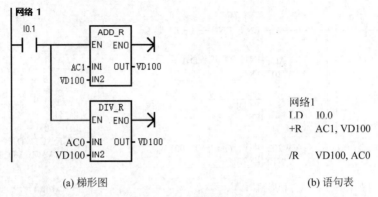

(a) 梯形图　　　　　　　　　　　　　(b) 语句表

图 5-29　实数加/减法运算指令（例 5-17 题图）

（2）实数乘/除法运算指令的应用。

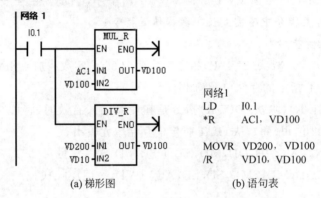

(a) 梯形图　　　　　　　(b) 语句表

图 5-30　实数乘/除法运算指令（例 5-17 题图）

4. 数学函数变换指令

数学函数变换指令包括平方根、自然对数、自然指数、三角函数等。

（1）平方根（SQRT）指令。对 32 位实数（IN）取平方根，并产生一个 32 位实数结果，从 OUT 指定的存储单元输出。

（2）自然对数（LN）指令。对 IN 中的数值进行自然对数计算，并将结果置于 OUT 指定的存储单元中。

求以 10 为底数的对数时，用自然对数除以 2.302 585（约等于 10 的自然对数）。

（3）自然指数（EXP）指令。将 IN 取以 e 为底的指数，并将结果置于 OUT 指定的存储单元中。

将"自然指数"指令与"自然对数"指令相结合，可以实现以任意数为底、任意数为指数的计算。求 y^x，可输入以下指令：EXP（x * LN（y））。

例如：求 2^3 为 EXP(3 * LN(2))＝8；求 27 的 3 次方根 $27^{1/3}$ 为 EXP(1/3 * LN(27))＝3。

（4）三角函数指令。将一个实数的弧度值 IN 分别求 SIN、COS、TAN，得到实数运算结果，从 OUT 指定的存储单元输出。

函数变换指令格式及功能如表 5-18 所示。

表 5-18 函数变换指令格式及功能

LAD	SQRT EN ENO IN OUT	LN EN ENO IN OUT	EXP EN ENO IN OUT	SIN EN ENO IN OUT	COS EN ENO IN OUT	TAN EN ENO IN OUT
STL	SQRT IN,OUT	LN IN,OUT	EXP IN,OUT	SIN IN,OUT	COS IN,OUT	TAN IN,OUT
功能	SQRT(IN)= OUT	LN(IN)= OUT	EXP(IN)= OUT	SIN(IN)= OUT	COS(IN)= OUT	TAN(IN)= OUT
操作数及 数据类型	**IN**：VD,ID,QD,MD,SMD,SD,LD,AC,常量，* VD，* LD，* AC； **OUT**：VD,ID,QD,MD,SMD,SD,LD,AC，* VD，* LD，* AC； 数据类型：实数					

提示 使 ENO＝0 的错误条件：0006（间接地址）、SM1.1（溢出）、SM4.3（运行时间）。对标志位的影响：SM1.0（零）、SM1.1（溢出）、SM1.2（负数）。

【**例 5-18**】 利用函数变换指令求 45°正弦值。

设计分析：先将 45°转换为弧度，为（3.14159/180）* 45，再求正弦值。梯形图和语句表如图 5-31 所示。

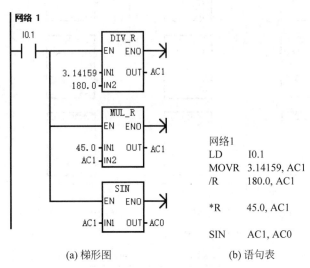

```
网络1
LD      I0.1
MOVR    3.14159, AC1
/R      180.0, AC1

*R      45.0, AC1

SIN     AC1, AC0
```

(a) 梯形图   (b) 语句表

图 5-31 例 5-18 题图

【**例 5-19**】 利用函数变换指令求 65°的正切值。

设计分析：先将 65°转换为弧度，即（3.14159/180）* 65，再求正切值。梯形图和语句表如图 5-32 所示。

5.2.2 逻辑运算指令

逻辑运算是对无符号数按位进行与、或、异或和取反等操作。操作数的长度有 B、W、DW。指令格式如表 5-19 所示。

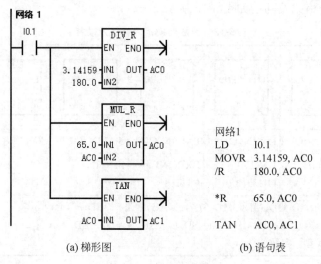

(a) 梯形图　　　　　　　　　　(b) 语句表

图 5-32　例 5-19 题图

表 5-19　逻辑运算指令格式

		LAD			
LAD	WAND_B / WAND_W / WAND_DW	WOR_B / WOR_W / WOR_DW	WXOR_B / WXOR_W / WXOR_DW	INV_B / INV_W / INV_DW	
STL	ANDB IN1,OUT ANDW IN1,OUT ANDD IN1,OUT	ORB IN1,OUT ORW IN1,OUT ORD IN1,OUT	XORB IN1,OUT XORW IN1,OUT XORD IN1,OUT	INVB OUT INVW OUT INVD OUT	
功能	IN1,IN2 按位相与	IN1,IN2 按位相或	IN1,IN2 按位异或	对 IN 取反	
操作数	**B**	**IN1/IN2**：VB,IB,QB,MB,SB,SMB,LB,AC,常量,＊VD,＊AC,＊LD； **OUT**：VB,IB,QB,MB,SB,SMB,LB,AC,＊VD,＊AC,＊LD			
	W	**IN1/IN2**：VW,IW,QW,MW,SW,SMW,T,C,AC,LW,AIW,常量,＊VD,＊AC,＊LD； **OUT**：VW,IW,QW,MW,SW,SMW,T,C,LW,AC,＊VD,＊AC,＊LD			
	DW	**IN1/IN2**：VD,ID,QD,MD,SMD,AC,LD,HC,常量,＊VD,＊AC,SD,＊LD； **OUT**：VD,ID,QD,MD,SMD,LD,AC,＊VD,＊AC,SD,＊LD			

（1）逻辑与（WAND）指令。将输入 IN1、IN2 按位相与，得到的逻辑运算结果放入 OUT 指定的存储单元。

（2）逻辑或（WOR）指令。将输入 IN1、IN2 按位相或，得到的逻辑运算结果放入 OUT 指定的存储单元。

（3）逻辑异或（WXOR）指令。将输入 IN1，IN2 按位相异或，得到的逻辑运算结果放入 OUT 指定的存储单元。

（4）取反（INV）指令。将输入 IN 按位取反，将结果放入 OUT 指定的存储单元。

提示

（1）在逻辑运算指令中，在梯形图指令中设置 IN2 和 OUT 所指定的存储单元相同，这样对应的语句表指令如表 5-19 中所示。若在梯形图指令中，IN2（或 IN1）和 OUT 所指定的存储单元不同，则在语句表指令中须使用数据传送指令，将其中一个输入端的数据先送入 OUT，再进行逻辑运算，如

```
MOVB IN1,OUT
ANDB IN2,OUT
```

（2）ENO＝0 的错误条件：0006（间接地址）、SM4.3（运行时间）。

（3）对标志位的影响：SM1.0（零）。

【例 5-20】 逻辑运算指令编程举例。梯形图和语句表如图 5-33 所示。

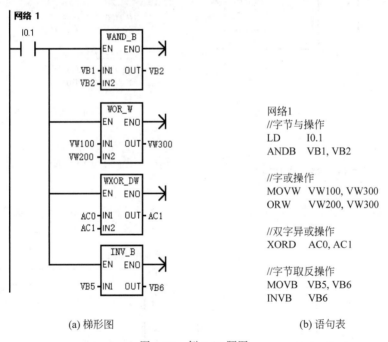

(a) 梯形图

网络1
//字节与操作
LD   I0.1
ANDB   VB1, VB2

//字或操作
MOVW   VW100, VW300
ORW   VW200, VW300

//双字异或操作
XORD   AC0, AC1

//字节取反操作
MOVB   VB5, VB6
INVB   VB6

(b) 语句表

图 5-33　例 5-20 题图

设计分析：

运算过程如下。

```
VB1                     VB2                    VB2
0001 1100       WAND    1100 1101     →        0000 1100

VW100                   VW200                  VW300
0001 1101 1111 1010  WOR   1110 0000 1101 1100→  1111 1101 1111 1110
```

```
VB5                     VB6
0000 1111        INV    1111 0000
```

【例 5-21】 利用逻辑运算指令编程。要求：屏蔽 AC1 的高 8 位；然后 AC1 与 VW100 或运算结果送入 VW100；AC1 与 AC0 进行字异或，结果送入 AC0；最后，AC0 字节取反后输出给 QB0。梯形图和语句表如图 5-34 所示。

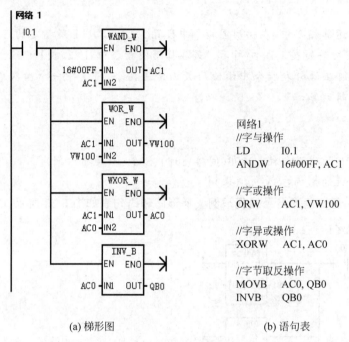

网络1
//字与操作
LD   I0.1
ANDW   16#00FF, AC1

//字或操作
ORW   AC1, VW100

//字异或操作
XORW   AC1, AC0

//字节取反操作
MOVB   AC0, QB0
INVB   QB0

(a) 梯形图   (b) 语句表

图 5-34　例 5-21 题图

5.2.3　递增、递减指令

递增、递减指令用于对输入无符号数字节、符号数字、符号数双字进行加 1 或减 1 的操作。指令格式如表 5-20 所示。

表 5-20　递增、递减指令格式

LAD	INC_B DEC_B	INC_W DEC_W	INC_DW DEC_DW
STL	INCB OUT	DECB OUT	INCW OUT	DECW OUT	INCD OUT	DECD OUT
功能	字节加 1	字节减 1	字加 1	字减 1	双字加 1	双字减 1

续表

操作及数据类型	IN：VB, IB, QB, MB, SB, SMB, LB, AC, 常量, ∗ VD, ∗ LD, ∗ AC； OUT：VB, IB, QB, MB, SB, SMB, LB, AC, ∗ VD, ∗ LD, ∗ AC； 数据类型：字节	IN：VW, IW, QW, MW, SW, SMW, AC, AIW, LW, T, C, 常量, ∗ VD, ∗ LD, ∗ AC； OUT：VW, IW, QW, MW, SW, SMW, LW, AC, T, C, ∗ VD, ∗ LD, ∗ AC； 数据类型：整数	IN：VD, ID, QD, MD, SD, SMD, LD, AC, HC, 常量, ∗ VD, ∗ LD, ∗ AC； OUT：VD, ID, QD, MD, SD, SMD, LD, AC, ∗ VD, ∗ LD, ∗ AC； 数据类型：双整数

（1）递增字节（INC-B）/递减字节（DEC-B）指令。

递增字节和递减字节指令在输入字节（IN）上加 1 或减 1，并将结果置入 OUT 指定的变量中，递增和递减字节运算不带符号。

（2）递增字（INC-W）/递减字（DEC-W）指令。

递增字和递减字指令在输入字（IN）上加 1 或减 1，并将结果置入 OUT。递增和递减字运算带符号（16♯7FFF ＞ 16♯8000）。

（3）递增双字（INC-DW）/递减双字（DEC-DW）指令。

递增双字和递减双字指令在输入双字（IN）上加 1 或减 1，并将结果置入 OUT。递增和递减双字运算带符号（16♯7FFFFFFF ＞ 16♯80000000）。

提示　①使 ENO＝0 的错误条件：SM4.3（运行时间）、0006（间接地址）、SM1.1（溢出）。②影响标志位：SM1.0（零）、SM1.1（溢出）、SM1.2（负数）。③在梯形图指令中，IN 和 OUT 可以指定为同一存储单元，这样可以节省内存，在语句表指令中不需要使用数据传送指令。

【例 5-22】　利用递增、递减指令编程。控制要求：食品加工厂对饮料生产线上的盒装饮料进行计数，每 24 盒为一箱，要求能记录生产的箱数。梯形图和语句表如图 5-35 所示。

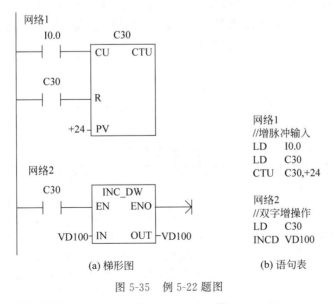

(a) 梯形图　　　(b) 语句表

图 5-35　例 5-22 题图

5.3 表功能指令

数据表是用来存放字型数据的表格,如图 5-36 所示,通过专设的表功能指令可以方便地实现对表中数据的各种操作。表格的第一个字地址即首地址,为表地址,首地址中的数值是表格的最大长度(TL),即最大填表数。表格的第二个字地址中的数值是表的实际长度(EC),指定表格中的实际填表数。每次向表格中增加新数据后,EC 加 1。从第三个字地址开始存放数据(字)。表格最多可存放 100 个数据(字),不包括指定最大填表数(TL)和实际填表数(EC)的参数。

图 5-36 数据表

要建立表格,首先须确定表的最大填表数。梯形图和语句表如图 5-37 所示。

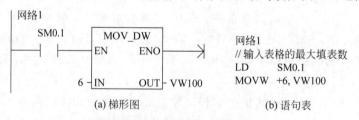

(a) 梯形图   (b) 语句表

图 5-37 输入表格的最大填表数

确定表格的最大填表数后,可用表功能指令在表中存取字型数据。S7-200 PLC 表功能指令包括填表指令、表取数指令、表查找指令、字填充指令。表功能指令包括所有的表格读取和表格写入指令,必须用边缘触发指令激活。

5.3.1 填表指令

填表(ATT)指令向表格(TBL)中增加一个字(DATA)。填表指令的格式如表 5-21所示。

表 5-21 填表指令格式

LAD	STL	功能及操作数
AD_T_TBL EN ENO DATA TBL	ATT DATA,TBL	**功能**：当 EN 有效时,将输入的字型数据填写到指定的表格中。在填表时,新数据填写到表格中最后一个数据的后面； **DATA**：VW,IW,QW,MW,SW,SMW,LW,T,C,AIW,AC,常量,＊VD,＊LD,＊AC,数据类型为整数； TBL 为表格的首地址：VW,IW,QW,MW,SW,SMW,LW,T,C,＊VD,＊LD ＊AC,数据类型为字

提示 ①表 5-21 中的第一个字存放表的最大长度(TL);第二个字存放表内实际的项数(EC)。②每填入一个新数据 EC 自动加 1。表最多可以装入 100 个有效数据(不包括 LTL 和 EC)。③使 ENO=0 的错误条件:0006(间接地址)、0091(操作数超出范围)、SM1.4(表溢出)、SM4.3(运行时间)。④填表指令影响特殊标志位 SM1.4(填入表的数据超出表的最大长度时,SM1.4=1)。

【**例 5-23**】 利用填表指令编程。将 VW100 中的数据 5678,填入首地址为 VW200 的数据表中。

设计分析:

(1) 首地址为 VW200 的表存储区,表中数据在执行本指令前已经建立,表中第一字单元存放表的长度为 5,第二字单元存放实际数据项 2 个,表中两个数据项为 1234 和 4321。

(2) 将 VW100 单元的字数据 5678 追加到表的下一个单元(VW208)中,且 EC 自动加 1。

梯形图、语句表及运行结果如图 5-38 所示。

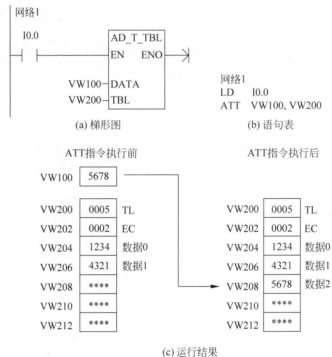

图 5-38 例 5-23 题图

5.3.2 表取数指令

从数据表中取数有先进先出(FIFO)和后进先出(LIFO)两种。执行表取数指令后,实际填表数 EC 值自动减 1。

(1) 先进先出指令。移出表格(TBL)中的第一个数(数据 0),并将该数值移至 DATA 指定存储单元,表格中的其他数据依次向上移动一个位置。

(2) 后进先出指令。将表格(TBL)中的最后一个数据移至输出端 DATA 指定的存储单元,表格中的其他数据位置不变。

表取数指令格式如表 5-22 所示。

表 5-22 表取数指令格式

LAD	FIFO —EN ENO— —TBL DATA—	LIFO —EN ENO— —TBL DATA—
STL	FIFO TBL,DATA	LIFO TBL,DATA
说明	输入端 TBL 为数据表的首地址，输出端 DATA 为存放取出数值的存储单元	
操作数及 数据类型	**TBL**：VW,IW,QW,MW,SW,SMW,LW,T,C,＊VD,＊LD,＊AC,数据类型为字； **DATA**：VW,IW,QW,MW,SW,SMW,LW,AC,T,C,AQW,＊VD,＊LD,＊AC,数据类型 为整数	

提示 使 ENO＝0 的错误条件：0006（间接地址）、0091（操作数超出范围）、SM1.5（空表）、SM4.3（运行时间）。对特殊标志位的影响：SM1.5（试图从空表中取数，SM1.5＝1）。

【例 5-24】 利用表取数指令编程。

（1）先进先出指令应用。

设计分析：

① 表首地址 VW200 单元，内容 0006 表示表的长度，数据 3 项，表中数据从 VW204 单元开始。

② 在 I0.0 有效时，将最先进入表中的数据 3256 送入 VW300 单元，下面数据依次上移，EC 减 1。梯形图、语句表及运行结果如图 5-39 所示。

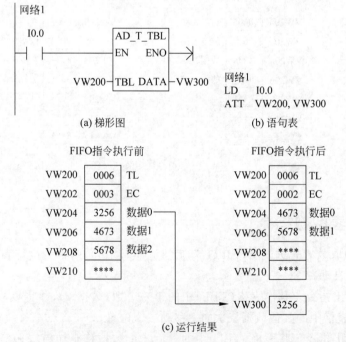

网络1
LD   I0.0
ATT VW200, VW300

(a) 梯形图   (b) 语句表

(c) 运行结果

图 5-39 先进先出指令（例 5-24 题图）

（2）后进先出指令应用。

设计分析：

① 表首地址 VW100 单元，内容 0006 表示表的长度，数据 3 项，表中数据从 VW104 单元开始。

② 在 I0.0 有效时，将最后进入表中的数据 3721 送入 VW200 单元，EC 减 1。

梯形图、语句表及运行结果如图 5-40 所示。

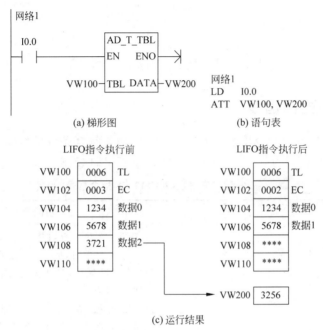

图 5-40 后进后出指令（例 5-24 题图）

（3）表取数指令综合应用。

设计分析： 在图 5-36 的数据表中，用 FIFO、LIFO 指令取数，将取出的数值分别放入 VW300、VW400 中。

梯形图、语句表及运行结果如图 5-41 所示。

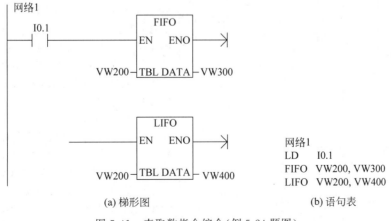

图 5-41 表取数指令综合（例 5-24 题图）

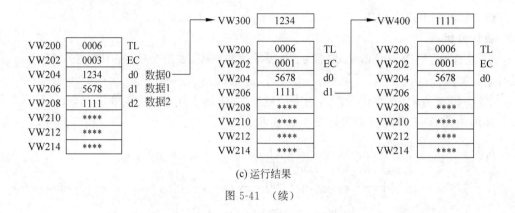

(c) 运行结果

图 5-41 （续）

5.3.3 表查找指令

表查找(TBL-FIND)指令用于在表格(TBL)中搜索符合条件的数据在表中的位置(用数据编号表示,编号范围为0~99)。其指令格式如表 5-23 所示。

表 5-23 表查找（TBL-FIND）指令格式

LAD	STL	功能及操作数
TBL_FIND EN ENO TBL PTN INDX CMD	FND= TBL,PATRN,INDX FND<> TBL,PATRN,INDX FND< TBL,PATRN,INDX FND> TBL,PATRN,INDX	**功能**：在执行查表指令前,首先对 INDX 清 0,当 EN 有效时,从 INDX 开始搜索 TBL,查找符合 PTN 且 CMD 所决定的数据,每搜索一个数据项,INDX 自动加 1；如果发现了一个符合条件的数据,那么 INDX 指向表中该数的位置。为了查找下一个符合条件的数据,在激活查表指令前,必须先对 INDX 加 1。如果没有发现符合条件的数据,那么 INDX 等于 EC。 **TBL**：为表格的实际填表数对应的地址（第二个字地址）,即高于对应的"增加至表格""后入先出"或"先入先出"指令 TBL 操作数的一个字地址(2 字节)。TBL 操作数为 VW,IW,QW,MW,SW,SMW,LW,T,C,* VD,* LD,* AC。数据类型为字。 **PTN**：用来描述查表条件时进行比较的数据。PTN 操作数为 VW,IW,QW,MW,SW,SMW,AIW,LW,T,C,AC,常量,* VD,* LD,* AC。数据类型为整数。 **INDX**：搜索指针,即从 INDX 所指的数据编号开始查找,并将搜索到的符合条件的数据的编号放入 INDX 所指定的存储器。INDX 操作数为 VW,IW,QW,MW,SW,SMW,LW,T,C,AC,* VD,* LD,* AC。数据类型：字。 **CMD**：比较运算符,其操作数为常量 1~4,分别代表 =、<>、<、>。数据类型为字节

说明：

（1）表查找指令搜索表格时，从 INDX 指定的数据编号开始，寻找与数据 PTN 的关系满足 CMD 比较条件的数据。参数如果找到符合条件的数据，则 INDX 的值为该数据的编号。要查找下一个符合条件的数据，再次使用"表格查找"指令之前须将 INDX 加 1。如果没有找到符合条件的数据，则 INDX 的数值等于实际填表数 EC。一个表格最多可有 100 个数据，数据编号范围为 0～99。将 INDX 的值设为 0，则从表格的顶端开始搜索。

（2）使 ENO＝0 的错误条件：SM4.3（运行时间）、0006（间接地址）、0091（操作数超出范围）。

提示 查表指令不需要 ATT 指令中的最大填表数 TL。因此，查表指令的 TBL 操作数比 ATT 指令的 TBL 操作数高 2 字节。例如，ATT 指令创建的表 TBL＝VW200，对该表进行查找指令时的 TBL 应为 VW202。

【例 5-25】 利用查表指令编程。从 EC 地址为 VW202 的表中查找等于 3030 数据的位置存入 AC1 中，设表中数据均为十进制数表示。

设计分析： 为了从表格的顶端开始搜索，AC1 的初始值＝0，查表指令执行后 AC1＝1，找到符合条件的数据 1。继续向下查找，先将 AC1 加 1，再激活表查找指令，从表中符合条件的数据 1 的下一个数据开始查找，第二次执行查表指令后，AC1＝4，找到符合条件的数据 4。继续向下查找，将 AC1 再加 1，再激活表查找指令，从表中符合条件的数据 4 的下一个数据开始查找，第三次执行表查找指令后，没有找到符合条件的数据，AC1＝6（实际填表数）。梯形图、语句表及运行结果如图 5-42 所示。

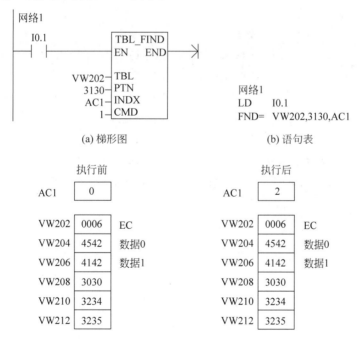

图 5-42 例 5-25 题图

执行过程如下。

（1）表首地址 VW202 单元，内容 0006 表示表的长度，表中数据从 VW204 单元开始；

（2）若 AC1＝0，在 I0.1 有效时，从 VW204 单元开始查找；

（3）在搜索到 PTN 数据 3030 时，AC1＝2，其存储单元为 VW208。

习题与思考题

5-1 已知 VB10＝18，VB20＝30，VB21＝33，VB32＝98。将 VB10，VB30，VB31，VB32 中的数据分别送到 AC1，VB200，VB201，VB202 中。写出梯形图及语句表程序。

5-2 试用传送指令编写梯形图程序。要求控制 Q0.0～Q0.7 对应的 8 个指示灯，在 I0.0 接通时，使输出隔位接通，在 I0.1 接通时，输出取反后隔位接通。

5-3 编制检测上升沿变化的程序。每当 I0.0 接通一次，使存储单元 VW0 的值加 1，则如果计数达到 5，则输出 Q0.0 接通显示，用 I0.1 使 Q0.0 复位。

5-4 用数据类型转换指令实现将 cm 转换为 in。已知 1in＝2.54cm。

5-5 编写输出字符 A 的七段显示码程序。

5-6 彩灯的循环移位控制。假设有 8 个指示灯，从右到左以 0.5s 的速度依次点亮，任意时刻只有一个指示灯亮，到达最左端，再从右到左依次点亮。

5-7 炫丽彩灯灯光的模拟控制。控制要求：L1、L2、L9→L1、L5、L8→L1、L4、L7→L1、L3、L6→L1→L2、L3、L4、L5→L6、L7、L8、L9→L1、L2、L6→L1、L3、L7→L1、L4、L8→L1、L5、L9→L1→L2、L3、L4、L5→L6、L7、L8、L9→L1、L2、L9→L1、L5、L8……循环下去。按下面的 I/O 分配编写程序。

输入	输出	
起动按钮：I0.0	L1：Q0.0	L6：Q0.5
停止按钮：I0.1	L2：Q0.1	L7：Q0.6
	L3：Q0.2	L8：Q0.7
	L4：Q0.3	L9：Q1.0
	L5：Q0.4	

5-8 用算术运算指令完成下列的运算。①$8^4$；②求 COS60°。

5-9 将 VW100 开始的 10 个字的数据送到 VW200 开始的存储区。

第 6 章

特殊功能指令

可编程控制器作为一个计算机控制系统,不仅可以用来实现继电-接触器控制系统的位控功能,而且也能够应用于多位数据的处理、过程控制等领域。几乎所有的 PLC 生产厂家都开发增设了用于特殊控制要求的指令,这些指令称为特殊功能指令。

6.1 立即类指令

S7-200 可通过立即存取指令加快系统的响应速度。立即类指令是指执行指令时不受 S7-200 循环扫描工作方式的限制影响,而对输入、输出点进行立即读写操作并产生其逻辑作用,共有 4 种方式。

(1) 立即读输入指令。立即读输入指令是在 LD,LDN,A,AN,O,ON 指令后加 I,组成 LDI,LDNI,AI,ANI,OI,ONI 指令。程序执行立即读输入指令时,只是立即读取物理输入点的值,而不改变映像寄存器的值。

(2) 立即输出(=I)指令。执行立即输出指令,是将栈顶值立即复制到指令所指定的物理输出点,同时刷新输出映像器的内容。

(3) 立即置位(SI)指令。执行立即置位指令,将从指令指定的位开始的最多 128 个物理输出点同时置 1,并且刷出映像寄存器的内容。

(4) 立即复位(R)指令。执行立即复位指令,将从指令指定的位开始的最多 128 个物理输出点同时清 0,新输出映像寄存器的内容。

立即类指令的格式及说明如表 6-1 所示。立即指令的梯形图及语句表示例如图 6-1 所示。

表 6-1 立即类指令的格式及说明

LAD	┤ ├	┤ /├	─(I)	─(SI)	─(RI)
STL	LDI BIT AI BIT OI BIT	LDNI BIT ANI BIT ONI BIT	=I BIT	SI BIT,N	RI BIT,N
说明	常开立即触点可以装载、串联、并联	常闭立即触点可以装载、串联、并联	立即输出	立即置位	立即复位

续表

操作数及 数据类型	BIT：I； 数据类型：BOOL	BIT：Q； 数据类型：BOOL	BIT：Q；数据类型：布尔； N：VB，IB，QB，MB，SMB，SB，LB， AC，常量，＊VD，＊AC，＊LD； 数据类型：字节

提示　立即类指令与非立即类指令不同，非立即指令仅将新值读或写入输入/输出映像寄存器。

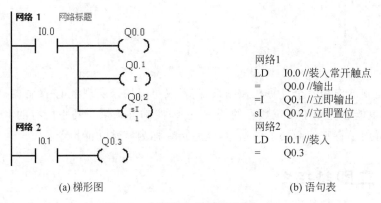

(a) 梯形图　　　　　　　　　　　　　　(b) 语句表

图 6-1　立即指令梯形图及语句表

6.2　中断指令

在计算机控制中，对于那些不定期产生的急需处理的事件，常常通过采用中断处理技术来完成，当 CPU 响应中断请求后，会暂时停止当前正在执行的程序，进行现场保护，在将累加器、逻辑栈、寄存器以及特殊继电器的状态和数据保存起来后，转到相应的中断服务程序中去处理，一旦处理结束，立即恢复现场，将保存起来的现场数据和状态重新装入，返回到原程序继续执行。

S7-200 设置了中断功能，用于实时控制、高速处理、通信和网络等复杂和特殊的控制任务。中断就是中止当前正在运行的程序，去执行为立即响应的信号而编制的中断服务程序，执行完毕再返回原先被中止的程序并继续运行。

提示　中断事件与用户程序的执行时序无关，有的中断事件不能事先预测。中断程序不是由用户程序调用，而是在中断事件发生时由操作系统调用，但中断程序是用户编写的。

1. 中断源

1）中断源的类型

中断源即发出中断请求的事件，又称为中断事件。为了便于识别，系统给每个中断源都分配一个编号，称为中断事件号。S7-200 系列可编程控制器最多有 34 个中断源，分为三大类：通信中断、输入/输出中断和时基中断。

（1）通信中断。

在自由口通信模式下，用户可通过编程来设置波特率、奇偶校验和通信协议等参数，利用接收和发送中断可简化程序对通信的控制。用户通过编程控制通信端口的事件为通信中断。

（2）输入/输出中断。

输入/输出中断，即I/O中断。包括外部输入上升/下降沿中断、高速计数器中断和高速脉冲输出中断。S7-200用输入(I0.0、I0.1、I0.2或I0.3)上升/下降沿产生中断。这些输入点用于捕获在发生时必须立即处理的事件。高速计数器中断指对高速计数器运行时产生的事件实时响应，包括当前值等于预设值时产生的中断、计数方向改变时产生的中断或计数器外部复位产生的中断。脉冲输出中断是指预定数目脉冲输出完成而产生的中断。

（3）时基中断。

来自PLC内部的定时功能常常称为时基中断。时基中断包括定时中断和定时器T32/T96中断。

定时中断用于支持一个周期性的事件。有两种类型：定时中断0和定时中断1。周期时间为1～255ms，时基是1ms。使用定时中断0，必须在SMB34中写入周期时间；使用定时中断1，必须在SMB35中写入周期时间。将中断程序连接在定时中断事件上，若定时中断被允许，则计时开始，每当达到定时时间值时，执行中断程序。定时中断可以用来对模拟量输入进行采样或定期执行PID回路，进而完成PID控制。

定时器T32/T96中断指允许对定时间隔产生中断。这类中断只能用时基为1ms的定时器T32/T96构成。当中断被起用后，当前值等于预置值时，在S7-200执行的正常1ms定时器更新的过程中，执行连接的中断程序。

2）中断优先级和中断队列

（1）中断优先级。

中断优先级是指多个中断事件同时发出中断请求时，CPU对中断事件响应的优先次序。S7-200规定的中断优先由高到低依次是：通信中断、I/O中断和定时中断。每类中断中不同的中断事件又有不同的优先权，如表6-2所示。

表6-2 中断事件及优先级

优先级分组	组内优先级	中断事件号	中断事件说明	中断事件类别
通信中断	0	8	通信口0：接收字符	通信口0
	0	9	通信口0：发送完成	
	0	23	通信口0：接收信息完成	
	1	24	通信口1：接收信息完成	通信口1
	1	25	通信口1：接收字符	
	1	26	通信口1：发送完成	
I/O中断	0	19	PTO 0脉冲串输出完成中断	脉冲输出
	1	20	PTO 1脉冲串输出完成中断	
	2	0	I0.0上升沿中断	外部输入
	3	2	I0.1上升沿中断	
	4	4	I0.2上升沿中断	
	5	6	I0.3上升沿中断	
	6	1	I0.0下降沿中断	
	7	3	I0.1下降沿中断	
	8	5	I0.2下降沿中断	
	9	7	I0.3下降沿中断	
	10	12	HSC0当前值＝预置值中断	高速计数器
	11	27	HSC0计数方向改变中断	
	12	28	HSC0外部复位中断	
	13	13	HSC1当前值＝预置值中断	

续表

优先级分组	组内优先级	中断事件号	中断事件说明	中断事件类别
I/O 中断	14	14	HSC1 计数方向改变中断	高速计数器
	15	15	HSC1 外部复位中断	
	16	16	HSC2 当前值＝预置值中断	
	17	17	HSC2 计数方向改变中断	
	18	18	HSC2 外部复位中断	
	19	32	HSC3 当前值＝预置值中断	
	20	29	HSC4 当前值＝预置值中断	
	21	30	HSC4 计数方向改变	
	22	31	HSC4 外部复位	
	23	33	HSC5 当前值＝预置值中断	
定时中断	0	10	定时中断 0	定时
	1	11	定时中断 1	
	2	21	定时器 T32 CT＝PT 中断	定时器
	3	22	定时器 T96 CT＝PT 中断	

（2）中断队列。

一个程序中总共可有 128 个中断。S7-200 在各自的优先级组内按照先来先服务的原则为中断提供服务。在任何时刻，CPU 只能执行一个中断程序。一旦一个中断程序开始执行，就一直执行至完成，不能被另一个中断程序打断，即使是更高优先级的中断程序。中断程序执行中，新的中断请求按优先级排队等候，形成中断队列。中断队列能保存的中断个数有限，若超出，则会产生溢出。中断队列的最多中断个数和溢出标志位如表 6-3 所示。

表 6-3　中断队列的最多中断个数和溢出标志位

队列	CPU221	CPU222	CPU224	CPU226 和 CPU226XM	溢出标志位
通信中断队列	4	4	4	8	SM4.0
I/O 中断队列	16	16	16	16	SM4.1
定时中断队列	8	8	8	8	SM4.2

2. 中断指令

中断指令有 4 条，包括中断允许、禁止指令，中断连接、分离指令。中断指令格式如表 6-4 所示。

表 6-4　中断指令格式

LAD	$-($ ENI $)$	$($ DISI $)$	ATCH EN ENO INT EVNT	DTCH EN ENO EVNT
STL	ENI	DISI	ATCH INT,EVNT	DTCH EVNT
操作数及数据类型	无	无	**INT**：常量 0～127； **EVNT**：常量； **CPU224**：0～23,27～33； **INT/EVNT** 数据类型：字节	**EVNT**：常量； **CPU224**：0～23,27～33； 数据类型：字节

1）中断允许、禁止指令

中断允许（ENI）指令全局地允许所有被连接的中断事件，中断禁止（DISI）指令全局地禁止处理所有中断事件。中断事件的每次出现均被排队等候,直至使用全局中断允许指令重新起用中断。

PLC转换到RUN(运行)模式时,中断开始时被禁用,可以通过执行中断允许指令允许所有中断事件。执行中断禁止指令会禁止处理中断,但是现有中断事件仍然继续排队等候。

2)中断连接、分离指令

中断连接(ATCH)指令将中断事件(EVNT)与中断程序号码(INT)相连接,并起用中断事件。

中断分离(DTCH)指令取消某中断事件与所有中断程序之间的连接,并禁用该中断事件。

提示　一个中断事件只能连接一个中断程序,但多个中断事件可以调用一个中断程序。由用户程序把中断程序与中断事件连接起来,并且开放系统后,才能进入等待中断事件触发中断程序执行的状态。可以用指令取消中断程序与中断事件的连接,或者禁止全部中断。

3. 中断程序

1)中断程序的概念

中断程序是为处理中断事件而事先编好的程序。中断程序不是由程序调用,而是在中断事件发生时由操作系统调用。中断程序由中断程序号开始,以无条件返回(CRETI)指令结束。

提示　在中断程序中不能改写其他程序使用的存储器,最好使用局部变量。中断程序应实现特定的任务,应"越短越好"。

2)建立中断程序的方法

(1)选择菜单"编辑"→"插入"→"中断"。

(2)从"指令树"用鼠标右击"程序块"图标并从弹出菜单选择"插入"→"中断"。

(3)在"程序编辑器"窗口,在弹出菜单用鼠标右击选择"插入"→"中断"。

程序编辑器从先前的POU显示更改为新中断程序,在程序编辑器的底部会出现一个新标记,代表新的中断程序。

提示　在中断程序中禁止使用DISI,ENI,HDEF,LSCR和END指令。如果用全局中断禁止(DISI)指令禁止所有中断,则每个出现的中断事件就进入中断队列,直到用全局中断允许(ENI)指令重新允许中断。可以用中断分离指令截断中断事件和中断程序之间的联系,以单独禁止中断事件,中断分离指令使中断回到不激活或无效状态。

在一个程序中若使用中断功能,则至少要使用一次ENI指令,不然程序中的ATCH指令完不成使能中断的任务。

【例6-1】　编写一个程序,要求由I0.1的上升沿产生中断事件的初始化程序。

设计分析:通过查表6-2可知,I0.1上升沿产生的中断事件号为2。所以在主程序中用中断连接指令将事件号2和中断程序0连接起来,并全局允许中断。

梯形图和语句表如图6-2所示。

【例6-2】　利用定时中断功能编写一个程序,实现采样工作,要求每10ms采样一次。

设计分析:完成每10ms采样一次,须用定时中断,通过查表6-2可知,定时中断0的中断事件号为10。因此在主程序中将采样周期10ms,即定时中断的时间间隔写入定时中断0的特殊存储器SMB34,并将中断事件10和INT_0连接,全局允许中断。在中断程序0中,将模拟量输入信号读入。

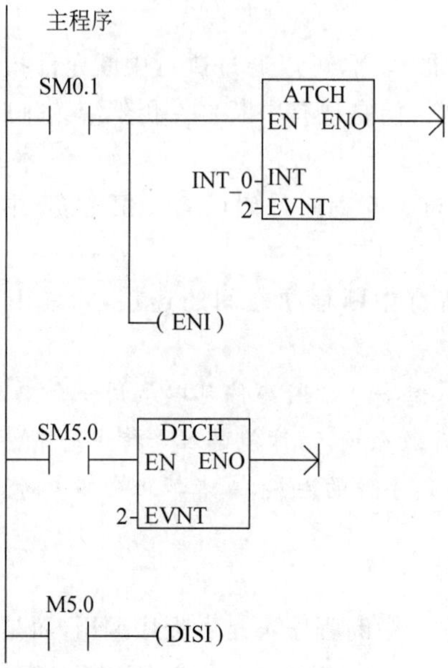

主程序

```
     SM0.1              ┌──────────┐
    ──┤ ├──────┬────────┤ATCH      │
              │        ┤EN    ENO├───┤ ├
              │        │          │
              │  INT_0─┤INT       │
              │      2─┤EVNT      │
              │        └──────────┘
              │
              │
     SM5.0    │        ┌──────────┐
    ──┤ ├─────┼────────┤DTCH      │
              │        ┤EN    ENO├───┤ ├
              │        │          │
              │      2─┤EVNT      │
              │        └──────────┘
              │
     M5.0     │
    ──┤ ├─────┼────────────( DISI )
              │
              └────────( ENI )
```

主程序		
LD	SM0.1	//首次扫描时
ATCH	INT_0，2	//将INT_0和EVNT2连接
ENI		//全局起用中断
LD	SM5.0	//若检测到I/O错误
DTCH	2	//禁用I0.1的上升沿中断
LD	M5.0	//M5.0=1时
DISI		//禁用所有的中断

(a) 梯形图　　　　　　　　　　　　　　(b) 语句表

图 6-2　例 6-1 题图

梯形图和语句表如图 6-3 所示。

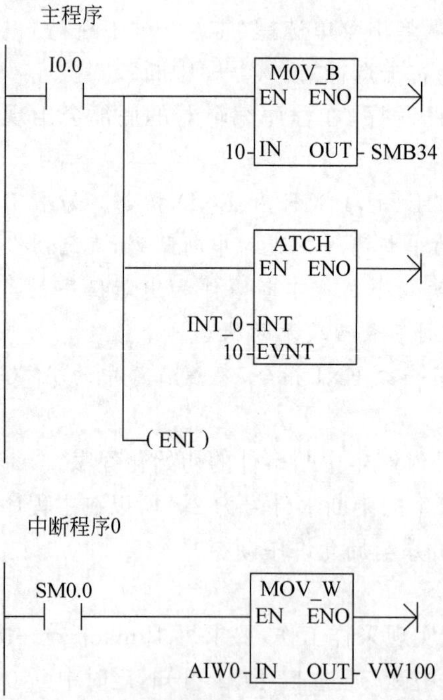

主程序

```
     I0.0               ┌──────────┐
    ──┤ ├──────┬────────┤MOV_B     │
              │        ┤EN    ENO├───┤ ├
              │        │          │
              │    10─┤IN   OUT├── SMB34
              │        └──────────┘
              │
              │        ┌──────────┐
              ├────────┤ATCH      │
              │        ┤EN    ENO├───┤ ├
              │        │          │
              │  INT_0─┤INT       │
              │    10─┤EVNT      │
              │        └──────────┘
              │
              └────────( ENI )
```

中断程序0

```
     SM0.0              ┌──────────┐
    ──┤ ├──────────────┤MOV_W     │
                       ┤EN    ENO├───┤ ├
                       │          │
                 AIW0─┤IN   OUT├── VW100
                       └──────────┘
```

主程序
LD　　　　I0.0
MOVB　　10,SMB34　//将采样周期设为10ms
ATCH　　　INT_0，10 //将INT_0和EVNT10连接
ENI　　　　　　　　//全局起用中断
中断程序0
MOVW AIW0,VW100 //读入模拟量AIW0

(a) 梯形图　　　　　　　　　　　　　　(b) 语句表

图 6-3　例 6-2 题图

【例 6-3】 利用定时中断功能编写一个程序。方案要求：当 I0.0 由 OFF 变为 ON 时，Q0.0 亮 2s，灭 2s，如此循环反复直至 I0.0 由 ON 变为 OFF，Q0.0 变为 OFF。

设计分析：利用 T32 定时中断功能编写程序，通过查表 6-2 可知，定时中断 T32 的中断事件号为 21。

梯形图和语句表如图 6-4 所示。

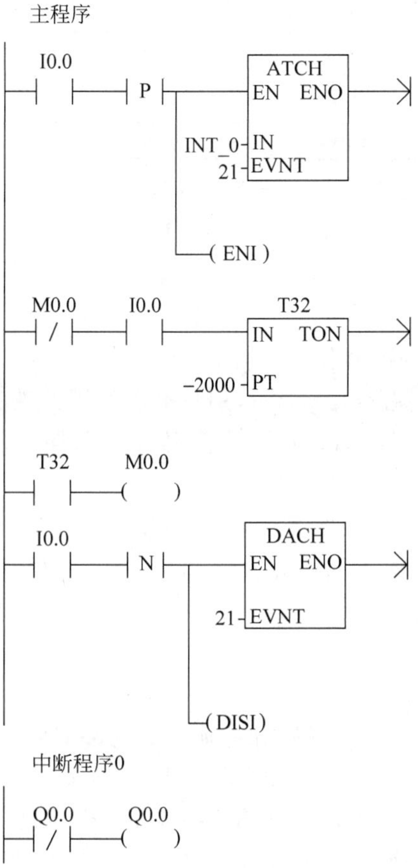

(a) 梯形图

```
主程序
LD      I0.0
EU
ATCH    INT_0,21 //将INT_0和EVNT2连接
ENI              //全局起用中断

LDN     M0.0
A       I0.0
TON     T32.+2000

LD      T32
=       M0.0

LD      I0.0
ED
DTCH    21       //禁用T32定时中断
DISI             //禁用所有的中断

中断程序0
LDN     Q0.0
=       Q0.0
```

(b) 语句表

图 6-4　例 6-3 题图

6.3　高速计数器与高速脉冲输出

普通计数器是按照顺序扫描的方式进行工作的，计数速度受扫描周期的影响，在每个扫描周期中，对计数脉冲只能进行一次累加。然而，当输入脉冲信号的频率比 PLC 的扫描频率高时，就不能满足控制要求了。在 PLC 中，处理比扫描频率高的输入信号的任务是由高速计数器来完成的。

SIMATIC S7-200 CPU22x 系列最高计数频率为 30kHz，用于捕捉比 CPU 扫描速度更快的事件，并产生中断，执行中断程序，完成预定的操作。高速计数器最多可设置 12 种不同的操作模式。同时该系列 PLC 还设有高速脉冲输出，输出频率可达 20kHz，用于 PTO（输出一个频率可调、占空比为 50%的脉冲）和 PWM（输出占空比可调的脉冲），高速脉冲输出的功能可用于对电动机进行速度控制、位置控制和控制变频器使电机调速。

1. 占用输入/输出端子

1）高速计数器占用输入端子

CPU224 有 6 个高速计数器，其占用的输入端子如表 6-5 所示。

表 6-5 高速计数器占用的输入端子

高速计数器	使用的输入端子	高速计数器	使用的输入端子
HSC0	I0.0,I0.1,I0.2	HSC3	I0.1
HSC1	I0.6,I0.7,I1.0,I1.1	HSC4	I0.3,I0.4,I0.5
HSC2	I1.2,I1.3,I1.4,I1.5	HSC5	I0.4

提示 各高速计数器不同的输入端有专用的功能，如：时钟脉冲端、方向控制端、复位端、起动端。注意同一个输入端不能用于两种不同的功能。但是高速计数器当前模式未使用的输入端均可用于其他用途，如作为中断输入端或作为数字量输入端。

2）高速脉冲输出占用的输出端子

高速脉冲输出有高速脉冲串输出 PTO 和宽度可调脉冲输出 PWM 两种形式：PTO 脉冲串功能可输出指定个数、指定周期的方波脉冲（占空比 50%），用户可以控制方波的周期和脉冲数；PWM 功能可输出脉宽变化的脉冲信号，用户可以指定脉冲的周期和脉冲的宽度。

提示 S7-200 有两个 PTO/PWM 发生器，一个发生器是数字输出点 Q0.0，另一个是 Q0.1；当 PTO、PWM 发生器控制输出时，将禁止输出点 Q0.0、Q0.1 的正常使用；当不使用 PTO、PWM 高速脉冲发生器时，输出点 Q0.0、Q0.1 恢复正常，即由输出映像寄存器决定其输出状态。

2. 高速计数器的工作模式

高速计数器有 12 种工作模式，模式 0～模式 2 采用单路脉冲输入的内部方向控制加/减计数；模式 3～模式 5 采用单路脉冲输入的外部方向控制加/减计数；模式 6～模式 8 采用两路脉冲输入的加/减计数；模式 9～模式 11 采用两路脉冲输入的双相正交计数。

S7-200 CPU224 有 HSC0～HSC5 共 6 个高速计数器，每个高速计数器有多种不同的工作模式。HSC0 和 HSC4 有模式 0、1、3、4、6、7、8、9、10；HSC1 和 HSC2 有模式 0～模式 11；HSC3 和 HSC5 只有模式 0。每种高速计数器所拥有的工作模式和其占有的输入端子的数目有关，如表 6-6、表 6-7 所示。

表 6-6 高速计数器 HSC0、HSC3、HSC4、HSC5 的工作模式和外部输入端子关系

工作模式	HSC0			HSC3	HSC4			HSC5
	I0.0	I0.1	I0.2	I0.1	I0.3	I0.4	I0.5	I0.4
0	计数脉冲输入端			计数脉冲输入端	计数脉冲输入端			计数脉冲输入端
1	计数脉冲输入端		复位端		计数脉冲输入端		复位端	
3	计数脉冲输入端	方向控制端			计数脉冲输入端	方向控制端		

续表

工作模式	HSC0			HSC3	HSC4			HSC5
	I0.0	I0.1	I0.2	I0.1	I0.3	I0.4	I0.5	I0.4
4	计数 脉冲输入端	方向控制端	复位端		计数 脉冲输入端	方向控制端	复位端	
6	加计数 脉冲输入端	减计数 脉冲输入端			加计数 脉冲输入端	减计数 脉冲输入端		
7	加计数 脉冲输入端	减计数 脉冲输入端	复位端		加计数 脉冲输入端	减计数 脉冲输入端	复位端	
9	A相计数 脉冲输入端	B相计数 脉冲输入端			A相计数 脉冲输入端	B相计数 脉冲输入端		
10	A相计数 脉冲输入端	B相计数 脉冲输入端	复位端		A相计数 脉冲输入端	B相计数 脉冲输入端	复位端	

表 6-7 高速计数器 HSC1、HSC2 的工作模式和外部输入信号关系

工作模式	HSC1				HSC2			
	I0.6	I0.7	I1.0	I1.1	I1.2	I1.3	I1.4	I1.5
0	计数 脉冲输入端				计数 脉冲输入端			
1	计数 脉冲输入端		复位端		计数 脉冲输入端		复位端	
2	计数 脉冲输入端		复位端	起动	计数 脉冲输入端		复位端	起动
3	计数 脉冲输入端	方向控制端			计数 脉冲输入端	方向控制端		
4	计数 脉冲输入端	方向控制端	复位端		计数 脉冲输入端	方向控制端	复位端	
5	计数 脉冲输入端	方向控制端	复位端	起动	计数 脉冲输入端	方向控制端	复位端	起动
6	加计数 脉冲输入端	减计数 脉冲输入端			加计数 脉冲输入端	减计数 脉冲输入端		
7	加计数 脉冲输入端	减计数 脉冲输入端	复位端		加计数 脉冲输入端	减计数 脉冲输入端	复位端	
8	加计数 脉冲输入端	减计数 脉冲输入端	复位端	起动	加计数 脉冲输入端	减计数 脉冲输入端	复位端	起动
9	A相计数 脉冲输入端	B相计数 脉冲输入端			A相计数 脉冲输入端	B相计数 脉冲输入端		
10	A相计数 脉冲输入端	B相计数 脉冲输入端	复位端		A相计数 脉冲输入端	B相计数 脉冲输入端	复位端	
11	A相计数 脉冲输入端	B相计数 脉冲输入端	复位端	起动	A相计数 脉冲输入端	B相计数 脉冲输入端	复位端	起动

提示 选用某个高速计数器在某种工作方式下工作后,高速计数器所使用的输入不是任意选择的,必须按系统指定的输入点输入信号。如 HSC1 在模式 11 下工作,就必须用 I0.6 为 A 相脉冲输入端,I0.7 为 B 相脉冲输入端,I1.0 为复位端,I1.1 为起动端。

下面以 HSC1 的工作模式为例,说明高速计数器的工作模式。

1) 单路脉冲输入的内部方向控制加/减计数

单路脉冲输入的内部方向控制加/减计数,即只有一个脉冲输入端 I0.6,通过 PLC 内部的特殊继电器 SM47.3 的状态(1 或 0)来确定计数方向(加或减)。内部方向控制的单路加/减计数时序图如图 6-5 所示。

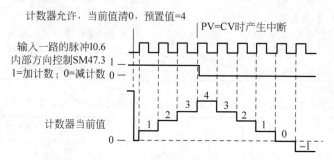

图 6-5 具有内部方向控制的单路加/减计数时序图

2) 单路脉冲输入的外部方向控制加/减计数

单路脉冲输入的外部方向控制加/减计数,即有一个脉冲输入端,有一个方向控制端。方向输入信号等于 1 时,加计数;方向输入信号等于 0 时,减计数。外部方向控制的单路加/减计数时序图如图 6-6 所示。

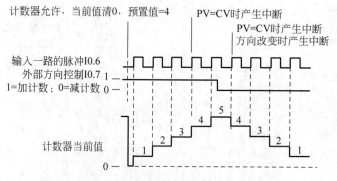

图 6-6 具有外部方向控制的单路加/减计数时序图

3) 两路脉冲输入的单相加/减计数

两路脉冲输入的单相加/减计数,即有两个脉冲输入端,一个是加计数脉冲,一个是减计数脉冲,计数值为两个输入端脉冲的代数和。两路脉冲输入的加/减计数时序图如图 6-7 所示。

4) 两路脉冲输入的双相正交计数

两路脉冲输入的双相正交计数,即有两个脉冲输入端,输入的两路脉冲 A 相、B 相,相位互差 90°(正交),A 相超前 B 相 90°时,加计数;A 相滞后 B 相 90°时,减计数。在这种计数方式下,可选择 1× 模式(单倍频,一个时钟脉冲计一个数)和 4× 模式(四倍频,一个时钟

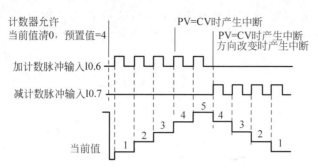

图 6-7 具有两路脉冲输入的加/减计数时序图

脉冲计四个数)。两路脉冲输入的双相正交计数 1× 模式时序图如图 6-8 所示,两路脉冲输入的双相正交计数 4× 模式时序图如图 6-9 所示。

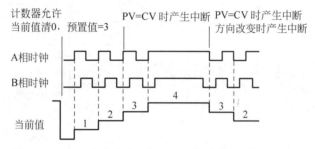

图 6-8 具有两路脉冲输入的双相正交计数 1× 模式时序图

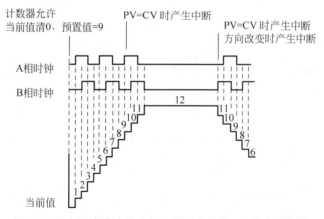

图 6-9 具有两路脉冲输入的双相正交计数 4× 模式时序图

3. 高速计数器的控制字和状态字

1)控制字节

每个高速计数器都对应一个特殊继电器的控制字节 SMB,通过对控制字节指定位的编程,确定高速计数器的工作方式。S7-200 在执行 HSC 指令前,首先要检验与每个高速计数器相关的控制字节,在控制字节中设置起动输入信号和复位输入信号的有效电平、正交计数器的计数倍率、计数方向采用内部控制时的有效电平、是否允许改变计数方向、是否允许更新设定值、是否允许更新当前值,以及是否允许执行高速计数指令。

定义了计数器和工作模式之后,还要设置高速计数器的有关控制字节。每个高速计数器均有一个控制字节，它决定了计数器的计数允许或禁用、方向控制（仅限模式 0、1 和 2）或对所有其他模式的初始化计数方向、装入当前值和预置值。控制字节每个控制位的说明如表 6-8 所示。

表 6-8　HSC 的控制字节

HSC0	HSC1	HSC2	HSC3	HSC4	HSC5	说　明
SM37.0	SM47.0	SM57.0		SM147.0		复位有效电平控制：0＝复位信号高电平有效；1＝低电平有效
	SM47.1	SM57.1				起动有效电平控制：0＝起动信号高电平有效；1＝低电平有效
SM37.2	SM47.2	SM57.2		SM147.2		正交计数器计数速率选择：0＝4×计数速率；1＝1×计数速率
SM37.3	SM47.3	SM57.3	SM137.3	SM147.3	SM157.3	计数方向控制位：0＝减计数；1＝加计数
SM37.4	SM47.4	SM57.4	SM137.4	SM147.4	SM157.4	向 HSC 写入计数方向：0＝无更新；1＝更新计数方向
SM37.5	SM47.5	SM57.5	SM137.5	SM147.5	SM157.5	向 HSC 写入新预置值：0＝无更新；1＝更新预置值
SM37.6	SM47.6	SM57.6	SM137.6	SM147.6	SM157.6	向 HSC 写入新当前值：0＝无更新；1＝更新当前值
SM37.7	SM47.7	SM57.7	SM137.7	SM147.7	SM157.7	HSC 允许：0＝禁用；HSC1＝起用 HSC

2）状态字节

每个高速计数器都有一个状态字节，状态位表示当前计数方向以及当前值是否大于或等于预置值。状态字节的 0～4 位不用。监控高速计数器状态的目的是使外部事件产生中断，以完成重要的操作。每个高速计数器状态字节的状态位如表 6-9 所示。

表 6-9　高速计数器状态字节的状态位

HSC0	HSC1	HSC2	HSC3	HSC4	HSC5	说　明
SM36.5	SM46.5	SM56.5	SM136.5	SM146.5	SM156.5	当前计数方向状态位：0＝减计数；1＝加计数
SM36.6	SM46.6	SM56.6	SM136.6	SM146.6	SM156.6	当前值等于预设值状态位：0＝不相等；1＝等于
SM36.7	SM46.7	SM56.7	SM136.7	SM146.7	SM156.7	当前值大于预设值状态位：0＝小于或等于；1＝大于

（提示）　只有执行高速计数器的中断程序时，状态字节的状态位才有效。

4. 高速计数器指令

1）指令

高速计数器指令有两条：高速计数器定义（HDEF）指令、高速计数器（HSC）指令。指令格式如表 6-10 所示。

表 6-10　高速计数器指令格式

LAD	![HDEF EN ENO HSC MODE]	![HSC EN ENO N]
STL	HDEF　HSC,MODE	HSC　N
功能说明	高速计数器定义指令 HDEF	高速计数器指令 HSC
操作数	**HSC**：高速计数器的编号,为常量(0~5),数据类型为字节; **MODE**：工作模式,为常量(0~11); **数据类型**：字节	**N**：高速计数器的编号,为常量(0~5); **数据类型**：字
ENO＝0 的出错条件	SM4.3(运行时间),0003(输入点冲突),0004(中断中的非法指令),000A(HSC 重复定义)	SM4.3(运行时间),0001(HSC 在 HDEF 之前),0005(HSC/PLS 同时操作)

(1) 高速计数器定义指令指定高速计数器(HSCx)的工作模式。工作模式的选择即选择高速计数器的输入脉冲、计数方向、复位和起动功能。每个高速计数器只能用一条"高速计数器定义"指令。

(2) 高速计数器指令根据高速计数器控制位的状态和 HDEF 指令指定的工作模式控制高速计数器。参数 N 指定高速计数器的号码。

2) 指令的使用

(1) 每个高速计数器都有一个 32 位当前值和一个 32 位预置值,当前值和预设值均为带符号的整数值。要设置高速计数器的新当前值和新预置值,必须设置控制字节(见表 6-8),令其第 5 位和第 6 位为 1,允许更新预置值和当前值,新当前值和新预置值写入特殊内部标志位存储区。然后执行 HSC 指令,将新数值传输到高速计数器。当前值和预置值占用的特殊内部标志位存储区如表 6-11 所示。

表 6-11　HSC0~HSC5 当前值和预置值占用的特殊内部标志位存储区

要装入的数值	HSC0	HSC1	HSC2	HSC3	HSC4	HSC5
新的当前值	SMD38	SMD48	SMD58	SMD138	SMD148	SMD158
新的预置值	SMD42	SMD52	SMD62	SMD142	SMD152	SMD162

提示　除控制字节以及新预设值和当前值保持字节外,还可以使用数据类型 HC(高速计数器当前值)加计数器号码(0、1、2、3、4 或 5)读取每台高速计数器的当前值。因此,读取操作可直接读取当前值,但只有用上述 HSC 指令才能执行写入操作。

(2) 执行 HDEF 指令之前,必须将高速计数器控制字节的位设置成需要的状态,否则将采用默认设置。默认设置为复位和起动输入高电平有效,正交计数速率选择 4× 模式。执行 HDEF 指令后,就不能再改变计数器的设置,除非 CPU 进入停止模式。

(3) 执行 HSC 指令时,CPU 检查控制字节和有关的当前值和预置值。

3) 指令的初始化

由于高速计数器的 HDEF 指令在进入 RUN 模式后只能执行 1 次,为了减少程序运行时间,优化程序结构,一般以子程序的形式进行初始化。高速计数器指令的初始化的步骤如下。

（1）用首次扫描时接通一个扫描周期的特殊内部存储器 SM0.1 去调用一个子程序,完成初始化操作。因为采用了子程序,在随后的扫描中,不必再调用这个子程序,以减少扫描时间,使程序结构更好。

（2）在初始化的子程序中,根据希望的控制设置控制字(SMB37、SMB47、SMB137、SMB147、SMB157)。如设置"SMB47＝16♯F8",则为:允许计数,写入新当前值,写入新预置值,更新计数方向为加计数;若为正交计数设为 4×,则复位和起动设置为高电平有效。

（3）执行 HDEF 指令,设置 HSC 的编号(0～5),设置工作模式(0～11)。如 HSC 的编号设置为1,工作模式输入设置为11,则为既有复位又有起动的正交计数工作模式。

（4）用新的当前值写入 32 位当前值寄存器(SMD38,SMD48,SMD58,SMD138,SMD148,SMD158)。如写入 0,则清除当前值,用指令"MOVD   0,SMD48"实现。

（5）用新的预置值写入 32 位预置值寄存器(SMD42,SMD52,SMD62,SMD142,SMD152,SMD162)。如执行指令"MOVD   1000,SMD52",则设置预置值为 1000。若写入预置值为 16♯00,则高速计数器处于不工作状态。

（6）为了捕捉当前值等于预置值的事件,将条件 CV＝PV 的中断事件(事件 13)与一个中断程序相关联。

（7）为了捕捉计数方向的改变,将方向改变的中断事件(事件 14)与一个中断程序相关联。

（8）为了捕捉外部复位,将外部复位中断事件(事件 15)与一个中断程序相关联。

（9）执行全局中断允许(ENI)指令允许 HSC 中断。

（10）执行 HSC 指令使 S7-200 对高速计数器进行编程。

（11）结束子程序。

【例 6-4】　高速计数器的应用举例。某产品包装生产线应用高速计数器对产品自动起动包装机进行累计和包装。要求:每检测 50 个产品时,自动起动包装机进行包装,计数方向可由外部信号控制。

设计分析:

① 选择高速计数器,确定工作模式。选择高速计数器为 HSC1,确定工作模式为模式 11。

② 用 SM0.1 调用高速计数器初始化子程序,子程序号为 SBR_0。

③ 向 SMB47 写入控制字,SMB47＝16♯F8。

④ 执行 HDEF 指令,输入参数:HSC 为 1,MODE 为 11。

⑤ 向 SMD48 写入当前值,SMD48＝0。

⑥ 执行建立中断连接指令 ATCH。

⑦ 向 SMD52 写入设定值,SMD52＝50。

⑧ 执行全局允许中断指令 ENI。

⑨ 执行 HSC 指令,对高速计数器编程并投入运行。

（1）主程序。

如图 6-10 所示,用首次扫描时接通一个扫描周期的特殊内部存储器 SM0.1 去调用一个子程序,完成初始化操作。

图 6-10　例 6-4 主程序

```
主程序
SM0.1          SBR_0          // 首次扫描时,调用SBR_0
 ─┤ ├───────────EN            LD SM0.1
                               CALL SBR_0
```

(2)初始化的子程序。

如图 6-11 所示,定义 HSC1 的工作模式为模式 11(两路脉冲输入的双相正交计数,具有复位和起动输入功能),设置"SMB47＝16♯F8"(允许计数,更新新当前值,更新新预置值,更新计数方向为加计数,若为正交计数设为 4×,则复位和起动设置为高电平有效)。HSC1 的当前值 SMD48 清 0,预置值 SMD52＝50,当前值＝预置值,产生中断,中断事件 13 连接中断程序 INT_0。

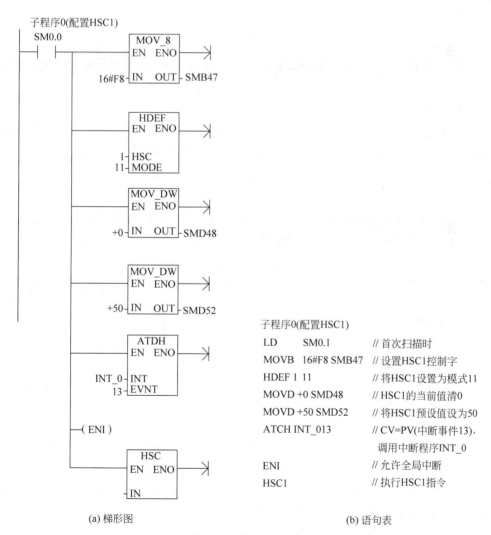

```
子程序0(配置HSC1)
LD      SM0.1        // 首次扫描时
MOVB    16#F8 SMB47  // 设置HSC1控制字
HDEF 1 11            // 将HSC1设置为模式11
MOVD +0 SMD48        // HSC1的当前值清0
MOVD +50 SMD52       // 将HSC1预设值设为50
ATCH INT_0 13        // CV=PV(中断事件13),
                     //   调用中断程序INT_0
ENI                  // 允许全局中断
HSC1                 // 执行HSC1指令
```

(a) 梯形图　　　　　　　　　　　　(b) 语句表

图 6-11　例 6-4 子程序

（3）中断程序 INT_0，如图 6-12 所示。

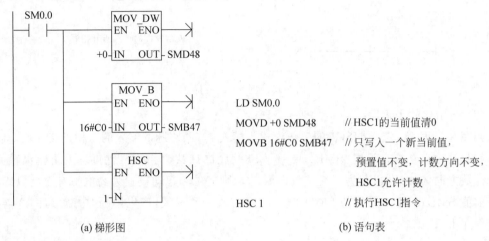

```
LD SM0.0
MOVD +0 SMD48      // HSC1的当前值清0
MOVB 16#C0 SMB47   // 只写入一个新当前值，
                      预置值不变，计数方向不变，
                      HSC1允许计数
HSC 1              // 执行HSC1指令
```

(a) 梯形图   (b) 语句表

图 6-12　例 6-4 中断程序

5. 高速脉冲输出

在需要对负载进行高精度控制时，例如对步进电机的控制，需要对步进电机提供一系列的脉冲，PLC 的高速脉冲输出功能就是为了满足这种需要而开发的。

1）高速脉冲输出指令

高速脉冲输出（PLS）指令在梯形图中以功能框的形式编程，指令名称是 PLS，其功能是当允许输入 EN 有效时，检测各个相关特殊继电器的状态，激活由控制字节定义的高速脉冲输出操作。PLS 指令只有一个输入端 Q，字型数据，只能取常数 0 或 1，对应从 Q0.0 或 Q0.1 输出高速脉冲。

脉冲输出指令功能为：使能有效时，检查用于脉冲输出（Q0.0 或 Q0.1）的特殊存储器位（SM），然后执行特殊存储器位定义的脉冲操作。指令格式如表 6-12 所示。

表 6-12　高速脉冲输出（PLS）指令格式

LAD	STL	操作数及数据类型
PLS EN　ENO Q0.X	PLS　Q	**Q**：常量（0 或 1）； **数据类型**：字

2）用于脉冲输出（Q0.0 或 Q0.1）的特殊存储器

（1）控制字节和参数的特殊存储器。

每个 PTO/PWM 发生器都有一个控制字节（8 位）、一个脉冲计数值（无符号的 32 位数值）和一个周期时间和脉宽值（无符号的 16 位数值）。这些值都放在特定的特殊存储区（SM），如表 6-13 所示。执行 PLS 指令时，S7-200 读这些特殊存储器位，然后执行特殊存储器位定义的脉冲操作，即对相应的 PTO/PWM 发生器进行编程。

（2）状态字节的特殊存储器。

除了控制信息外，还有用于 PTO 功能的状态位，如表 6-13 所示。程序运行时，根据运行状态使某些位自动置位。可以通过程序来读取相关位的状态,用此状态作为判断条件,实现相应的操作。

表 6-13 脉冲输出的特殊存储器

Q0.0	Q0.1	说　明			
Q0.0 和 Q0.1 对 PTO/PWM 输出的控制字节					
SM67.0	SM77.0	PTO/PWM 刷新周期值。	0:不刷新;	1:刷新	
SM67.1	SM77.1	PWM 刷新脉冲宽度值。	0:不刷新;	1:刷新	
SM67.2	SM77.2	PTO 刷新脉冲计数值。	0:不刷新;	1:刷新	
SM67.3	SM77.3	PTO/PWM 时基选择。	0:1μs;	1:1ms	
SM67.4	SM77.4	PWM 更新方法。	0:异步更新;	1:同步更新	
SM67.5	SM77.5	PTO 操作。	0:单段操作;	1:多段操作	
SM67.6	SM77.6	PTO/PWM 模式选择。	0:选择 PTO;	1:选择 PWM	
SM67.7	SM77.7	PTO/PWM 允许。	0:禁止;	1:允许	
Q0.0 和 Q0.1 对 PTO/PWM 输出的周期值					
SMW68	SMW78	PTO/PWM 周期时间值:范围为 2～65 535			
Q0.0 和 Q0.1 对 PTO/PWM 输出的脉宽值					
SMW70	SMW80	PWM 脉冲宽度值:范围为 0～65 535			
Q0.0 和 Q0.1 对 PTO 脉冲输出的计数值					
SMD72	SMD82	PTO 脉冲计数值:范围为 1～4 294 967 295			
Q0.0 和 Q0.1 对 PTO 脉冲输出的多段操作					
SMB166	SMB176	段号(仅用于多段 PTO 操作),多段流水线 PTO 运行中的段的编号			
SMW168	SMW178	包络表起始位置,用距离 V0 的字节偏移量表示(仅用于多段 PTO 操作)			
Q0.0 和 Q0.1 的状态位					
SM66.4	SM76.4	PTO 包络由于增量计算错误异常终止。	0:无错;	1:异常终止	
SM66.5	SM76.5	PTO 包络由于用户命令异常终止。	0:无错;	1:异常终止	
SM66.6	SM76.6	PTO 流水线溢出。	0:无溢出;	1:溢出	
SM66.7	SM76.7	PTO 空闲。	0:运行中;	1:PTO 空闲	

提示 所有控制位、周期、脉冲宽度和脉冲计数值的默认值均为 0。向控制字节(SM67.7 或 SM77.7)的 PTO/PWM 允许位写入零,然后执行 PLS 指令,将禁止 PTO 或 PWM 波形的生成。

3)对输出的影响

PTO/PWM 生成器和输出映像寄存器共用 Q0.0 和 Q0.1。在 Q0.0 或 Q0.1 使用 PTO 或 PWM 功能时,PTO/PWM 发生器控制输出,并禁止输出点的正常使用,输出波形不受输出映像寄存器状态、输出强制、执行立即输出指令的影响;在 Q0.0 或 Q0.1 位置没有使用 PTO 或 PWM 功能时,输出映像寄存器控制输出,所以输出映像寄存器决定输出波形的初始和结束状态，即决定脉冲输出波形从高电平或低电平开始和结束，使输出波形有短暂的不连续，为了减轻这种不连续有害影响，应注意：

（1）可在起用 PTO 或 PWM 操作之前，将用于 Q0.0 和 Q0.1 的输出映像寄存器设为 0。

（2）PTO/PWM 输出必须至少有 10% 的额定负载，才能完成从关闭至打开以及从打开至关闭的顺利转换，即提供陡直的上升沿和下降沿。

4）PTO 的使用

PTO 是可以指定脉冲数和周期的占空比为 50% 的高速脉冲串的输出。状态字节中的最高位（空闲位）用来指示脉冲串输出是否完成。可在脉冲串完成时起动中断程序，若使用多段操作，则在包络表完成时起动中断程序。

（1）周期和脉冲数。

周期范围为 $50\sim65\,535\,\mu s$ 或 $2\sim65\,535\,\mu s$，为 16 位无符号数，时基有 μs 和 ms 两种，通过控制字节的第 3 位选择。

脉冲计数范围为 $1\sim4\,294\,967\,295$，为 32 位无符号数，如设定脉冲计数为 0，则系统默认脉冲计数值为 1。

提示　如果周期小于 2 个时间单位，则周期的默认值为 2 个时间单位。周期设定奇数微秒或 ms（例如 75ms），会引起波形失真。

（2）PTO 的种类及特点。

PTO 功能可输出多个脉冲串，现用脉冲串输出完成时，新的脉冲串输出立即开始。这样就保证了输出脉冲串的连续性。PTO 功能允许多个脉冲串排队，从而形成流水线。流水线分为两种：单段流水线和多段流水线。

单段流水线是指流水线中每次只能存储一个脉冲串的控制参数，初始 PTO 段一旦起动，必须按照对第二个波形的要求立即刷新 SM，并再次执行 PLS 指令，第一个脉冲串完成，第二个波形输出立即开始，重复此这一步骤可以实现多个脉冲串的输出。

单段流水线中的各段脉冲串可以采用不同的时间基准，但有可能造成脉冲串之间的不平稳过渡。输出多个高速脉冲时，编程复杂。

多段流水线是指在变量存储区 V 建立一个包络表。包络表存放每个脉冲串的参数，执行 PLS 指令时，S7-200 PLC 自动按包络表中的顺序及参数进行脉冲串输出。包络表中每段脉冲串的参数占用 8 个字节，由一个 16 位周期值（2 字节）、一个 16 位周期增量值 Δ（2 字节）和一个 32 位脉冲计数值（4 字节）组成。包络表的格式如表 6-14 所示。

多段流水线的特点是编程简单，能够通过指定脉冲的数量自动增加或减少周期，周期增量值 Δ 为正值会增加周期，周期增量值 Δ 为负值会减少周期，若 Δ 为零，则周期不变。在包络表中的所有的脉冲串必须采用同一时基，在多段流水线执行时，包络表的各段参数不能改变。多段流水线常用于步进电机的控制。

表 6-14　包络表的格式

从包络表起始地址 的字节偏移	段	说　　明
VB_n	—	段数（1～255）；数值 0 产生非致命错误，无 PTO 输出

续表

从包络表起始地址的字节偏移	段	说　明
VB_{n+1}		初始周期(2～65 535 个时基单位)
VB_{n+3}	段 1	每个脉冲的周期增量 Δ(符号整数：－32 768～32 767 个时基单位)
VB_{n+5}		脉冲数(1～4 294 967 295)
VB_{n+9}		初始周期(2～65 535 个时基单位)
VB_{n+11}	段 2	每个脉冲的周期增量 Δ(符号整数：－32 768 至 32 767 个时基单位)
VB_{n+13}		脉冲数(1～4 294 967 295)
VB_{n+17}		初始周期(2～65 535 个时基单位)
VB_{n+19}	段 3	每个脉冲的周期增量值 Δ(符号整数：－32 768 至 32 767 个时基单位)
VB_{n+21}		脉冲数(1～4 294 967 295)

提示　周期增量值 Δ 为整数 μs 或 ms。

【例 6-5】 根据控制要求列出 PTO 包络表。步进电机的控制要求如图 6-13 所示。从 A 点到 B 点为加速过程，从 B 到 C 为恒速运行，从 C 到 D 为减速过程。

设计分析：在本例中，流水线可以分为 3 段，需建立 3 段脉冲的包络表。起始和终止脉冲频率为 2kHz，最大脉冲频率为 10kHz，所以起始和终止周期为 500μs，与最大频率的周期为 100μs。①1 段：加速运行，应在约 200 个脉冲时达到最大脉冲频率；②2 段：恒速运行，约 4000－200－200＝3600 个脉冲；③3 段：减速运行，应在约 200 个脉冲时完成。

某一段每个脉冲周期增量值 Δ 由下式确定：

周期增量值 Δ＝(该段结束时的周期时间－该段初始的周期时间)/该段的脉冲数

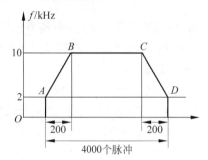

图 6-13　步进电机的控制要求
(例 6-5 题图)

根据周期增量值 Δ 计算式，计算出 1 段的周期增量值 Δ 为－2μs，2 段的周期增量值 Δ 为 0，3 段的周期增量值 Δ 为 2μs。假设包络表位于从 VB200 开始的 V 存储区中，包络表如表 6-15 所示。

表 6-15　例 6-5 包络表

V 变量存储器地址	段号	参数值	说　明
VB200	—	3	段数
VB201		500μs	初始周期
VB203	段 1	－2μs	每个脉冲的周期增量 Δ
VB205		200	脉冲数
VB209		100μs	初始周期
VB211	段 2	0	每个脉冲的周期增量 Δ
VB213		3600	脉冲数
VB217		100μs	初始周期
VB219	段 3	2μs	每个脉冲的周期增量 Δ
VB221		200	脉冲数

在程序中,用指令可将表中的数据送入 V 变量存储区中。

（3）多段流水线 PTO 初始化和操作步骤。

用一个子程序实现 PTO 初始化,首次扫描（SM0.1）时从主程序调用初始化子程序,执行初始化操作。以后的扫描不再调用该子程序,这样可减少扫描时间,程序结构更好。

初始化操作步骤如下。

① 首次扫描（SM0.1）时将输出 Q0.0 或 Q0.1 复位（置 0）,并调用完成初始化操作的子程序。

② 在初始化子程序中,根据控制要求设置控制字并写入 SMB67 或 SMB77 特殊存储器。如写入"16♯A0"（选择微秒递增）或"16♯A8"（选择毫秒递增）,两个数值表示允许 PTO 功能、选择 PTO 操作、选择多段操作以及选择时基（μs 或 ms）。

③ 将包络表的首地址（16 位）写入 SMW168（或 SMW178）。

④ 在变量存储器 V 中,写入包络表的各参数值。一定要在包络表的起始字节中写入段数。在变量存储器 V 中建立包络表的过程也可以在一个子程序中完成,在此只需调用设置包络表的子程序。

⑤ 设置中断事件并全局开中断。如果想在 PTO 完成后,立即执行相关功能,则须设置中断,将脉冲串完成事件（中断事件号 19）连接一中断程序。

⑥ 执行 PLS 指令,使 S7-200 为 PTO/PWM 发生器编程,高速脉冲串由 Q0.0 或 Q0.1 输出。

⑦ 退出子程序。

【例 6-6】 PTO 指令应用实例。编程实现例 6-5 中步进电机的控制。电机从 A 点（频率为 2kHz）开始加速运行,加速阶段的脉冲数为 200 个；到 B 点（频率为 10kHz）后变为恒速运行,恒速阶段的脉冲数为 4000 个；到 C 点（频率仍为 10kHz）后开始减速,减速阶段的脉冲数为 200 个；到 D 点（频率为 2kHz）后指示灯亮,表示从 A 点到 D 点的运行过程结束。

设计分析:

① 首先选择高速脉冲发生器为 Q0.0,由图 6-13 可确定 PTO 为 3 段流水线（AB 段、BC 段和 CD 段）PTO 的输出形式。

② 确定周期值的时基单位,因为在 BC 段输出的频率最大,为 10kHz,对应的周期值为 100μs,因此选择时基单位为微秒,不允许更新周期和脉冲数。向控制字节 SMB67 写入控制字"16♯A0",表示允许 PTO 功能、选择 PTO 操作、选择多段操作。

③ 确定初始周期值、周期增量值。初始周期值的确定比较容易,只要将每段流水线初始频率换算成时间即可。AB 段为 500μs,BC 段为 100μs,CD 段为 100μs。周期增量值的确定可通过计算来得到,计算公式为 $(T_{n+1}-T_n)/N$,式中,T_{n+1} 为该段结束的周期时间；T_n 为该段开始的周期时间；N 为该段的脉冲数。

④ 建立包络表。设包络表的首地址为 VB200,包络表中的参数如例 6-5 表 6-15 所示。并将包络表的首地址装入 SMW168。

⑤ 设置中断事件,编写中断服务子程序。PTO 完成调用中断程序,使 Q1.0 接通。PTO 完成的中断事件号为 19。用中断调用指令 ATCH 将中断事件 19 与中断程序 INT_0 连接,并全局开中断。执行 PLS 指令,退出子程序。

⑥ 设置全局开中断 ENI。

⑦ 执行 PLS 指令。

本例题的主程序、初始化子程序和中断程序如图 6-14 所示。

主程序

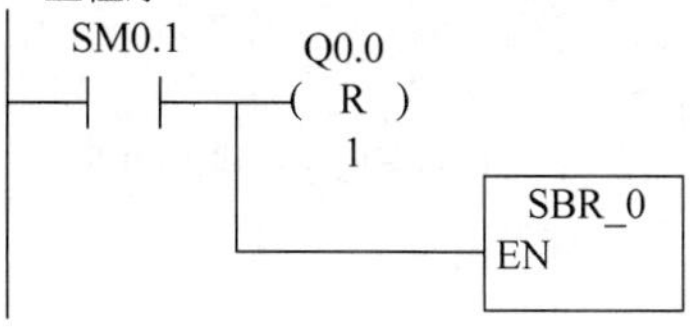

主程序
LD SM0.1   // 首次扫描时，将Q0.0复位
R Q0.0 1
CALL SBR_0   //调用子程序0

(a) 主程序

子程序0：包络表

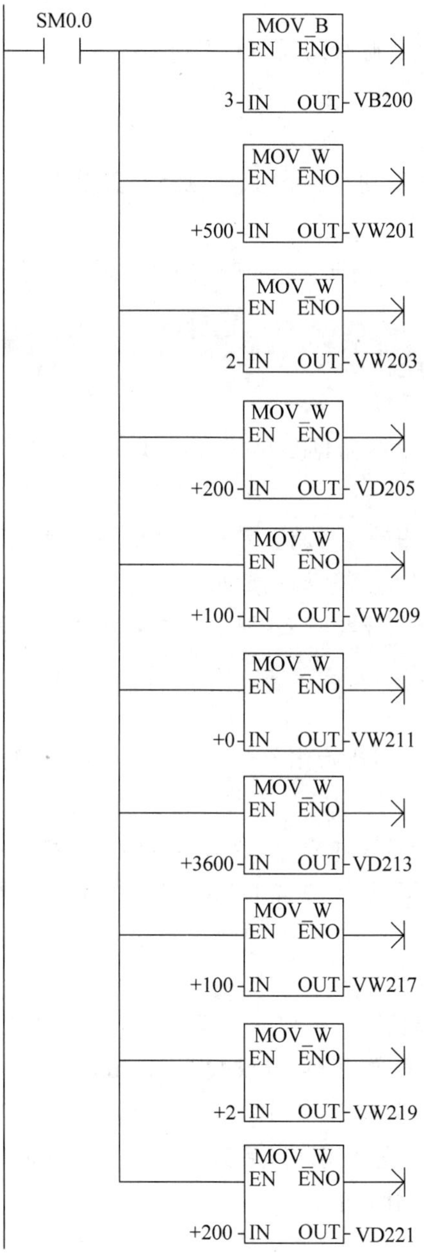

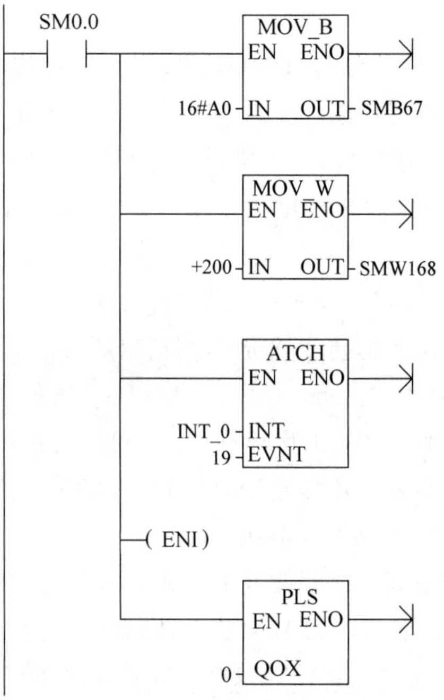

子程序0
  //写入PTO包络表
LD   SM0.0
MOVB 3 VB200   //将包络表段数设为3
  // 段1：
MOVW +500 VW201 //段1的初始循环时间设为500μs
MOVW -2 VW203   //段1的Δ设为-2μs
MOVD +200 VD205 //段1的脉冲数设为200
  // 段2：
MOVW +100 VW209 //段2的初始周期设为100μs
MOVW +0 VW211   //段2的Δ设为0μs
MOVD +3600 VD213 //段2中的脉冲数设为3600
  // 段3：
MOVW +100 VW217 //段3的初始周期设为100μs
MOVW +2 VW219   //段3的Δ设为2μs
MOVD +200 VD221 //段3中的脉冲数设为200
LD   SM0.0
MOVB 16#A0, SMB67 //设置控制字节
MOVW +200, SMW168 //将包络表起始地址指定为VB200
ATCH INT_0, 19 //设置中断
ENI   //全局开中断
PLS   0   //起动PTO，由Q0.0输出

(b) 初始化子程序

图 6-14 例 6-6 主程序、初始化子程序、中断程序

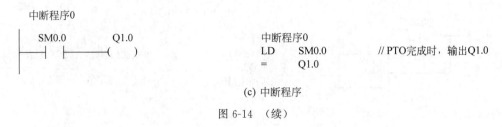

中断程序0

SM0.0	Q1.0

```
中断程序0
LD    SM0.0        // PTO完成时，输出Q1.0
=     Q1.0
```

(c) 中断程序

图 6-14 （续）

5) PWM 的使用

PWM 是脉宽可调的高速脉冲输出，通过控制脉宽和脉冲的周期实现控制任务。

(1) 周期和脉宽。

周期和脉宽时基为 μs 或 ms，均为 16 位无符号数。

周期的范围为 $50 \sim 65\,535\mu s$ 或 $2 \sim 65\,535ms$。若周期<2 个时基，则系统默认为两个时基。

脉宽范围为 $0 \sim 65\,535\mu s$ 或 $0 \sim 65\,535ms$。若脉宽≥周期，占空比＝100%，则输出连续接通。若脉宽＝0，占空比为 0，则输出断开。

(2) 更新方式。

有两种改变 PWM 波形的方法：同步更新和异步更新。

① 同步更新。不需改变时基时，可以用同步更新。执行同步更新时，波形的变化发生在周期的边缘，形成平滑转换。

② 异步更新。需要改变 PWM 的时基时，则应使用异步更新。异步更新使高速脉冲输出功能被瞬时禁用，与 PWM 波形不同步。这样可能造成控制设备震动。

【提示】 常见的 PWM 操作是脉冲宽度不同，但周期保持不变，即不要求时基改变。因此先选择适合于所有周期的时基，尽量使用同步更新。

(3) PWM 初始化和操作步骤。

① 用首次扫描位(SM0.1)使输出位复位为 0，并调用初始化子程序。这样可减少扫描时间，程序结构更合理。

② 在初始化子程序中设置控制字节。如将"16♯D3"(时基 μs)或"16♯DB"(时基 ms)写入 SMB67 或 SMB77，控制功能为：允许 PTO/PWM 功能、选择 PWM 操作、设置更新脉冲宽度和周期数值以及选择时基(μs 或 ms)。

③ 在 SMW68 或 SMW78 中写入一个字长的周期值。

④ 在 SMW70 或 SMW80 中写入一个字长的脉宽值。

⑤ 执行 PLS 指令，使 S7-200 为 PWM 发生器编程，并由 Q0.0 或 Q0.1 输出。

⑥ 可为下一输出脉冲预设控制字。在 SMB67 或 SMB77 中写入"16♯D2"(μs)或"16♯DA"(ms)控制字节中将禁止改变周期值，允许改变脉宽。以后只要装入一个新的脉宽值，不用改变控制字节，直接执行 PLS 指令就可改变脉宽值。

6) 退出子程序

【例 6-7】 PWM 应用举例。设计程序，要求从 PLC 的 Q0.0 输出高速脉冲。该串脉冲脉宽的初始值为 0.1s，周期固定为 1s，其脉宽每周期递增 0.1s，当脉宽达到设定的 0.9s 时，脉宽改为每周期递减0.1s,直到脉宽减为0。以上过程重复执行。

设计分析:因为每个周期都有操作,所以须把Q0.0接到I0.0,采用输入中断的方法完成控制任务,并且编写两个中断程序,一个中断程序实现脉宽递增,一个中断程序实现脉宽递减,并设置标志位,在初始化操作时使其置位,执行脉宽递增中断程序,当脉宽达到0.9s时,使其复位,执行脉宽递减中断程序。在子程序中完成PWM的初始化操作,选用输出端为Q0.0,控制字节为SMB67,控制字节设定为"16♯DA"(允许PWM输出,Q0.0为PWM方式,同步更新,时基为ms,允许更新脉宽,不允许更新周期)。梯形图程序如图6-15所示。

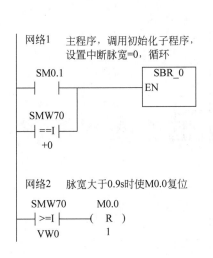

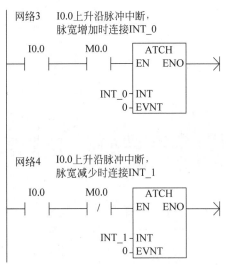

(a) 主程序

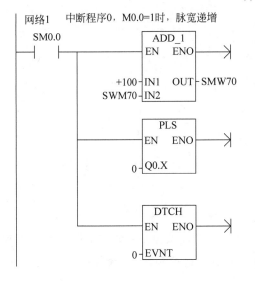

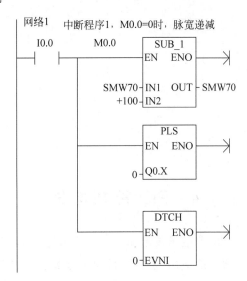

(b) 中断程序

图 6-15 例 6-7 题图

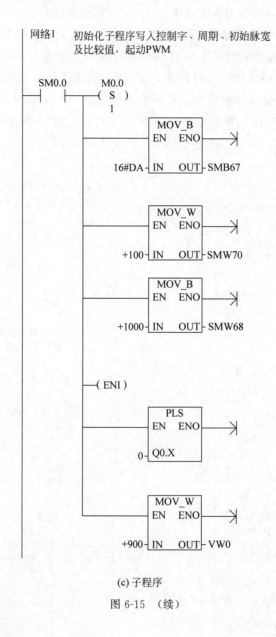

(c) 子程序

图 6-15 （续）

6.4 PID 控制指令

随着电子技术和自动化技术的发展，基于 PLC 的标准模拟控制系统在工业生产中得到了普遍的应用，主要的目的是对水量、温度、压力等参数进行控制，得到最优的控制性能，并提高生产效率和质量。

1. PID 算法

在工业生产过程控制中，模拟信号 PID（由比例、积分、微分构成的闭合回路）调节是常见的一种控制方法。S7-200 CPU 提供了 8 个回路的 PID 功能，用以实现需要按照 PID 控制规律进行自动调节的控制任务,例如温度、压力和流量控制等。PID 功能一般需要模拟量输入,以反映被控制的物理量的实际数值,称为反馈。而用户设定的调节目标值,即为给定值。PID 运算的任务就是根据反馈与给定值的相对差值,按照 PID 运算规律计算出结果,输出到固态开关元件(如控制加热棒)或者变频器(如驱动水泵)等执行机构进行调节,以达到自动维持被控制的量跟随给定值变化的目的。

S7-200 中 PID 功能的核心是 PID 指令。PID 指令需要为其指定一个以 V 变量存储区地址开始的 PID 回路表(TBL)以及 PID 回路号(LOOP)。PID 回路表提供了给定值和反馈以及 PID 参数等数据入口,PID 运算的结果也在回路表输出。

运行 PID 控制指令,S7-200 将根据参数表中的输入测量值、控制设定值及 PID 参数进行 PID 运算,求得输出控制值。参数表中有 9 个参数,全部为 32 位的实数,共占用 36 个字节。PID 控制回路的参数表如表 6-16 所示。

表 6-16 PID 控制回路的参数表

地址偏移量	参 数	数据格式	参数类型	说 明
0	过程变量当前值 PV_n	双字,实数	输入	必须在 0.0~1.0 范围内
4	给定值 SP_n	双字,实数	输入	必须在 0.0~1.0 范围内
8	输出值 M_n	双字,实数	输入/输出	在 0.0~1.0 范围内
12	增益 K_c	双字,实数	输入	比例常量,可为正数或负数
16	采样时间 T_s	双字,实数	输入	以 s 为单位,必须为正数
20	积分时间 T_i	双字,实数	输入	以 min 为单位,必须为正数
24	微分时间 T_d	双字,实数	输入	以 min 为单位,必须为正数
28	上一次的积分值 M_x	双字,实数	输入/输出	0.0~1.0 之间(根据 PID 运算结果更新)
32	上一次过程变量 PV_{n-1}	双字,实数	输入/输出	最近一次 PID 运算值

典型的 PID 算法包括 3 项:比例项、积分项和微分项。即,输出=比例项+积分项+微分项。计算机在周期性地采样并离散化后进行 PID 运算,算法如下:

$$M_n = K_c \times (SP_n - PV_n) + K_c \times (T_s/T_i) \times (SP_n - PV_n) + M_x$$
$$+ K_c \times (T_d/T_s) \times (PV_{n-1} - PV_n)$$

其中各参数的含义已在表 6-15 中描述。

① 比例项 $K_c \times (SP_n - PV_n)$ 能及时地产生与偏差 $(SP_n - PV_n)$ 成正比的调节作用,比例系数 K_c 越大,比例调节作用越强,系统的稳态精度越高,但 K_c 过大会使系统的输出量振荡加剧,稳定性降低。

② 积分项 $K_c \times (T_s/T_i) \times (SP_n - PV_n) + M_x$ 与偏差有关,只要偏差不为 0,PID 控制的输出就会因积分作用而不断变化,直到偏差消失,系统处于稳定状态,所以积分的作用是消除稳态误差,提高控制精度,但积分的动作缓慢,给系统的动态稳定带来不良影响,很少单独使用。从式中可以看出:积分时间常数增大,积分作用减弱,消除稳态误差的速度减慢。

③ 微分项 $K_c \times (T_d/T_s) \times (PV_{n-1} - PV_n)$ 根据误差变化的速度（既误差的微分）进行调节具有超前和预测的特点。微分时间常数 T_d 增大时，超调量减少，动态性能得到改善，如 T_d 过大，系统输出量在接近稳态时可能上升缓慢。

2. PID 控制回路选项

在很多控制系统中，有时只采用一种或两种控制回路。例如，可能只要求比例控制回路或比例和积分控制回路。通过设置常量参数值选择所需的控制回路。

（1）如果不需要积分回路（即在 PID 计算中无 I），则应将积分时间 T_i 设为无限大。由于积分项 M_x 有初始值，虽然没有积分运算，积分项的数值也可能不为 0。

（2）如果不需要微分运算（即在 PID 计算中无 D），则应将微分时间 T_d 设定为 0.0。

（3）如果不需要比例运算（即在 PID 计算中无 P），但需要 I 或 ID 控制，则应将增益值 K_c 指定为 0.0。因为 K_c 是计算积分和微分项公式中的系数，将循环增益设为 0.0 会导致在积分和微分项计算中使用的循环增益值为 1.0。

3. 回路输入量的转换和标准化

每个回路的给定值和过程变量都是实际数值，其大小、范围和工程单位可能不同。在 PLC 进行 PID 控制之前，必须将其转换成标准化浮点表示法。步骤如下。

（1）将实数从 16 位整数转换成 32 位浮点数或实数。下列指令说明如何将整数数值转换成实数。

```
XORD  AC0,AC0          //将 AC0 清 0
ITD   AIW0,AC0         //将输入数值转换成双字
DTR   AC0,AC0          //将 32 位整数转换成实数
```

（2）将实数转换成 0.0～1.0 之间的标准化数值。

实际数值的标准化数值＝实际数值的非标准化数值或原始实数/取值范围＋偏移量

其中，取值范围＝最大可能数值－最小可能数值＝32 000（单极数值）或 64 000（双极数值）；偏移量：对单极数值取 0.0，对双极数值取 0.5；单极：0～32 000，双极：－32 000～32 000。

如将上述 AC0 中的双极数值（间距为 64 000）标准化：

```
/R 64000.0,AC0         //使累加器中的数值标准化
+ R0.5,AC0             //加偏移量 0.5
MOVR AC0,VD100         //将标准化数值写入 PID 回路参数表中
```

4. PID 回路输出转换为成比例的整数

程序执行后，PID 回路输出 0.0～1.0 之间的标准化实数数值，必须被转换成 16 位成比例整数数值，才能驱动模拟输出。

PID 回路输出成比例实数数值＝（PID 回路输出标准化实数值－偏移量）×取值范围

程序如下：

```
MOVR   VD108, AC0      //将 PID 回路输出送入 AC0
- R    0.5, AC0        //双极数值减偏移量 0.5
* R    64000.0, AC0    //AC0 的值＊取值范围，变为成比例实数数值
ROUND  AC0,AC0         //将实数四舍五入取整，变为 32 位整数
DTI    AC0, AC0        //32 位整数转换成 16 位整数
MOVW   AC0, AQW0       //16 位整数写入 AQW0
```

5. PID 指令

PID 指令在使能有效时，根据回路参数表（TBL）中的输入测量值、控制设定值及 PID 参数进行 PID 计算。格式如表 6-17 所示。

表 6-17　PID 指令格式

LAD	STL	说　　明
PID EN ENO TBL LOOP	PID TBL,LOOP	**TBL**：参数表起始地址 VB,数据类型为字节； **LOOP**：回路号，常量（0～7），数据类型为字节

提示　①程序中可使用 8 条 PID 指令，分别编号 0～7，不能重复使用。②使 ENO=0 的错误条件：0006（间接地址）、SM1.1（溢出，参数表起始地址或指令中指定的 PID 回路指令号码操作数超出范围）。③PID 指令不对参数表输入值进行范围检查。必须保证过程变量和给定值积分项前值和过程变量前值在 0.0～1.0 之间。

【例 6-8】 PID 控制功能的应用。控制任务：一恒压供水水箱，通过变频器驱动的水泵供水，维持水位在满水位的 70%。过程变量 PV_n 为水箱的水位（由水位检测计提供），设定值为 70%，PID 输出控制变频器，即控制水箱注水调速电机的转速。要求开机后，先手动控制电机，水位上升到 70% 时，转换到 PID 自动调节。

设计分析：

（1）PID 回路参数表如表 6-18 所示。

表 6-18　恒压供水 PID 回路参数表

地　　址	参　　数	数　　值
VB100	过程变量当前值 PV_n	水位检测计提供的模拟量经 A/D 转换后的标准化数值
VB104	给定值 SP_n	0.7
VB108	输出值 M_n	PID 回路的输出值（标准化数值）
VB112	增益 K_c	0.3
VB116	采样时间 T_s	0.1
VB120	积分时间 T_i	30
VB124	微分时间 T_d	0（关闭微分作用）
VB128	上一次积分值 M_x	根据 PID 运算结果更新
VB132	上一次过程变量 PV_{n-1}	最近一次 PID 的变量值

（2）I/O 分配及程序结构。

手动/自动切换开关：I0.0，模拟量输入：AIW0，模拟量输出：AQW0。

由主程序、子程序和中断程序构成。主程序用来调用初始化子程序，子程序用来建立 PID 回路初始参数表和设置中断，由于定时采样，所以采用定时中断（中断事件号为 10），设置周期时间和采样时间相同（0.1s），并写入 SMB34。中断程序用于执行 PID 运算，I0.0＝1 时执行 PID 运算，本例标准化时采用单极性（取值范围 32 000）。

（3）语句表及梯形图如图 6-16 所示。

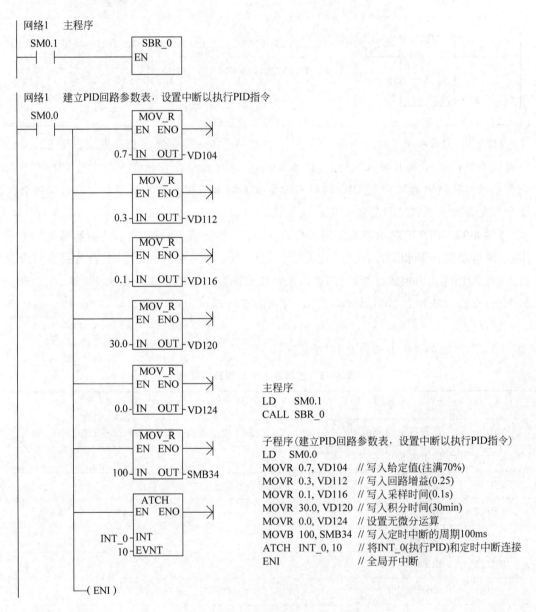

主程序
LD   SM0.1
CALL   SBR_0

子程序（建立PID回路参数表，设置中断以执行PID指令）
LD   SM0.0
MOVR 0.7, VD104   // 写入给定值(注满70%)
MOVR 0.3, VD112   // 写入回路增益(0.25)
MOVR 0.1, VD116   // 写入采样时间(0.1s)
MOVR 30.0, VD120 // 写入积分时间(30min)
MOVR 0.0, VD124   // 设置无微分运算
MOVB 100, SMB34 // 写入定时中断的周期100ms
ATCH INT_0, 10   // 将INT_0(执行PID)和定时中断连接
ENI   // 全局开中断

(a) 主程序

图 6-16   恒压供水 PID 控制（例 6-8 题图）

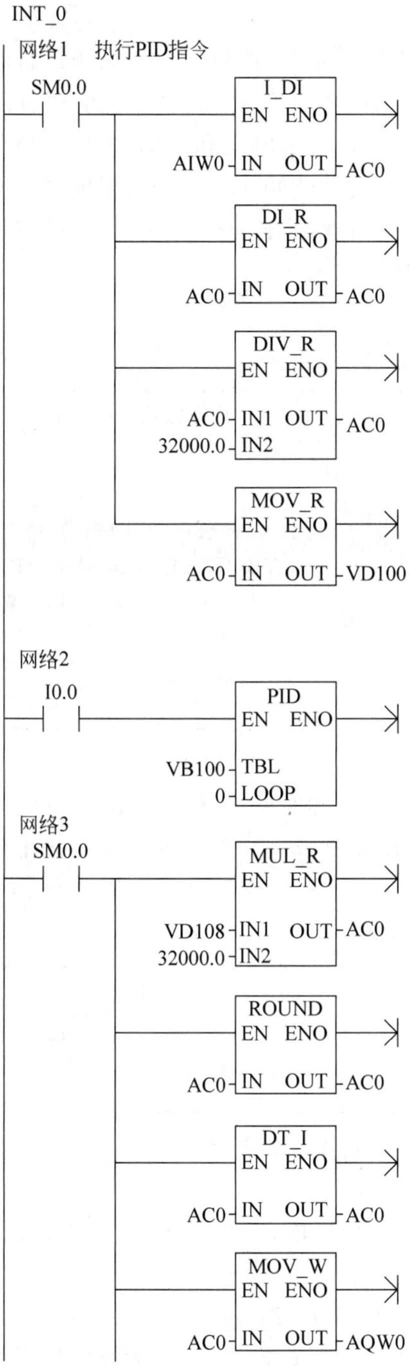

INT_0

网络1　执行PID指令

```
SM0.0                  ┌─────────┐
─┤ ├──────┬───────────│  I_DI   │──────/
          │           │ EN  ENO │
          │     AIW0 ─│ IN  OUT │─ AC0
          │           └─────────┘
          │           ┌─────────┐
          ├───────────│  DI_R   │──────/
          │           │ EN  ENO │
          │      AC0 ─│ IN  OUT │─ AC0
          │           └─────────┘
          │           ┌─────────┐
          ├───────────│  DIV_R  │──────/
          │           │ EN  ENO │
          │      AC0 ─│ IN1 OUT │─ AC0
          │   32000.0 ─│ IN2     │
          │           └─────────┘
          │           ┌─────────┐
          └───────────│  MOV_R  │──────/
                      │ EN  ENO │
                 AC0 ─│ IN  OUT │─ VD100
                      └─────────┘
```

网络2

```
I0.0                   ┌─────────┐
─┤ ├──────────────────│   PID   │──────/
                      │ EN  ENO │
                VB100 ─│ TBL     │
                    0 ─│ LOOP    │
                      └─────────┘
```

网络3

```
SM0.0                  ┌─────────┐
─┤ ├──────┬───────────│  MUL_R  │──────/
          │           │ EN  ENO │
          │    VD108 ─│ IN1 OUT │─ AC0
          │  32000.0 ─│ IN2     │
          │           └─────────┘
          │           ┌─────────┐
          ├───────────│  ROUND  │──────/
          │           │ EN  ENO │
          │      AC0 ─│ IN  OUT │─ AC0
          │           └─────────┘
          │           ┌─────────┐
          ├───────────│  DT_I   │──────/
          │           │ EN  ENO │
          │      AC0 ─│ IN  OUT │─ AC0
          │           └─────────┘
          │           ┌─────────┐
          └───────────│  MOV_W  │──────/
                      │ EN  ENO │
                 AC0 ─│ IN  OUT │─ AQW0
                      └─────────┘
```

中断程序（执行PID指令）

```
LD      SM0.0
ITD     AIW0, AC0        // 将整数转换为双整数
DTR     AC0, AC0         // 将双整数转换为实数
/R      32000.0, AC0     // 标准化数值
MOVR    AC0, VD100       // 将标准化PV写入回路参数表
LD      I0.0
PID     VB100, 0         // PID指令设置参数表起始地址为VB100
LD      SM0.0
MOVR    VD108, AC0       // 将PID回路输出移至累加器
*R      32000.0, AC0     // 实际化数值
ROUND   AC0, AC0         // 将实际化后的数值取整
DTI     AC0, AC0         // 将双整数转换为整数
MOVW    AC0, AQW0        // 将数值写入模拟输出
```

(b) 中断程序

图 6-16 （续）

6.5 时钟指令

应用时钟指令可以实现调用系统实时时钟或根据需要设定时钟，这对控制系统运行的监视、运行记录及和实时时间有关的控制等十分方便。时钟指令有两条：读取实时时钟和设定实时时钟。读取实时时钟（TODR）指令从硬件时钟中读当前时间和日期，并把它装载到一个8字节、起始地址为T的时间缓冲区中。设定实时时钟（TODW）指令将当前时间和日期装入硬件时钟，当前时钟存储在以地址T开始的8字节时间缓冲区中。必须按照BCD码的格式编码所有的日期和时间值（例如，用"16♯97"表示1997年）。

指令格式如表6-19所示。

表6-19 读取实时时钟和设定实时时钟指令格式

LAD	STL	功 能 说 明	操作数及数据类型
READ_RTC EN ENO T	TODR T	读取实时时钟指令，系统读实时时钟当前时间和日期，并将其载入以地址T起始的8字节的缓冲区	输入/输出 T 的操作数为 VB, IB, QB, MB, SMB, SB, LB, *VD, *AC, *LD，数据类型为字节
SET_RTC EN ENO T	TODW T	设定实时时钟指令，系统将包含当前时间和日期以地址T起始的8字节的缓冲区装入PLC的时钟	

说明：

（1）8字节缓冲区（T）的格式如表6-20所示。所有日期和时间值必须采用BCD码表示，例如，对于年仅使用年份最低的两个数字，"16♯05"代表2005年；对于星期，1代表星期日，2代表星期一，7代表星期六，0表示禁用星期。

表6-20 8字节缓冲区的格式

地址	T	T+1	T+2	T+3	T+4	T+5	T+6	T+7
含义	年	月	日	小时	分钟	秒	0	星期
范围	00~99	01~12	01~31	00~23	00~59	00~59	—	0~7

（2）S7-200 CPU不根据日期核实星期是否正确，不检查无效日期，例如2月31日为无效日期，但可以被系统接受。所以必须确保输入正确的日期。

（3）不能同时在主程序和中断程序中使用TODR/TODW指令，否则，将产生非致命错误（0007），SM4.3置1。

（4）对于没有使用过时钟指令或长时间断电、内存丢失后的PLC，在使用时钟指令前，要通过STEP7-Micro/WIN32软件PLC菜单对PLC时钟进行设定，然后才能开始使用时钟指令。时钟可以设定成与PC系统时间一致，也可由TODW指令自由设定。

【例6-9】 编写程序，要求读取时钟并以BCD码显示秒钟。程序如图6-17所示。

设计分析：时钟缓冲区从VB0开始，VB5中存放着秒钟，第一次用SEG指令将字节VB100的秒钟低4位转换成七段显示码由QB0输出，接着用右移位指令将VB100右移4

位,将其高 4 位变为低 4 位,再次使用 SEG 指令,将秒钟的高 4 位转换成七段显示码由 QB1
输出。

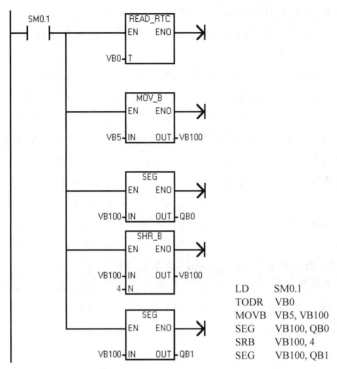

```
LD      SM0.1
TODR    VB0
MOVB    VB5, VB100
SEG     VB100, QB0
SRB     VB100, 4
SEG     VB100, QB1
```

图 6-17 读取时钟并以 BCD 码显示秒钟(例 6-9)

【例 6-10】 编写程序,要求控制灯定时接通和断开。要求 18:00 时开灯,06:00 时关
灯。时钟缓冲区从 VB0 开始。程序如图 6-18 所示。

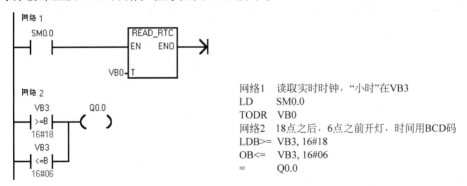

```
网络1  读取实时时钟,"小时"在VB3
LD      SM0.0
TODR    VB0
网络2  18点之后,6点之前开灯,时间用BCD码
LDB>=   VB3, 16#18
OB<=    VB3, 16#06
=       Q0.0
```

图 6-18 控制灯的定时接通和断开程序(例 6-10)

习题与思考题

6-1 编写一个中断程序,完成数据采样任务。要求:对模拟量输入信号 AIW0 每隔
10ms 采样一次。

6-2 使用定时中断实现对 100ms 定时周期进行计数。

6-3　编写一个输入/输出中断程序，要求实现：

① 0～255 的计数。

② 当输入端 I0.0 为上升沿时，执行中断程序 0，程序采用加计数。

③ 当输入端 I0.0 为下降沿时，执行中断程序 1，程序采用减计数。

④ 计数脉冲为 SM0.5。

6-4　编写一个高速计数程序，将 I0.6 的输入模式设置为高速计数，为 A/B 正交计数，由外部信号起动和复位。当计数值为 50 的时候将计数值清零重新计数。

6-5　编写一个高速计数程序，将 I0.0 的输入模式设置高速计数，为 A 相计数，B 相高电平为加计数。由内部信号起动和复位。当计数值为 100 的时候将计数值停止计数，并将 Q0.0 置位。存放计数器当前值，从 V100.0 开始。

6-6　编写高速输出程序，一台步进电机，每 200 个脉冲旋转一圈，我们需要它在按下 I0.0 后旋转 20 圈，速度为 1 圈/秒，采用的脉冲为 PTO 模式发送。

6-7　编写实现脉宽调制（PWM）的程序。要求从 PLC 的 Q0.1 输出高速脉冲，脉宽的初始值为 0.5s，周期固定为 5s，其脉宽每周期递增 0.5s，当脉宽达到设定的 4.5s 时，脉宽改为每周期递减 0.5s，直到脉宽减为 0，以上过程重复执行。

6-8　编写一个时钟指令程序。用时钟指令实现控制路灯的定时接通和断开，5 月 15 日到 10 月 15 日，每天 20:00 开灯，6:00 熄灯；10 月 16 日到 5 月 14 日，每天 18:00 开灯，7:00 熄灯，并可校准 PLC 时钟。

第7章

PLC 控制系统设计及实例

在掌握了 PLC 的结构组成、基本工作原理和指令系统之后,就可以结合实际要求进行 PLC 控制的设计了。PLC 控制的设计包括硬件设计和软件设计两部分。PLC 设计的基本原则如下。

(1) 充分发挥 PLC 的控制功能,最大限度地满足被控制的生产机械或生产过程的控制要求。

(2) 在满足控制要求的前提下,力求使控制系统简单、经济及维修方便,并保证控制系统安全可靠。

(3) 考虑到生产发展和工艺的改进,在选用 PLC 时,在 I/O 点数和内存容量上适当留有余地。

(4) 软件设计主要是指编写程序,要求程序结构清楚,可读性强,程序简短,占用内存少,扫描周期短。

7.1 PLC 控制系统的设计

PLC 控制系统的设计有总体内容及步骤设计,硬件、软件设计及调试,PLC 程序设计等,具体如下。

1. PLC 控制系统的设计内容及设计步骤

1) PLC 控制系统的设计内容

(1) 根据设计任务书进行工艺分析,并确定控制方案,它是设计的依据。

(2) 选择输入设备(如按钮、开关、传感器等)和输出设备(如继电器、接触器、指示灯等执行机构)。

(3) 选定 PLC 的型号(包括机型、容量、I/O 模块和电源等)。

(4) 分配 PLC 的 I/O 点,绘制 PLC 的 I/O 硬件接线图。

(5) 编写程序并调试。

(6) 设计控制系统的操作台、电气控制柜等以及安装接线图。

(7) 编写设计说明书和使用说明书。

2) 设计步骤

(1) 工艺分析。深入了解控制对象的工艺过程、工作特点、控制要求,并划分控制的各个阶段,归纳各个阶段的特点和各阶段之间的转换条件,画出控制流程图或功能流程图。

（2）选择合适的 PLC 类型。在选择 PLC 机型时,主要考虑下面几点。

① 功能的选择。对于小型的 PLC,主要考虑 I/O 扩展模块、A/D 与 D/A 模块以及指令功能(如中断、PID 等)。

② I/O 点数的确定。统计被控制系统的开关量、模拟量的 I/O 点数,并考虑以后的扩充(一般加上 10%～20%的备用量),从而选择 PLC 的 I/O 点数和输出规格。

③ 内存的估算。用户程序所需的内存容量主要与系统的 I/O 点数、控制要求、程序结构长短等因素有关。一般可按下式估算：存储容量＝开关量输入点数×10＋开关量输出点数×8＋模拟通道数×100＋定时器/计数器数量×2＋通信接口个数×300＋备用量。

（3）分配 I/O 点。分配 PLC 的输入/输出点,编写输入/输出分配表或画出输入/输出端子的接线图,接着就可以进行 PLC 程序设计,同时进行控制柜或操作台的设计和现场施工。

（4）程序设计。对于较复杂的控制系统,根据生产工艺要求,画出控制流程图或功能流程图,然后设计出梯形图,再根据梯形图编写语句表程序清单,对程序进行模拟调试和修改,直到满足控制要求为止。

（5）控制柜或操作台的设计和现场施工。设计控制柜及操作台的电器布置图及安装接线图；设计控制系统各部分的电气互锁图；根据图纸进行现场接线,并检查。

（6）应用系统整体调试。如果控制系统由几个部分组成,则应先做局部调试,然后再进行整体调试；如果控制程序的步骤较多,则可先进行分段调试,然后连接起来总调。

（7）编制技术文件。技术文件应包括可编程控制器的外部接线图等电气图纸、电器布置图、电器元件明细表、顺序功能图、带注释的梯形图和说明。

2. PLC 的硬件设计、软件设计及调试

1) PLC 的硬件设计

PLC 硬件设计包括 PLC 及外围线路的设计、电气线路的设计、抗干扰措施及保护措施的设计等。

选定 PLC 的机型和分配 I/O 点后,硬件设计的主要内容就是电气控制系统原理图的设计、电气控制元器件的选择和控制柜的设计。电气控制系统的原理图包括主电路和控制电路。控制电路中包括 PLC 的 I/O 接线和自动、手动部分的详细连接等。电器元件的选择主要是根据控制要求选择按钮、开关、传感器、保护电器、接触器、指示灯、电磁阀等。

2) PLC 的软件设计

软件设计包括系统初始化程序、主程序、子程序、中断程序、故障应急措施和辅助程序的设计,小型开关量控制一般只有主程序。首先应根据总体要求和控制系统的具体情况,确定程序的基本结构,画出控制流程图或功能流程图,简单的可以用经验法设计,复杂的系统一般用顺序控制设计法设计。

3) 软件硬件的调试

调试一般分为模拟调试和联机调试。

在软件设计好后一般首先进行的是模拟调试。模拟调试可以通过仿真软件来代替 PLC 硬件在计算机上调试程序。如果有 PLC 的硬件,可以用小开关和按钮模拟 PLC 的实际输入信号(如起动、停止信号)或反馈信号(如限位开关的接通或断开),再通过输出模块上各输出位对应的指示灯观察输出信号是否满足设计的要求。需要模拟量信号 I/O 时,可用电位器和万用表配合进行。在编程软件中可以用状态图或状态图表监视程序的运行或强制某些编程元件。

对于像控制柜或操作台接线等的模拟调试,可在操作台的接线端子上模拟 PLC 外部的开关量输入信号或操作按钮的指令开关,观察对应 PLC 输入点的状态。用编程软件将输出点强制处于 ON/OFF 状态,观察对应的控制柜内 PLC 负载(指示灯、接触器等)的动作是否正常,或对应的接线端子上的输出信号的状态变化是否正确。

联机调试,将编制好的、经过模拟调试的程序下载到工作现场的 PLC 中。调试时,主电路一定要断电,只对控制电路进行联机调试。通过现场的联机调试,还会发现新的问题,可对某些控制功能进行改进。

3. PLC 程序设计步骤

PLC 程序设计一般分为以下几个步骤。

1) 程序设计前的准备工作

程序设计前的准备工作就是要了解控制系统的全部功能、规模、控制方式、输入/输出信号的种类和数量、是否有特殊功能的接口、与其他设备的关系、通信的内容与方式等,从而对整个控制系统建立一个整体的概念。接着进一步熟悉被控对象,可把控制对象和控制功能按照响应要求、信号用途或控制区域分类,确定检测设备和控制设备的物理位置,了解每一个检测信号和控制信号的形式、功能、规模及之间的关系。

2) 设计程序框图

根据软件设计规格书的总体要求和控制系统的具体情况,确定应用程序的基本结构,按程序设计标准绘制出程序结构框图,然后再根据工艺要求,绘出各功能单元的功能流程图。

3) 编写程序

根据设计出的框图逐条地编写控制程序。编写过程中要及时给程序加注释。

4) 程序调试

调试时先从各功能单元入手,设定输入信号,观察输出信号的变化情况。各功能单元调试完成后,再调试全部程序,以及各部分的接口情况,直到满意为止。程序调试可以在实验室进行,也可以在现场进行。如果在现场进行测试,须将可编程控制器系统与现场信号隔离,可以切断输入/输出模板的外部电源,以免引起机械设备动作。程序调试过程中先发现错误,后进行纠错。基本原则是"集中发现错误,集中纠正错误"。

5) 编写程序说明书

在说明书中通常对程序的控制要求、程序的结构、流程图等给予必要的说明,并且给出程序的安装操作使用步骤等。

7.2　PLC 程序设计常用的方法

PLC 技术主要应用于自动化控制工程中,如何综合地运用前面学过知识,再根据实际工程要求合理组合成 PLC 控制系统,再根据控制方案编制程序呢? 下面介绍 PLC 程序设计的注意事项、编程技巧和常用的方法。

7.2.1 编程注意事项及编程技巧

如何设计和编制 PLC 程序,是学习电气控制及 PLC 技术的学习者应掌握的一门技术。一个好的 PLC 程序不仅可以减少 I/O 点数、节省硬件成本,而且还可以减少 PLC 程序步骤和占用的空间。因此,想要设计好 PLC 程序,一定要掌握 PLC 的编程技巧及注意事项。

1．梯形图语言中的语法规定

（1）程序应按自上而下、从左至右的顺序编写。

（2）同一操作数的输出线圈在一个程序中不能使用两次,不同操作数的输出线圈可以并行输出,如图 7-1 所示。

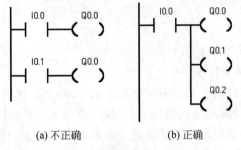

(a) 不正确　　　　　　　　　　(b) 正确

图 7-1　输出线圈的使用

（3）触点不能放在线圈的右边,输出线圈不能直接与左母线相连。如果需要,可以通过特殊内部标志位存储器 SM0.0 来连接,如图 7-2 所示。

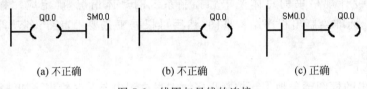

(a) 不正确　　　　　　(b) 不正确　　　　　　(c) 正确

图 7-2　线圈与母线的连接

（4）适当安排编程顺序,以减少程序的步数。

串联多的梯形图支路应尽量放在上部,如图 7-3 所示。

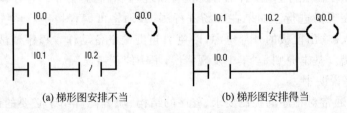

(a) 梯形图安排不当　　　　　　　　(b) 梯形图安排得当

图 7-3　串联多的梯形图

并联多的支路应靠近左母线,如图 7-4 所示。

（5）对于复杂的梯形图,用 ALD、OLD 等指令难以编程,可重复使用一些触点画出其等效梯形图,然后再进行编程,如图 7-5 所示。

2．设置中间单元

在梯形图中,若多个线圈都受某一触点串并联电路的控制,为了简化电路,在梯形图中可利用内部辅助继电器设置该电路控制的存储器的位,如图 7-6 所示。

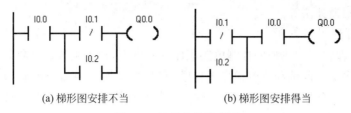

(a) 梯形图安排不当　　　　　　　(b) 梯形图安排得当

图 7-4　并联多的梯形图

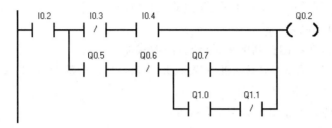

(a) 复杂电路

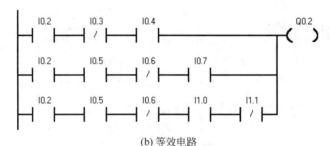

(b) 等效电路

图 7-5　复杂梯形图

3. 尽量减少可编程控制器的输入信号和输出信号

可编程控制器的价格与 I/O 点数有关,因此减少 I/O 点数是降低硬件费用的主要措施。如果几个输入器件触点的串并联电路总是作为一个整体出现,则可以将它们作为可编程控制器的一个输入信号,只占可编程控制器的一个输入点。如果某器件的触点只用一次并且与 PLC 输出端的负载串联,则不必将它们作为 PLC 的输入信号,可以将它们放在 PLC 外部的输出回路,与外部负载串联。

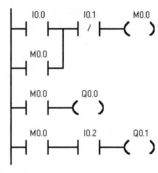

图 7-6　设置中间单元梯形图

4. 外部联锁电路的设立

为了防止控制正反转的两个接触器同时动作造成三相电源短路,应在 PLC 外部设置硬件联锁电路。

5. 外部负载的额定电压

PLC 的继电器输出模块和双向晶闸管输出模块一般只能驱动额定电压 AC 220V 的负载,交流接触器的线圈应选用 220V 的。

7.2.2　PLC 程序设计常用的方法

PLC 程序设计常用的方法主要有经验设计法、继电器控制电路转换为梯形图法、逻辑设计法、顺序控制设计法等。

1. 经验设计法

经验设计法即在一些典型的控制电路程序的基础上，根据被控制对象的具体要求，进行选择组合，并多次反复调试和修改梯形图程序，有时需增加一些辅助环节，如辅助触点和中间编程环节，才能达到控制要求。这种方法没有规律可遵循，设计所用的时间和设计质量与设计者的经验有很大的关系，所以称为经验设计法。经验设计法用于较简单的梯形图设计。应用经验设计法必须熟记一些基本的、典型的控制电路，如起保停电路、脉冲发生电路等，这些电路在前面章节中已经介绍过。

下面就基本的、典型的控制电路，以经验法形式加以介绍。

提示 "起保停"是基础，"约束条件"要加上，巧用内辅继电器，时序图-控制方案是关键！

【例 7-1】 基本电路的梯形图。

（1）起动、保持和停止电路如图 7-7 所示。

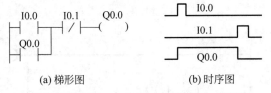

(a) 梯形图　　　　　　　　(b) 时序图

图 7-7　起动、保持和停止电路梯形图和时序图

（2）单向顺序起动控制电路如图 7-8 所示。

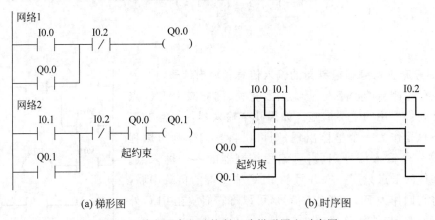

(a) 梯形图　　　　　　　　(b) 时序图

图 7-8　单向顺序起动控制电路梯形图和时序图

设计提示：根据时序图，两个输出对应两个起保停，外加一个起约束。

（3）单向顺序断开控制电路如图 7-9 所示。

设计提示：根据时序图，两个输出对应两个起保停，外加一个停约束。

（4）顺序起/逆序停电路如图 7-10 所示。

设计提示：根据时序图，两个输出对应两个起保停，外加一个起约束和一个停约束。

（5）延时起动控制电路如图 7-11 所示。

设计提示：根据时序图，实际两个输出对应两个起保停，但定时器不能做保持，故加一中间环节内部辅助继电器 M0.0。

（6）延时断开控制电路如图 7-12 所示。

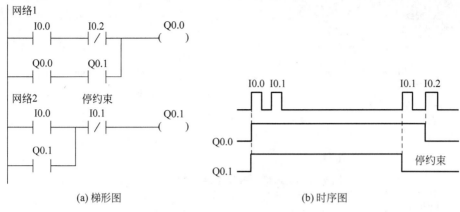

(a) 梯形图　　　　　　　　　(b) 时序图

图 7-9　单向顺序断开控制电路梯形图和时序图

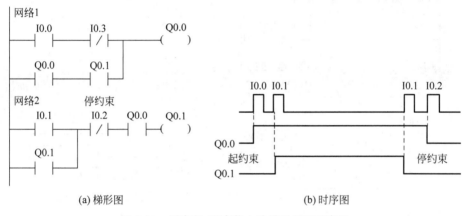

(a) 梯形图　　　　　　　　　(b) 时序图

图 7-10　顺序起/逆序停电路梯形图和时序图

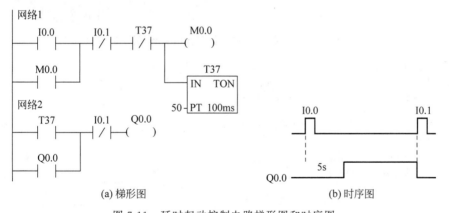

(a) 梯形图　　　　　　　　　(b) 时序图

图 7-11　延时起动控制电路梯形图和时序图

设计提示：根据时序图，实际两个输出对应两个起保停，但定时器不能做保持，故加一中间环节内部辅助继电器 M0.0。

（7）延时接通/断开电路有两种控制方法。

① 电路用按钮控制，如图 7-13 所示。

② 电路用拨动开关控制，如图 7-14 所示。

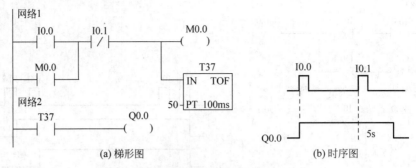

(a) 梯形图   (b) 时序图

图 7-12 延时断开控制电路梯形图和时序图

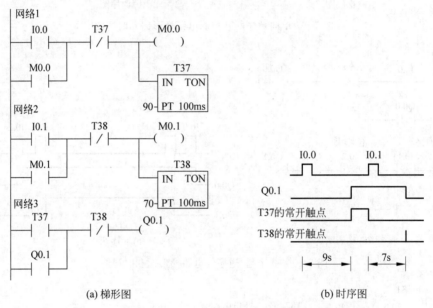

(a) 梯形图   (b) 时序图

图 7-13 用按钮控制延时接通/断开电路梯形图和时序图

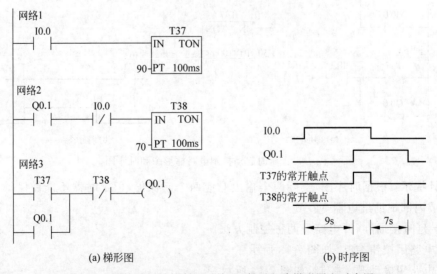

(a) 梯形图   (b) 时序图

图 7-14 用拨动开关控制延时接通/断开电路梯形图和时序图

设计提示：根据时序图，实际3个输出对应3个起保停。但定时器不能做保持，用普通按钮控制的电路加两中间环节内部辅助继电器 M0.0 和 M0.1；用拨动开关控制的电路，本身自带起动、保持和停止功能。

（8）闪烁电路也有两种控制方法。

① 电路用按钮控制，如图 7-15 所示。

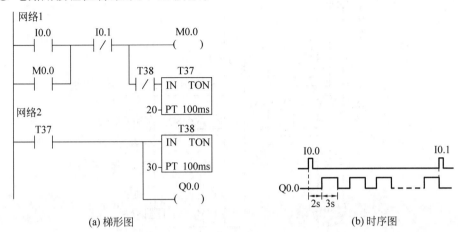

(a) 梯形图   (b) 时序图

图 7-15 用按钮控制闪烁电路梯形图和时序图

② 电路用拨动开关控制，如图 7-16 所示。

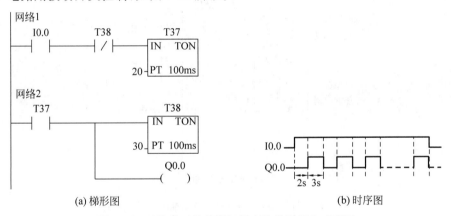

(a) 梯形图   (b) 时序图

图 7-16 用拨动开关控制闪烁电路梯形图和时序图

提示 为什么定时器不能做保持？因为定时器有延时，时间到时其延时触点才能切换或复位。

【例 7-2】 小车自动往返运动的梯形图设计。

行程示意图、主控电路、PLC 的外部接线图和梯形图程序如图 7-17 所示。

2. 继电器控制电路转换为梯形图法

用 PLC 的外部硬件接线和梯形图程序来实现继电-接触器控制系统的功能。特点是不需要改动控制面板，操作人员不用改变长期形成的操作习惯。

继电器接触器控制系统经过长期的使用，已有一套能完成系统要求控制功能并经过验证的控制电路图，而 PLC 控制的梯形图和继电器接触器控制电路图很相似，因此可以直接将经过验证的继电器-接触器控制电路图转换成梯形图。主要步骤如下。

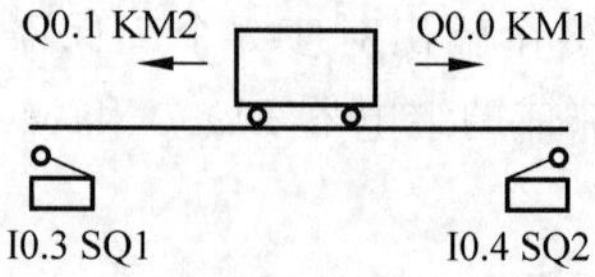

(a) 行程示意图

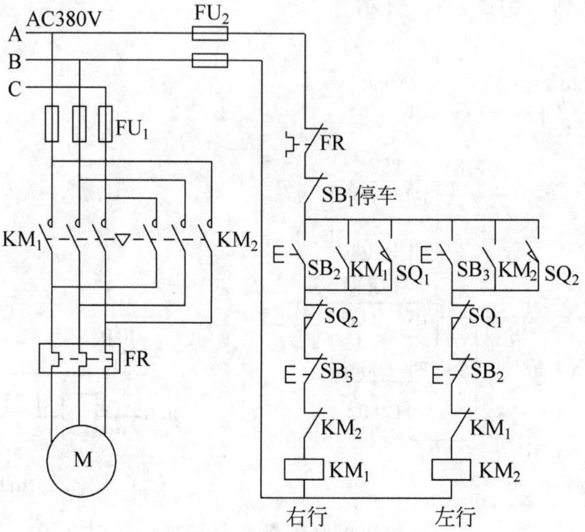

(b) 主控电路

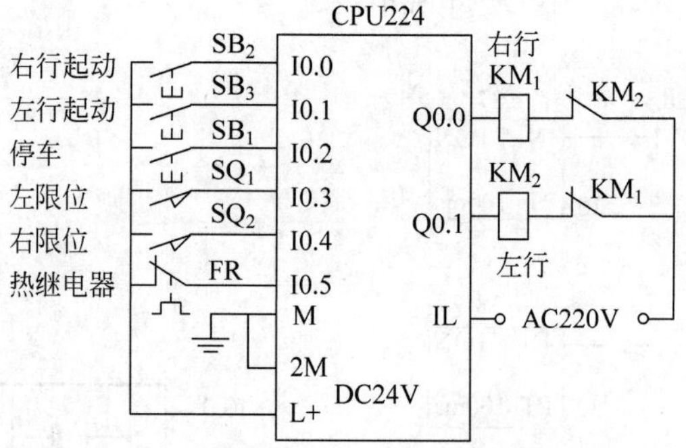

(c) PLC的外部接线图

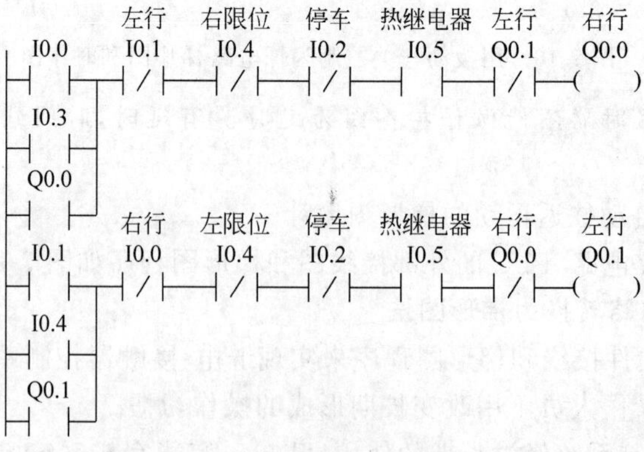

(d) 梯形图程序

图 7-17　例 7-2 题图

（1）熟悉现有的继电器控制线路。

（2）对照 PLC 的 I/O 端子接线图,将继电器电路图上的被控器件(如接触器线圈、指示灯、电磁阀等)换成接线图上对应输出点的编号,将电路图上的输入装置(如传感器、按钮开关、行程开关等)触点都换成对应输入点的编号。

（3）将继电器电路图中的中间继电器、定时器用 PLC 的辅助继电器、定时器来代替。

（4）画出全部梯形图,并予以简化和修改。

这种方法对简单的控制系统是可行的,比较方便,但较复杂的控制电路就不适用了。

【例 7-3】 将继电器控制电路转换为梯形图。图 7-18 所示为电动机丫-△减压起动控制主电路和电气控制的原理图。

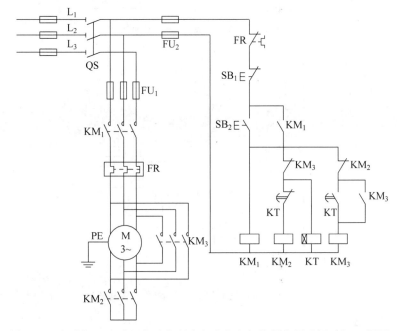

图 7-18 电动机丫-△减压起动控制主电路和电气控制的原理图(例 7-3 题图)

设计分析:

（1）工作原理。

按下起动按钮 SB_2,接触器 KM_1、KM_3 及时间继电器 KT 通电并自保,电动机接成丫型起动;2s 后,KT 触点切换动作,使 KM_3 断电、KM_2 通电吸合,电动机接成△型运行。按下停止按钮 SB_1,电动机停止运行。

（2）I/O 分配。

输入	输出
停止按钮 SB1：I0.0;	KM1：Q0.0;
起动按钮 SB2：I0.1;	KM2：Q0.1;
过载保护 FR：I0.2;	KM3：Q0.2。

（3）梯形图程序。

转换后的梯形图程序如图 7-19 所示。按照梯形图语言中的语法规定简化和修改梯形图。为了简化电路,当多个线圈都受某一串并联电路控制时,可在梯形图中加辅助设计,即设置该电路控制的存储器的位，这里选用 M0.0。简化后的程序如图 7-20 所示。

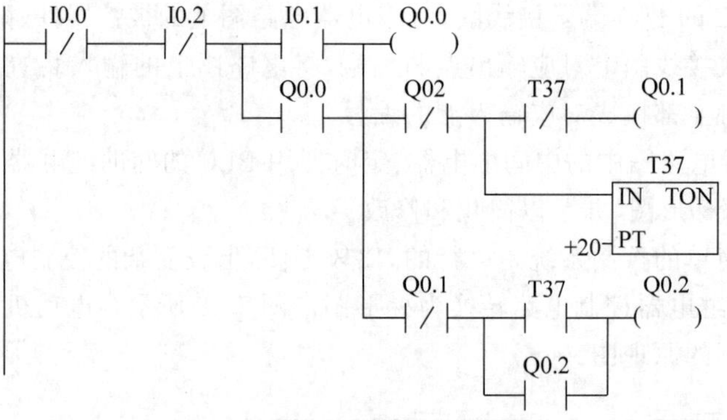

图 7-19　梯形图程序（例 7-3 题图）

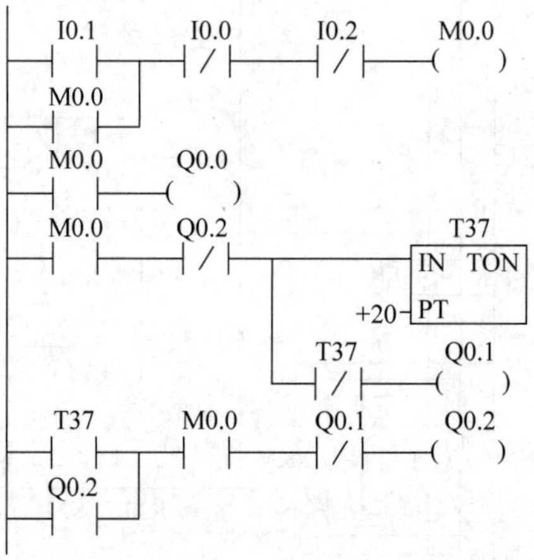

图 7-20　简化后的梯形图程序（例 7-3 题图）

3. 逻辑设计法

控制要求的提出往往是着眼于输入和输出，一般的模式是给定什么输入，要求出现什么输出。人们往往按控制要求的思路，把输出和输入直接对应起来进行设计。这样做往往会因为输入条件不够，顾此失彼，而不能顺利完成设计；即使设计出来，也没有一定规律可循。另一种思路就是通过中间量把输入和输出联系起来，先建立合适的中间变量，设计出中间变量与输入的关系，再设计出输出与中间变量的关系，实际上就找到了输出和输入的关系，完成了设计任务。根据这个思路提出了逻辑设计法。

逻辑设计法是以布尔代数为理论基础，根据生产过程中各工步之间各个检测元件（如行程开关、传感器等）状态的变化列出检测元件的状态表，确定所需的中间记忆元件，再列出各执行元件的工序表，然后写出检测元件、中间记忆元件和执行元件的逻辑表达式，再转换成梯形图。该方法在单一的条件控制系统中非常好用，相当于组合逻辑电路，但在和时间有关的控制系统中就很复杂。

下面应用逻辑设计法介绍一个实际应用例子。

【例 7-4】　应用逻辑设计法设计 PLC 控制的交通信号灯控制电路。

控制要求：交通信号灯控制示意图如图 7-21 所示。起动后，南北红灯亮并维持 25s。

在南北红灯亮的同时,东西绿灯也亮,1s后,东西车灯(即甲)亮。到20s时,东西绿灯闪亮,3s后熄灭,在东西绿灯熄灭后东西黄灯亮,同时甲灭。黄灯亮2s后灭,东西红灯亮。与此同时,南北红灯灭,南北绿灯亮。1s后,南北车灯(即乙)亮。南北绿灯亮了25s后闪亮,3s后熄灭,同时乙灭,黄灯亮2s后熄灭,南北红灯亮,东西绿灯亮,以此循环。

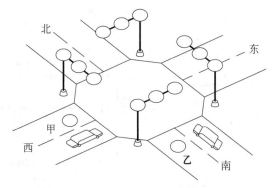

图7-21 交通灯控制示意图(例7-4题图)

设计分析：

(1) I/O分配

输入	输出	
起动按钮：I0.0；	南北红灯：Q0.0；	东西红灯：Q0.3；
	南北黄灯：Q0.1；	东西黄灯：Q0.4；
	南北绿灯：Q0.2；	东西绿灯：Q0.5；
	南北车灯：Q0.6；	东西车灯：Q0.7

(2) 程序设计

根据控制要求画出十字路口交通信号灯控制的时序图,如图7-22所示。

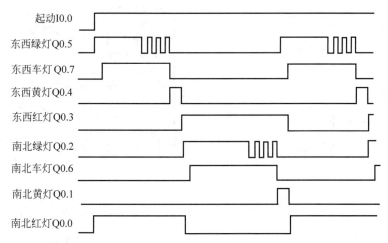

图7-22 十字路口交通信号灯的时序图(例7-4题图)

根据十字路口交通信号灯控制的时序图,用基本逻辑指令设计信号灯控制的梯形图,如图7-23所示。设计分析如下。

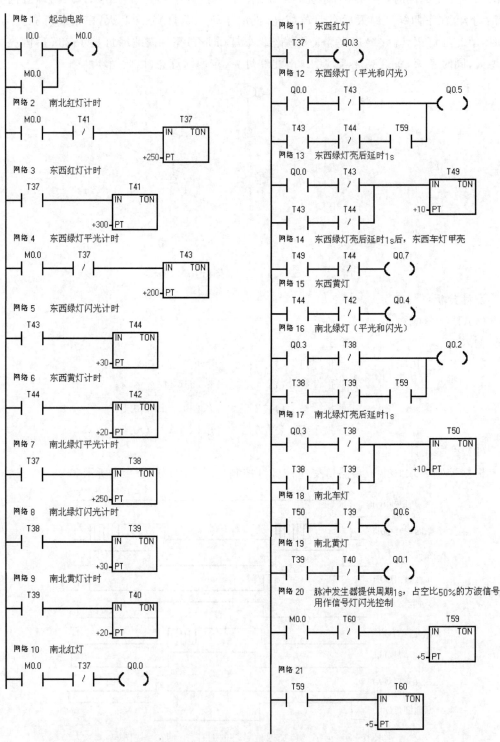

图 7-23 基本逻辑指令设计的信号灯控制的梯形图（例 7-4 题图）

① 找出南北方向和东西方向灯的关系:南北红灯亮(灭)的时间＝东西红灯灭(亮)的时间,南北红灯亮 25s(T37 计时)后,东西红灯亮 30s(T41 计时)后。

② 找出东西方向的灯的关系:东西红灯亮 30s 后灭(T41 复位)→东西绿灯平光亮 20s(T43 计时)后→东西绿灯闪光 3s(T44 计时)后,绿灯灭→东西黄灯亮 2s(T42 计时)。

③ 找出南北向灯的关系:南北红灯亮 25s(T37 计时)后灭→南北绿灯平光 25s(T38 计时)后→南北绿灯闪光 3s(T39 计时)后,绿灯灭→南北黄灯亮 2s(T40 计时)。

④ 找出车灯的时序关系:东西车灯是在南北红灯亮后开始延时(T49 计时)1s 后,东西车灯亮,直至东西绿灯闪光灭(T44 延时到);南北车灯是在东西红灯亮后开始延时(T50 计时)1s 后,南北车灯亮,直至南北绿灯闪光灭(T39 延时到)。

根据上述分析列出各灯的输出控制表达式如下。

东西红灯:$Q0.3＝T37$;

南北红灯:$Q0.0＝M0.0 \cdot T37$;

东西绿灯:$Q0.5＝Q0.0 \cdot T43＋T43 \cdot T44 \cdot T59$;

南北绿灯:$Q0.2＝Q0.3 \cdot T38＋T38 \cdot T39 \cdot T59$;

东西黄灯:$Q0.4＝T44 \cdot T42$;

南北黄灯:$Q0.1＝T39 \cdot T40$;

东西车灯:$Q0.7＝T49 \cdot T44$;

南北车灯:$Q0.6＝T50 \cdot T39$

4. 顺序控制设计法

如果一个控制系统可以分解成几个独立的控制动作,且这些动作必须严格按照一定的先后次序执行才能保证生产过程的正常运行,则这样的控制系统称为顺序控制系统,也称为步进控制系统。顺序控制总是一步一步按顺序进行。在工业控制领域中,顺序控制系统的应用非常广,尤其是在机械行业,几乎毫无例外地利用顺序控制来实现加工的自动循环。

顺序控制设计法就是针对顺序控制系统的一种专门的设计方法。这种设计方法很容易被初学者接受,对于有经验的工程师,也会提高设计的效率,程序的调试、修改和阅读也很方便。PLC 的设计者们为顺序控制系统的程序编制提供了大量通用和专用的编程元件,开发了专门供编制顺序控制程序用的功能流程图,使这种先进的设计方法成为当前 PLC 程序设计的主要方法。

顺序控制设计法根据功能流程图,以步为核心,从起始步开始一步一步地设计下去,直至完成。此法的关键是画出功能流程图。首先将被控制对象的工作过程按输出状态的变化分为若干步,并指出工步之间的转换条件和每个工步的控制对象。这种工艺流程图集中了工作的全部信息。在进行程序设计时,可以用中间继电器 M 来记忆工步,一步一步地顺序进行,也可以用顺序控制元件 S 来实现。

1) 功能流程图的基本概念

功能流程图也称为顺序功能流程图。

在前面我们已经系统地介绍了梯形图设计方法,这种方法绝大多数采用经验设计方法,是从传统的继电器逻辑设计方法继承而来的,它的基本设计思想是:被控制过程由若干状态所组成，每个状态都由输入的某些命令信号建立，辅助继电器用于区分状态且构成执行元件的输入变量，而辅助继电器的状态由输入的命令信号控制，正确找出辅助继电器、命令信号及执行元件之间的逻辑关系，也就基本完成了程序设计任务。

经验法仅适用于简单的单一顺序问题的程序设计，且设计无一定的规律可循，对稍复杂的程序设计起来显得较为困难，而对具有并发顺序、选择顺序的问题就更显得无能为力，故有必要寻求一种能解决更广泛顺序类型问题的程序设计方法。

功能流程图是一种能很好解决上述问题的程序设计方法，它是描述控制系统的控制过程、功能、特性的一种图形，它最初很像一种工艺性的流程图，它并不涉及所描述的控制功能的具体技术，是一种通用的技术语言。这种设计方法很容易被初学者接受，对有一定经验的技术人员而言也会提高设计效率，有资料称这种设计方法可减少 2/3 的设计时间，且用此法设计出的程序调试、修改、阅读也很容易。

这种设计方法是在 20 世纪 80 年代初由法国科技人员最先提出的，因为它有许多优越性，因此很快得到了推广，法、德等国对此推出了相关的国家标准，IEC 于 1988 年公布了类似的国际标准，我国也已在 1986 年颁布了功能流程图的国标。

功能流程图法在 PLC 程序设计中有两种用法。

（1）直接根据功能流程图的原理设计 PLC，即将功能流程图作为一种编程语言直接使用，目前已有此类产品，多数应用在大、中型 PLC 上，其编程主要通过 CRT 终端，直接使用功能流程图输入控制要求。

（2）用功能流程图说明 PLC 所要完成的控制功能，然后再据此找出逻辑关系并画出梯形图。功能流程图是一种描述顺序控制系统过程、功能和特性的图形表示方法。主要由步、转移、有向线等元素组成。

2）符号和组成

（1）步。

步是控制系统中一相对不变的状态，在功能流程图中，步通常表示某个或某些执行元件的状态，其符号见图 7-24，其中 N 为序号。步又分成起始步、动步、静步。

① 起始步

起始步对应于控制系统的初始状态，是系统运行的起点。一个控制系统至少要有一个起始步，起始步的符号见图 7-25。

② 动步、静步

动步是指控制系统当前正在运行的步，静步是指控制系统当前没有运行的步。动步、静步是系统分析时用的术语，平时进行程序设计时并不用，如图 7-26 所示。

图 7-24　步的符号　　　图 7-25　起始步　　　图 7-26　步与对应动作的表示方法

③ 步对应的动作

步是一个稳定的状态，表示过程中的一个动作。在该步的右边用一个矩形框表示（见

图 7-26），当一个步对应多个动作时，可用图 7-27 表示。

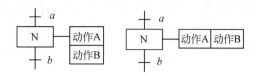

图 7-27 一步对应多个动作的表示方法

（2）有向线和转移条件。

① 有向线

在控制系统中动步是变化的、会向前转移的，转移的方向是按有向线规定的路线进行，习惯上是从上到下、由左至右。如不是上述方向，则应在有向线上用箭头标明转移方向。必要时为了便于理解也可加箭头。

② 转移条件

动步的转移是有条件的，转移条件在有向线上画一短横线表示，横线旁边注明转移条件。若同一级步都是动步，且该步后的转移条件满足，则实现转移，即后一静步变为动步，原来的动步变为静步。

3）功能流程图的构成规则

画控制系统功能流程图必须遵循以下规则：

① 步与步不能直接相连，必须用转移分开。

② 转移与转移不能相连，必须用步分开。

③ 步与步之间的连接采用有向线，从上到下或由左到右画时，可以省略箭头。当有向线从下到上或由右到左时，必须画箭头，以明示方向。

④ 至少有一个起始步。

4）功能流程图的基本形式

（1）单一序列。

单一序列由一系列前后相继激活的步组成，每步的后面紧接一个转移，每个转移后面只有一个步，如图 7-28（a）所示。

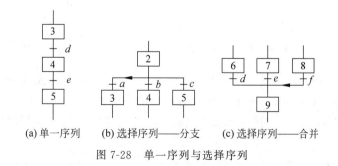

(a) 单一序列　　(b) 选择序列——分支　　(c) 选择序列——合并

图 7-28 单一序列与选择序列

（2）选择序列。

选择序列的开始称为分支，如图 7-28（b）所示。转移符号只能标在水平连线之下。如果步 2 是活动的，并且转移条件 $a=1$，则发生由步 2 到步 3 的进展。如果步 2 是活动的，并且 $b=1$，则发生由步 2 到步 4 的进展。一般只允许同时选择一个序列。

选择序列的结束称为合并,如图7-28(c)所示。几个选择序列合并到一个公共序列时,转移符号和需要重新组合的序列数量相同,转移符号只允许标在水平连线之上。如果步6是活动步,并且转移条件 $d=1$,则发生由步6到步9的进展。如果步7是活动步,并且 $e=1$,则发生由步7到步9的进展。

（3）并发序列。

并发序列的开始称为分支,如图7-29(a)所示。当转移的实现导致几个序列同时激活时,这些序列称为并发序列。当步2是活动的,并且转移条件 $d=1$ 时,步3、步4、步5这三步同时变为活动步,同时步2变为静步。为了强调转移的同步实现,水平连线用双线表示。步3、步4、步5被同时激活后,每个序列中活动步的进展将是独立的。在表示同步的水平双线之上,只允许有一个转移符号。

并发序列的结束称为合并,如图7-29(b)所示。在表示同步的水平双线之下,只允许有一个转移符号。当直接连在双线上的所有前级步都处于活动状态,并且转移条件 $e=1$ 时,才会发生步6、步7、步8到步9的进展,即步6、步7、步8同时变为静步,而步9变为活动步。

并发序列用来表示系统的几个同时工作的独立部分的工作情况。

5）单流程及编程方法

功能流程图的单流程结构形式简单,如图7-30所示,其特点是每一步后面只有一个转换,每个转换后面只有一步。各个工步按顺序执行,上一工步执行结束,转换条件成立,立即开通下一工步,同时关断上一工步。用顺序控制指令来实现功能流程图的编程方法,在前面的章节已经介绍过了,在这里将重点介绍用中间继电器 M 来记忆工步的编程方法。

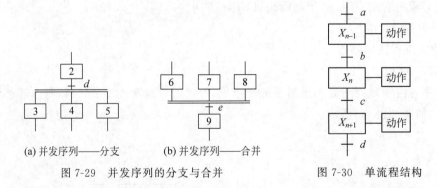

(a) 并发序列——分支　　(b) 并发序列——合并

图7-29　并发序列的分支与合并　　　　图7-30　单流程结构

在图7-30中,当 $n-1$ 步为活动步时,转换条件 b 成立,则转换实现,n 步变为活动步,同时 $n-1$ 步关断。由此可见,第 n 步成为活动步的条件是:$X_{n-1}=1,b=1$;第 n 步关断的条件只有一个:$X_{n+1}=1$。用逻辑表达式表示功能流程图的第 n 步开通和关断条件为

$$X_n=(X_{n-1} \cdot b+X_n) \cdot \overline{X_{n+1}}$$

式中,等号左边的 X_n 为第 n 步的状态,等号右边 X_{n+1} 表示关断第 n 步的条件,X_n 表示自保持信号,b 表示转换条件。

【例7-5】　根据给定图7-31所示的功能流程图,设计出梯形图程序。

设计分析:

（1）使用起保停电路模式的编程。

在梯形图中,为了实现前级步为活动步且转换条件成立时,才能进行步的转换,总是将代表前级步的中间继电器的常开接点与转换条件对应的接点串联,作为代表后续步的中间继电器得电的条件。当后续步被激活时,应将前级步关断,所以用代表后续步的中间继电器常闭接点串在前级步的电路中。如图 7-31 所示的功能流程图,对应的状态逻辑关系为

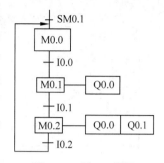

图 7-31　例 7-5 题图

$$M0.1 = (SM0.1 + M0.2 \cdot I0.2 + M0.0) \cdot \overline{M0.1}$$

$$M0.1 = (M0.0 \cdot I0.0 + M0.1) \cdot \overline{M0.2}$$

$$M0.2 = (M0.1 \cdot I0.1 + M0.2) \cdot \overline{M0.0}$$

$$Q0.0 = M0.1 + M0.2$$

$$Q0.1 = M0.2$$

对于输出电路的处理应注意:Q0.0 输出继电器在 M0.1、M0.2 步中都被接通,应将 M0.1 和 M0.2 的常开接点并联去驱动 Q0.0;Q0.1 输出继电器只在 M0.2 步为活动步时才接通,所以用 M0.2 的常开接点驱动 Q0.1。

使用起保停电路模式编制的梯形图程序如图 7-32 所示。

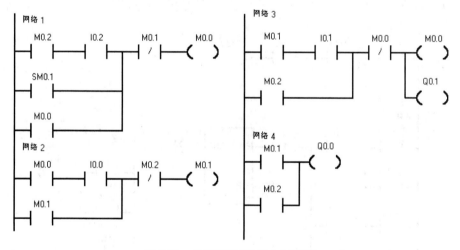

图 7-32　梯形图程序(例 7-5 题图)

(2) 使用置位、复位指令的编程。

S7-200 系列 PLC 有置位和复位指令,且对同一个线圈置位和复位指令可分开编程,所以可以实现以转换条件为中心的编程。当前级步为活动步且转换条件成立时,用置位指令 S 将代表后续步的中间继电器置位(激活),同时用复位指令 R 将本步复位(关断)。

如图 7-31 所示的功能流程图中,如用 M0.0 的常开接点和转换条件 I0.0 的常开接点串联作为 M0.1 置位的条件,同时作为 M0.0 复位的条件。这种编程方法很有规律,每一个转换都对应一个 S/R 的电路块,有多少个转换就有多少个这样的电路块。用置位、复位指令编制的梯形图程序如图 7-33 所示。

(3) 使用移位寄存器指令编程。

单流程的功能流程图各步总是顺序通断,并且同时只有一步接通,因此很容易采用移位

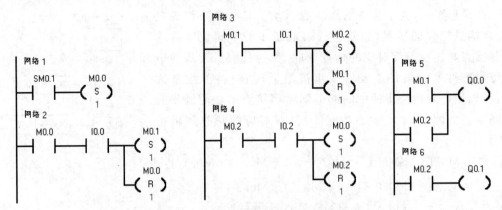

图 7-33　置位、复位指令编制的梯形图

寄存器指令实现这种控制。对于图 7-31 所示的功能流程图，可以指定一个两位的移位寄存器，用 M0.1、M0.2 代表有输出的两步，移位脉冲由代表步状态的中间继电器的常开接点和对应的转换条件组成的串联支路并联提供，数据输入端（DATA）的数据由初始步提供。对应的梯形图程序如图 7-34 所示。在梯形图中将对应步的中间继电器的常闭接点串联连接，可以禁止流程执行的过程中移位寄存器 DATA 端置 1，以免产生误操作信号，从而保证了流程的顺利执行。

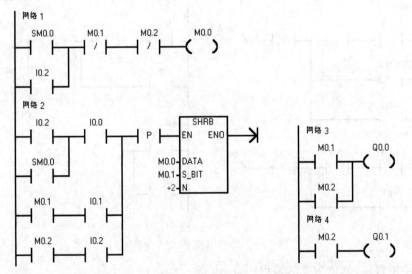

图 7-34　移位寄存器指令编制的梯形图

（4）使用顺序控制指令的编程。

使用顺序控制指令编程，必须使用 S 状态元件代表各步，其功能流程图如图 7-35 所示，其对应的梯形图如图 7-36 所示。

6）选择分支及编程方法

选择分支分为两种，如图 7-28(b)为选择分支开始，图 7-28(c)为选择分支结束。

选择分支开始指一个前级步后面紧接着若干个后续步可供选择，各分支都有各自的转换条件，在图中则表示为代表转换条件的短画线在各自分支中。

选择分支结束又称选择分支合并，是指几个选择分支在各自的转换条件成立时转换到一个公共步上。

在图 7-28(b)中,假设 2 为活动步,若转换条件 $a=1$,则执行工步 3;如果转换条件 $b=1$,则执行工步 4;如果转换条件 $c=1$,则执行工步 5。即哪个条件满足,则选择相应的分支,同时关断上一步 2。一般只允许选择其中一个分支。在编程时,若图 7-28(b)中的工步 2、3、4、5 分别用 M0.0、M0.1、M0.2、M0.3 表示,则当 M0.1、M0.2、M0.3 之一为活动步时,都将导致 M0.0=0,所以在梯形图中应将 M0.1、M0.2 和 M0.3 的常闭接点与 M0.0 的线圈串联,作为关断 M0.0 步的条件。

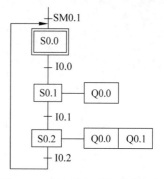

图 7-35 用 S 状态元件代表各步

在图 7-28(c)中,如果步 6 为活动步,转换条件 $d=1$,则工步 6 向工步 9 转换;如果步 7 为活动步,转换条件 $e=1$,则工步 7 向工步 9 转换;如果步 8 为活动步,转换条件 $f=1$,则工步 8 向工步 9 转换。若图 7-28(c)中的工步 6、7、8、9 分别用 M0.4、M0.5、M0.6、M0.7 表示,则 M0.7(工步 9)的起动条件为:$M0.4 \cdot d + M0.5 \cdot e + M0.6 \cdot f$,在梯形图中,则为 M0.4 的常开接点串联与 d 转换条件对应的触点、M0.5 的常开接点串联与 e 转换条件对应的触点、M0.6 的常开接点串联与 f 转换条件对应的触点,三条支路并联后作为 M0.7 线圈的起动条件。

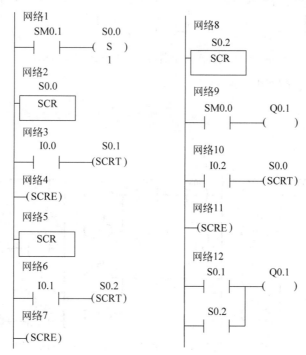

图 7-36 用顺序控制指令编程

【例 7-6】 根据图 7-37 所示的功能流程图设计出梯形图程序。

(1) 使用起保停电路模式的编程。

对应的梯形图程序如图 7-38 所示。

(2) 使用置位、复位指令的编程。

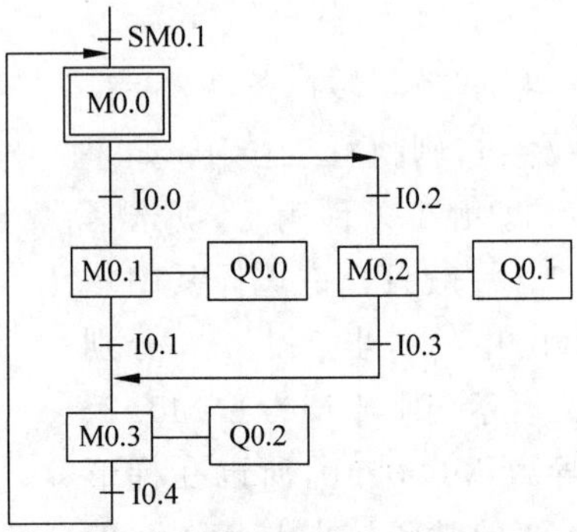

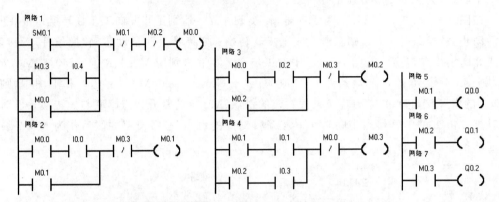

图 7-37　功能流程图（例 7-6 题图）

图 7-38　用起保停电路模式的编程（例 7-6 题图）

对应的梯形图程序如图 7-39 所示。

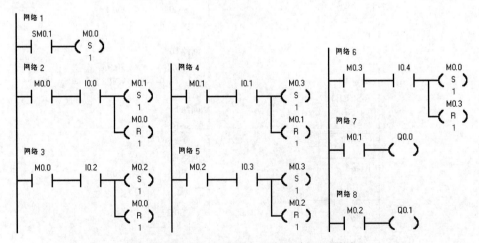

图 7-39　用置位、复位指令的编程（例 7-6 题图）

（3）使用顺序控制指令的编程。

对应的功能流程图如图 7-40 所示。对应的梯形图程序如图 7-41 所示。

7）并发分支及编程方法

并发分支也分两种，图 7-29（a）为并发分支的开始，图 7-29（b）为并发分支的结束，也称为合并。并发分支的开始是指当转换条件实现后，同时使多个后续步激活。为了强调转换

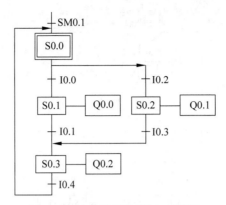

图 7-40 功能流程图(例 7-6 题图)

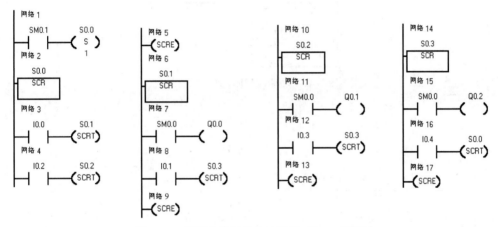

图 7-41 用顺序控制指令的编程(例 7-6 题图)

的同步实现,水平连线用双线表示。在图 7-29(a)中,当工步 2 处于激活状态时,若转换条件 $d=1$,则工步 3、4、5 同时起动,工步 2 必须在工步 3、4、5 都开起后,才能关断。并发分支的合并是指当前级步 6、7、8 都为活动步,且转换条件 e 成立时,开通步 9,同时关断步 6、7、8。

【例 7-7】 根据如图 7-42 所示的功能流程图设计出梯形图程序。

(1) 使用起保停电路模式的编程。

对应的梯形图程序如图 7-43 所示。

(2) 使用置位、复位指令的编程。

对应的梯形图程序如图 7-44 所示。

(3) 使用顺序控制指令的编程。

对应的功能流程图如图 7-45 所示。对应的梯形图程序如图 7-46 所示。

8) 循环、跳转流程及编程方法

在实际生产的工艺流程中,若要求在某些条件下执行预定的动作,则可用跳转程序;若需要重复执行某一过程,则可用循环程序,如图 7-47 所示。

跳转流程:当步 2 为活动步时,若条件 $f=1$,则跳过步 3 和步 4,直接激活步 5。

循环流程:当步 5 为活动步时,若条件 $e=1$,则激活步 2,循环执行。

SM0.1
M0.0
I0.0
M0.1
Q0.0
I0.1
M0.2
Q0.1
M0.4
Q0.3
I0.2
I0.3
M0.3
Q0.2
M0.5
Q0.4
I0.4
M0.6
Q0.5
I0.5

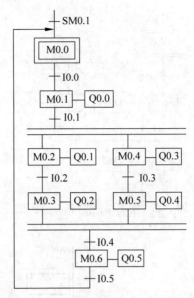

图 7-42　功能流程图（例 7-7 题图）

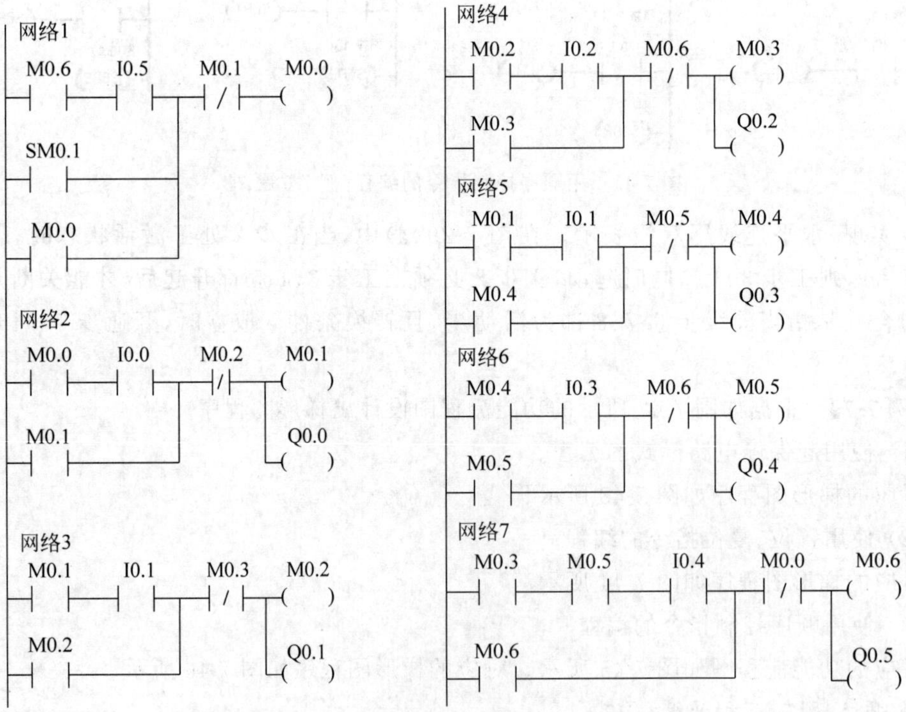

网络1
M0.6
I0.5
M0.1
M0.0
SM0.1
M0.0
网络2
M0.0
I0.0
M0.2
M0.1
M0.1
Q0.0
网络3
M0.1
I0.1
M0.3
M0.2
M0.2
Q0.1
网络4
M0.2
I0.2
M0.6
M0.3
M0.3
Q0.2
网络5
M0.1
I0.1
M0.5
M0.4
M0.4
Q0.3
网络6
M0.4
I0.3
M0.6
M0.5
M0.5
Q0.4
网络7
M0.3
M0.5
I0.4
M0.0
M0.6
M0.6
Q0.5

图 7-43　用起保停电路模式的编程（例 7-7 题图）

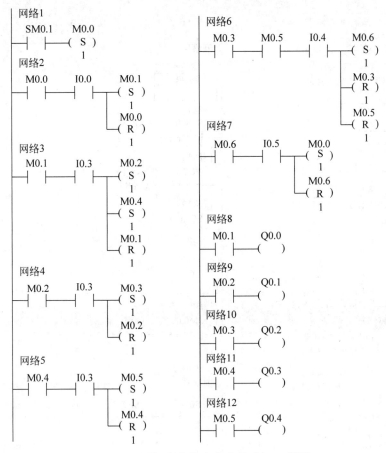

图 7-44　用置位、复位指令的编程（例 7-7 题图）

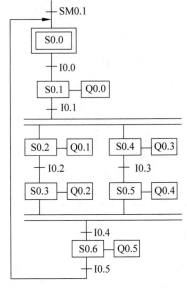

图 7-45　功能流程图（例 7-7 题图）

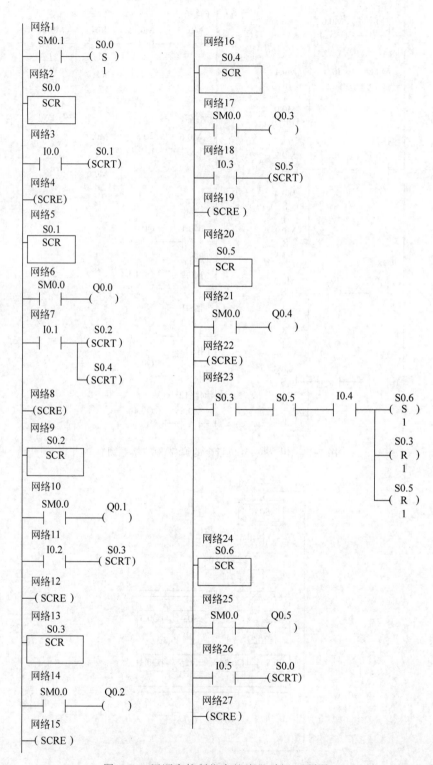

图 7-46　用顺序控制指令的编程(例 7-7 题图)

编程方法和选择流程类似,不再详细介绍。

提示　转换是有方向的,若转换的顺序是从上到下,即为正常顺序,可以省略箭头。若转换的顺序从下到上,则箭头不能省略。

在顺序功能图中只有两步组成的小闭环,如图7-48(a)所示,因为M0.3既是M0.4的前级步,又是它的后续步,所以对应的用起保停电路模式设计的梯形图程序如图7-48(c)所示。从梯形图中可以看出,M0.4线圈根本无法通电。解决的办法是在小闭环中增设一步,这一步只起短延时(≤0.1s)作用,由于延时取得很短,因此对系统的运行不会有什么影响,如图7-48(b)所示。

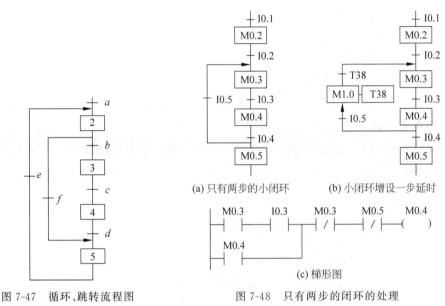

图7-47　循环、跳转流程图　　　　图7-48　只有两步的闭环的处理

7.3　PLC控制应用

PLC适用于各行各业、各种场合中的检测、监测及控制的自动化,适用范围可覆盖从替代继电器的简单控制到更复杂的自动化控制,应用领域极为广泛。

在介绍了PLC的基本工作原理和指令系统之后,就可以结合实际进行PLC控制的设计。

7.3.1　交通信号灯的PLC控制

设计PLC梯形图程序实现十字路口的红绿黄三色信号灯及人行通道红绿信号灯控制。

1. 控制要求

- 第一步:东西绿灯和南北红灯亮10s;
- 第二步:东西黄灯和南北红灯闪亮5s;
- 第三步:东西红灯和南北绿灯亮10s;
- 第四步:东西红灯和南北黄灯闪亮5s;
- 第五步:返回到第一步。

人行道口常态亮红灯，当人行道口的按钮按下时，人行道的交通灯绿灯随下一次十字路口的南北绿灯亮一次，之后再次一直亮红灯。在人行道亮过绿灯的 1min 内按下人行道按钮均不响应，1min 之后按下可重复前面的动作。

2. I/O 分配

输入信号：行人按钮 I0.1；

输出信号：东西绿灯 Q0.0；

东西黄灯 Q0.1；

东西红灯 Q0.2；

南北绿灯 Q0.3；

南北黄灯 Q0.4；

南北红灯 Q0.5；

人行道绿灯 Q0.6；

人行道红灯 Q0.7。

3. 控制程序设计

用基本位逻辑指令、经验法实现十字路口的红绿黄三色信号灯控制，其中灯的闪烁利用特殊标志位存储器 SM0.5 实现。交通信号灯梯形图程序如图 7-49 所示。

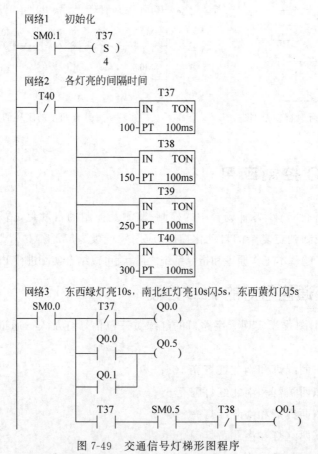

图 7-49　交通信号灯梯形图程序

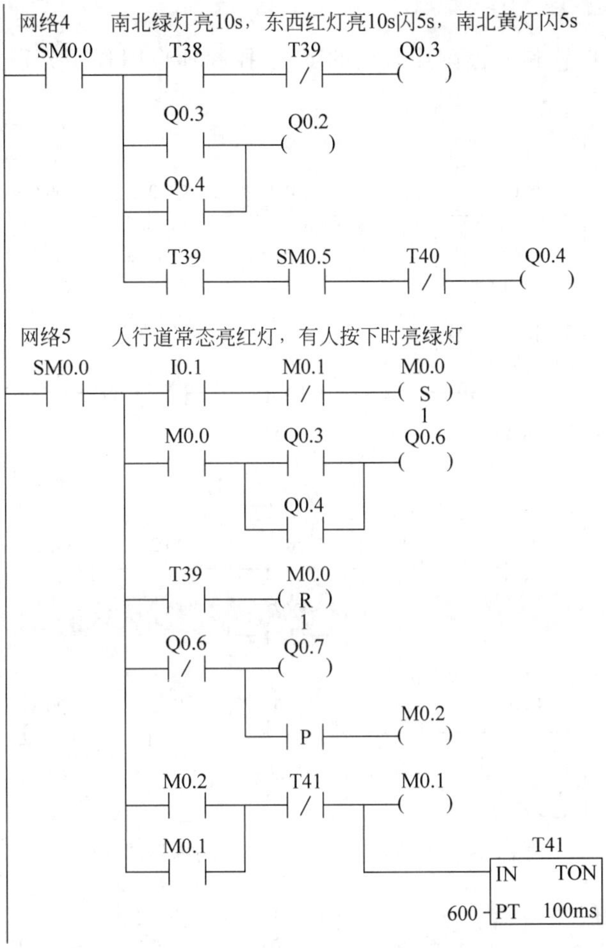

网络4　　南北绿灯亮10s，东西红灯亮10s闪5s，南北黄灯闪5s

```
   SM0.0      T38        T39         Q0.3
 ───┤ ├──────┤ ├───────┤/├─────────( )
                          Q0.3          Q0.2
              ──────────┤ ├──────────( )
                          Q0.4
              ──────────┤ ├
                          T39        SM0.5      T40         Q0.4
              ──────────┤ ├────────┤ ├───────┤/├─────────( )
```

网络5　　人行道常态亮红灯，有人按下时亮绿灯

```
   SM0.0      I0.1       M0.1        M0.0
 ───┤ ├──────┤ ├───────┤/├─────────( S )
                                      1
              M0.0       Q0.3         Q0.6
             ┤ ├────────┤ ├──────────( )
                          Q0.4
              ──────────┤ ├
              T39                     M0.0
             ┤ ├────────────────────( R )
                                      1
              Q0.6       Q0.7
             ┤/├────────┤ ├
                          P            M0.2
              ──────────┤ ├──────────( )
              M0.2       T41          M0.1
             ┤ ├────────┤/├──────────( )
              M0.1                    ┌──────────────┐
             ┤ ├                      │ IN      TON  │
                                      │              │
                              600 ────┤ PT    100ms  │
                                      └──────────────┘
```

图 7-49　（续）

7.3.2　交流电动机正/反转和Y-△降压起动的 PLC 控制

1. 控制要求

用 PLC 控制三相交流异步电动机的正/反转和Y-△起动。

（1）当按下起动按钮 SB_1 时，电动机正转接触器 KM_1 和电动机角接接触器 $KM_\triangle$ 接通，电动机正转；当按下按钮 SB_2 时，电动机反转接触器 KM_2 和电动机星接接触器 KM_Y 接通，电机反转；KM_Y 和 $KM_\triangle$ 绝不能同时接通；正反转之间要联锁。

（2）按下起动按钮 SB_1，电动机的正转接触器 KM_1、电动机星接接触器 KM_Y 起动并正转；2s 后，KM_Y 断开，电动机角接接触器 $KM_\triangle$ 接通，并一直运行；按停止按钮 SB_3，电动机停止运作。

2. I/O 分配

输入

正转起动按钮 SB_1：I0.0；

反转起动按钮 SB_2：I0.1；

停止按钮 SB_3：I0.2；

输出

正转接触器 KM_1：Q0.0；

反转接触器 KM_2：Q0.1；

角接接触器 $KM_\triangle$：Q0.2；

星接接触器 KM_Y：Q0.3

3. 控制程序设计

交流电动机正/反转和丫-△降压起动的 PLC 控制梯形图程序分别如图 7-50 和图 7-51 所示。

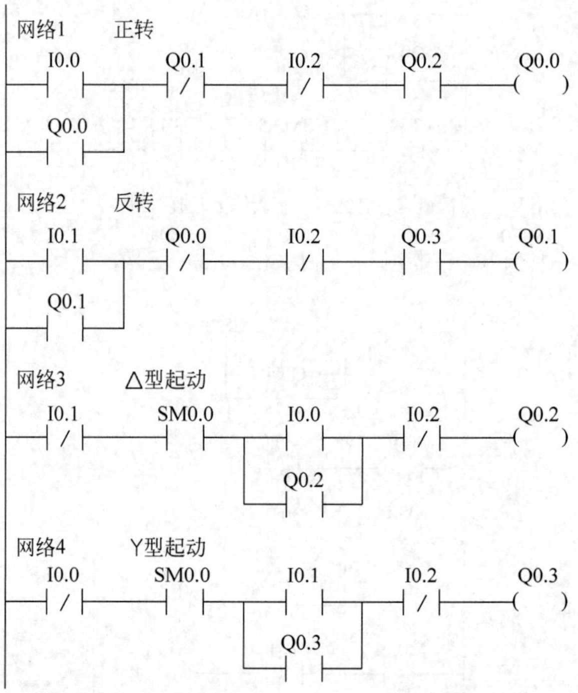

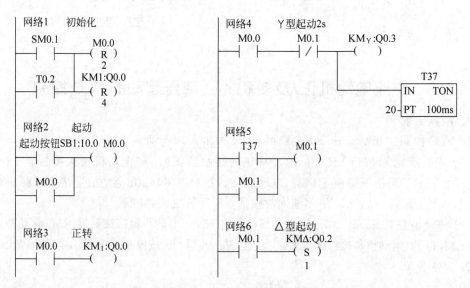

图 7-50　交流电动机正/反转控制梯形图程序

图 7-51　交流电动机丫-△降压起动控制梯形图程序

提示　程序设计实现不唯一，但最终逻辑运行结果一致。

交流电动机丫-△降压起动控制也可以用功能流程图法实现，其功能流程图和梯形图分别如图 7-52 和图 7-53 所示。

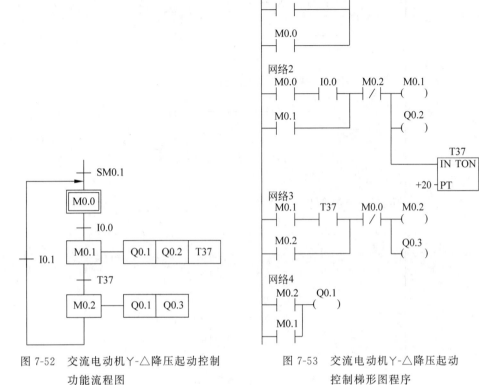

图 7-52 交流电动机丫-△降压起动控制
功能流程图

图 7-53 交流电动机丫-△降压起动
控制梯形图程序

7.3.3 霓虹灯的 PLC 控制

某商场欲安装一个由 8 种色调组成的霓虹灯工程,要求可任意采用不同的色调依次循环,可改变循环的方向、移动的位数及速率。其中霓虹灯是否移位及移位的方向用按钮来控制。假定首次扫描为两个相互间隔的彩灯同时闪亮且循环时每次移一位。

1. 控制要求

霓虹灯是否移位用 I0.0 控制,移位的方向用 I0.1 控制,按照要求首次扫描初值定为00000101,即 16#05,移位速率定为 1 位/s。

2. I/O 分配

输入	输出
按钮 SB$_1$:I0.0;	EL$_1$:Q0.0;
按钮 SB$_2$:I0.1;	EL$_2$:Q0.1;
	EL$_3$:Q0.2;
	EL$_4$:Q0.3;
	EL$_5$:Q0.4;
	EL$_6$:Q0.5;
	EL$_7$:Q0.6;
	EL$_8$:Q0.7

3. 控制程序设计

霓虹灯控制梯形图如图 7-54 所示。

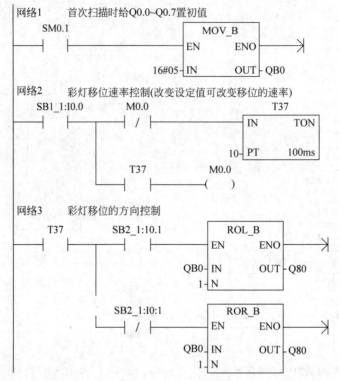

图 7-54　霓虹灯控制梯形图

7.3.4　机械手的 PLC 控制

机械手控制示意图如图 7-55 所示。

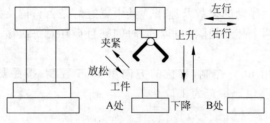

图 7-55　机械手控制示意图

1. 控制要求

机械手将 A 处的工件搬运到 B 处的操作过程如图 7-56 所示。

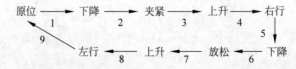

图 7-56　机械手将 A 处的工件搬运到 B 处的操作过程图

机械手共有 6 个动作：上升、下降、左行、右行、夹紧、放松。机械手的动作由汽缸驱动，汽缸由相应的电磁阀进行控制。上升、下降、左行、右行 4 个动作分别由单独的电磁阀控制；夹紧、放松动作由一个电磁阀控制。电磁阀线圈通电，机械手夹紧；反之，机械手放松。各个动作的起动和停止由相应的按钮和限位开关进行控制。

机械手的操作方式有手动和自动。机械手的操作方式通过按钮进行选择。手动操作利用按钮操作对机械手的每一步运动进行单独控制。自动操作方式分为步进、单周期和连续操作。

自动操作方式是在步进操作方式下，每按一次起动按钮，机械手完成一步动作后自动停止；单周期操作是在按下起动按钮后，机械手自动完成一个搬运周期后停止；连续操作为按下起动按钮后，机械手自动不间断地重复完成搬运工作，直到按下停止按钮，机械手完成当次搬运，回到原位自动停止。

2. I/O 分配

输入

手动操作选择按钮 SB_1：I0.0；
步进操作选择按钮 SB_2：I0.1；
单周期操作选择按钮 SB_3：I0.2；
连续操作选择按钮 SB_4：I0.3；
起动按钮 SB_5：I0.4；
停止按钮 SB_6：I0.5；
上升按钮（手动）SB_7：I0.6；
下降按钮（手动）SB_8：I0.7；
左行按钮（手动）SB_9：I1.0；
右行按钮（手动）SB_{10}：I1.1；
夹紧（手动）开关 QS_1：I1.2；
上限位开关 SQ_1：I1.3；
下限位开关 SQ_2：I1.4；
左限位开关 SQ_3：I1.5；
右限位开关 SQ_4：I1.6；

输出

升电磁阀 YV_1：Q0.0；
下降电磁阀 YV_2：Q0.1；
左行电磁阀 YV_3：Q0.2；
右行电磁阀 YV_4：Q0.3；
夹紧电磁阀 YV_5：Q0.4；
手动操作指示灯：Q1.0；
步进操作指示灯：Q1.1；
单周期操作指示灯：Q1.2；
连续操作指示灯：Q1.3；
原点指示：Q1.4

3. 控制程序设计

根据控制要求设计出梯形图程序，如图 7-57～图 7-59 所示。

7.3.5　除尘室的 PLC 控制

一些对除尘要求比较严格的场合，如制药厂和自来水厂等，当人、物进入这些场合时，首先要进行除尘处理。为了保证除尘操作的严格进行，避免人为因素对除尘要求的影响，可以用 PLC 对除尘室的门进行有效控制。即在除尘室内、在指定时间只有进行除尘操作后，才准许进入车间，否则门打不开，进入不了车间。

1. 控制要求

除尘室的结构如图 7-60 所示。图中第一道门处设有两个传感器：开门传感器和关门传感器；除尘室内有两台风机用来除尘；第二道门上装有电磁锁和开门传感器，电磁锁在系统控制下自动锁上或打开。进入室内需要除尘，出来时不需除尘。具体控制要求如下。

主程序

网络1

I0.0   I0.5   M0.0
─┤├──┤/├──( )

M0.0
─┤├──   手动方式

网络2
M0.0
─┤├──   ┌─SBR_0─┐
         │EN   │
         └───────┘

网络3

I0.1   I0.5   M0.1
─┤├──┤/├──( )

M0.1
─┤├──   步进方式

网络4
M0.1   ┌─SBR_1─┐
─┤├──   │EN   │
         └───────┘

网络5

I0.3   I0.5   M0.3
─┤├──┤/├──( )

M0.3
─┤├──

网络6

M0.3   Q1.4   M0.4
─┤├──┤├──( )

M0.4
─┤├──   连续方式

网络7
M0.3   ┌─SBR_3─┐
─┤├──┬── │EN   │
M0.4   └───────┘
─┤├──┘

网络8
I0.2   ┌─SBR_2─┐
─┤├──   │EN   │
         └───────┘
单周期方式

图 7-57　机械手梯形图主程序

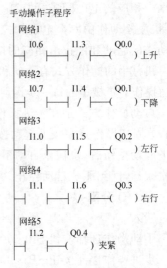

手动操作子程序

网络1

I0.6   I1.3   Q0.0
─┤├──┤/├──( ) 上升

网络2

I0.7   I1.4   Q0.1
─┤├──┤/├──( ) 下降

网络3

I1.0   I1.5   Q0.2
─┤├──┤/├──( ) 左行

网络4

I1.1   I1.6   Q0.3
─┤├──┤/├──( ) 右行

网络5

I1.2   Q0.4
─┤├──( ) 夹紧

图 7-58　手动操作子程序

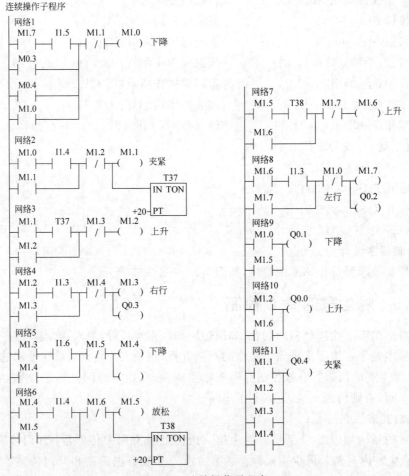

连续操作子程序

网络1
M1.7   I1.5   M1.1   M1.0
─┤├──┤├──┤/├──( ) 下降
M0.3
─┤├──
M0.4
─┤├──
M1.0
─┤├──

网络2
M1.0   I1.4   M1.2   M1.1
─┤├──┤├──┤/├──( ) 夹紧
M1.1   ┌─T37──┐
─┤├──   │IN TON│
                        │   │
                  +20─PT└──────┘

网络3
M1.1   T37   M1.3   M1.2
─┤├──┤├──┤/├──( ) 上升
M1.2
─┤├──

网络4
M1.2   I1.3   M1.4   M1.3
─┤├──┤├──┤/├──( ) 右行
M1.3   Q0.3
─┤├──   ( )

网络5
M1.3   I1.6   M1.5   M1.4
─┤├──┤├──┤/├──( ) 下降
M1.4
─┤├──   ( )

网络6
M1.4   I1.4   M1.6   M1.5
─┤├──┤├──┤/├──( ) 放松
M1.5   ┌─T38──┐
─┤├──   │IN TON│
                  +20─PT└──────┘

网络7
M1.5   T38   M1.7   M1.6
─┤├──┤├──┤/├──( ) 上升
M1.6
─┤├──

网络8
M1.6   I1.3   M1.0   M1.7
─┤├──┤├──┤/├──( )
M1.7   Q0.2
─┤├──   左行   ( )

网络9
M1.0   Q0.1
─┤├──( ) 下降
M1.5
─┤├──

网络10
M1.2   Q0.0
─┤├──( ) 上升
M1.6
─┤├──

网络11
M1.1   Q0.4
─┤├──( ) 夹紧
M1.2
─┤├──
M1.3
─┤├──
M1.4
─┤├──

图 7-59　连续操作子程序

进入车间时必须先打开第一道门进入除尘室,进行除尘。当第一道门打开时,开门传感器动作,第一道门关上时关门传感器动作,第一道门关上后,风机开始吹风,电磁锁把第二道门锁上并延时20s后,风机自动停止,电磁锁自动打开,此时可打开第二道门进入室内。第二道门打开时相应的开门传感器动作。人从室内出来时,第二道门的开门传感器先动作,第一道门的开门传感器才动作,关门传感器与进入时动作相同,出来时不需除尘,所以风机、电磁锁均不动作。

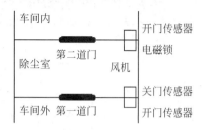

图 7-60　除尘室的结构

2. I/O 分配

输入

第一道门的开门传感器:I0.0;

第一道门的关门传感器:I0.1;

第二道门的开门传感器:I0.2;

输出

风机 1:Q0.0;

风机 2:Q0.1;

电磁锁:Q0.2

3. 程序设计

除尘室的控制系统梯形图程序如图 7-61 所示。

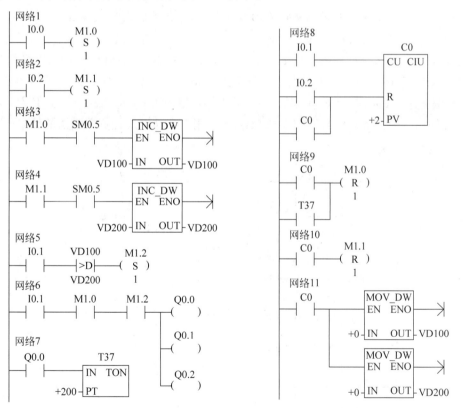

图 7-61　除尘室的控制系统梯形图程序

7.3.6 温度采集的 PLC 控制

在生产、生活的各种领域中,通常需要对温度、压力、流量、重量等连续变化的模拟量进

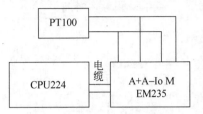

图 7-62 温度采集控制系统结构框图

行处理和控制,而在生产中,温度是最常见的一种模拟量信号。PLC 厂家还为此专门生产了相应的热电阻、热电偶模块。

温度采集控制系统结构框图如图 7-62 所示。温度采集控制系统由 S7-200 CPU224、模拟量扩展模块 EM235 和 PT100 温度传感器构成。EM235 的 A 输入端采集 PT100 的端电压信号,将 A 端的量程设为 $0\sim10V$ 的单极性电压,其他未使用的三个模块量输入端(B+/B−,C+/C−和 D+/D−)短路。

为了把 PT100 随温度变化的电阻转换成电压,EM235 的模拟量输出端 Io 输出 12.5mA 恒电流(设置 AQW0＝20 000)供给 PT100 传感器。在 A+/A−端产生 5mV/℃ 的线性输入电压。EM235 把这个电压转换成数字量,通过程序周期地读取这些数字量,并利用公式计算出温度值:

$$T＝(温度数字量−偏置量℃)/1℃数字量$$

采集到的温度数字量被存储在 AIW0 中。由于 10V 对应的数字量为 32 000,在℃时,PT 端电压的值为 4000(100Ω×0.0125A×32 000/10V)。

🐛 **注意**:℃偏置量是在℃时测量出来的数字量。1℃数字量是温度每升高 1℃的数字量,其值为 16(0.005V×32 000/10V)。

温度采集控制系统梯形图程序如图 7-63 所示。特殊标志位存储器 SM0.1 只在首次扫描时为 1,用于程序的初始化。程序通过传送指令 MOVW 将 1℃数字量 16 存储在 VW100 中,将℃偏置量 4000 存储在 VW102 中,同时将 20 000 写入 AQW0,使 EM235 产生 12.5mA 输出。通过 MOVD 将 VD100 双字清 0,用于存储温度计算中除法的结果。

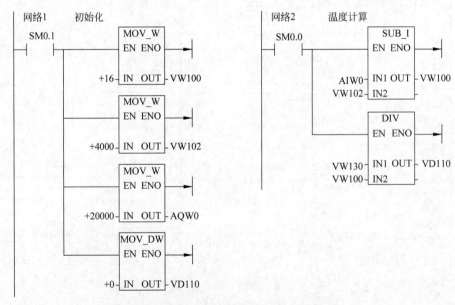

图 7-63 温度采集控制系统梯形图程序

习题与思考题

7-1　简述可编程控制器系统设计一般步骤。

7-2　设计如图 7-64 所示时序图的 PLC 梯形图程序。

7-3　根据所给时序图 7-65 绘制功能流程图。

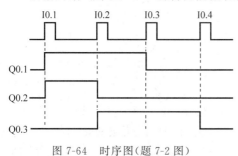

图 7-64　时序图(题 7-2 图)

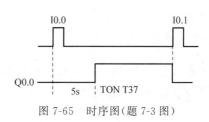

图 7-65　时序图(题 7-3 图)

7-4　用 PLC 构成箱体包装控制系统。

某包装机械的包装箱用传送带运输,当箱体到达检测传感器 A 时开始计数。当计数到 2000 个脉冲时,箱体刚好到达封箱机下进行封箱,此时传送带并没有停下,而是继续运转。封箱过程中箱体还在前行。假设封箱过程共用 300 个脉冲,然后封箱机停止工作。继续前行,当计数脉冲送到 1500 个脉冲时,开始喷码,喷码机开始工作,假设喷码机共用 5s 进行喷码,喷码结束后,整个工作过程结束。包装过程示意图如图 7-66 所示。试采用高速计数器指令、比较指令及功能指令设计梯形图程序。

7-5　用 PLC 构成水塔水位的控制系统如图 7-67 所示。在模拟控制中,用按钮 SB 来模拟液位传感器,用 L_1、L_2 指示灯来模拟抽水电动机。

控制要求:按下 SB_4,水池需要进水,灯 L_2 亮;直到按下 SB_3,水池水位到位,灯 L_2 灭;按 SB_2 表示水塔水位低需进水,灯 L_1 亮,进行抽水;直到按下 SB_1,水塔水位到位,灯 L_1 灭,过 2s 后,水塔放完水后重复上述过程即可。要求列出 I/O 分配表,编写梯形图程序并上机调试程序。

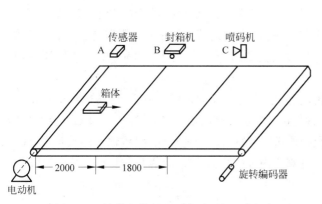

图 7-66　箱体包装过程示意图(题 7-4 图)

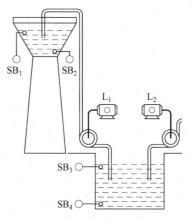

图 7-67　水塔水位控制示意图(题 7-5 图)

第 8 章

S7-200 的通信与网络

随着自动化技术的提高和网络应用需求迅猛发展，PLC 与 PLC、PLC 与 PC 以及 PLC 与其他控制设备之间能迅速、准确地进行通信已成为自动控制领域的热门技术。将传统的单机集中自动控制系统发展为分级分布式控制系统，能降低系统成本，分散系统风险，提高系统速度，增强系统可靠性和灵活性。

8.1 通信的基本知识

在计算机控制与网络技术不断推广和普及的今天，对参与控制系统中的设备提出了可相互连接，构成网络及远程通信的要求，可编程控制器生产厂为此加强了可编程控制器的网络通信能力。

8.1.1 基本概念和术语

1. 数据通信方式

1）并行传输与串行传输

并行传输是指通信中同时传送构成一个字或字节的多位二进制数据，是以字节或字为单位的数据传输方式，除了 8 根或 16 根数据线、1 根公共线外，还需要数据通信双方联络用的控制线。

串行传输是指通信中构成一个字或字节的多位二进制数据是一位一位被传送的，即以二进制位为单位的数据传输方式，每次传送一位，除了地线外，在一个数据传输方向上只需要一根数据线，这根线既作为数据线又作为通信联络控制线，串行通信需要的信号线少，最少的只需要两三根线。

很容易看出两者的特点，与并行传输相比，串行传输的传输速度慢，但传输线的数量少，成本比并行传输低，故常用于远距离传输且速度要求不高的场合，如计算机与可编程控制器间的通信、计算机 USB 口与外围设备的数据传送。并行传输的速度快，但传输线的数量多，成本比较高，故常用于近距离传输的场合，如计算机内部的数据传输、计算机与打印机的数据传输。

2）异步通信和同步通信

（1）异步通信。

通信双方需要对所采用的信息格式和数据的传输速率做相同的约定。异步通信传送附加的非有效信息较多,它的传输效率较低,一般用于低速通信,PLC一般使用异步通信。

在异步通信中,信息以字符为单位进行传输,当发送一个字符代码时,字符前面都具有一位起始位,极性为0,接着发送5~8位的数据位、1位奇偶校验位、1位或2位的停止位,数据位的长度视传输数据格式而定,奇偶校验位可有可无,停止位的极性为1,在数据线上不传送数据时全部为1。异步传输中一个字符中的各个位是同步的,但字符与字符之间的间隔是不确定的,也就是说,线路上一旦开始传送数据就必须按照"起始位、数据位、奇偶校验位、停止位"这样的格式连续传送,但传输下一个数据的时间不定,不发送数据时线路保持为1状态。

异步通信的优点就是收、发双方不需要严格的位同步,所谓"异步",是指字符与字符之间的异步,字符内部仍为同步。其次异步传输电路比较简单,网络协议易实现,所以得到了广泛的应用。其缺点在于通信效率比较低。

(2) 同步通信。

以字节为单位,每次传送1个或2个同步字符、若干数据字节和校验字符。在同步通信中,不仅字符内部为同步,字符与字符之间也要保持同步。信息以数据块为单位进行传输,收发双方必须以同频率连续工作,并且保持一定的相位关系,这就需要通信系统中有专门使发送装置和接收装置同步的时钟信号。在一组数据或一个报文之内不需要起停标志,但在传送中要分成组,一组含有多个字符代码或多个独立的码元。在每组的开始和结束须加上规定的码元序列作为标志序列。发送端在数据前,必须发送标志序列,接收端通过检验该标志序列实现同步。

同步通信的特点是可获得较高的传输速度,但实现起来较复杂。

3) 单工通信与双工通信

串行通信按信息在设备间的传送方向又分为单工、双工两种方式。

单工通信方式只能沿单一方向发送或接收数据。双工通信方式的信息可沿两个方向传送,每一个站既可以发送数据,也可以接收数据。

双工通信方式又分为全双工和半双工两种方式。数据的发送和接收分别由两根或两组不同的数据线传送,通信的双方都能在同一时刻接收和发送信息,这种传送方式称为全双工方式;用同一根线或同一组线接收和发送数据,通信的双方在同一时刻只能发送数据或接收数据,这种传送方式称为半双工方式。在PLC通信中常采用半双工和全双工通信。

4) 基带传输与频带传输

基带传输是按照数字信号原有的波形(以脉冲形式)在信道上直接传输,它要求信道具有较宽的通频带。基带传输不需要调制解调,设备花费少,适用于较小范围的数据传输。基带传输时,通常对数字信号进行一定的编码,常用数据编码方法有非归零码NRZ、曼彻斯特编码和差动曼彻斯特编码等。后两种编码不含直流分量、包含时钟脉冲、便于双方自同步,所以应用广泛。

频带传输是一种采用调制解调技术的传输形式。发送端采用调制手段,对数字信号进行某种变换,将代表数据的二进制1和0,变换成具有一定频带范围的模拟信号,以适应在模拟信道上传输;接收端通过解调手段进行相反变换,把模拟的调制信号复原为1或0。常用的调制方法有频率调制、振幅调制和相位调制。具有调制、解调功能的装置称为调制解调器,即Modem。频带传输较复杂,传送距离较远,若通过市话系统配备Modem,则传送距离可不受限制。

PLC 通信中，基带传输和频带传输两种传输形式都有采用，但多采用基带传输。

2. 概念和术语

1）信号的调制和解调

串行通信通常传输的是数字量，这种信号包括从低频到高频极其丰富的谐波信号，要求传输线的频率很高。而远距离传输时，为了降低成本，传输线频带不够宽，使信号严重失真、衰减，常采用的方法就是调制解调技术。

调制就是发送端将数字信号转换成适合传输线传送的模拟信号，完成此任务的设备叫调制器。接收端将收到的模拟信号还原为数字信号的过程称为解调，完成此任务的设备叫解调器。实际上一个设备工作起来既需要调制，又需要解调，调制、解调功能由一个设备完成，称此设备为调制解调器。当进行远程数据传输时，可以将可编程控制器的 PC/PPI 电缆与调制解调器进行连接以增加数据传输的距离。

2）传输速率

传输速率是指单位时间内传输的信息量，它是衡量系统传输性能的主要指标，常用波特率（Baud Rate）表示。波特率是指每秒传输二进制数据的位数，单位是 bps。常用的波特率有 19 200bps、9600bps、4800bps、2400bps、1200bps 等。例如，1200bps 的传输速率，每个字符格式规定包含 10 个数据位（起始位、停止位、数据位），信号每秒传输的数据为：1200/10＝120（字符/s）。

8.1.2 通信介质

当前在分散控制系统中普遍使用的传输介质有同轴电缆、双绞线、光纤，而其他介质如无线电、红外线、微波等，在 PLC 网络中应用很少。在使用的传输介质中双绞线（带屏蔽）成本较低、安装简单；而光缆尺寸小、重量轻、传输距离远，但成本高、安装维修难。

以下仅简单介绍几种常用的通信介质。

1. 双绞线

一对相互绝缘的线螺旋形式绞合在一起就构成了双绞线，两根线一起作为一条通信电

图 8-1　非屏蔽双绞线结构示意图

路使用，两根线螺旋排列的目的是为了使各线对之间的电磁干扰减小到最小。通常人们将几对双绞线包装在一层塑料保护套中，如两对或四对双绞线构成产品的称为非屏蔽双绞线，如图 8-1 所示，在外塑料层下增加一屏蔽层的称为屏蔽双绞线。

双绞线根据传输特性可分为 8 类。1 类双绞线常用作传输电话信号，2 类常用于语音、数据传输，3、4、5 类或超 5 类双绞线通常用于连接以太网等局域网。3 类和 5 类的区别在于绞合的程度，3 类线较松，而 5 类线较紧，使用的塑料绝缘性更好。3 类线的带宽为 16MHz，适用于 10Mbps 数据传输；5 类线带宽为 100MHz，适用于 100Mbps 的高速数据传输。超 5 类双绞线单对线传输带宽仍为 100MHz，但对 5 类线的若干技术指标进行了增强，使得 4 对超 5 类双绞线可以传输 1000Mbps（1Gb/s）的高速数据。6 类、7 类双绞线带宽可分别达到 200MHz 和 600MHz。

双绞线的螺旋形绞合仅仅解决了相邻绝缘线对之间的电磁干扰，但对外界的电磁干扰还是比较敏感的，同时信号会向外辐射，有被窃取的可能。

2. 同轴电缆

同轴电缆是从内到外依次由内导体(芯线)、绝缘线、屏蔽层铜线网及外保护层的结构制造的。由于从横截面看这四层构成了 4 个同心圆,故而得名。同轴电缆的结构如图 8-2 所示。

同轴电缆外面加了一层屏蔽铜丝网,这是为了防止外界的电磁干扰而设计的,因此它比双绞线抗外界电磁干扰的能力要强。根据阻抗的不同,可分为基带同轴电缆和宽带同轴电缆,基带同轴电缆的特性阻抗为 50Ω,适用于计算机网络的连接,由于是基带传输,数字信号不经调制直接送上电缆,是单路传输,数据传输速率可达 10Mbps。宽带同轴电缆特性阻抗为 75Ω,常用于有线电视(CATV)的传输介质,如有线电视同轴电缆带宽达 750MHz,可同时传输几十路电视信号,并同时通过调制解调器支持 20Mbps 的计算机数据传输。

3. 光纤

光纤(又称光导纤维或光缆)常应用在远距离快速地传输大量信息中,它是由石英玻璃经特殊工艺拉成细丝来传输光信号的介质,这种细丝的直径比头发丝还要细,一般直径为 $8\sim9\mu m$(单模光纤)及 $50/62.5\mu m$(多模光纤,$50\mu m$ 为欧洲标准,$62.5\mu m$ 为美国标准),但它能传输的数据量却是巨大的。人们已经实现在一条光纤上传输几百个"太"位($1T=2^{40}$)的信息量,而且这还远不是光纤的极限。在光纤中以内部的全反射来传输一束经过编码的光信号。光纤结构如图 8-3 所示。

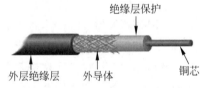

图 8-2　同轴电缆的结构示意图　　　图 8-3　光纤结构示意图

光纤根据工艺的不同分为单模光纤和多模光纤两大类。单模光纤由于直径小,与光波波长相当,光纤如同一个波导,光脉冲在其中没有反射而沿直线进行传输,所使用的光源为方向性好的半导体激光。多模光纤在给定的工作波长上,光源发出的光脉冲以多条线路(又称多种模式)同时传输,经多次全反射后先后到达接收端,它所使用的光源为发光二极管。单模光纤由于传输时没有反射,所以衰减小,传输距离远,接收端的一个光脉冲中的光几乎同时到达,脉冲窄,脉冲间距可以排得密,因而数据传输率高;而多模光纤中光脉冲多次全反射,衰减大,因而传输距离近,接收端的一个光脉冲中的光经多次全反射后先后到达,脉冲宽,脉冲排得疏,因而数据传输率低。单模光纤的缺点是价格比多模光纤昂贵。

光纤是以光脉冲的形式传输信号的,它具有的优点如下。

(1) 所传输的是数字的光脉冲信号,不会受电磁干扰,不怕雷击,不易被窃听。

(2) 数据传输安全性好。

(3) 传输距离长,且带宽宽,传输速度快。

缺点是光纤系统设备价格昂贵,光纤的连接与连接头的制作需要专门工具和专门培训的人员。

4. 无线介质

随着科技的发展,无线介质的应用不断增加。主要可分为两类:一类为使用微波波长或更长波长的无线电频谱;另一类则是光波及红外光范畴的频谱。无线电频谱的典型实例是使用微波频率较低（2.4GHz）的扩频微波通信信道。这种小微波技术的一个例子是以 3~10Mbps 的数据传输信道，两个通信点间无障碍物的传输距离可达 10km 以上。800/900MHz 或者 1500MHz 的蜂窝移动数字通信装置（即数字手机）也是属于无线电频谱类。第二类的实例如蓝牙技术通信，直接安装在计算机和外部设备上的小型红外线的收发窗口来进行两机器和设备之间的信息交换，而摆脱了传统的插头插座连接方式，省去了接线的麻烦。

通信卫星作为通信中继器的微波通信也是一种常用的无线数据通信。通信卫星有两类：一类是同步地球通信卫星，这种通信卫星距离地球表面较远，所以微波信号较弱，地面要接收卫星发来的微波信号，需要较大口径的天线，有一定的传输延时，地面技术复杂，价格昂贵。但这种通信卫星的通信比较稳定，通信容量大。另一类是近地轨道通信卫星，这种卫星距离地球数十万米，不能做到与地球角速度相同，不能覆盖地面固定的位置，因此需要多个这种卫星接力工作才能做到通信连续而不被中断。

8.1.3 串行通信接口标准

常用的串行通信接口标准有 RS-232C、RS-422A 和 RS-485 等。

RS-232C 是美国电子工业协会（Electronic Industry Association，EIA）于 1962 年公布，并于 1969 年修订的串行接口标准。它已经成为国际上通用的标准。1987 年 1 月，RS-232C 再次修订，但修改不多。

早期人们借助电话网进行远距离数据传送而设计了调制解调器 Modem，因此就需要有关数据终端与 Modem 之间的接口标准，RS-232C 标准在当时就是为此目的而产生的。目前 RS-232C 已成为数据终端设备（Data Terminal Equipment，DTE），如计算机与数据设备（Data Communication Equipment，DCE）、Modem 的接口标准，不仅在远距离通信中要经常用到，就是两台计算机或设备之间的近距离串行连接也普遍采用 RS-232C 接口。PLC 与计算机的通信也是采用此接口。

1. RS-232C

计算机上配有 RS-232C 接口，它使用一个 25 针的连接器。在这 25 个引脚中，20 个引脚作为 RS-232C 信号，其中有 4 根数据线、11 根控制线、3 根定时信号线、2 根地信号线。另外，还保留了 2 个引脚，有 3 个引脚未定义。PLC 一般使用 9 脚连接器，距离较近时，3 脚也可以完成。如图 8-4 所示为 3 针连接器与 PLC 的连接图。RS-232C 接口引脚信号的定义如表 8-1 所示。

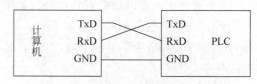

图 8-4　3针连接器与 PLC 的连接

表 8-1　RS-232C 接口引脚信号的定义

引脚号（9 针）	引脚号（25 针）	信号	方向	功　　能
1	8	DCD	IN	数据载波检测
2	3	RxD	IN	接收数据

续表

引脚号(9针)	引脚号(25针)	信号	方向	功　　能
3	2	TxD	OUT	发送数据
4	20	DTR	OUT	数据终端装置(DTE)准备就绪
5	7	GND	—	信号公共参考地
6	6	DSR	IN	数据通信装置(DCE)准备就绪
7	4	RTS	OUT	请求发送
8	5	CTS	IN	清除发送
9	22	CI(RI)	IN	震铃指示

- TxD(发送数据)：串行数据的发送端。
- RxD(接收数据)：串行数据的接收端。
- GND(信号地)：它为所有的信号提供一个公共的参考电平,相对于其他型号,它为0V电压。
- RTS(请求发送)：当数据终端准备好送出数据时,就发出有效的RTS信号,通知Modem准备接收数据。
- CTS(清除发送/允许发送)：当Modem已准备好接收数据终端的传送数据时,发出CTS有效信号来响应RTS信号。所以RTS和CTS是一对用于发送数据的联系信号。
- DTR(数据终端装置准备就绪)：通常当数据终端加电时,该信号就有效,表明数据终端准备就绪。它可以用作数据终端设备发给数据通信设备Modem的联络信号。
- DSR(数据通信装置准备就绪)：通常表示Modem已接通电源连接到通信线路上,并处在数据传输方式,而不是处于测试方式或断开状态。它可以用作数据通信设备Modem响应数据终端设备DTR的联络信号。
- 保护地(机壳地)：一个起屏蔽保护作用的接地端。一般应参考设备的使用规定,连接到设备的外壳或机架上,必要时要连接到大地。

RS-232C既是一种协议标准,又是一种电气标准,它采用单端的、双极性电源电路,可用于最远距离为15m、最高速率达20kbps的串行异步通信。RS-232C仍有一些不足之处,主要表现如下。

(1)传输速率不够快。RS-232C标准规定最高速率为20kbps,尽管能满足异步通信要求,但不能适应高速的同步通信。

(2)传输距离不够远。RS-232C标准规定各装置之间电缆长度不超过50ft(约15m)。实际上,RS-232C能够实现100ft或200ft的传输,但在使用前,一定要先测试信号的质量,以保证数据的正确传输。

(3)RS-232C接口采用不平衡的发送器和接收器,每个信号只有一根导线,两个传输方向仅有一个信号线地线,因此,电气性能不佳,容易在信号间产生干扰。

如图8-5(a)所示为两台计算机都使用RS-232C直接进行连接;如图8-5(b)所示为通信距离较近时只需3根连接线。

如图8-6所示为RS-232C的电气接口采用单端驱动、单端接收的电路,容易受到公共地线上的电位差和外部引入的干扰信号的影响,同时还存在以下不足之处。

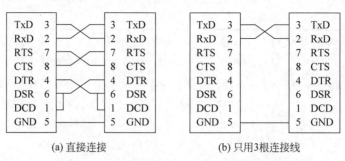

图 8-5 两个 RS-232C 数据终端设备的连接

（1）传输速率较低，最高传输速率为 20kbps。

（2）传输距离短，最大通信距离为 15m。

（3）接口的信号电平值较高，易损坏接口电路的芯片，又因为与 TTL 电平不兼容，故需使用电平转换电路方能与 TTL 电路连接。

2. RS-422A

针对 RS-232C 的不足，EIA 于 1977 年推出了串行通信标准 RS-499，对 RS-232C 的电气特性进行了改进，RS-422A 是 RS-499 的子集。

如图 8-7 所示，由于 RS-422A 采用平衡驱动、差分接收电路，从根本上取消了信号地线，大大减少了地电平所带来的共模干扰。平衡驱动器相当于两个单端驱动器，其输入信号相同，两个输出信号互为反相信号，图中的小圆圈表示反相。外部输入的干扰信号是以共模方式出现的，两极传输线上的共模干扰信号相同，因接收器是差分输入，故而共模信号可以互相抵消。只要接收器有足够的抗共模干扰能力，就能从干扰信号中识别出驱动器输出的有用信号，从而克服外部干扰的影响。

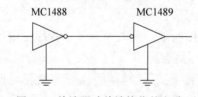

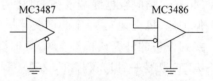

图 8-6 单端驱动单端接收的电路　　　　图 8-7 平衡驱动差分接收的电路

RS-422A 在最大传输速率 10Mbps 时，允许的最大通信距离为 12m；传输速率为 100kbps 时，最大通信距离为 1200m。一台驱动器可以连接 10 台接收器。

3. RS-485

由于 RS-232C 存在的不足，美国的 EIC 于 1977 年指定了 RS-499，RS-422A 是 RS-499 的子集，RS-485 是 RS-422A 的变形。RS-422A 是全双工，两对平衡差分信号线分别用于发送和接收，所以采用 RS-422A 接口通信时最少需要 4 根线。RS-485 为半双工，只有一对平衡差分信号线，不能同时发送和接收，最少只需二根连线。

当前，工业环境中广泛应用 RS-422A、RS-485 接口。S7-200 系列 PLC 内部集成的 PPI 接口的物理特性为 RS-485 串行接口，可以用双绞线组成串行通信网络，不仅可以与计算机的 RS-232C 接口互联通信，而且可以构成分布式系统，系统中最多可有 32 个站，新的接口部件允许连接 128 个站。

如图 8-8 所示为使用 RS-485 通信接口和双绞线组成的串行通信网络,构成分布式系统,系统最多可连接 128 个站。

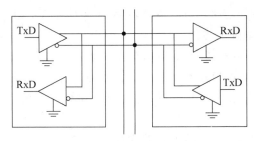

图 8-8 采用 RS-485 的网络

RS-485 的逻辑 1 以两线间的电压差 +(2~6)V 表示,逻辑 0 以两线间的电压差 -(2~6)V 表示。接口信号电平比 RS-232C 降低了,就不易损坏接口电路的芯片,且该电平与 TTL 电平兼容,可方便与 TTL 电路连接。由于 RS-485 接口具有良好的抗噪声干扰性、高传输速率(10Mbps)、长的传输距离(1200m)和多站能力(最多 128 站)等优点,所以在工业控制中得到广泛应用。

RS-422A/RS-485 接口一般采用使用 9 针的 D 型连接器。普通微机一般不配备 RS-422A 和 RS-485 接口,但工业控制微机基本上都有配置。如图 8-9 所示为 RS-232C/RS-422A 转换器的电路原理图。

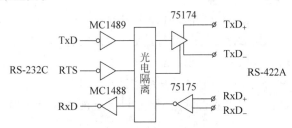

图 8-9 RS-232C/RS-422A 转换的电路原理

8.2 PC 与 PLC 通信的实现

个人计算机(以下简称 PC)具有较强的数据处理功能,配备多种高级语言,若选择适当的操作系统,则可提供优良的软件平台,开发各种应用系统。随着工业 PC 的推出,PC 在工业现场运行的可靠性问题也得到了解决,用户普遍感受到把 PC 连入 PLC 应用系统可以带来一系列的好处。

8.2.1 概述

1. PC 与 PLC 实现通信的意义

把 PC 连入 PLC 应用系统具有以下 4 方面作用。

(1) 构成以 PC 为上位机、单台或多台 PLC 为下位机的小型集散系统,可用 PC 实现操作站功能。

(2) 在 PLC 应用系统中,把 PC 开发成简易工作站或者工业终端,可实现集中显示、集中报警功能。

（3）把 PC 开发成 PLC 编程终端，可通过编程器接口接入 PLC 进行编程、调试及监控。

（4）把 PC 开发成网间连接器进行协议转换，可实现 PLC 与其他计算机网络的互联。

2. PC 与 PLC 实现通信的方法

把 PC 连入 PLC 应用系统是为了向用户提供诸如工艺流程图显示、动态数据画面显示、报表编制、趋势图生成、窗口技术以及生产管理等多种功能，为 PLC 应用系统提供物美价廉的人机界面。但这对用户的要求较高，用户必须做较多的开发工作才能实现 PC 与 PLC 的通信。

为了实现 PC 与 PLC 的通信，用户应当做如下工作。

（1）判别 PC 上配置的通信口是否与要连入的 PLC 匹配，若不匹配，则增加通信模板。

（2）要清楚 PLC 的通信协议，按照协议的规定及帧格式编写 PC 的通信程序。PLC 中配有通信机制，一般不需要用户编程。若 PLC 厂家有 PLC 与 PC 的专用通信软件出售，则此项任务较容易完成。

（3）选择适当的操作系统提供的软件平台，利用与 PLC 交换的数据编制用户要求的画面。

（4）若要远程传送，可通过 Modem 接入电话网。若要 PC 具有编程功能，则应配置编程软件。

3. PC 与 PLC 实现通信的条件

从理论上讲，PC 连入 PLC 网络并没有什么困难。只要为 PC 配备该种 PLC 网专用的通信卡以及通信软件，按要求对通信卡进行初始化，并编制用户程序即可。用这种方法把 PC 连入 PLC 网络，存在的唯一问题是价格问题。在 PC 上配置 PLC 制造厂生产的专用通信卡及专用通信软件常会使 PC 的价格升高数倍甚至十几倍。

用户普遍感兴趣的问题是：能否利用 PC 中已普遍配备的异步串行通信适配器加上自己编写的通信程序把 PC 连入 PLC 网络，这也是本节所要重点讨论的问题。

带异步通信适配器的 PC 与 PLC 通信并不一定行得通，只有满足如下条件才能实现通信。

（1）只有带有异步通信接口的 PLC 及采用异步方式通信的 PLC 网络才有可能与带异步通信适配器的 PC 互联。同时还要求双方采用的总线标准一致，都是 RS-232C 或者都是 RS-422A(RS-485)，否则要通过"总线标准变换单元"变换之后才能互联。

（2）要通过对双方的初始化，使波特率、数据位数、停止位数、奇偶校验都相同。

（3）用户必须熟悉互联的 PLC 采用的通信协议，严格按照协议规定为 PC 编写通信程序。在 PLC 一方不需用户编写通信程序。

满足上述 3 个条件，PC 就可以与 PLC 互联通信。如果不能满足这些条件，则应配置专用网卡及通信软件实现互联。

4. PC 与 PLC 互联的结构形式

用户把带异步通信适配器的 PC 与 PLC 互联通信时通常采用如图 8-10 所示的两种结构形式。一种为点对点结构，PC 的 COM 口与 PLC 的编程器接口或其他异步通信口之间实现点对点连接，如图 8-10(a)所示。另一种为多点结构，PC 与多台 PLC 共同连在同一条串行总线上，如图 8-10(b)所示。多点结构采用主从式存取控制方法，通常以 PC 为主站，多台 PLC 为从站,通过周期轮询进行通信管理。

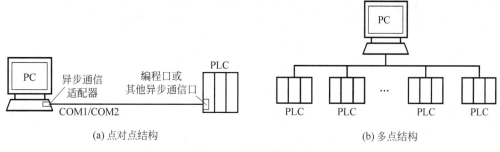

(a) 点对点结构　　　　　　　　　(b) 多点结构

图 8-10　常用结构形式

5. PC 与 PLC 互联通信方式

目前 PC 与 PLC 互联的通信方式主要有以下几种。

(1) 通过 PLC 开发商提供的系统协议和网络适配器,构成特定公司产品的内部网络,其通信协议不公开。互联通信必须使用开发商提供的上位组态软件,并采用支持相应协议的外设。这种方式其显示画面和功能往往难以满足不同用户的需要。

(2) 购买通用的上位组态软件,实现 PC 与 PLC 的通信。这种方式除了要增加系统投资外,其应用的灵活性也受到一定的局限。

(3) 利用 PLC 厂商提供的标准通信口或由用户自定义的自由通信口实现 PC 与 PLC 互联通信。这种方式不需要增加投资,有较好的灵活性,特别适合于小规模控制系统。

8.2.2　PC 与 S7-200 系列 PLC 通信的实现

S7-200 系列 PLC 通信方式有 3 种: ①点对点(PPI)方式,用于与该公司 PLC 编程器或其他人机接口产品的通信,其通信协议是不公开的; ②DP 方式,这种方式使得 PLC 可以通过 Profibus-DP 通信接口接入 Profibus 现场总线网络,从而扩大 PLC 的使用范围; ③自由口(freeport)通信方式,由用户定义通信协议,实现 PLC 与外设的通信。以下采用自由口通信方式,实现 PC 与 S7-200 系列 PLC 通信。

1. PC 与 S7-200 系列 PLC 通信连接

PC 为 RS-232C 接口,S7-200 系列自由口为 RS-485,因此 PC 的 RS-232 接口必须先通过 RS-232/RS-485 转换器,再与 PLC 通信端口相连接,连接媒质可以是双绞线或电缆线。西门子公司提供的 PC/PPI 电缆带有 RS-232/RS-485 转换器,可直接采用 PC/PPI 电缆,因此在不增加任何硬件的情况下,可以很方便地将 PLC 和 PC 进行连接,如图 8-11 所示,也可实现多点连接。

图 8-11　PC 与 S7-200 系列 PLC 的连接

2. S7-200 系列 PLC 自由通信口初始化及通信指令

在该通信方式下,通信端口完全由用户程序所控制,通信协议也由用户设定。PC 与 PLC 之间是主从关系,PC 始终处于主导地位。PLC 的通信编程首先是对串口初始化,对 S7-200 PLC 的初始化是通过对特殊标志位 SMB30(端口 0)、SMB130(端口 1)写入通信控制字,设置通信的波特率、奇偶校验位、停止位和字符长度。显然,这些设定必须与 PC 的设定相一致。SMB30 和 SMB130 的各位及含义如图 8-12 所示。

图 8-12　SMB30 和 SMB130 的各位及含义

其中,校验方式位为 00 和 11,均为无校验,01 为偶校验,10 为奇校验;字符长度位为 0,传送字符有效数据是 8 位,1 为有效数据是 7 位;波特率位为 000,为 38 400baud,001 为 19 200baud,010 为 9600baud,011 为 4800baud,100 为 2400baud,101 为 1200baud,110 为 600baud,111 为 300baud;通信协议位为 00,为 PPI 协议从站模式,01 为自由口协议,10 为 PPI 协议主站模式,11 为保留,默认设置为 PPI 协议从站模式。

XMT 及 RCV 命令分别用于 PLC 向外界发送与接收数据。当 PLC 处于 RUN 状态下时,通信命令有效,当 PLC 处于 STOP 状态时,通信命令无效。

XMT 命令将指定存储区内的数据通过指定端口传送出去,当存储区内最后一字节传送完毕,PLC 将产生一个中断,命令格式为"XMT TABLE,PORT",其中 PORT 指定 PLC 用于发送的通信端口,TABLE 为是数据存储区地址,其第一个字节存放要传送的字节数,即数据长度,最大为 255。

RCV 命令从指定的端口读入数据,存放在指定的数据存储区内,当最后一个字节接收完毕,PLC 也将产生一个中断,命令格式为"RCV　TABLE","PO RT",PLC 通过 PORT 端口接收数据,并将数据存放在 TBL 数据存储区内,TABLE 的第一个字节为接收的字节数。

在自由口通信方式下,还可以通过字符中断控制来接收数据,即 PLC 每接收一字节的数据都将产生一个中断。因而,PLC 每接收一字节的数据都可以在相应的中断程序中对接收的数据进行处理。

3. 通信程序流程图及工作过程

在上述通信方式下,由于只用两根线进行数据传送,所以不能够利用硬件握手信号作为检测手段。因此在 PC 与 PLC 通信中发生误码时,将不能通过硬件判断是否发生误码,或者当 PC 与 PLC 工作速率不一样时,就会发生冲突。这些通信错误将导致 PLC 控制程序不能正常工作,所以必须使用软件进行握手,以保证通信的可靠性。

由于通信是在 PC 以及 PLC 之间协调进行的,所以 PC 以及 PLC 中的通信程序也必须相互协调,即当一方发送数据时另一方必须处于接收数据的状态。如图 8-13 和图 8-14 所示分别是 PC、PLC 的通信程序流程。

通信程序的工作过程为:PC 每发送一字节前,首先发送握手信号,PLC 收到握手信号后将其传送回 PC,PC 只有收到 PLC 传送回来的握手信号后才开始发送一字节数据。PLC 收到这个字节数据以后也将其回传给 PC,PC 将原数据与 PLC 传送回来的数据进行比较。若两者不同,则说明通信中发生了误码,PC 重新发送该字节数据;若两者相同,则说明 PLC 收到的数据是正确的,PC 发送下一个握手信号,PLC 收到这个握手信号后将前一次收到的数据存入指定的存储区。这个工作过程重复,一直持续到所有的数据传送完成。

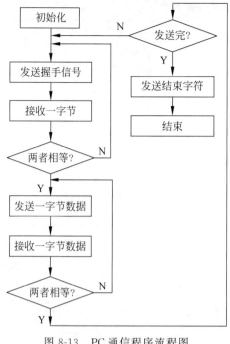

图 8-13 PC 通信程序流程图

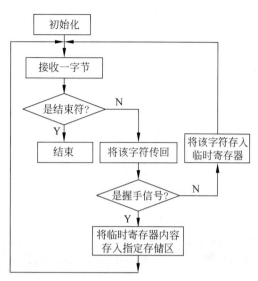

图 8-14 S7-PLC 通信程序流程图

采用软件握手以后,不管 PC 与 PLC 的速度相差多远,发送方永远也不会超前于接收方。软件握手的缺点是大大降低了通信速度,因为每传送一字节,在传送线上都要来回传送两次,并且还要传送握手信号。但是考虑到控制的可靠性以及控制的时间要求,牺牲一点速度可行,那也是值得的。

PLC 方的通信程序只是 PLC 整个控制程序中的一小部分,可将通信程序编制成 PLC 的中断程序,当 PLC 接收到 PC 发送的数据以后,在中断程序中对接收的数据进行处理。PC 方的通信程序可以采用 VB、VC 等语言,也可直接采用西门子专用组态软件,如 STEP7、WinCC。

8.3 S7-200 通信部件介绍

S7-200 通信部件有通信端口、PC/PPI 电缆、网络连接器、Profibus 网络电缆、网络中继器,以及 EM277 Profibus-DP 模块等。

1. 通信端口

S7-200 系列 PLC 内部集成的 PPI 接口为 RS-485 串行接口,为 9 针 D 型,该端口也符合欧洲标准 EN50170 中的 Profibus 标准。S7-200 CPU 上的通信端口外形如图 8-15 所示。

在进行调试时,将 S7-200 接入网络时,该端口一般是作为端口 1 出现的,作为端口 1 时端口各个引脚的名称及其表示的意义见表 8-2。端口 0 为所连接的调试设备的端口。

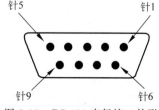

图 8-15 RS-485 串行接口外形

表 8-2   S7-200 通信端口各引脚名称

引 脚	名 称	端口 0/端口 1
1	屏蔽	机壳地
2	24V 返回	逻辑地
3	RS-485 信号 B	RS-485 信号 B
4	发送申请	RTS(TTL)
5	5V 返回	逻辑地
6	+5V	+5V,100Ω 串联电阻
7	+24V	+24V
8	RS-485 信号 A	RS-485 信号 A
9	不用	10 位协议选择(输入)
连接器外壳	屏蔽	机壳接地

2. PC/PPI 电缆

用计算机编程时，一般用 PC/PPI(个人计算机/点对点接口)电缆连接计算机与可编程控制器，这是一种低成本的通信方式。PC/PPI 电缆外形如图 8-16 所示。

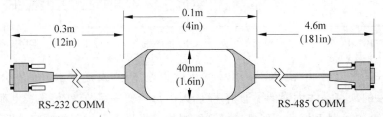

图 8-16   PC/PPI 电缆外形

1) PC/PPI 电缆的连接

将 PC/PPI 电缆标有 PC 的 RS-232 端连接到计算机的 RS-232 通信接口，标有 PPI 的 RS-485 端连接到 CPU 模块的通信口，拧紧两边螺丝即可。

PC/PPI 电缆上 DIP 开关选择的波特率(见表 8-3)应与编程软件中设置的波特率一致。初学者可选通信速率的默认值 9600bps。4 号开关为 1，选择 10 位模式；4 号开关为 0，是 11 位模式。5 号开关为 0，选择 RS-232 口设置为数据通信设备(DCE)模式，5 号开关为 1，选择 RS-232 口设置为数据终端设备(DTE)模式。未用调制解调器时 4 号开关和 5 号开关均应设为 0。

表 8-3   开关设置与波特率的关系

开关 1、2、3	传输速率/bps	转换时间/ms
000	38 400	0.5
001	19 200	1
010	9600	2
011	4800	4
100	2400	7
101	1200	14
110	600	28

2）PC/PPI电缆通信设置

在STEP7-Micro/WIN32的指令树中单击"通信"图标,或从菜单中选择"检视"→"通信"选项,将出现通信设置对话框。在对话框中双击PC/PPI电缆的图标,将出现PC/PG接口属性的对话框。单击其中的"属性"按钮,出现PC/PPI电缆属性对话框。初学者可以使用默认的通信参数,在PC/PPI性能设置窗口中单击Default按钮可获得默认的参数。

（1）计算机和可编程控制器在线连接的建立。

在STEP7-Micro/WIN32的浏览条中单击"通信"图标,或从菜单中选择"检视"→"通信"选项,将出现通信连接对话框,显示尚未建立通信连接。双击对话框中的刷新图标,编程软件检查可能与计算机连接的所有S7-200 CPU模块(站)在对话框中显示已建立起连接的每个站的CPU图标、CPU型号和站地址。

（2）可编程控制器通信参数的修改。

计算机和可编程控制器建立起在线连接后,就可以核实或修改后者的通信参数。在STEP7-Micro/WIN32的浏览条中单击"系统块"图标,或从主菜单中选择"检视"→"系统块"选项,将出现系统块对话框,单击对话框中的"通信口"标签,可设置可编程控制器通信接口的参数,默认的站地址是2,波特率为9600bps。设置好参数后,单击"确认"按钮退出系统块。设置好后须将系统块下载到可编程控制器,设置的参数才会起作用。

（3）可编程控制器信息的读取。

要想了解可编程控制器的型号和版本、工作方式、扫描速率、I/O模块配置以及CPU和I/O模块错误,可选择菜单命令PLC→"信息",将显示出可编程控制器的RUN/STOP状态以及单位的扫描速率、CPU的版本、错误的情况和各模块的信息。

"复位扫描速率"按钮用来刷新最大扫描速率、最小扫描速率和最近扫描速率。如果CPU配有智能模块,要查看智能模块信息时,选中要查看的模块,单击"智能模块信息"按钮,将出现一个对话框,以确认模块类型、模块版本模块错误和其他有关的信息。

3. 网络连接器

利用西门子公司提供的两种网络连接器可以很容易地把多个设备连到网络中。两种连接器都有两组螺丝端子,可以连接网络的输入和输出。通过网络连接器上的选择开关可以对网络进行偏置和终端匹配。两个连接器中的一个连接器仅提供连接到CPU的接口,而另一个连接器增加了一个编程接口(见图8-17)。带有编程接口的连接器可以把Simatic编程器或操作面板增加到网络中,而不用改动现有的网络连接。编程口连接器把CPU的信号传到编程口,包括电源引线。这个连接器对于连接从CPU取电源的设备(例如TD200或OP3)很有用。

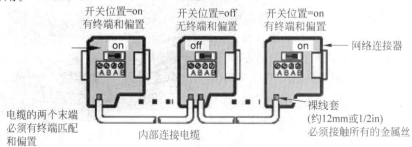

图8-17　网络连接器

进行网络连接时，连接的设备应共享一个共同的参考点。参考点不同时，在连接电缆中会产生电流，这些电流会造成通信故障或损坏设备。或者将通信电缆所连接的设备进行隔离，以防止不必要的电流。

4. Profibus 网络电缆

当通信设备相距较远时，可使用 Profibus 电缆进行连接，表8-4 列出了 Profibus 网络电缆的性能指标。

Profibus 网络的最大长度有赖于波特率和所用电缆的类型。表8-5 中列出了规范电缆时网络段的最大长度。

表 8-4　Profibus 电缆性能指标

通用特性	规　　范
类型	屏蔽双绞线
导体截面积	24AWG($0.22mm^2$)或更粗
电缆容量	<60pF/m
阻抗	100～200Ω

表 8-5　Profibus 网络段的最大长度

传输速率/bps	网络段的最大电缆长度/m
9.6～93.75k	1200
187.5k	1000
500k	400
1～1.5M	200
3～12M	100

5. 网络中继器

西门子公司提供连接到 Profibus 网络环的网络中继器如图8-18 所示。利用中继器可以延长网络通信距离，允许在网络中加入设备，并且提供了一个隔离不同网络环的方法。在波特率为 9600bps 时，Profibus 允许在一个网络环上最多有 32 个设备，这时通信的最长距离是 1200m(3936ft)。每个中继器允许加入另外 32 个设备，而且可以把网络再延长 1200m(3936ft)。在网络中最多可以使用 9 个中继器。每个中继器为网络环提供偏置和终端匹配。

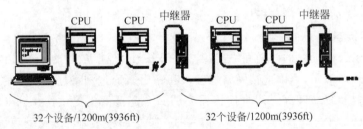

图 8-18　网络中继器

6. EM277 Profibus-DP 模块

EM277 Profibus-DP 模块是专门用于 Profibus-DP 协议通信的智能扩展模块。EM277 机壳上有一个 RS-485 接口，通过接口可将 S7-200 系列 CPU 连接至网络，它支持 Profibus-DP 和 MPI 从站协议。其上的地址选择开关可进行地址设置，地址范围为 0～99。

Profibus-DP 是由欧洲标准 EN50170 和国际标准 IEC611158 定义的一种远程 I/O 通信协议。遵守这种标准的设备，即使是由不同公司制造的，也是兼容的。DP 表示分布式外围设备，即远程 I/O。Profibus 表示过程现场总线。EM277 模块作为 Profibus-DP 协议下的从站，实现通信功能。它的外形如图8-19 所示。

除以上介绍的通信模块外，还有其他的通信模块。如用于本地扩展的 CP243-2 通信处理器，利用该模块可增加 S7-200 系列 CPU 的输入、输出点数。

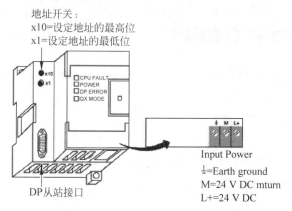

图 8-19　EM227 Profibus-DP 模块

通过 EM277 Profibus-DP 扩展从站模块可将 S7-200 CPU 连接到 Profibus-DP 网络。EM277 经过串行 I/O 总线连接到 S7-200 CPU。Profibus 网络经过其 DP 通信端口连接到 EM277 Profibus-DP 模块。这个端口可运行于 9600bps 和 12Mbps 之间任何 Profibus 支持的波特率。作为 DP 从站，EM277 模块接受从主站来的多种不同的 I/O 配置，向主站发送和接收不同数量的数据，这种特性使用户能修改所传输的数据量，以满足实际应用的需要。

与许多 DP 站不同的是，EM77 模块不仅仅是传输 I/O 数据，还能读写 S7-200 CPU 中定义的变量数据块，这样使用户能与主站交换任何类型的数据。首先，将数据移到 S7-200 CPU 中的变量存储器，就可将输入计数值、定时器值或其他计算值传送到主站。类似地，从主站来的数据存储在 S7-200 CPU 中的变量存储器内，并可移到其他数据区。EM277 Profibus-DP 模块的 DP 端口可连接到网络上的一个 DP 主站上，但仍能作为一个 MPI 从站与同一网络上如 SIMATIC 编程器或 S7-300/S7-400 CPU 等其他主站进行通信。

图 8-20 表示有一个 CPU224 和一个 EM277 Profibus-DP 模拟的 Profibus 网络。在此种场合，CPU315-2 是 DP 主站，并且已通过一个带有 STEP7-Micro/WIN32 编程软件的 SIMATIC 编程器进行组态。CPU224 是 CPU315-2 所拥有的一个 DP 从站，ET200 I/O 模块也是 CPU315-2 的从站，S7-400 CPU 连接到 Profibus 网络，并且借助于 S7-400 CPU 用户程序中的 XGET 指令，可从 CPU224 读取数据。

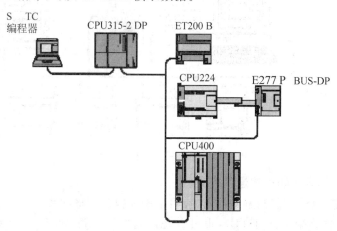

图 8-20　Profibus 网络上的 EM277 Profibus-DP 模块和 CPU224

8.4　S7-200 PLC 的通信

S7-200 网络协议包括 PPI，MPI，Profibus 和 ModBus 等。S7-200 的通信功能强，有多种通信方式可供用户选择。

8.4.1　概述

在运行 Windows 或 Windows NT 操作系统的个人计算机（PC）上安装了编程软件后，PC 可作为通信中的主站。

1. 单主站方式

单主站与一个或多个从站相连，SETP7-Micro/WIN32 每次和一个 S7-200 CPU 通信，但是它可以访问网络上的所有 CPU，如图 8-21 所示。

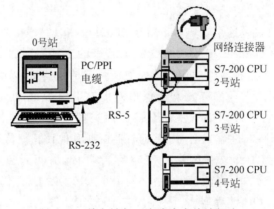

图 8-21　单主站与一个或多个从站相连

2. 多主站方式

通信网络中有多个主站、一个或多个从站。图 8-22 中带 CP 通信卡的计算机和文本显示器 TD200、操作面板 OP15 是主站，S7-200 CPU 可以是从站或主站。

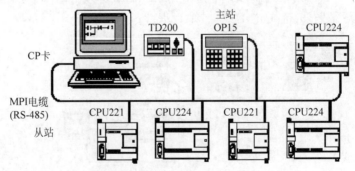

图 8-22　通信网络中有多个主站

3. 使用调制解调器的远程通信方式

利用 PC/PPI 电缆与调制解调器连接，可以增加数据传输的距离。串行数据通信中，串行设备可以是数据终端设备（DTE），也可以是数据发送设备（DCE）。当数据从 RS-485 传送到 RS-232 口时，PC/PPI 电缆是接收模式（DTE），需要将 DIP 开关 5 设置为 1 的位置，当数据从 RS-232 传送到 RS-485 口时,PC/PPI 电缆是发送模式(DCE),需要将 DIP 开关 5 设置为 0 的位置。

S7-200 系列 PLC 单主站通过 11 位调制解调器(Modem)与一个或多个作为从站的 S7-200 CPU 相连,或单主站通过 10 位调制解调器与一个作为从站的 S7-200 CPU 相连。

4. S7-200 通信的硬件选择

表 8-6 给出了可供用户选择的 SETP7-Micro/WIN32 支持的通信硬件和波特率。除此之外,S7-200 还可以通过 EM277 Profibus-DP 现场总线网络,各通信卡提供一个与 Profibus 网络相连的 RS-485 通信口。

表 8-6　SETP7-Micro/WIN32 支持的硬件配置

支持的硬件	类　　　型	支持的波特率/kbps	支持的协议
PC/PPI 电缆	到 PC 通信口的电缆连接器	9.6,19.2	PPI 协议
CP5511	Ⅱ型,PCMCIA 卡	9.6,19.2,187.5	支持用于笔记本电脑的 PPI、MPI 和 Profibus 协议
CP5611	PCI 卡(v3 或更高)		支持用于 PC 的 PPI、MPI 和 Profibus 协议
MPI	集成在编程器中的 PC ISA 卡		

S7-200 CPU 可支持多种通信协议,如点到点(Point-to-Point)的协议(PPI)、多点协议(MPI)及 Profibus 协议。这些协议的结构模型都是基于开放系统互连参考模型(OSI)的 7 层通信结构。PPI 协议和 MPI 协议通过令牌环网实现。令牌环网遵守欧洲标准 EN50170 中的过程现场总线(Profibus)标准。它们都是异步、基于字符的协议,传输的数据带有起始位、8 位数据、奇校验和一个停止位。每组数据都包含特殊的起始和结束标志、源站地址和目的站地址、数据长度、数据完整性检查几部分。只要相互的波特率相同,三个协议可在同一网络上运行而不互相影响。

除上述三种协议外,自由通信口方式是 S7-200 PLC 一个很有特色的功能。它使 S7-200 PLC 可以与任何通信协议公开的其他设备控制器进行通信,即 S7-200 PLC 可以由用户自己定义通信协议,如 ASCII 协议,波特率最高为 38.4kbps 可调整,因此使可通信的范围大大增加,使控制系统配置更加灵活方便,如任何具有串行接口的外设,例如打印机或条形码阅读器、变频器、调制解调器 Modem、上位 PC 等。S7-200 系列微型 PLC 用于两个 CPU 间简单的数据交换,用户可通过编程来编制通信协议来交换数据,例如具有 RS-232 接口的设备可用 PC/PPI 电缆连接起来,进行自由通信方式通信。利用 S7-200 的自由通信口及有关的网络通信指令,可以将 S7-200 CPU 加入 ModBus 网络和以太网络。

8.4.2　PLC 网络通信协议

S7-200 CPU 支持以下通信协议:点对点接口(PPI)、多点接口(MPI)、Profibus-DP 中的一种或多种,它允许配置网络,实现应用要求。

1. 利用 PPI 协议进行网络通信

PPI 通信协议是西门子专为 S7-200 系列 PLC 开发的一个通信协议,可通过普通的两芯屏蔽双绞电缆进行联网,波特率为 9.6kbps、19.2kbps 和 187.5kbps。S7-200 系列 CPU 上集成的编程口同时就是 PPI 通信联网接口,利用 PPI 通信协议进行通信非常简单方便,只用 NETR 和 NETW 两条语句，即可进行数据信号的传递，不需额外再配置模块或软件。PPI 通信网络是一个令牌传递网，在不加中继器的情况下，最多可以由 31 个 S7-200 系列 PLC、TD200、OP/TP 面板或上位机插 MPI 卡为站点构成 PPI 网。

网络读（NETR）/网络写（NETW）指令格式如表 8-7 所示。

表 8-7　网络读/网络写指令的格式和功能

LAD	NETR EN　ENO TBL PORT	NETW EN　ENO TBL PORT
STL	NETR　TBL,PORT	NETW　TBL,PORT
操作数及数据类型	**TBL**：缓冲区首址，操作数为字节，TBL 表的参数定义如表 8-8 所示； **PROT**：操作端口，CPU226 为 0 或 1，其他只能为 0	
功能及说明	网络读指令是通过端口接收远程设备的数据并保存在表中。可从远方站点最多读取 16 字节的信息	网络写指令是通过端口向远程设备写入在表中的数据。可向远方站点最多写入 16 字节的信息
注释	**远程站点的地址**：被访问的 PLC 地址。 **数据区指针**（双字）：指向远程 PLC 存储区中数据的间接指针。 **接收或发送数据区**：保存数据的 1～16 字节，其长度在"数据长度"字节中定义。对于 NETR 指令，此数据区指执行 NETR 后存放从远程站点读取的数据区。对于 NETW 指令，此数据区指执行 NETW 前发送给远程站点的数据存储区	

提示　在程序中可以有任意多 NETR/NETW 指令，但在任意时刻最多只能有 8 个 NETR 及 NETW 指令有效。

表 8-8　TBL 表的参数定义

VB100	D	A	E	0	错误码
VB101	远程站点的地址				
VB102	指向远程站点的数据指针				
VB103					
VB104					
VB105					
VB106	数据长度（1～16 字节）				
VB107	**数据字节 0**				
VB108	数据字节 1				
…	…				
VB122	数据字节 15				

表 8-8 中字节的意义：

- D：操作已完成。0＝未完成，1＝功能完成。
- A：激活（操作已排队）。0＝未激活，1＝激活。
- E：错误。0＝无错误，1＝有错误。

4 位错误代码的说明：

- 0：无错误。
- 1：超时错误。远程站点无响应。
- 2：接收错误。有奇偶错误等。
- 3：离线错误。重复的站地址或无效的硬件引起冲突。
- 4：排队溢出错误。多于 8 条 NETR/NETW 指令被激活。
- 5：违反通信协议。没有在 SMB30 中允许 PPI，就试图使用 NETR/NETW 指令。
- 6：非法参数。
- 7：没有资源。远程站点忙(正在进行上载或下载)。
- 8：第七层错误。违反应用协议。
- 9：信息错误。错误的数据地址或错误的数据长度。

2. 利用 MPI 协议进行网络通信

MPI 协议总是在两个相互通信的设备之间建立逻辑连接。MPI 协议允许主/主和主/从两种通信方式。选择何种方式依赖于设备类型。如果是 S7-300 CPU，由于所有的 S7-300 CPU 都必须是网络主站，所以进行主/主通信方式。如果设备是 S7-200 CPU，那么就进行主/从通信方式，因为 S7-200 CPU 是从站。在图 8-21 中，S7-200 可以通过内置接口连接到 MPI 网络上，波特率为 19.2/187.5kbps。它可与 S7-300 或 S7-400 CPU 进行通信。S7-200 CPU 在 MPI 网络中作为从站，它们彼此间不能通信。

3. 利用 Profibus 协议进行网络通信

Profibus 是世界上第一个开放式现场总线标准，目前技术已成熟，其应用领域覆盖了从机械加工、过程控制、电力、交通到楼宇自动化的各个领域。Profibus 于 1995 年成为欧洲工业标准(EN50170)，1999 年成为国际标准(IEC61158—3)。

在 S7-200 系列 PLC 的 CPU 中，CPU22X 都可以通过增加 EM277 Profibus-DP 扩展模块的方法支持 Profibus DP 网络协议。最高传输速率可达 12Mbps。采用 Profibus 的系统，对于不同厂家所生产的设备不需要对接口进行特别的处理和转换就可以通信。Profibus 连接的系统由主站和从站组成，主站能够控制总线，当主站获得总线控制权后，可以主动发送信息。从站通常为传感器、执行器、驱动器和变送器。它们可以接收信号并给予响应，但没有控制总线的权力。当主站发出请求时，从站回送给主站相应的信息。Profibus 除了支持主/从模式，还支持多主/多从的模式。对于多主站的模式，在主站之间按令牌传递顺序决定对总线的控制权。取得控制权的主站，可以向从站发送、获取信息，实现点对点的通信。

西门子 S7 通过 Profibus 现场总线构成的系统，其基本特点如下。

（1）PLC、I/O 模板、智能仪表及设备可通过现场总线连接，特别是同厂家的产品提供通用的功能模块管理规范，通用性强，控制效果好。

（2）I/O 模板安装在现场设备(传感器、执行器等)附近，结构合理。

（3）信号就地处理，在一定范围内可实现互操作。

（4）编程仍采用组态方式，设有统一的设备描述语言。

（5）传输速率可在 9.6kbps～12Mbps 间选择。

（6）传输介质可以用金属双绞线或光纤。

1）Profibus 的组成

Profibus 由三个相互兼容的部分组成，即 Profibus-DP、Profibus-PA 及 Profibus-FMS。

（1）Profibus-DP。

分布 I/O 系统（Distributed Periphery，DP）是一种优化模板，是制造业自动化主要应用的协议内容，是满足用户快速通信的最佳方案，每秒可传输 12M 位。扫描 1000 个 I/O 点的时间少于 1ms。它可以用于设备级的高速数据传输，远程 I/O 系统尤为适用。位于这一级的 PLC 或工业控制计算机可以通过 Profibus-DP 同分散的现场设备进行通信。

（2）Profibus-PA。

过程自动化（Process Automation，PA）主要用于过程自动化的信号采集及控制，它是专为过程自动化所设计的协议，可用于安全性要求较高的场合及总线集中供电的站点。

（3）Profibus-FMS。

现场总线信息规范（Fieldbus Message Specification，FMS）为现场的通用通信功能所设计，主要用于非控制信息的传输，传输速度中等，可以用于车间级监控网络。FMS 提供了大量的通信服务，用以完成以中等级传输速度进行的循环和非循环的通信服务。对于 FMS 而言，它考虑的主要是系统功能而不是系统响应时间，应用过程中通常要求的是随机的信息交换，如改变设定参数。FMS 服务向用户提供了广泛的应用范围和更大的灵活性，通常用于大范围、复杂的通信系统。

2）Profibus 协议结构

Profibus 协议以 ISO/OSI 参考模型为基础。第 1 层为物理层，定义了物理的传输特性；第 2 层为数据链路层；第 3～6 层 Profibus 未使用；第 7 层为应用层，定义了应用的功能。Profibus-DP 是高效、快速的通信协议，它使用了第 1 层、第 2 层及用户接口，第 3～7 层未使用。这样简化了的结构确保了 DP 高速的数据传输。

3）传输技术

Profibus 对于不同的传输技术定义了唯一的介质存取协议。

（1）RS-485。

RS-485 是 Profibus 使用最频繁的传输技术，具体论述参见前面有关章节。

（2）IEC1158—2。

根据 IEC1158—2，在过程自动化中使用固定波特率 31.25kbps 的同步传输，它可以满足化工和石化工业对安全的要求，采用双线技术，通过总线供电，这样 Profibus 就可以用于危险区域了。

（3）光纤。

在电磁干扰强度很高的环境和高速、远距离传输数据时，Profibus 可使用光纤传输技术。使用光纤传输的 Profibus 总线段可以设计成星形或环形结构。现在市面上已经有 RS-485 传输链接与光纤传输链接之间的耦合器，这样就实现了系统内 RS-485 和光纤传输之间的转换。

（4）Profibus 介质存取协议。

Profibus 通信规程采用了统一的介质存取协议，此协议由 OSI 参考模型的第 2 层来实现。在 Profibus 协议设计时充分考虑了满足介质存取控制的两个要求，即：在主站间通信时,必须保证在分配的时间间隔内,每个主站都有足够的时间来完成它的通信任务;在 PLC 与从站(PLC 或其他设备)间通信时,必须快速、简捷地完成循环,进行实时的数据传输。为此,Profibus 提供了两种基本的介质存取控制:令牌传递方式和主/从方式。

令牌传递方式可以保证每个主站在事先规定的时间间隔内都能获得总线的控制权。令牌是一种特殊的报文,它在主站之间传递着总线控制权,每个主站均能按次序获得一次令牌,传递的次序是按地址升序进行的。

主/从方式允许主站在获得总线控制权时可以与从站通信,发送或获得信息。

主站要发出信息,必须持有令牌。假设有一个由 3 个主站和 7 个从站构成的 Profibus 系统。3 个主站构成了一个令牌传递的逻辑环,在这个环中,令牌按照系统预先确定的地址升序从一个主站传递给下一个主站。当一个主站得到了令牌后,它就能在一定的时间间隔内执行该主站的任务,可以按照主/从关系与所有从站通信,也可以按照主/主关系与所有主站通信。在总线系统建立的初期阶段,主站的介质存取控制(MAC)的任务是决定总线上的站点分配并建立令牌逻辑环。在总线的运行期间,损坏或断开的主站必须从环中撤除,新接入的主站必须加入逻辑环。MAC 的其他任务是检测传输介质和收发器是否损坏、检查站点地址是否出错,以及令牌是否丢失或有多个令牌。

Profibus 的第 2 层按照国际标准 IEC870—5—1 的规定,通过使用特殊的起始位和结束位、无间距字节异步传输及奇偶校验来保证传输数据的安全。Profibus 第 2 层按照非连接的模式操作,除了提供点对点通信功能外,还提供多点通信的功能,即广播通信和有选择的广播、组播。所谓广播通信,即主站向所有站点(主站和从站)发送信息,不要求回答。所谓有选择的广播、组播是指主站向一组站点(从站)发送信息。

4) S7-200 CPU 接入 Profibus 网络

S7-200 CPU 必须通过 Profibus-DP 模块 EM277 连接到网络,不能直接接入 Profibus 网络进行通信。EM277 经过串行 I/O 总线连接到 S7-200 CPU。Profibus 网络经过其 DP 通信端口连接到 EM277 模块。这个端口支持 9600bps～12Mbps 之间的任何传输速率。EM277 模块在 Profibus 网络中只能作为 Profibus 从站出现。作为 DP 从站,EM277 模块接受从主站来的多种不同的 I/O 配置,向主站发送和接收不同数量的数据。这种特性使用户能修改所传输的数据量,以满足实际应用的需要。与许多 DP 站不同的是,EM277 模块不仅仅传输 FO 数据,还能读写 S7-200 CPU 中定义的变量数据块。这样,使用户能与主站交换任何类型的数据。通信时,首先将数据移到 S7-200 CPU 中的变量存储区,就可将输入、计数值、定时器值或其他计算值传输到主站。类似地,从主站来的数据存储在 S7-200 CPU 中的变量存储区内,进而可移到其他数据区。

EM277 模块的 DP 端口可连接到网络上的一个 DP 主站上,仍能作为一个 MPI 从站与同一网络上的其他主站(如 SIMATIC 编程器或 S7-300/S7-400 CPU 等)进行通信。为了将 EM277 作为一个 DP 从站使用,用户必须设定与主站组态中的地址相匹配的 DP 端口地址。从站地址是使用 EM277 模块上的旋转开关设定的。在变动旋转开关之后,用户必须重新起动 CPU 电源,以便使新的从站地址起作用。主站通过将其输出区来的信息发送给从站的输出缓冲区(称为"接收信箱")与每个从站交换数据。从站将其输入缓冲区(称为发送信箱)的数据返回给主站的输入区,以响应从主站来的信息。

EM277 可用 DP 主站组态,以接收从主站来的输出数据,并将输入数据返回给主站。

输出和输入数据缓冲区驻留在 S7-200 CPU 的变量存储区（V 存储区）内。当用户组态 DP 主站时，应定义 V 存储区内的字节位置。从这个位置开始为输出数据缓冲区，它应作为 EM277 的参数赋值信息的一个部分。用户也要定义 FO 配置，它是写入到 S7-200 CPU 的输出数据总量和从 S7-200 CPU 返回的输入数据总量。EM277 从 FO 配置确定输入和输入缓冲区的大小。DP 主站将参数赋值和 I/O 配置信息写入 EM277 模块 V 存储器地址和输入及输出数据长度传输给 S7-200 CPU。

输入和输出缓冲区的地址可配置在 S7-200 CPU 的 V 存储区中的任何位置。输入和输出缓冲器的默认地址为 VB0。输入和输出缓冲地址是主站写入 S7-200 CPU 赋值参数的一部分。用户必须组态主站以识别所有的从站及将需要的参数和 I/O 配置写入每一个从站。

一旦 EM277 模块已用一个 DP 主站成功地进行了组态，EM277 和 DP 主站就进入数据交换模式。在数据交换模式中，主站将输出数据写入 EM277 模块，然后，EM277 模块响应最新的 S7-200 CPU 输入数据。EM277 模块不断地更新从 S7-200 CPU 来的输入，以便向 DP 主站提供最新的输入数据。然后，该模块将输出数据传输给 S7-200 CPU。从主站来的输出数据放在 V 存储区中（输出缓冲区）由某地址开始的区域内，而该地址是在初始化期间由 DP 主站提供的。传输到主站的输入数据取自 V 存储区存储单元（输入缓冲区），其地址是紧随输出缓冲区的。

在建立 S7-200 CPU 用户程序时，必须知道 V 存储区中数据缓冲区的开始地址和缓冲区大小。从主站来的输出数据必须通过 S7-200 CPU 中的用户程序从输出缓冲区转移到其他所用的数据区。类似地，传输到主站的输入数据也必须通过用户程序从各种数据区转移到输入缓冲区，进而发送到 DP 主站。

从 DP 主站来的输出数据在执行程序扫描后立即放置在 V 存储区内。输入数据（传输到主站）从 V 存储区复制到 EM277 中，以便同时传输到主站。当主站提供新的数据时，从主站来的输出数据才写入到 V 存储区内。在下次与主站交换数据时，将送到主站的输入数据发送到主站。

SMB200～SMB249 提供有关 EM277 从站模块的状态信息（如果它是 I/O 链中的第一个智能模块）。如果 EM277 是 I/O 链中的第二个智能模块，那么，EM277 的状态是从 SMB250～SMB299 获得的。如果 DP 尚未建立与主站的通信，那么，这些 SM 存储单元显示默认值。当主站已将参数和 I/O 组态写入 EM277 模块后，这些 SM 存储单元显示 DP 主站的组态集。用户应检查 SMB224，并确保在使用 SMB225～SMB229 或 V 存储区中的信息之前，EM277 已处于与主站交换数据的工作模式。

4. 利用 ModBus 协议进行网络通信

STEP7-Micro/WIN32 指令库包含有专门为 ModBus 通信设计的预先定义的专门的子程序和中断服务程序，从而与 ModBus 主站通信简单易行。使用一个 ModBus 从站指令可以将 S7-200 组态为一个 ModBus 从站，与 ModBus 主站通信。当在用户编制的程序中加入 ModBus 从站指令时，相关的子程序和中断程序自动加入到所编写的项目中。

1) ModBus 协议介绍

ModBus 协议是应用于电子控制器上的一种通用语言，具有较广泛的应用。ModBus 协议现在为一通用工业标准。通过它，不同厂商生产的控制设备可以连成工业网络，进行集中监控。通过此协议,控制器经由网络(例如以太网)和其他设备之间可以通信。该协议定义了一个控制器能认识使用的消息结构,而不管它们是经过何种网络进行通信的。它描述了控制器请求访问其他设备的过程,以及怎样检测错误并进行记录。它确定了消息域格式及内容的公共格式。

当在 ModBus 网络上通信时,每个控制器需要知道它们的设备地址,识别按地址发来的消息,决定要产生何种行动。如果需要回应,控制器将生成反馈信息并用 ModBus 协议发出。在其他网络上,包含了 ModBus 协议的消息转换为在此网络上使用的帧或包结构。这种转换也扩展了根据具体的网络解决节地址、路由路径及错误检测的方法。

(1) ModBus 协议网络选择。

在 ModBus 网络上转输时,标准的 ModBus 口是使用与 RS-232C 兼容的串行接口,它定义了连接口的引脚、电缆、信号位、传输波特率、奇偶校验。控制器能直接或经由 Modem 组网。

控制器通信使用主/从技术,即只有一个设备(主设备)能初始化传输(查询),其他设备(从设备)则根据主设备查询提供的数据做出相应反应。典型的主设备有主机和可编程仪表,典型的从设备有 PLC。

主设备可单独与从设备通信,也能以广播方式和所有从设备通信。如果单独通信,则从设备返回消息作为回应;如果是以广播方式查询的,则不做任何回应。ModBus 协议建立了主设备查询的格式:设备(或广播)地址、功能代码、所有要发送的数据、错误检测域。从设备回应消息也由 ModBus 协议构成,包括确认要行动的域、任何要返回的数据和错误检测域。如果在消息接收过程中发生错误,或从设备不能执行其命令,从设备将建立错误消息并把它作为回应发送出去。

(2) ModBus 查询——回应周期。

① 查询消息包括功能代码、数据段、错误检测等几部分。功能代码告之被选中的从设备要执行何种功能。数据段包含了从设备要执行功能的所有附加信息。例如功能代码 03 要求从设备读保持寄存器并返回它们的内容。数据段必须包含要告之从设备的信息:从何寄存器开始读和要读的寄存器数量。错误检测域为从设备提供了一种验证消息内容是否正确的方法。

② 回应消息包括功能代码、数据段、错误检测等几部分。如果从设备产生正常的回应,在回应消息中的功能代码是在查询消息中的功能代码的回应。数据段包括了从设备收集的数据:寄存器值或状态。如果有错误发生,功能代码将被修改以用于指出回应消息是错误的,同时数据段包含了描述此错误信息的代码。错误检测域允许主设备确认消息内容是否可用。

③ ModBus 数据传输模式

控制器能设置为两种传输模式(ASCII 或 RTU)中的任何一种。在配置每个控制器的时候,一个 ModBus 网络上的所有设备都必须选择相同的传输模式和串口通信参数(波特率、校验方式等)。所选的 ASCII 或 RTU 方式仅适用于标准的 ModBus 网络,它定义了在这些网络上连续传输的消息段的每一位,以及决定怎样将信息打包成消息域和如何解码。在其他网络上(像 MAP 和 ModBus Plus)ModBus 消息被转成与串行传输无关的帧。

2）S7-200 中 ModBus 从站协议指令

（1）MBUS_INIT 指令。

用于使能、初始化或禁止 ModBus 通信，如图 8-23 所示。只有当本指令执行无误后，才能执行 MBUS_SLVE 指令。当 EN 位使能时，在每个周期 MBUS_INIT 都被执行。但在使用时，只有当改变通信参数时，MBUS_INIT 指令才重新执行，因此 EN 位的输入端应采用脉冲输入，并且该脉冲应采用边沿检测的方式产生，或者采取措施使 MBUS_INIT 指令只执行一次。表 8-9 列出了 MBUS_INIT 指令各参数的类型及适用的变量。

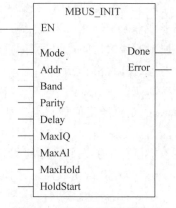

图 8-23　MBUS_INIT 指令

表 8-9　MBUS_INIT 指令各参数的类型及适用的变量

输入/输出	数据类型	适 用 变 量
Mode、Addr、Parity	BYTE	VB、IB、QB、MB、SB、SMB、LB、AC、Constant、＊AC、＊VD、＊LD
Baud、HoldStart	DWORE	VD、ID、QD、MD、SD、SMD、LD、AC、Constant、＊AC、＊VD、＊LD
Delay、MaxAI、MaxHold	WORD	VW、IW、QW、MW、SW、SMW、LW、AC、Constant、＊AC、＊VD、＊LD
Done	BOOL	I、Q、M、S、SM、T、C、V、L
Error	BYTE	VB、IB、QB、MB、SB、SMB、LB、AC、＊AC、＊VD、＊LD

参数说明：

- 参数 Baud 用于设置波特率，可选 1200、2400、4800、9600、19 200、38 400、57 600、11 520。
- 参数 Addr 用于设置地址，地址范围为：1～247。
- 参数 Parity 用于设置校验方式使之与 ModBus 主站匹配。其值可为：0（无校验）、1（奇校验）、2（偶校验）。
- 参数 MaxIQ 用于设置最大可访问的 I/O 点数。

（2）MBUS_SLAVE 指令。

MBUS_SLAVE 指令用于响应 ModBus 主站发出的请求。该指令应该在每个扫描周期都被执行，以检查是否有主站的请求，其梯形图指令如图 8-24 所示。只有当指令的 EN 位输入有效时，该指令在每个扫描周期才被执行。当响应 ModBus 主站的请求时，Done 位有效，否则 Done 处于无效状态。位 Error 显示指令执行的结果。Done 有效时 Error 才有效，但 Done 由有效变为无效时，Error 状态并不发生改变。表 8-10 列出了 MBUS_SLAVE 指令各参数的类型及适用的变量。

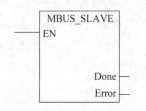

图 8-24　MBUS_SLAVE 指令

表 8-10　MBUS_SLAVE 指令各参数的类型及适用的变量

参　　数	数据类型	操　作　数
Done	BOOL	I、Q、M、S、SM、T、C、V、L
Error	BYTE	VB、IB、QB、MB、SB、SMB、LB、AC、＊AC、＊VD、＊LD

5. 工业以太网

随着网络控制技术的发展和成熟,自动控制技术、计算机、通信、网络技术、信息交换的网络正迅速全面覆盖,从工厂的现场设备到控制再到管理的各个层次中均有应用,由于领域宽,导致企业网络不同层次间的数据传输已变得越来越复杂了。人们对工业局域网的开放性、互联性、带宽等方面提出了更高的要求,应用传统现场总线的工业控制网已无法实现企业管理自动化与工业控制自动化的无缝接合,技术上早已成熟的管理网——以太网闯入人们的视线。20 世纪 70 年代末期由 Xerox、DEC 和 Intel 公司共同推出的基带局域网规范以太网产品到现在已获得了空前的发展,传输速率从早期的 10Mbps,到 100Mbps 的快速以太网产品已经开始流行。早期阻碍以太网应用与实时控制的难点已被解决,工业以太网已经成为工业控制系统一种新的工业通信网。工业以太网有以下优点。

(1) 以太网可以满足控制系统各个层次的要求,使企业信息网与控制网统一。

(2) 可使设备的成本下降。

(3) 有利于企业工程人员的学习和管理,以太网维护容易,工作人员无须再专门学习。

(4) 工业以太网易于与其他网络(如 Internet)进行集成。

(5) 速度更快。

西门子公司已将工业以太网运用于工业控制领域,用 ASi、Profibus 和工业以太网可以构成监控系统。

8.5 工业局域网基础

1. 局域网的拓扑结构

网络拓扑结构是指网络中的通信线路和节点间的几何连接结构,表示了网络的整体结构外貌。网络中通过传输线连接的点称为节点或站点。拓扑结构反映了各个站点间的结构关系,对整个网络的设计、功能、可靠性和成本都有影响。常用的局域网的拓扑结构有星形网络、环形网络、总线形网络 3 种拓扑结构形式。

1) 星形网络

星形拓扑结构是以中央节点为中心与各节点连接组成的,网络中任何两个节点要进行通信,都必须经过中央节点转发,其网络结构如图 8-25(a)所示。星形网络的特点是结构简单,便于管理控制,建网容易,网络延迟时间短、误码率较低,便于程序集中开发和资源共享。但系统花费大,网络共享能力差,负责通信协调工作的上位计算机负荷大,通信线路利用率不高,且系统可靠性不高,对上位计算机的依赖性也很强,一旦上位机发生故障,整个网络通信就停止。在小系统、通信不频繁的场合可以应用。星形网络常用双绞线作为传输介质。

上位计算机(也称主机、监控计算机、中央处理机)通过点到点的方式与各现场处理机(也称从机)进行通信,就是一种星形结构。

提示 各现场机之间不能直接通信,若要进行相互间数据传输,就必须通过中央节点的上位计算机协调。

2) 环形网络

环形网中,各个节点通过环路通信接口或适配器连接在一条首尾相连的闭合环型通信线路上,环路上任何节点均可以请求发送信息,请求一旦被批准,便可以向环路发送信息。

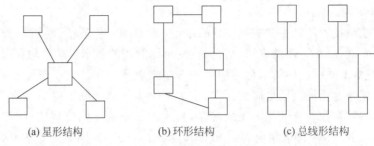

(a) 星形结构   (b) 环形结构   (c) 总线形结构

图 8-25　网络的拓扑结构

环形网中的数据主要是单向传输，也可以是双向传输。由于环线是公用的，一个节点发出的信息可能穿越环中多个节点信息才能到达目的地址，如果某个节点出现故障，信息就不能继续传向环路的下一个节点，应设置自动旁路。环形网络结构如图 8-25(b)所示。

环形网具有容易挂接或摘除节点、安装费用低、结构简单的优点；由于在环形网络中数据信息在网中是沿固定方向流动的，节点之间仅有一个通路，因此大大简化了路径选择控制；某个节点发生故障时，可以自动旁路，提高系统的可靠性。所以工业上的信息处理和自动化系统常采用环形网络的拓扑结构。但节点过多时，会影响传输效率，整个网络响应时间变长。

3）总线形网络

利用总线把所有的节点连接起来，这些节点共享总线，对总线有同等的访问权。总线形网络结构如图 8-25(c)所示。

总线形网络由于采用广播方式传输数据，任何一个节点发出的信息经过通信接口（或适配器）后，沿总线向相反的两个方向传输，因此可以使所有节点接收到，各节点将目的地址是本站站号的信息接收下来。这样就无须进行集中控制和路径选择，其结构和通信在总线形网络中，所有节点共享一条通信传输链路。因此，在同一时刻，网络上只允许一个节点发送信息。一旦两个或两个以上节点同时发送信息就会发生冲突，应采用网络协议控制冲突。这种网络结构简单灵活，容易挂接或摘除节点，节点间可直接通信，速度快，延时小，可靠性高。

2．网络协议和体系结构

PLC 网络是由各种数字设备（包括 PLC、计算机等）和终端设备等通过通信线路连接起来的复合系统。在这个系统中，由于数字设备型号、通信线路类型、连接方式、同步方式、通信方式等不同，给网络各节点间的通信带来了不便，甚至影响到 PLC 网络的正常运行，因此在网络系统中，为确保数据通信双方能正确而自动地进行通信，应针对通信过程中的各种问题，制定一整套的约定，这就是网络系统的通信协议，又称网络通信规程。通信协议就是一组约定的集合，是一套语义和语法规则，用来规定有关功能部件在通信过程中的操作。通常通信协议必备的两种功能是通信和信息传输，包括识别和同步、错误检测和修正等。

网络的结构通常包括网络体系结构、网络组织结构和网络配置。

比较复杂的 PLC 控制系统网络的体系结构常将其分解成一个个相对独立又有一定联系的层面。这样就可以将网络系统进行分层，各层执行各自承担的任务，层与层之间可以设有接口。层次的设计结构是目前常用的设计方法之一。

网络组织结构指的是从网络的物理实现方面来描述网络的结构。

网络配置指的是从网络的应用来描述网络的布局、硬件、软件等；网络体系结构是指从功能上来描述网络的结构，至于体系结构中所确定的功能怎样实现，则有待网络生产厂家来解决。

3. 现场总线

在传统的自动化工厂中，生产现场的许多设备和装置(如传感器、调节器、变送器、执行器等)都是通过信号电缆与计算机、PLC相连的。当这些装置和设备相距较远、分布较广时，就会使电缆线的用量和铺设费用随之大大地增加，造成了整个项目的投资成本增高，系统连线复杂，可靠性下降，维护工作量增大，系统进一步扩展困难等问题。现场总线(Field Bus)的产生将分散于现场的各种设备连接了起来，并有效实施了对设备的监控。它是一种可靠、快速、能经受工业现场环境、低廉的通信总线。现场总线始于20世纪80年代，90年代技术日趋成熟，受到世界各自动化设备制造商和用户的广泛关注，是世界上最成功的总线之一。PLC的生产厂商也将现场总线技术应用于各自的产品之中，构成工业局域网的最底层，使得PLC网络实现了真正意义上自动控制领域发展的一个热点，给传统的工业控制技术带来了一次革新。

现场总线技术实际上是实现现场级设备数字化通信的一种工业现场层的网络通信技术。按照国际电工委员会IEC61158的定义，现场总线是"安装在过程区域的现场设备、仪表与控制室内的自动控制装置系统之间的一种串行、数字式、多点通信的数据总线"。也就是说，基于现场总线的系统是以单个分散的、数字化、智能化的测量和控制设备作为网络的节点，用总线相连，实现信息的相互交换，使得不同网络、不同现场设备之间可以信息共享。现场设备的各种运行参数、状态信息及故障信息等通过总线传输到远离现场的控制中心，而控制中心又可以将各种控制、维护、组态命令送往相关的设备，从而建立起具有自动控制功能的网络。通常将这种位于网络底层的自动化及信息集成的数字化网络称为现场总线系统。

西门子通信网络的中间层为现场总线，是用于车间级和现场级的国际标准，传输速率最大为12Mbps，响应时间的典型值为1ms，使用屏蔽双绞线电缆(最长9.6km)或光缆(最长90km)，最多可接127个从站。

习题与思考题

8-1 什么是串行传输和并行传输？什么是异步传输和同步传输？

8-2 通信介质有哪些？特点如何？

8-3 一个完整的通信系统都有哪些设备？

8-4 通信系统都有哪些协议？

8-5 PLC常用的串行通信接口标准有RS-232C和RS-485等，试比较二者的异同。

8-6 常见网络的拓扑结构有哪些？

8-7 简单介绍PPI通信与配置。

8-8 S7-200网络通信类型有哪些？各有什么特点？

8-9 S7-200 PLC提供的通信指令有哪些？

8-10 MBUS_INIT指令、NETR/NETW指令和MBUS_SLAVE各操作数的含义是什么？如何应用？

参 考 文 献

[1] 廖常初. S7-200 PLC 编程及应用[M]. 北京：机械工业出版社，2013.

[2] 廖常初. S7-200 PLC 基础教程[M]. 北京：机械工业出版社，2006.

[3] 陈建明. 电气控制与 PLC 应用[M]. 3 版. 北京：电子工业出版社，2014.

[4] 王永华. 现代电气控制及 PLC 应用技术[M]. 2 版. 北京：北京航空航天大学出版社，2008.

[5] 宋德玉. 可编程控制器原理及应用系统设计技术[M]. 3 版. 北京：冶金工业出版社，2014.

[6] 崔继仁. 电气控制与 PLC 应用技术[M]. 北京：中国电力出版社，2010.

[7] 高安邦，智淑亚，董泽斯. 新编电气控制与 PLC 应用技术[M]. 北京：机械工业出版社，2013.

[8] 西门子有限公司自动化驱动集团. 深入浅出西门子 S7-200PLC[M]. 北京：北京航空航天大学出版社，2007.

[9] 王兆义，杨新志. 小型可编程控制器实用技术 [M]. 2 版. 北京：机械工业出版社，2017.

[10] 刘凤春，王林，周晓丹. 可编程序控制器原理与应用基础 [M]. 2 版. 北京：机械工业出版社，2018.

[11] 漆汉宏. PLC 电气控制技术[M]. 北京：机械工业出版社，2015.

[12] 赵明，许镠. 工厂电气控制设备[M]. 北京：机械工业出版社，2015.

[13] 何焕山. 工厂电气控制设备[M]. 北京：高等教育出版社，2015.

[14] 西门子中国有限公司. S7-200CN 可编程控制器产品目录，2006.

[15] 西门子中国有限公司. S7-200 可编程控制器系统手册(第一部分)，2006.

[16] 西门子中国有限公司. S7-200 可编程控制器系统手册(第二部分)，2006.

[17] 西门子中国有限公司. S7-200 可编程控制器系统手册(第三部分)，2006.

[18] 滕州市名扬机床有限公司. X62W 万能铣床使用说明书，2012.

[19] 滕州卓润数控机床有限公司. CA6140 车床使用说明书，2013.